中国科协三峡科技出版资助计划

广东省气象干旱图集

(1951—2010)

王春林　陈慧华　唐力生　编著

中国科学技术出版社

·北　京·

图书在版编目（CIP）数据

广东省气象干旱图集／王春林，陈慧华，唐力生编著．—北京：中国科学技术出版社，2012．12
（中国科协三峡科技出版资助计划）
ISBN 978－7－5046－6263－7

Ⅰ．①广…　Ⅱ．①王…②陈…③唐…　Ⅲ．①干旱指数－气候资料－广东省－图集　Ⅳ．①P468．650．5－64

中国版本图书馆CIP数据核字（2012）第306650号

总　策　划	沈爱民　林初学　刘兴平　孙志禹	责任编辑	赵　晖　左常辰
项目策划	杨书宣　赵崇海	责任校对	孟华英
出　版　人	苏　青	印刷监制	李春利
编辑组组长	吕建华　许　英　赵　晖	责任印制	张建农

出　　版　中国科学技术出版社
发　　行　科学普及出版社发行部
地　　址　北京市海淀区中关村南大街16号
邮　　编　100081
发行电话　010－62103349
传　　真　010－62103166
网　　址　http://www.cspbooks.com.cn

开　　本　787mm×1092mm　1/16
字　　数　180千字
印　　张　10
版　　次　2013年1月第1版
印　　次　2013年1月第1次印刷
印　　刷　北京华联印刷有限公司

书　　号　ISBN 978－7－5046－6263－7/P·169
定　　价　57.00元

总　序

科技是人类智慧的伟大结晶，创新是文明进步的不竭动力。当今世界，科技日益深入影响经济社会发展和人们日常生活，科技创新发展水平深刻反映着一个国家的综合国力和核心竞争力。面对新形势、新要求，我们必须牢牢把握新的科技革命和产业变革机遇，大力实施科教兴国战略和人才强国战略，全面提高自主创新能力。

科技著作是科研成果和自主创新能力的重要体现形式。纵观世界科技发展历史，高水平学术论著的出版常常成为科技进步和科技创新的重要里程碑。1543 年，哥白尼的《天体运行论》在他逝世前夕出版，标志着人类在宇宙认识论上的一次革命，新的科学思想得以传遍欧洲，科学革命的序幕由此拉开。1687 年，牛顿的代表作《自然哲学的数学原理》问世，在物理学、数学、天文学和哲学等领域产生巨大影响，标志着牛顿力学三大定律和万有引力定律的诞生。1789 年，拉瓦锡出版了他的划时代名著《化学纲要》，为使化学确立为一门真正独立的学科奠定了基础，标志着化学新纪元的开端。1873 年，麦克斯韦出版的《论电和磁》标志着电磁场理论的创立，该理论将电学、磁学、光学统一起来，成为 19 世纪物理学发展的最光辉成果。

这些伟大的学术论著凝聚着科学巨匠们的伟大科学思想，标志着不同时代科学技术的革命性进展，成为支撑相应学科发展宽厚、坚实的奠基石。放眼全球，科技论著的出版数量和质量，集中体现了各国科技工作者的原始创新能力，一个国家但凡拥有强大的自主创新能力，无一例外也反映到其出版的科技论著数量、质量和影响力上。出版高水平、高质量的学术著作，成为科技工作者的奋斗目标和出版工作者的不懈追求。

中国科学技术协会是中国科技工作者的群众组织，是党和政府联系科技工作者的桥梁和纽带，在组织开展学术交流、科学普及、人才举荐、决策咨询等方面，具有独特的学科智力优势和组织网络优势。中国长江三峡集团公司是中国特大型国有独资企业，是推动我国经济发展、社会进步、民生改善、科技创新和国家安全的重要力量。2011 年 12 月，中国科学技术协会和中国长江三峡集团公司签订战略合作协议，联合设立“中国科协三峡科技出版资助计划”，资助全国从事基础研究、应用基础研究或技术开发、改造和产品研发的科技工作者出版高水平的科技学术著作，并向 45 岁以下青年科技工作者、中国青年科技奖获得者和全国百篇优秀博士论文获得者倾斜，重点资助科技人员出版首部学术专著。

我由衷地希望，“中国科协三峡科技出版资助计划”的实施，对更好地聚集原创科研成果，推动国家科技创新和学科发展，促进科技工作者学术成长，繁荣科技出版，打造中国科学技术出版社学术出版品牌，产生积极的、重要的作用。

是为序。

中国长江三峡集团公司董事长

2012 年 12 月

本书编审委员会

主　　任　庄旭东

副 主 任　刘锦銮　曾　琮　熊亚丽

委　　员　（按姓氏笔画排序）

万齐林　王春林　冯业荣　吕勇平　孙　涵　肖文名

陈　多　张立波　李春梅　林继生　林镇国　凌汉强

曾　沁　谭鉴荣

本书编制组

主　　编　王春林

副 主 编　陈慧华　唐力生

成　　员　（按姓氏笔画排序）

王广伦　王　华　王　婷　叶树春　刘　尉　刘　霞

孙春健　何　健　陈新光　邹菊香　段海来　胡娅敏

郭　晶　黄　俊　黄珍珠　植石群　翟志宏　潘蔚娟

薛丽芳

序

广东省地处我国大陆最南缘，受热带天气系统和中高纬度天气系统共同影响，海洋、陆地、大气之间相互作用强烈，各种天气气候灾害频发。干旱是广东省重大气象灾害之一，具有发生频率高、持续时间长、影响范围广的特点，对农业生产、生态环境、城市运行和人民的生活生产都会带来严重的影响。全球气候变化背景下，广东省的极端干旱事件发生频率越来越高，加上经济发展、人口增加等因素，极端干旱事件给区域经济社会和人居环境带来的脆弱性日益加剧。

频繁发生的干旱事件，引起了政府决策部门和社会公众的广泛关注。依靠科技，加强防旱减灾能力建设，降低干旱风险，减轻干旱损失，是保障水资源安全、粮食安全和经济社会可持续发展的迫切要求，是落实党中央国务院对气象防灾减灾工作一系列指示的具体行动，事关人民福祉安康，社会和谐稳定。

2010 年中国气象局组织编制了《中国气象干旱图集》，《广东省气象干旱图集》是继《中国气象干旱图集》之后的一部区域性干旱图集。该图集所使用的观测资料年代长、精度高、密度大，逐月展示广东气象干旱时空动态特征。该图集所使用的干旱监测指标先进，所采用的标准化前期降水指数 SAPI 是在广东省气象部门近十余年干旱监测预警服务工作的经验和研究成果基础上提出的创新性成果。本图集的编制出版，可以为气象业务、研究单位开展干旱监测、预警、评估业务及相关的科研工作，提供详实的基础资料，可以为各级政府决策部门制定区域发展规划、开展防灾减灾工作提供科学依据，可以为社会公众加强对干旱的认知水平提供科普知识，也可以为国内其他地区编制区域性干旱图集提供经验参考。同时本图集对提高气象灾害监测预警、防灾减灾、应对气候变化和开发利用气候资源能力，具有重要的指导作用。

广东省气象局局长 许永锞

2012年10月8日

前　言

广东省虽然年降水量比较充沛，但时空分布不均，兼之太阳辐射强、气温高、地表水分蒸发量大，因此区域性、季节性干旱十分突出。在中国气象局2007年编制的《中国灾害性天气气候图集》和2010年编制的《中国气象干旱图集》中，广东南部地区属于干旱频发地区之一。新中国成立以来，广东平均每年受旱面积近50万公顷，其中1991年秋—冬—春连旱更导致受旱面积达224万公顷。从2001—2005年春，广东全省连续5年遭遇了罕见的秋—冬—春连旱，直接农业经济损失30多亿元。

在全球气候变化的背景下，区域性水分平衡、干湿状况及其时空特征将发生变化，极端干旱事件发生频率越来越大，持续时间越来越长，影响范围越来越广，农作物产量损失也越来越重，此外旱灾影响对象也从以农业为主扩展到林业、牧业、工业、城市乃至整个经济社会的发展各个方面。

干旱是复杂的自然灾害，干旱指标问题一直是困扰干旱监测评估业务的瓶颈问题。本图集采用的干旱指标，是基于标准化前期降水指数SAPI而构建的逐日干旱监测指标，是广东省气象部门在近年干旱监测预警服务工作经验和研究成果基础上提出的创新性成果，也是2011年中国气象局气候业务试点工作成果，能够实时、客观监测气象干旱发生、发展和结束过程，具有物理基础好、计算客观、运行稳定的特点。基于逐日实时干旱监测指标编制的干旱图集，对干旱实时监测与影响评估一体化、规范化业务体系的建设，意义重大。

《广东省气象干旱图集》是一部实用的气象干旱工具书。本图集统计绘制了1951—2010年近60年逐月气象干旱指数分布图及按半年尺度绘制的全省平均逐日干旱指数曲线等，内容详实，可供读者方便查询过去60多年广东逐月气象干旱时空变化特点，也可为气象决策服务工作及科研、教育部门进一步开展水文干旱、农业干旱和社会经济干旱影响评估、灾害风险区划等研究提供有益的参考。

中国气象局预报与网络司副司长张强研究员，中国气象科学研究院翟盘茂研究员，国家气候中心的张存杰、高歌、宋艳玲、高荣、王遵娅、陈鲜艳等专家，对本图集中干旱指标提出了宝贵意见，在此一并致谢！

图集中如有不足和疏漏之处，恳请各界读者惠正。

本书编审委员会主任
广东省气象局副局长 

2012 年 10 月 8 日

图集编制说明

一、资料来源

本图集所使用的资料包括 1951—2010 年广东省 86 个地面气象观测站逐日降水量，资料取自广东省气象局。

二、统计方法

1. 单站逐日气象干旱指数 DI

单站逐日气象干旱指数 DI（daily dry index）定义为：

$$DI_i = SAPI_i + \overline{M_i} \tag{1}$$

式（1）中 $SAPI_i$ 是第 i 日前期降水指数 API（antecedent precipitation index）的标准化变量 SAPI（standard antecedent precipitation index），SAPI 标准化计算方法参见《气象干旱等级》国家标准（GB/T 20481—2006）附录 C 标准化降水指数 SPI，历史样本为各站近 30 年（1981—2010）逐日 API。API 计算公式为：

$$API_i = P_i + kAPI_{i-1} \tag{2}$$

式（2）中 API_i 为第 i 日 API，P_i 为当日降水量（mm），API_{i-1} 为前一日的 API，k 为衰减系数，取经验值 0.955。每个站从建站开始逐日滚动计算 API，初始 API 设为 0。建站开始后的前 4 个月 API 受边界效应影响舍弃不用。

式（1）中 $\overline{M_i}$ 为常年平均相对湿润度指数，表征某地常年平均干湿程度及其年变化。$\overline{M_i}$ 由历史同期 30 年（1981—2010）逐日平均降水和可能蒸散量计算：

$$\overline{M_i} = \frac{\overline{P_i}}{\overline{PE_i}} - 1 \tag{3}$$

式（3）中 $\overline{P_i}$ 为第 i 日 30 年（1981—2010）平均降水量（mm），$\overline{PE_i}$ 为第 i 日 30 年（1981—2010）平均可能蒸散量（mm），采用 FAO Penman - Monteith 方法计算。为了增强 $\overline{M_i}$ 年变化曲线平滑性，对 $\overline{M_i}$ 做 2 次 30 天滑动平均处理。$\overline{M_i}$ 理论范围为 $-1 \sim \infty$，为避免因为 $\overline{PE_i}$ 接近于 0 时导致 $\overline{M_i}$ 趋于 ∞，当 $\overline{M_i} > 0$ 时采用双曲正切函数式（4），约束 $\overline{M_i}$ 变化范围为 $-1 \sim 1$。

$$\overline{M_i} = \frac{e^{2\overline{M_i}} - 1}{e^{2\overline{M_i}} + 1}，\text{当} \overline{M_i} > 0 \tag{4}$$

表1　气象干旱等级标准

干旱类型	逐日干旱等级	月干旱等级
无旱	$-0.5 < DI$	$-0.5 < MI$
轻旱	$-1.0 < DI \leq -0.5$	$-1.0 < MI \leq -0.5$
中旱	$-1.5 < DI \leq -1.0$	$-1.5 < MI \leq -1.0$
重旱	$-2.0 < DI \leq -1.5$	$-2.0 < MI \leq -1.5$
特旱	$DI \leq -2.0$	$MI \leq -2.0$

图集中“广东省1951—2010年逐月气象干旱等级分布图”（见本图集7—125页）逐日干旱指数DI为有效站点的平均值。图集中的“近30年（1981—2010）全省平均旱日频率统计”（见本图集126页）及“近30年（1981—2010）逐月各等级旱日频率分布图”（见本图集127—134页）均根据逐日DI按照表1标准统计、绘制。

2. 单站月气象干旱指数MI

单站月气象干旱指数MI（monthly index）用于评价单站月尺度气象干旱程度。MI定义为该站月内小于0的逐日干旱指数DI之和除以月总天数，即：

$$MI = \frac{1}{n}\sum_{i=1}^{n} DI_i,\text{当 } DI_i < 0 \tag{5}$$

式（5）中n为月内总天数。月干旱等级划分标准表1。图集中的“广东省1951—2010年逐月气象干旱等级分布图”（见本图集7—125页）即根据86个气象站的MI绘制。

3. 广东省月干旱指数MI_g

广东省月干旱指数MI_g（monthly index of guangdong）用于评价全省月干旱程度。MI_g定义为省内86个气象站月干旱指数之平均，即：

$$MI_g = \frac{1}{86}\sum_{i=1}^{86} MI_i \tag{6}$$

图集中的“广东省1951—2010年逐月干旱指数表”（见本图集1—2页）与“广东省逐月干旱指数年际变化趋势图”（见本图集3—5页）均根据MI_g编制。

4. 资助项目

本图集编写工作由中国气象局2011年现代气候业务发展与改革试点工作之“极端气候监测指标”及2011年中国气象局小型基建项目“极端气候干旱事件监测指标体系及业务系统”共同资助完成。

目　录

广东省 1951—2010 年逐月气象干旱等级分布图

广东省 1981—2010 年旱日频率统计及分布图

干旱典型个例

广东省1951—2010年逐月干旱指数表

年份	1月	2月	3月	4月	5月	6月	7月	8月	9月	10月	11月	12月	平均
1951	0.00	0.00	0.00	0.00	-0.08	0.00	-0.07	-0.05	-0.05	-0.15	-0.14	-0.05	-0.08
1952	-0.27	-0.22	-0.08	0.00	-0.03	0.00	-0.02	0.00	0.00	-0.21	-0.56	-0.76	-0.28
1953	-0.51	0.00	0.00	-0.01	0.00	-0.01	-0.06	-0.40	-0.03	-0.08	-0.10	-0.02	-0.10
1954	-0.19	-0.14	-0.28	-0.13	-0.08	-0.02	-0.24	-0.14	-0.08	-0.74	-0.86	-1.01	-0.34
1955	-1.26	-1.18	-1.54	-0.59	-0.34	-0.04	-0.03	-0.05	-0.06	-0.77	-0.87	-0.71	-0.62
1956	-0.17	-0.22	-0.09	-0.70	-0.05	-0.02	-0.35	-0.36	-0.84	-1.25	-0.58	-0.37	-0.42
1957	-0.74	-0.11	-0.02	-0.02	-0.09	-0.01	-0.03	-0.30	-0.26	-0.03	-0.21	-0.67	-0.20
1958	-0.31	0.00	-0.02	-0.17	-0.47	-0.22	-0.12	-0.16	-0.08	-0.34	-1.28	-1.67	-0.41
1959	-1.31	-0.48	0.00	-0.11	-0.04	-0.01	-0.02	-0.02	0.00	-0.31	-1.07	-0.90	-0.35
1960	-1.01	-0.68	-0.47	-0.21	-0.11	-0.10	-0.17	-0.04	0.00	-0.05	-0.18	-0.35	-0.28
1961	-0.66	-0.64	-0.01	-0.03	-0.03	-0.09	-0.05	-0.04	0.00	-0.02	-0.14	-0.12	-0.15
1962	-0.31	-0.82	-0.21	-0.22	-0.17	-0.01	-0.09	-0.36	-0.10	-0.22	-0.38	-0.74	-0.30
1963	-1.17	-1.09	-0.84	-1.15	-1.57	-0.68	-0.08	-0.23	-0.37	-0.45	-0.45	-0.44	-0.71
1964	-0.08	-0.14	-0.29	-0.37	-0.32	-0.07	-0.13	-0.08	-0.02	-0.06	-0.33	-1.12	-0.25
1965	-0.95	-0.46	-0.23	-0.09	0.00	-0.03	-0.06	-0.23	-0.69	-0.18	-0.02	-0.06	-0.25
1966	-0.49	-0.44	-0.12	-0.01	-0.13	-0.04	-0.02	-0.13	-0.89	-1.56	-1.25	-1.01	-0.51
1967	-0.77	-0.05	-0.28	-0.03	-0.15	-0.36	-0.39	-0.13	-0.04	-0.72	-1.11	-1.01	-0.42
1968	-0.98	-0.06	-0.06	-0.03	-0.41	-0.02	-0.05	-0.07	-0.18	-0.57	-0.99	-0.85	-0.36
1969	-0.14	0.00	-0.01	-0.07	-0.17	-0.03	-0.23	-0.08	-0.63	-0.74	-0.78	-1.29	-0.35
1970	-0.89	-0.50	-0.26	-0.15	-0.08	-0.03	-0.10	-0.13	-0.01	-0.01	-0.12	-0.13	-0.20
1971	-0.36	-0.29	-0.84	-0.78	-0.34	-0.03	-0.09	-0.03	-0.22	-0.70	-0.89	-0.76	-0.44
1972	-0.01	-0.11	-0.55	-0.30	-0.02	-0.01	-0.27	-0.04	-0.05	-0.14	-0.14	-0.05	-0.14
1973	-0.02	-0.07	-0.65	-0.19	-0.01	-0.01	0.00	-0.01	-0.01	-0.10	-0.32	-0.48	-0.16
1974	-1.10	-0.37	-0.28	-0.05	-0.04	-0.10	-0.02	-0.15	-0.41	-0.36	-0.06	-0.09	-0.25
1975	-0.04	-0.01	-0.02	-0.07	-0.02	0.00	-0.03	-0.03	-0.09	-0.02	-0.09	-0.15	-0.05
1976	-0.51	-0.90	-0.23	-0.14	-0.02	-0.01	-0.07	-0.04	-0.16	-0.06	-0.09	-0.71	-0.25
1977	-0.29	-0.63	-1.58	-1.14	-0.93	-0.22	-0.08	-0.12	-0.22	-0.20	-0.70	-1.05	-0.60
1978	-0.23	-0.17	-0.02	0.00	0.00	-0.01	-0.21	-0.04	-0.16	-0.09	-0.05	-0.46	-0.12
1979	-0.36	-0.10	-0.04	-0.02	-0.02	-0.05	-0.23	-0.07	-0.01	-0.25	-0.89	-1.39	-0.29
1980	-1.31	-0.27	-0.15	-0.22	-0.02	-0.10	-0.16	-0.05	-0.29	-0.86	-0.84	-1.02	-0.44

续表

年份	1月	2月	3月	4月	5月	6月	7月	8月	9月	10月	11月	12月	平均
1981	-1.07	-0.83	-0.17	-0.05	-0.01	-0.06	-0.03	-0.07	-0.11	-0.03	-0.03	-0.48	-0.24
1982	-0.85	-0.54	-0.09	-0.12	-0.01	-0.04	-0.10	-0.07	-0.13	-0.25	-0.11	-0.03	-0.19
1983	-0.02	0.00	0.00	0.00	-0.01	-0.07	-0.34	-0.27	-0.05	-0.06	-0.46	-1.14	-0.20
1984	-0.73	-0.67	-0.37	-0.11	-0.01	-0.01	-0.18	-0.15	-0.05	-0.50	-0.90	-0.94	-0.38
1985	-0.71	-0.08	-0.01	0.00	-0.15	-0.14	-0.21	-0.14	-0.01	-0.17	-0.65	-0.84	-0.26
1986	-1.36	-0.38	-0.12	-0.15	-0.04	-0.01	-0.01	-0.06	-0.46	-1.13	-0.28	-0.19	-0.35
1987	-0.73	-1.14	-0.18	-0.01	-0.02	-0.02	-0.12	-0.03	-0.32	-0.33	-0.56	-0.37	-0.32
1988	-0.79	-0.41	-0.19	-0.06	-0.06	-0.27	-0.17	-0.07	-0.08	-0.37	-0.10	-0.33	-0.24
1989	0.00	-0.10	-0.40	-0.03	-0.01	-0.04	-0.29	-0.44	-0.40	-0.65	-1.27	-1.39	-0.42
1990	-0.04	-0.07	0.00	-0.01	-0.08	-0.10	-0.16	-0.46	-0.47	-0.34	-0.25	-0.54	-0.21
1991	-0.26	-0.50	-0.48	-0.43	-0.43	-0.37	-0.10	-0.06	-0.24	-0.70	-1.32	-0.92	-0.48
1992	-0.03	-0.04	-0.03	-0.01	0.00	-0.01	-0.02	-0.33	-0.16	-0.85	-1.57	-1.13	-0.35
1993	-0.05	-0.29	-0.30	-0.17	-0.02	-0.01	-0.03	-0.09	-0.16	-0.06	-0.11	-0.20	-0.13
1994	-0.93	-0.68	-0.09	-0.21	-0.19	-0.04	-0.01	0.00	-0.03	-0.52	-1.42	-0.20	-0.36
1995	-0.10	-0.11	-0.07	-0.12	-0.45	-0.20	-0.03	0.00	-0.14	-0.12	-0.40	-0.66	-0.20
1996	-0.90	-0.68	-0.11	-0.01	-0.08	-0.12	-0.08	-0.02	-0.08	-0.35	-1.16	-1.52	-0.43
1997	-0.68	0.00	-0.01	-0.01	0.00	-0.02	0.00	0.00	-0.01	-0.09	-0.61	-0.41	-0.16
1998	-0.15	-0.04	-0.11	-0.17	-0.01	-0.01	-0.03	-0.40	-0.23	-0.74	-0.93	-0.39	-0.27
1999	-0.47	-0.90	-0.94	-0.32	-0.06	-0.07	-0.10	-0.04	-0.02	-0.17	-0.60	-0.54	-0.35
2000	-0.63	-0.42	-0.16	-0.07	-0.02	-0.14	-0.15	-0.06	-0.32	-0.36	-0.08	-0.10	-0.21
2001	-0.20	-0.13	-0.15	-0.03	-0.02	0.00	0.00	-0.02	-0.01	-0.33	-0.85	-0.37	-0.17
2002	-0.37	-0.26	-0.58	-0.55	-0.69	-0.26	-0.10	0.00	-0.02	-0.03	-0.10	-0.01	-0.25
2003	-0.02	-0.36	-0.34	-0.28	-0.26	-0.09	-0.22	-0.16	-0.02	-0.34	-0.91	-1.31	-0.36
2004	-0.99	-0.04	-0.45	-0.04	-0.07	-0.25	-0.19	-0.12	-0.14	-0.92	-1.49	-1.67	-0.53
2005	-1.46	-0.98	-0.11	-0.13	-0.04	-0.01	-0.03	-0.05	-0.08	-0.57	-1.08	-1.42	-0.50
2006	-1.08	-0.80	-0.04	-0.05	-0.04	-0.02	-0.04	0.00	-0.06	-0.66	-0.77	-0.09	-0.30
2007	-0.25	-0.39	-0.23	-0.15	-0.07	-0.02	-0.20	-0.26	-0.05	-0.45	-1.11	-1.41	-0.38
2008	-0.79	-0.08	-0.25	-0.12	-0.11	-0.02	-0.01	-0.04	-0.21	-0.06	-0.25	-0.85	-0.23
2009	-0.93	-1.13	-0.21	-0.05	-0.35	-0.04	-0.03	-0.11	-0.46	-0.83	-0.63	-0.24	-0.42
2010	-0.03	-0.08	-0.28	-0.12	-0.04	-0.01	-0.04	-0.13	-0.04	-0.06	-0.54	-0.61	-0.16

注：无旱　轻旱　中旱　重旱　极旱

广东省逐月干旱指数年际变化趋势图

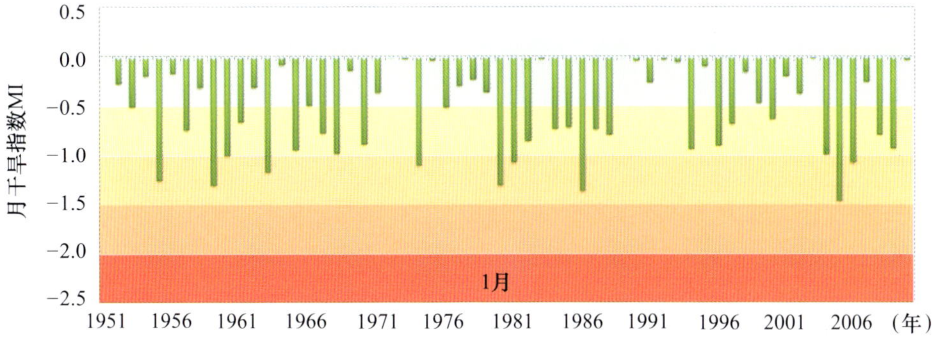

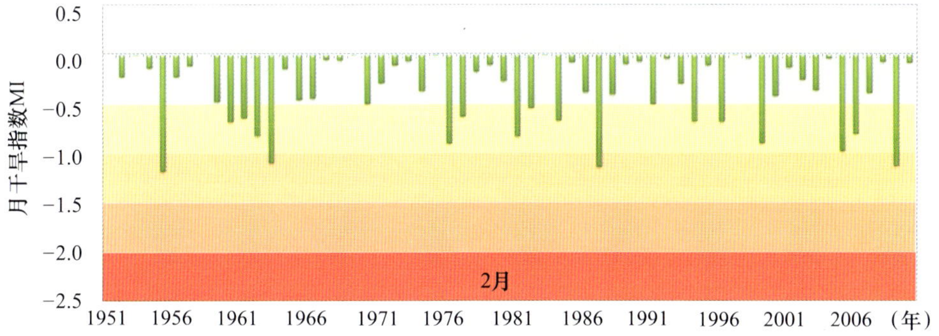

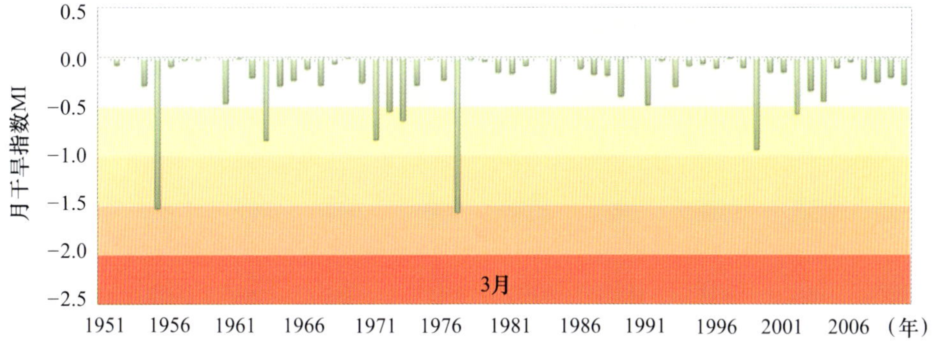

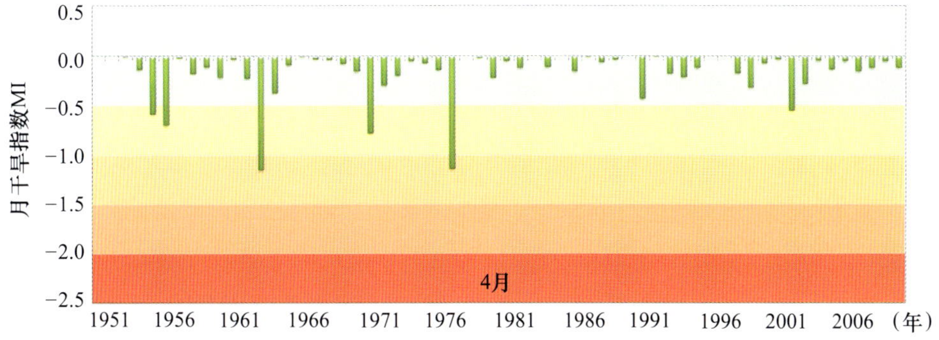

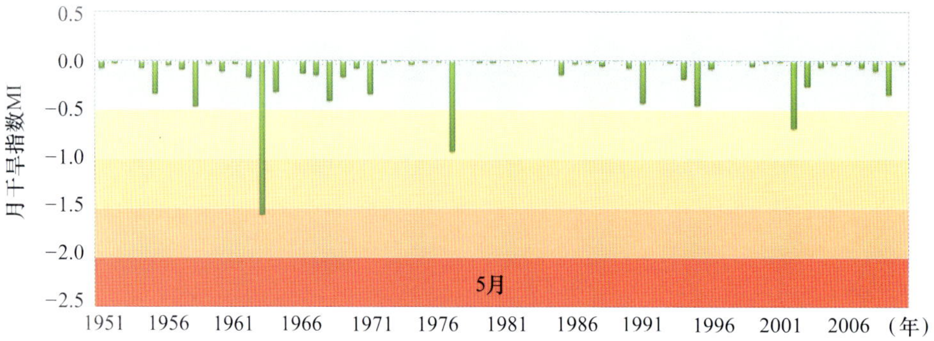
月干旱指数MI
0.5
0.0
−0.5
−1.0
−1.5
−2.0
−2.5
5月
1951 1956 1961 1966 1971 1976 1981 1986 1991 1996 2001 2006 （年）

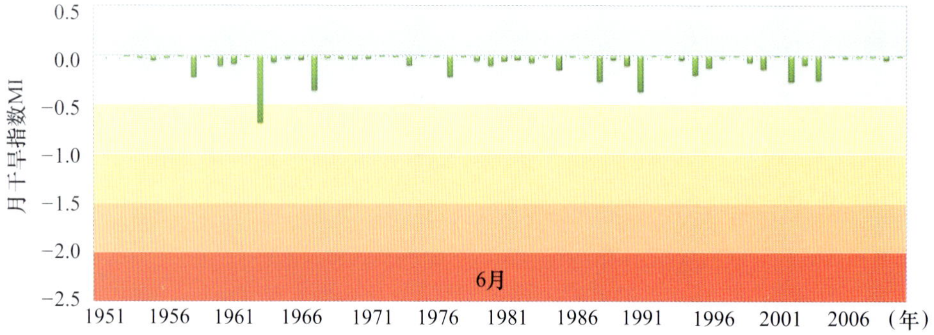
月干旱指数MI
0.5
0.0
−0.5
−1.0
−1.5
−2.0
−2.5
6月
1951 1956 1961 1966 1971 1976 1981 1986 1991 1996 2001 2006 （年）

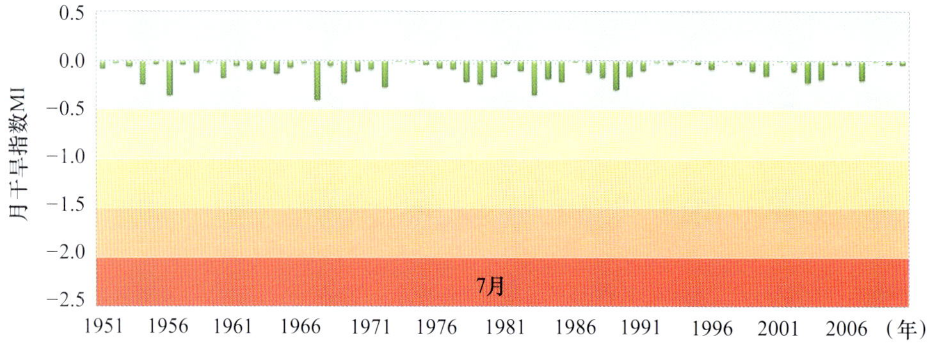
月干旱指数MI
0.5
0.0
−0.5
−1.0
−1.5
−2.0
−2.5
7月
1951 1956 1961 1966 1971 1976 1981 1986 1991 1996 2001 2006 （年）

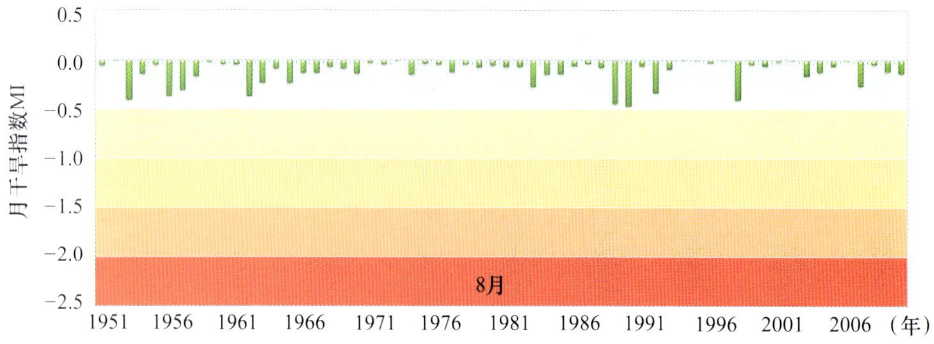
月干旱指数MI
0.5
0.0
−0.5
−1.0
−1.5
−2.0
−2.5
8月
1951 1956 1961 1966 1971 1976 1981 1986 1991 1996 2001 2006 （年）

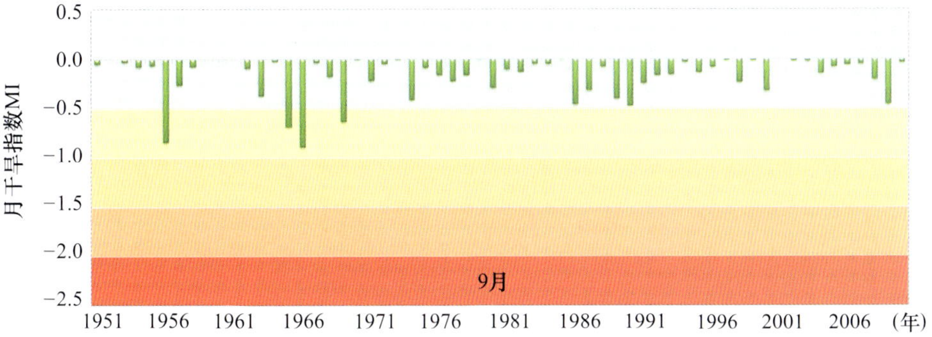
0.5
0.0
-0.5
-1.0
-1.5
-2.0
-2.5
月干旱指数MI
9月
1951
1956
1961
1966
1971
1976
1981
1986
1991
1996
2001
2006
(年)

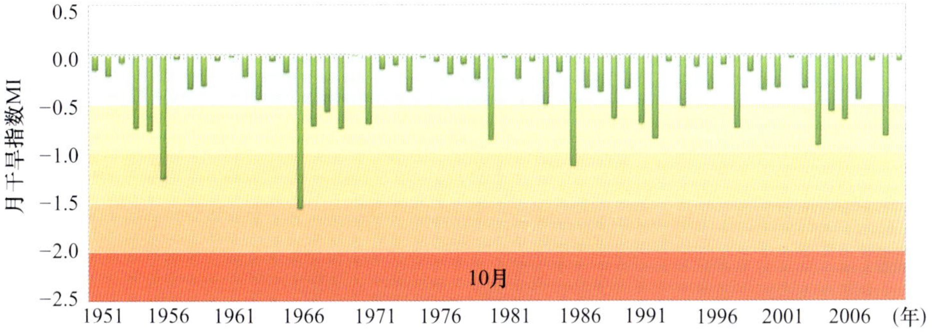
0.5
0.0
-0.5
-1.0
-1.5
-2.0
-2.5
月干旱指数MI
10月
1951
1956
1961
1966
1971
1976
1981
1986
1991
1996
2001
2006
(年)

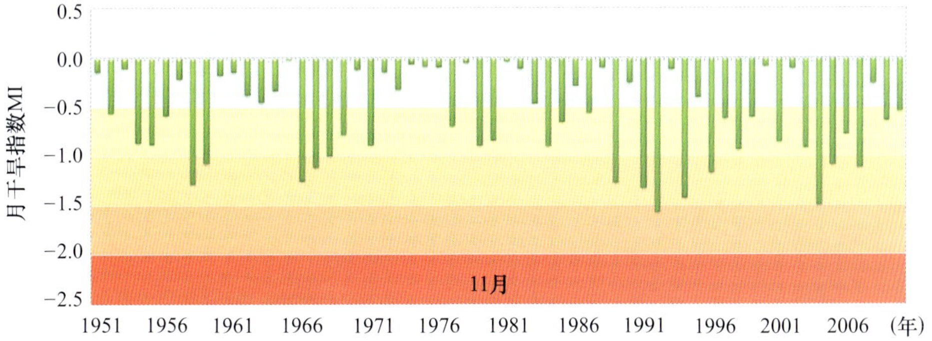
0.5
0.0
-0.5
-1.0
-1.5
-2.0
-2.5
月干旱指数MI
11月
1951
1956
1961
1966
1971
1976
1981
1986
1991
1996
2001
2006
(年)

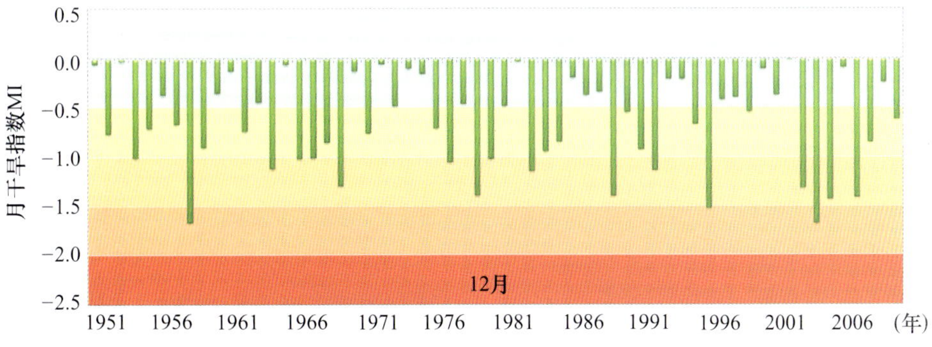
0.5
0.0
-0.5
-1.0
-1.5
-2.0
-2.5
月干旱指数MI
12月
1951
1956
1961
1966
1971
1976
1981
1986
1991
1996
2001
2006
(年)

广东省1951—2010年
逐月气象干旱等级分布图

1951年逐月气象干旱等级分布图

1951年7月气象干旱等级分布

全省等级：正常

(MI=-0.07)

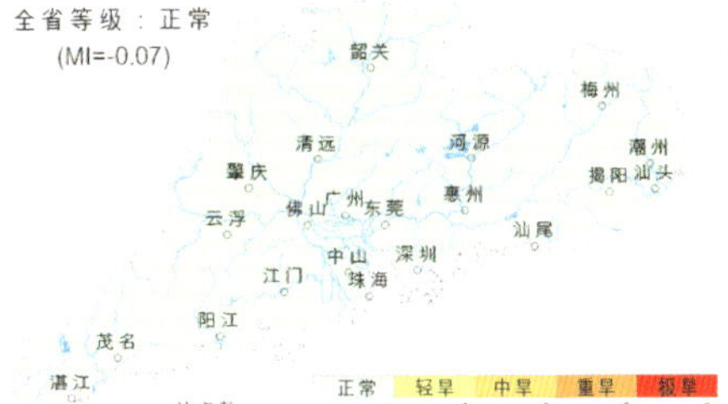

	正常	轻旱	中旱	重旱	极旱
站点数	4	0	0	0	0
站日数	116	8	0	0	0
面积(平方公里)	180000	0	0	0	0
面积率(%)	100	0	0	0	0

1951年8月气象干旱等级分布

全省等级：正常

(MI=-0.05)

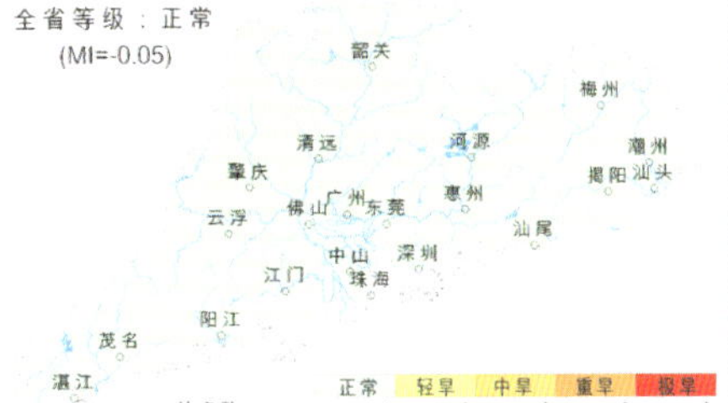

	正常	轻旱	中旱	重旱	极旱
站点数	4	0	0	0	0
站日数	120	4	0	0	0
面积(平方公里)	180000	0	0	0	0
面积率(%)	100	0	0	0	0

1951年9月气象干旱等级分布

全省等级：正常

(MI=-0.05)

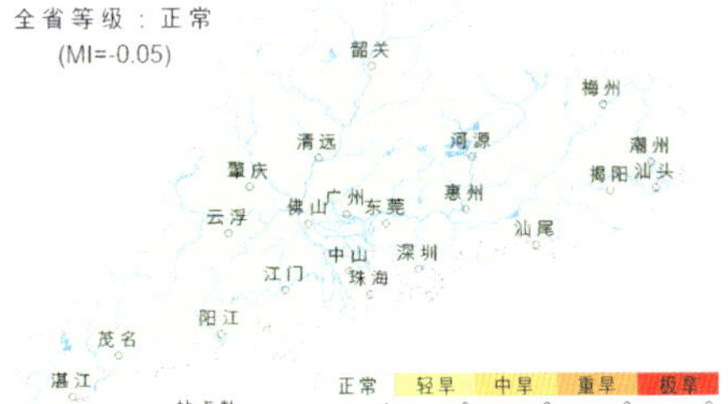

	正常	轻旱	中旱	重旱	极旱
站点数	4	0	0	0	0
站日数	116	4	0	0	0
面积(平方公里)	180000	0	0	0	0
面积率(%)	100	0	0	0	0

1951年10月气象干旱等级分布

全省等级：正常

(MI=-0.15)

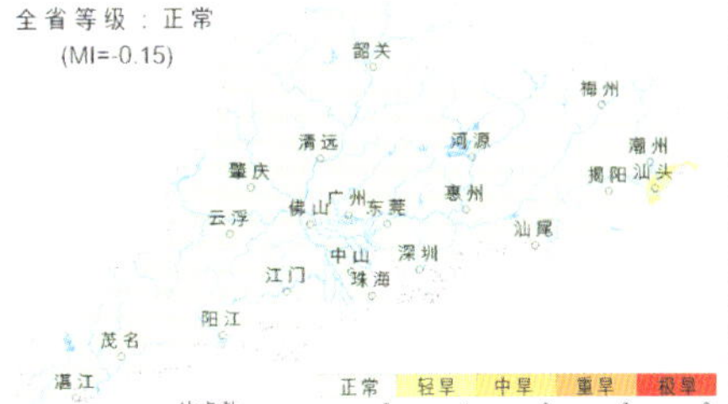

	正常	轻旱	中旱	重旱	极旱
站点数	3	1	0	0	0
站日数	110	10	4	0	0
面积(平方公里)	178891	1109	0	0	0
面积率(%)	99.4	.6	0	0	0

1951年11月气象干旱等级分布

全省等级：正常

(MI=-0.14)

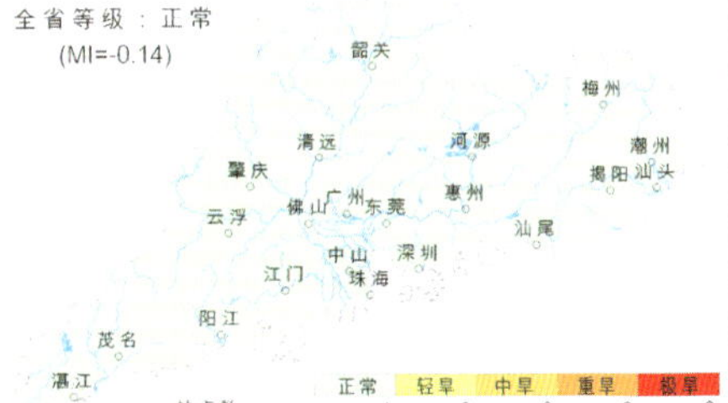

	正常	轻旱	中旱	重旱	极旱
站点数	4	0	0	0	0
站日数	111	0	9	0	0
面积(平方公里)	180000	0	0	0	0
面积率(%)	100	0	0	0	0

1951年12月气象干旱等级分布

全省等级：正常

(MI=-0.05)

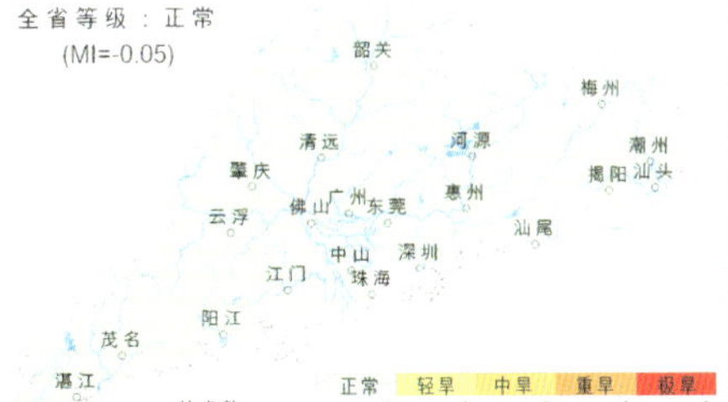

	正常	轻旱	中旱	重旱	极旱
站点数	4	0	0	0	0
站日数	121	3	0	0	0
面积(平方公里)	180000	0	0	0	0
面积率(%)	100	0	0	0	0

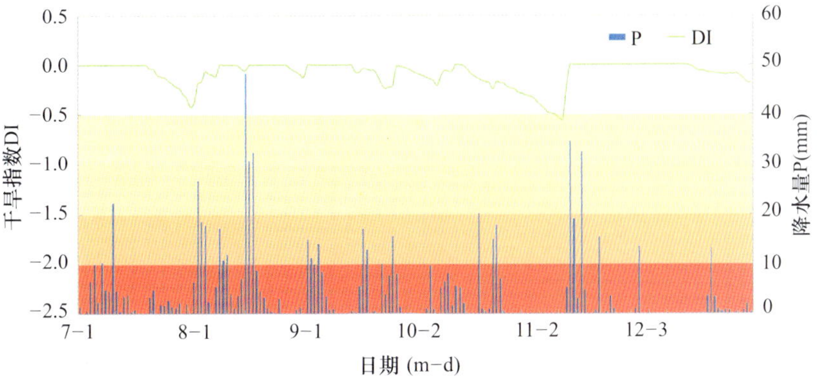

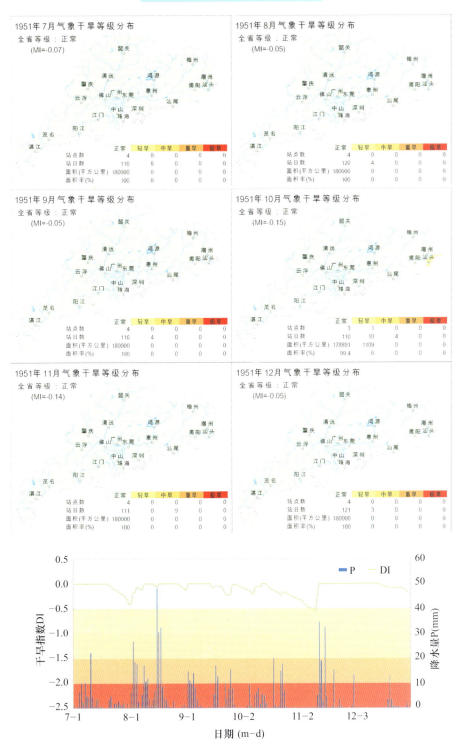

注：干旱指数DI、降水量P均为全省有效站点的平均。

1952 年逐月气象干旱等级分布图

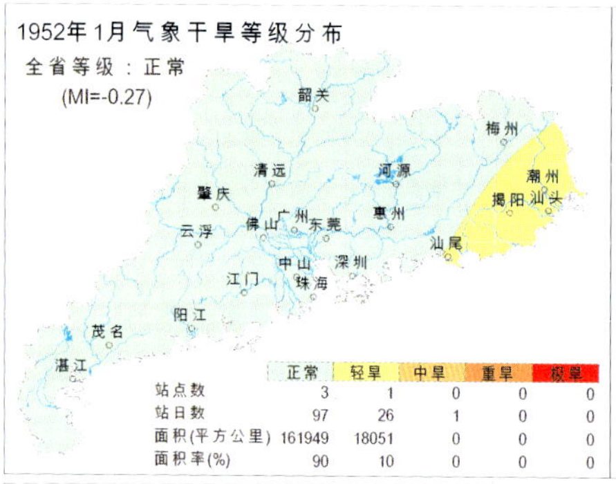

1952年1月气象干旱等级分布

全省等级：正常

(MI=-0.27)

	正常	轻旱	中旱	重旱	极旱
站点数	3	1	0	0	0
站日数	97	26	1	0	0
面积(平方公里)	161949	18051	0	0	0
面积率(%)	90	10	0	0	0

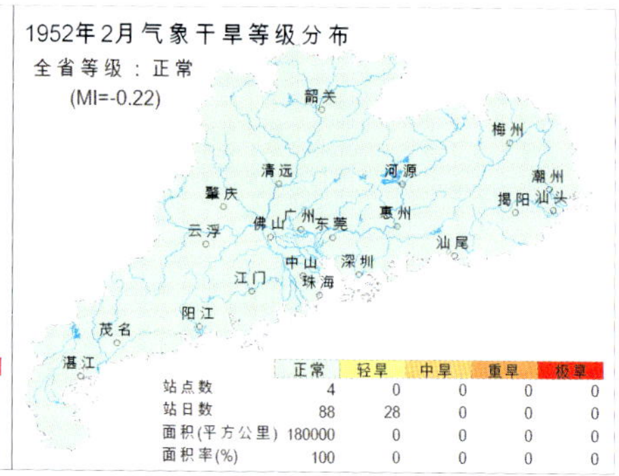

1952年2月气象干旱等级分布

全省等级：正常

(MI=-0.22)

	正常	轻旱	中旱	重旱	极旱
站点数	4	0	0	0	0
站日数	88	28	0	0	0
面积(平方公里)	180000	0	0	0	0
面积率(%)	100	0	0	0	0

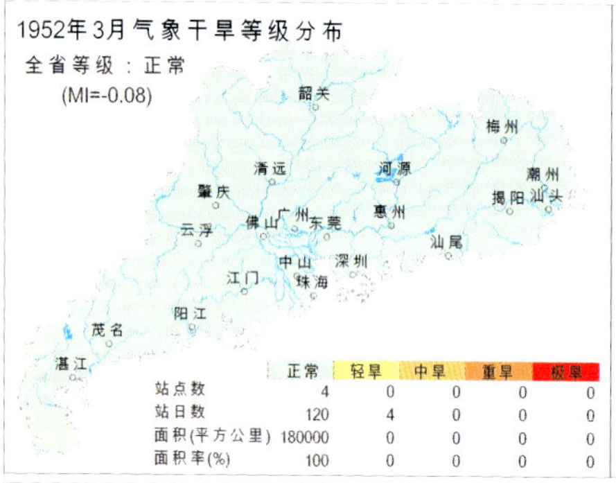

1952年3月气象干旱等级分布

全省等级：正常

(MI=-0.08)

	正常	轻旱	中旱	重旱	极旱
站点数	4	0	0	0	0
站日数	120	4	0	0	0
面积(平方公里)	180000	0	0	0	0
面积率(%)	100	0	0	0	0

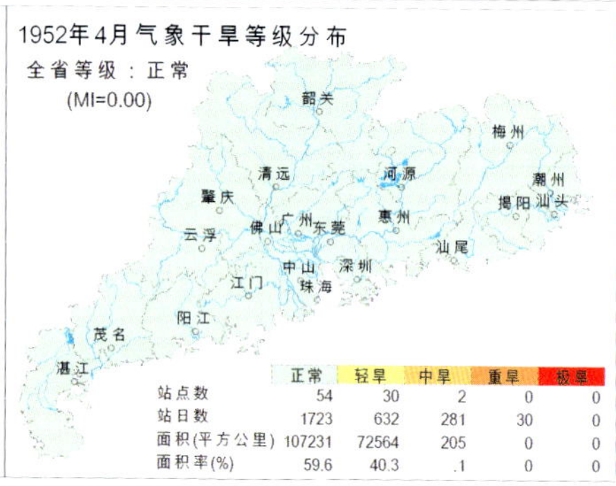

1952年4月气象干旱等级分布

全省等级：正常

(MI=0.00)

	正常	轻旱	中旱	重旱	极旱
站点数	54	30	2	0	0
站日数	1723	632	281	30	0
面积(平方公里)	107231	72564	205	0	0
面积率(%)	59.6	40.3	.1	0	0

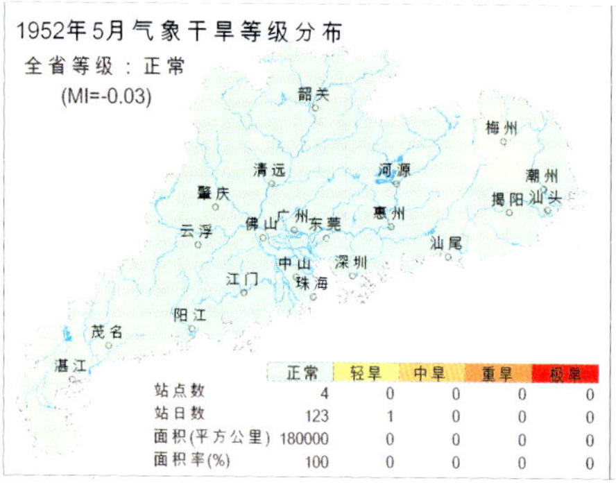

1952年5月气象干旱等级分布

全省等级：正常

(MI=-0.03)

	正常	轻旱	中旱	重旱	极旱
站点数	4	0	0	0	0
站日数	123	1	0	0	0
面积(平方公里)	180000	0	0	0	0
面积率(%)	100	0	0	0	0

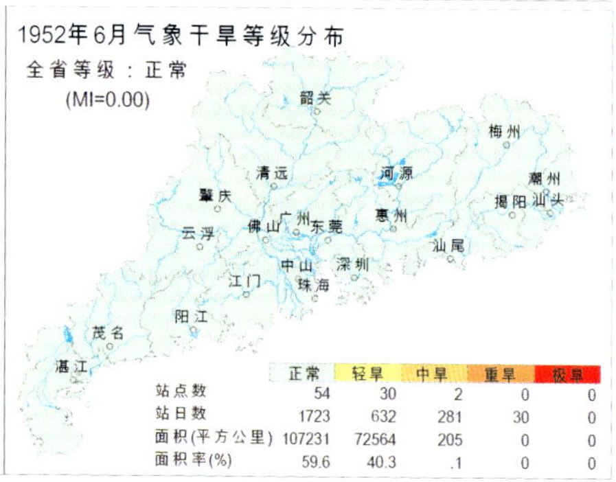

1952年6月气象干旱等级分布

全省等级：正常

(MI=0.00)

	正常	轻旱	中旱	重旱	极旱
站点数	54	30	2	0	0
站日数	1723	632	281	30	0
面积(平方公里)	107231	72564	205	0	0
面积率(%)	59.6	40.3	.1	0	0

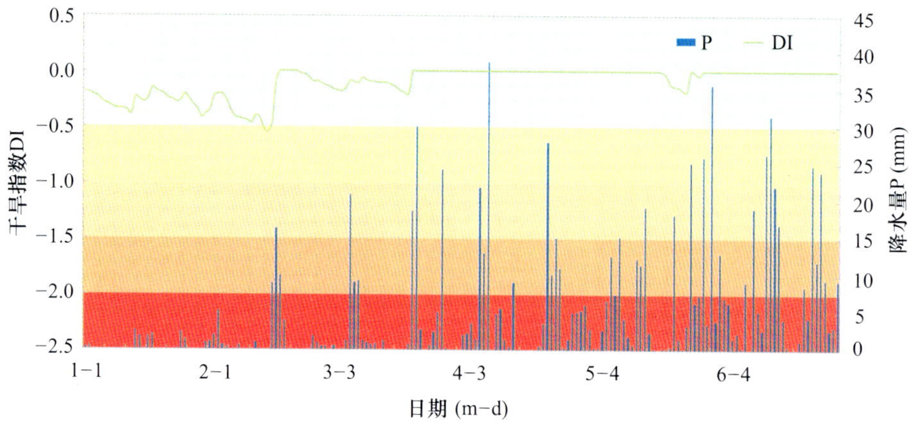

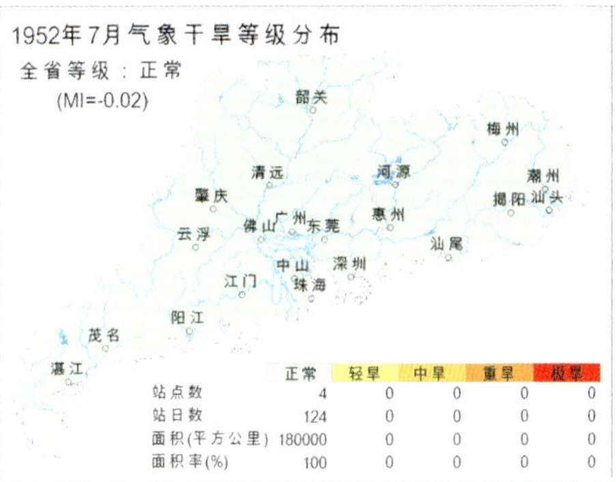

	正常	轻旱	中旱	重旱	极旱
站点数	4	0	0	0	0
站日数	124	0	0	0	0
面积(平方公里)	180000	0	0	0	0
面积率(%)	100	0	0	0	0

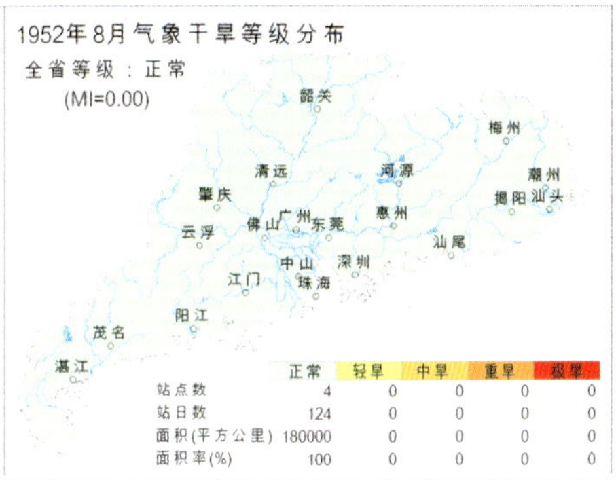

	正常	轻旱	中旱	重旱	极旱
站点数	4	0	0	0	0
站日数	124	0	0	0	0
面积(平方公里)	180000	0	0	0	0
面积率(%)	100	0	0	0	0

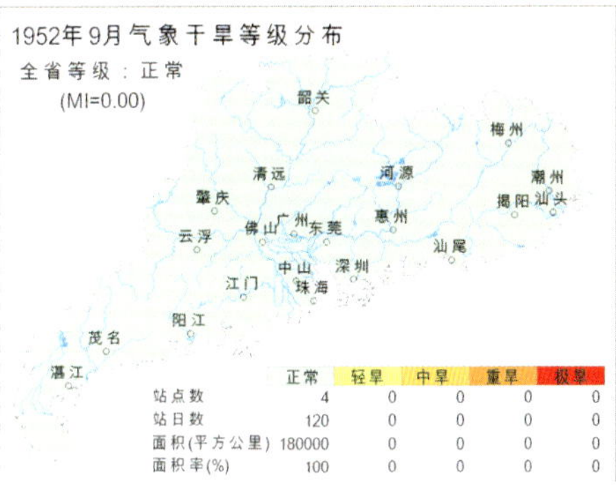

	正常	轻旱	中旱	重旱	极旱
站点数	4	0	0	0	0
站日数	120	0	0	0	0
面积(平方公里)	180000	0	0	0	0
面积率(%)	100	0	0	0	0

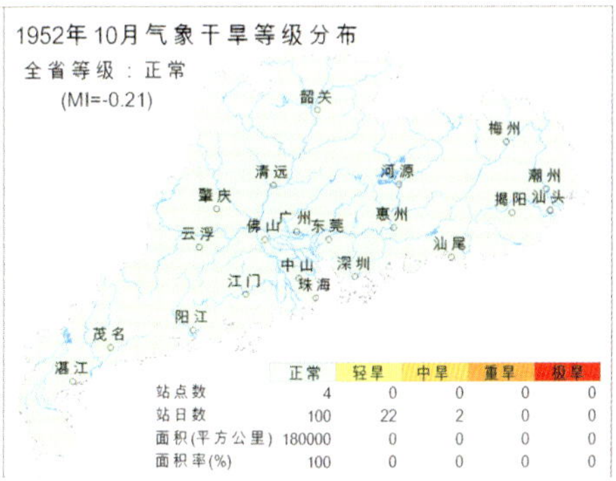

	正常	轻旱	中旱	重旱	极旱
站点数	4	0	0	0	0
站日数	100	22	2	0	0
面积(平方公里)	180000	0	0	0	0
面积率(%)	100	0	0	0	0

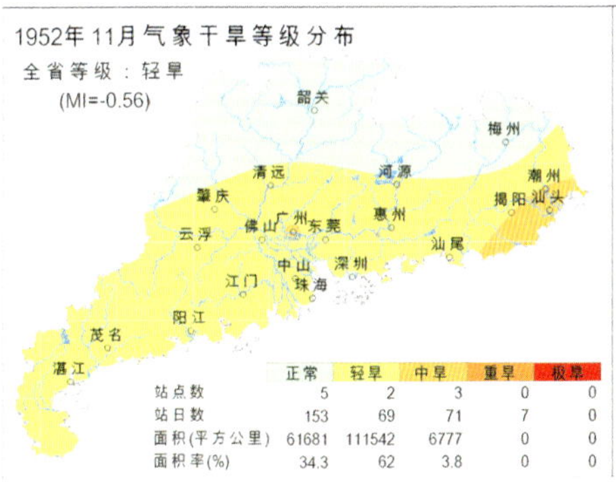

	正常	轻旱	中旱	重旱	极旱
站点数	5	2	3	0	0
站日数	153	69	71	7	0
面积(平方公里)	61681	111542	6777	0	0
面积率(%)	34.3	62	3.8	0	0

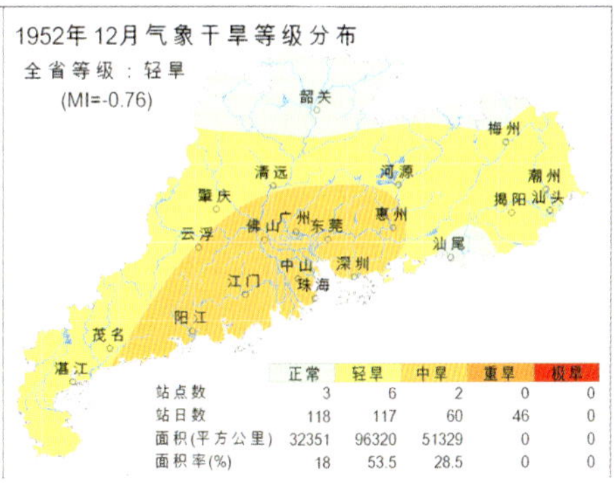

	正常	轻旱	中旱	重旱	极旱
站点数	3	6	2	0	0
站日数	118	117	60	46	0
面积(平方公里)	32351	96320	51329	0	0
面积率(%)	18	53.5	28.5	0	0

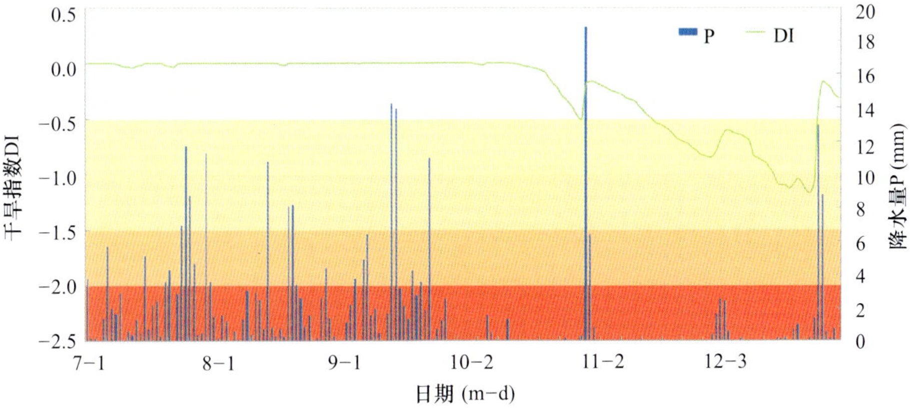

1953 年逐月气象干旱等级分布图

1953年1月气象干旱等级分布

全省等级：轻旱
(MI=-0.51)

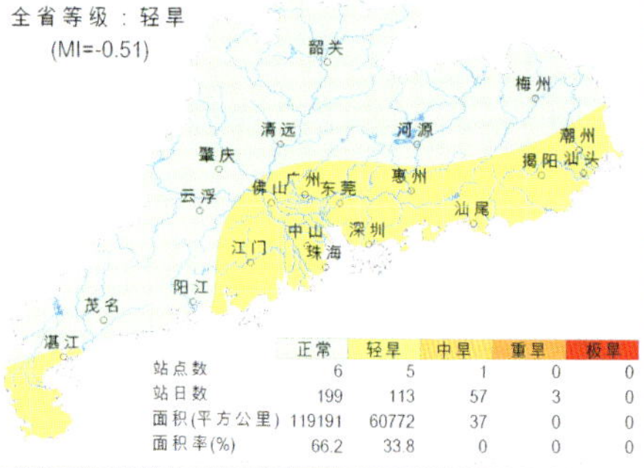

	正常	轻旱	中旱	重旱	极旱
站点数	6	5	1	0	0
站日数	199	113	57	3	0
面积(平方公里)	119191	60772	37	0	0
面积率(%)	66.2	33.8	0	0	0

1953年2月气象干旱等级分布

全省等级：正常
(MI=0.00)

	正常	轻旱	中旱	重旱	极旱
站点数	12	0	0	0	0
站日数	336	0	0	0	0
面积(平方公里)	180000	0	0	0	0
面积率(%)	100	0	0	0	0

1953年3月气象干旱等级分布

全省等级：正常
(MI=0.00)

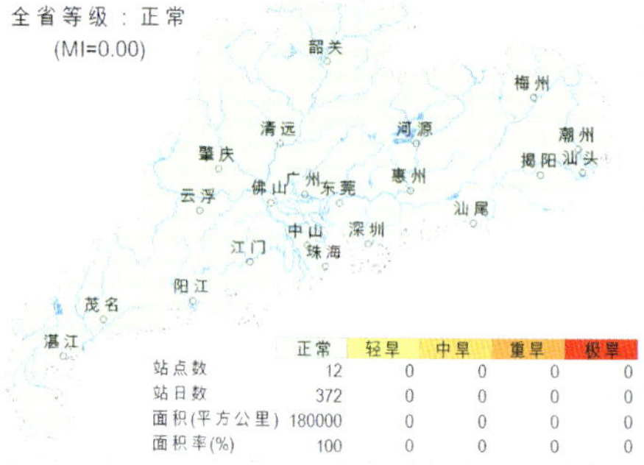

	正常	轻旱	中旱	重旱	极旱
站点数	12	0	0	0	0
站日数	372	0	0	0	0
面积(平方公里)	180000	0	0	0	0
面积率(%)	100	0	0	0	0

1953年4月气象干旱等级分布

全省等级：正常
(MI=-0.01)

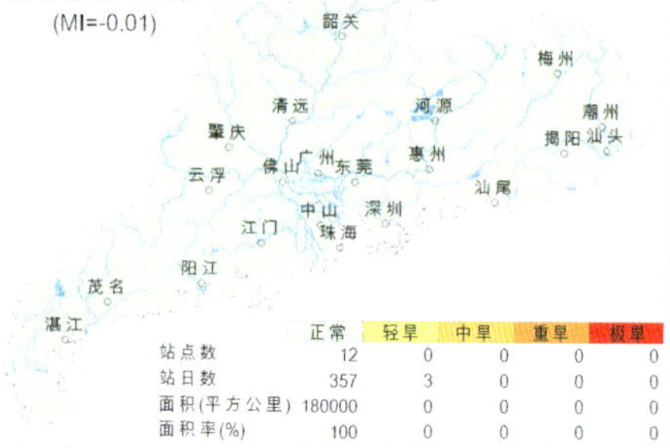

	正常	轻旱	中旱	重旱	极旱
站点数	12	0	0	0	0
站日数	357	3	0	0	0
面积(平方公里)	180000	0	0	0	0
面积率(%)	100	0	0	0	0

1953年5月气象干旱等级分布

全省等级：正常
(MI=0.00)

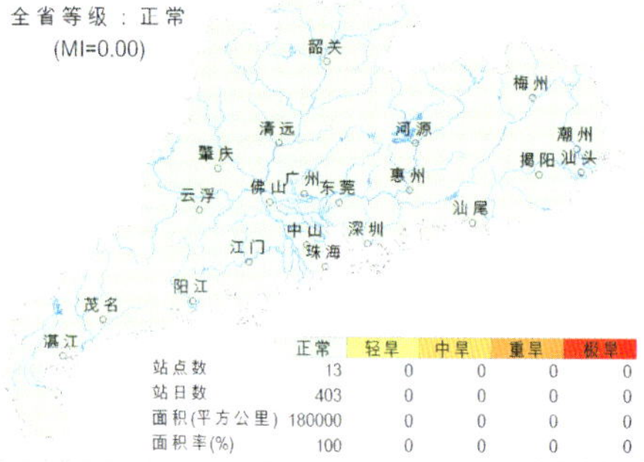

	正常	轻旱	中旱	重旱	极旱
站点数	13	0	0	0	0
站日数	403	0	0	0	0
面积(平方公里)	180000	0	0	0	0
面积率(%)	100	0	0	0	0

1953年6月气象干旱等级分布

全省等级：正常
(MI=-0.01)

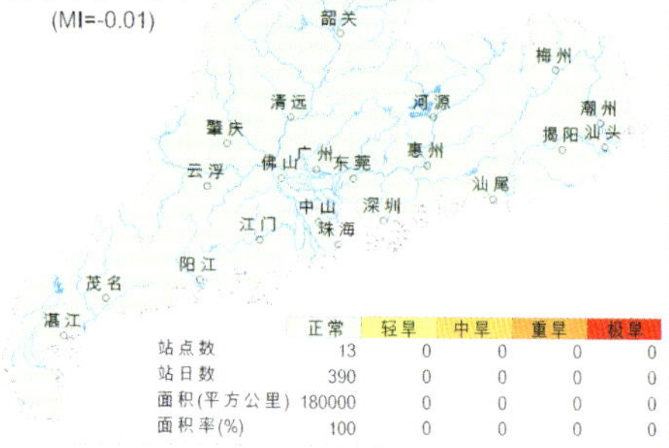

	正常	轻旱	中旱	重旱	极旱
站点数	13	0	0	0	0
站日数	390	0	0	0	0
面积(平方公里)	180000	0	0	0	0
面积率(%)	100	0	0	0	0

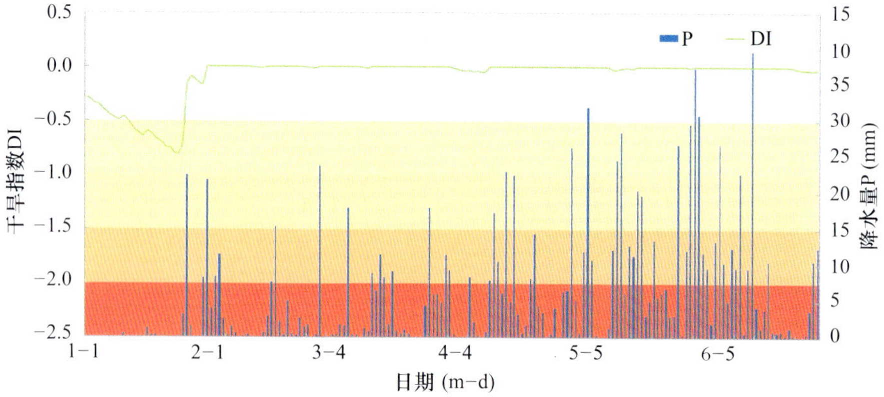

1953年7月气象干旱等级分布

全省等级：正常

(MI=-0.06)

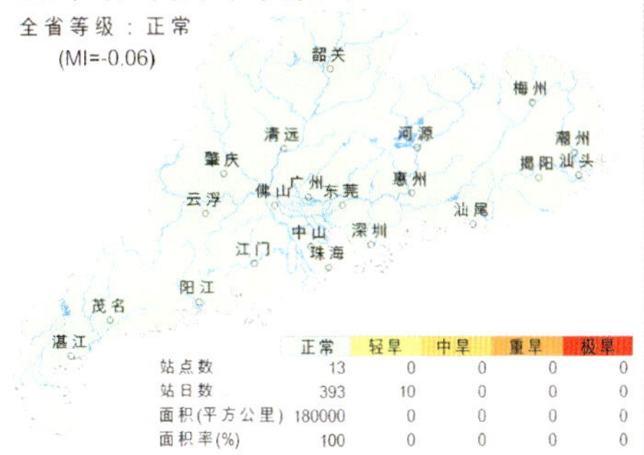

	正常	轻旱	中旱	重旱	极旱
站点数	13	0	0	0	0
站日数	393	10	0	0	0
面积(平方公里)	180000	0	0	0	0
面积率(%)	100	0	0	0	0

1953年8月气象干旱等级分布

全省等级：正常

(MI=-0.40)

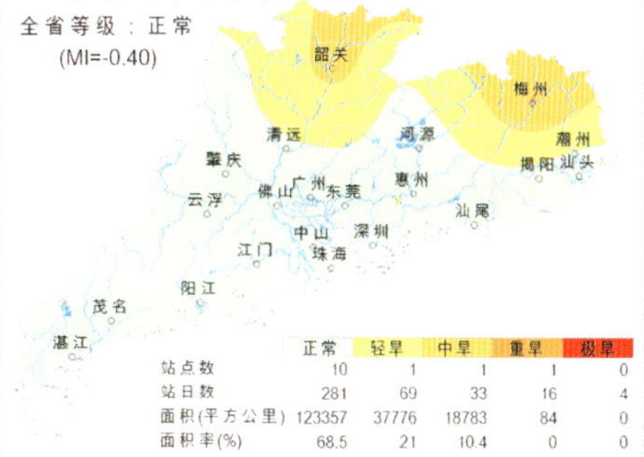

	正常	轻旱	中旱	重旱	极旱
站点数	10	1	1	1	0
站日数	281	69	33	16	4
面积(平方公里)	123357	37776	18783	84	0
面积率(%)	68.5	21	10.4	0	0

1953年9月气象干旱等级分布

全省等级：正常

(MI=-0.03)

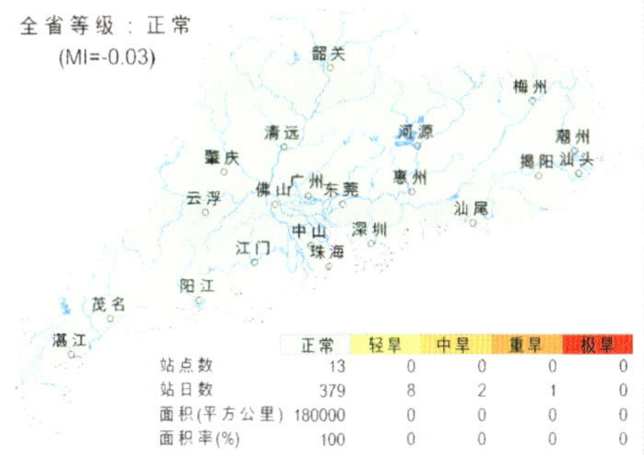

	正常	轻旱	中旱	重旱	极旱
站点数	13	0	0	0	0
站日数	379	8	2	1	0
面积(平方公里)	180000	0	0	0	0
面积率(%)	100	0	0	0	0

1953年10月气象干旱等级分布

全省等级：正常

(MI=-0.08)

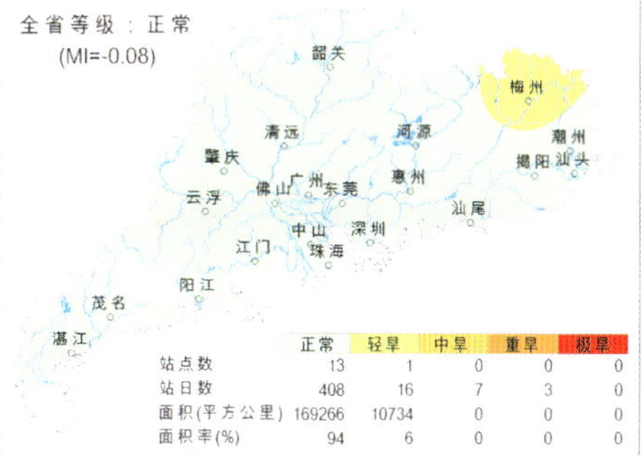

	正常	轻旱	中旱	重旱	极旱
站点数	13	1	0	0	0
站日数	408	16	7	3	0
面积(平方公里)	169266	10734	0	0	0
面积率(%)	94	6	0	0	0

1953年11月气象干旱等级分布

全省等级：正常

(MI=-0.10)

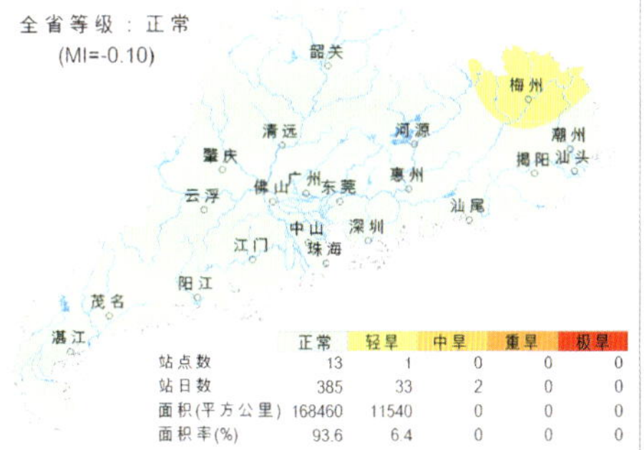

	正常	轻旱	中旱	重旱	极旱
站点数	13	1	0	0	0
站日数	385	33	2	0	0
面积(平方公里)	168460	11540	0	0	0
面积率(%)	93.6	6.4	0	0	0

1953年12月气象干旱等级分布

全省等级：正常

(MI=-0.02)

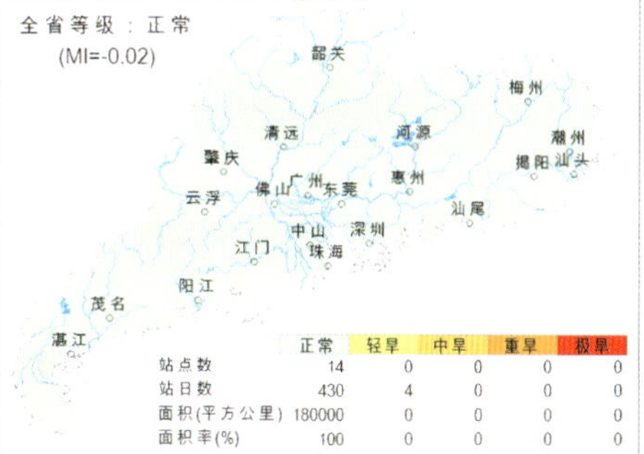

	正常	轻旱	中旱	重旱	极旱
站点数	14	0	0	0	0
站日数	430	4	0	0	0
面积(平方公里)	180000	0	0	0	0
面积率(%)	100	0	0	0	0

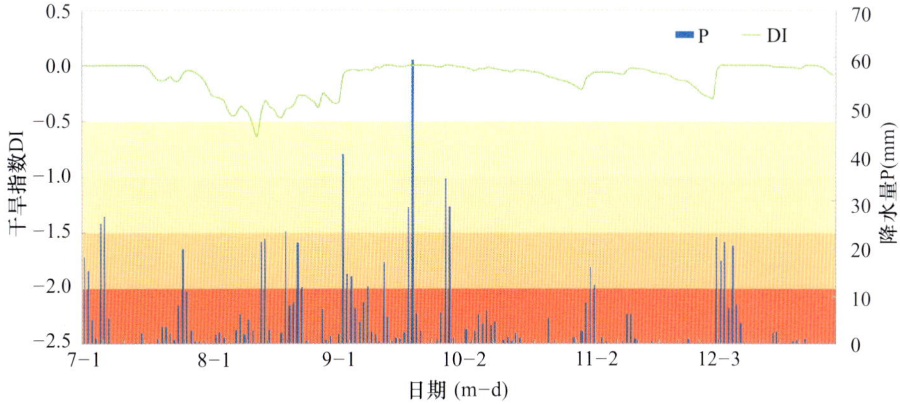

1954 年逐月气象干旱等级分布图

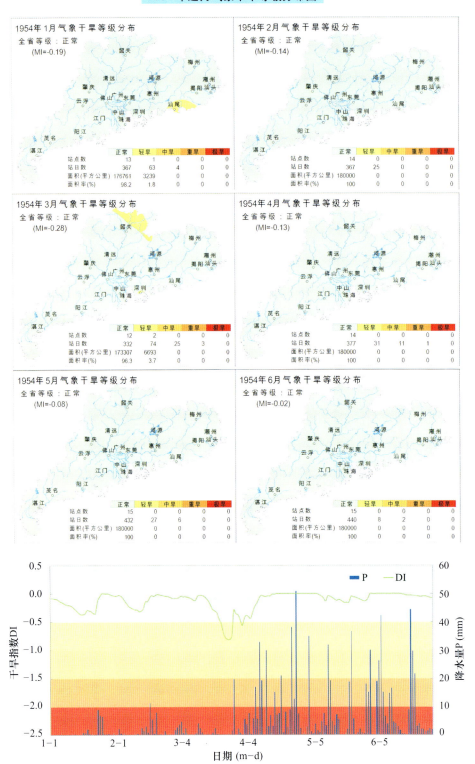

1954年 1月气象干旱等级分布

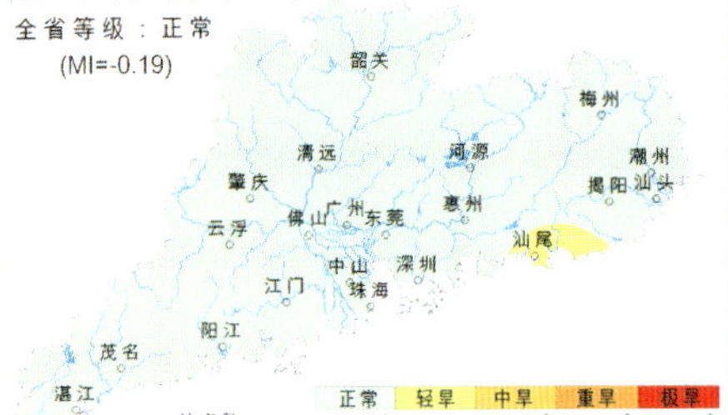

	正常	轻旱	中旱	重旱	极旱
站点数	13	1	0	0	0
站日数	367	63	4	0	0
面积(平方公里)	176761	3239	0	0	0
面积率(%)	98.2	1.8	0	0	0

1954年 2月气象干旱等级分布

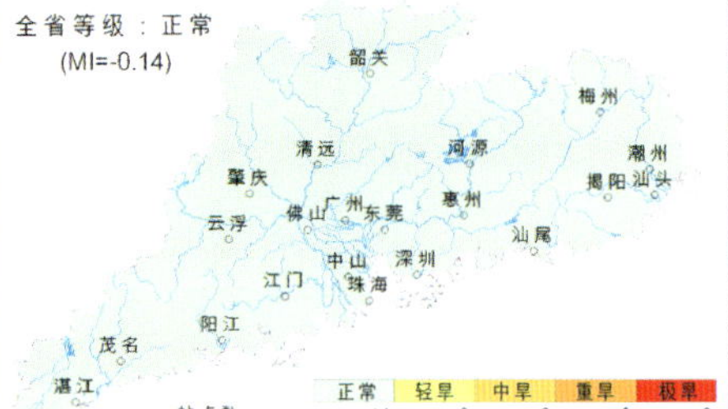

	正常	轻旱	中旱	重旱	极旱
站点数	14	0	0	0	0
站日数	367	25	0	0	0
面积(平方公里)	180000	0	0	0	0
面积率(%)	100	0	0	0	0

1954年 3月气象干旱等级分布

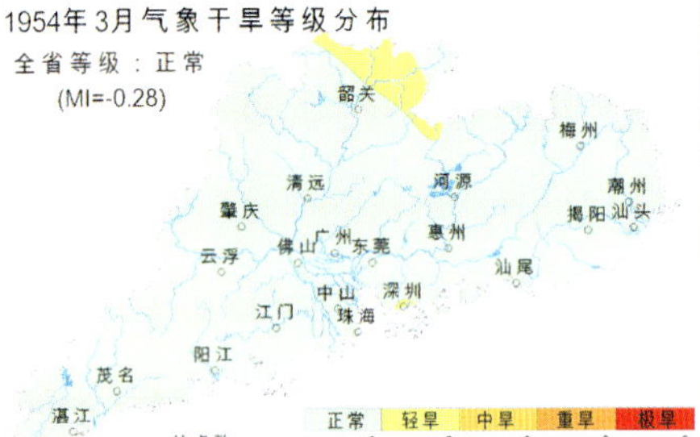

	正常	轻旱	中旱	重旱	极旱
站点数	12	2	0	0	0
站日数	332	74	25	3	0
面积(平方公里)	173307	6693	0	0	0
面积率(%)	96.3	3.7	0	0	0

1954年 4月气象干旱等级分布

	正常	轻旱	中旱	重旱	极旱
站点数	14	0	0	0	0
站日数	377	31	11	1	0
面积(平方公里)	180000	0	0	0	0
面积率(%)	100	0	0	0	0

1954年 5月气象干旱等级分布

	正常	轻旱	中旱	重旱	极旱
站点数	15	0	0	0	0
站日数	432	27	6	0	0
面积(平方公里)	180000	0	0	0	0
面积率(%)	100	0	0	0	0

1954年 6月气象干旱等级分布

	正常	轻旱	中旱	重旱	极旱
站点数	15	0	0	0	0
站日数	440	8	2	0	0
面积(平方公里)	180000	0	0	0	0
面积率(%)	100	0	0	0	0

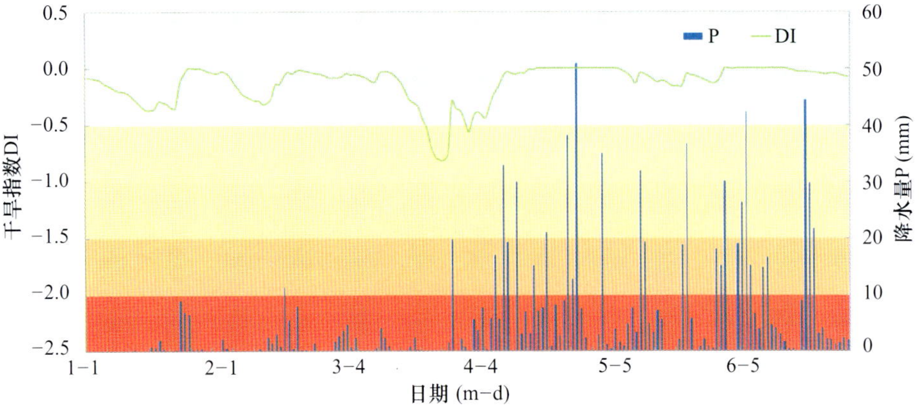

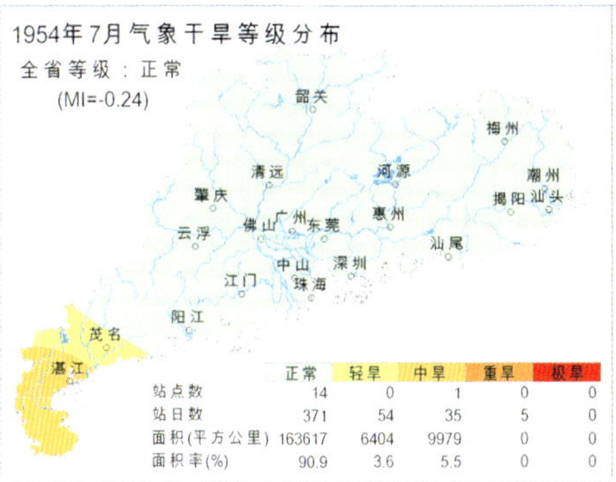

	正常	轻旱	中旱	重旱	极旱
站点数	14	0	1	0	0
站日数	371	54	35	5	0
面积(平方公里)	163617	6404	9979	0	0
面积率(%)	90.9	3.6	5.5	0	0

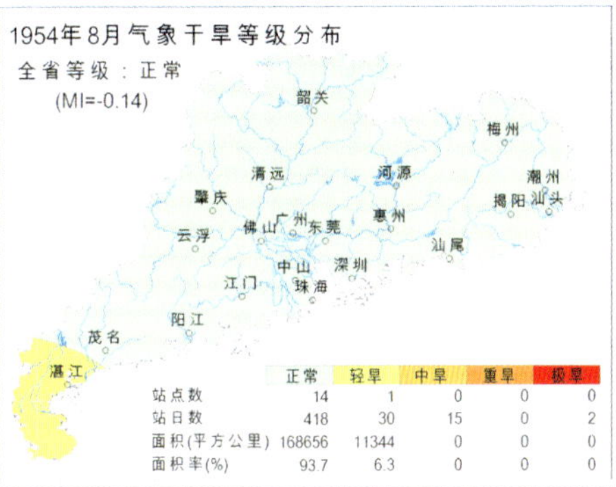

	正常	轻旱	中旱	重旱	极旱
站点数	14	1	0	0	0
站日数	418	30	15	0	2
面积(平方公里)	168656	11344	0	0	0
面积率(%)	93.7	6.3	0	0	0

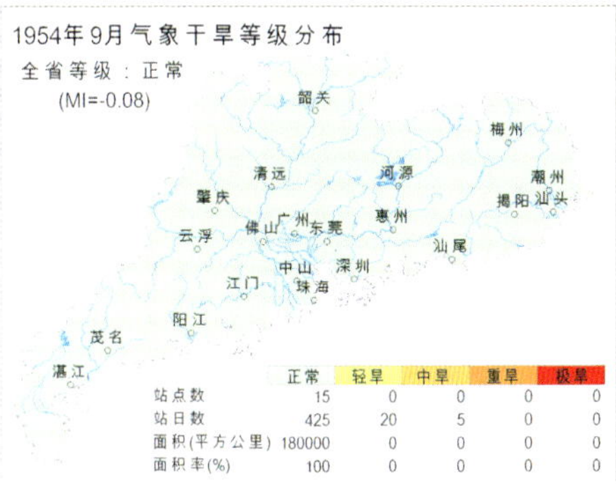

	正常	轻旱	中旱	重旱	极旱
站点数	15	0	0	0	0
站日数	425	20	5	0	0
面积(平方公里)	180000	0	0	0	0
面积率(%)	100	0	0	0	0

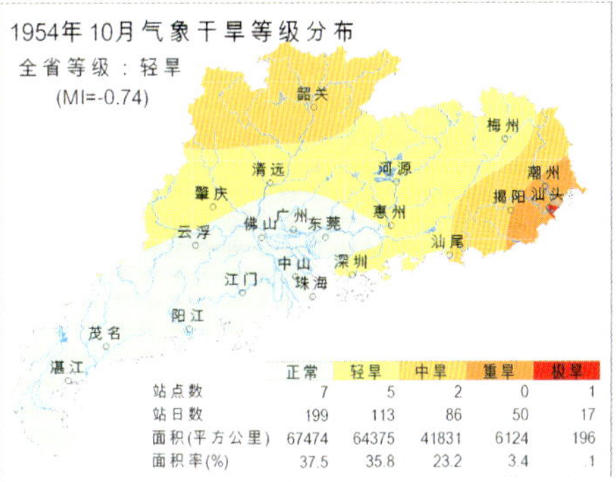

	正常	轻旱	中旱	重旱	极旱
站点数	7	5	2	0	1
站日数	199	113	86	50	17
面积(平方公里)	67474	64375	41831	6124	196
面积率(%)	37.5	35.8	23.2	3.4	1

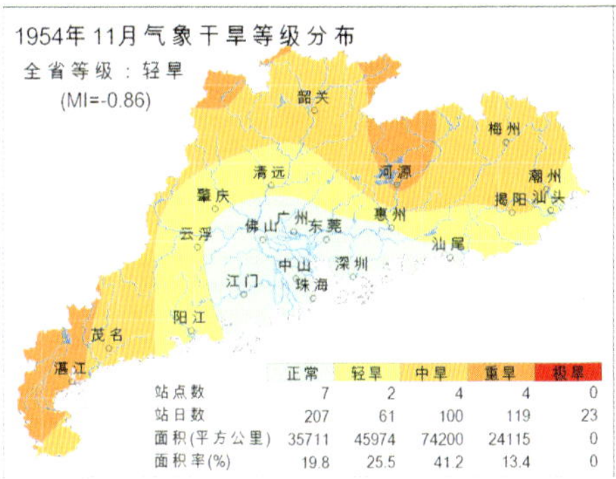

	正常	轻旱	中旱	重旱	极旱
站点数	7	2	4	4	0
站日数	207	61	100	119	23
面积(平方公里)	35711	45974	74200	24115	0
面积率(%)	19.8	25.5	41.2	13.4	0

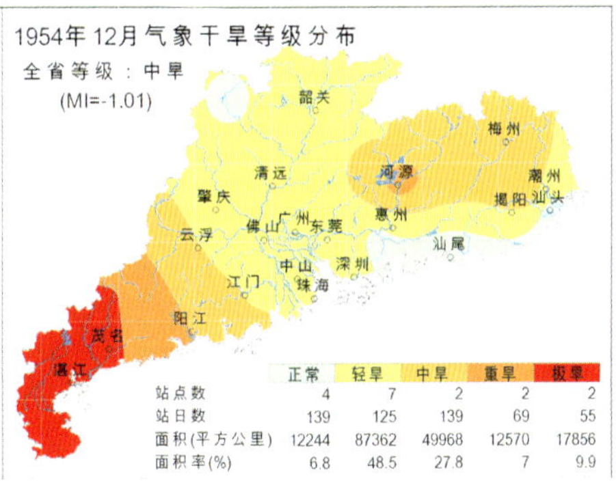

	正常	轻旱	中旱	重旱	极旱
站点数	4	7	2	2	2
站日数	139	125	139	69	55
面积(平方公里)	12244	87362	49968	12570	17856
面积率(%)	6.8	48.5	27.8	7	9.9

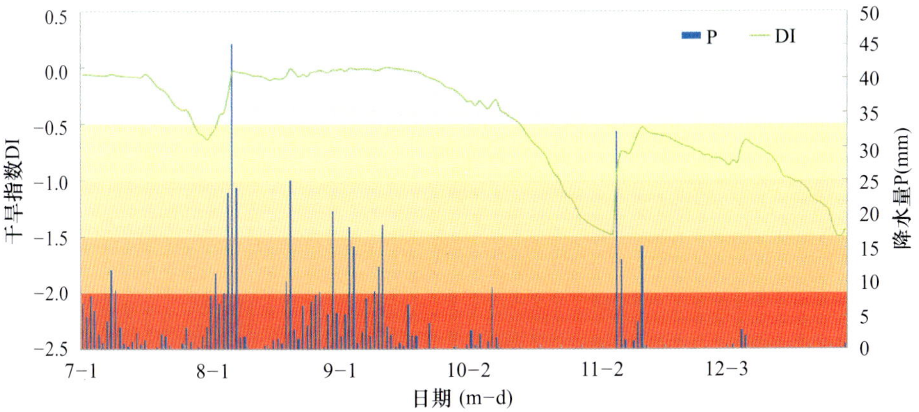

1955 年逐月气象干旱等级分布图

1955年1月气象干旱等级分布

全省等级：中旱

(MI=-1.26)

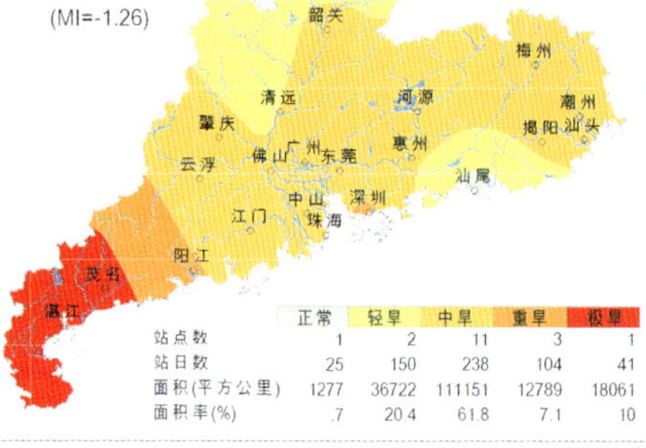

	正常	轻旱	中旱	重旱	极旱
站点数	1	2	11	3	1
站日数	25	150	238	104	41
面积(平方公里)	1277	36722	111151	12789	18061
面积率(%)	.7	20.4	61.8	7.1	10

1955年2月气象干旱等级分布

全省等级：中旱

(MI=-1.18)

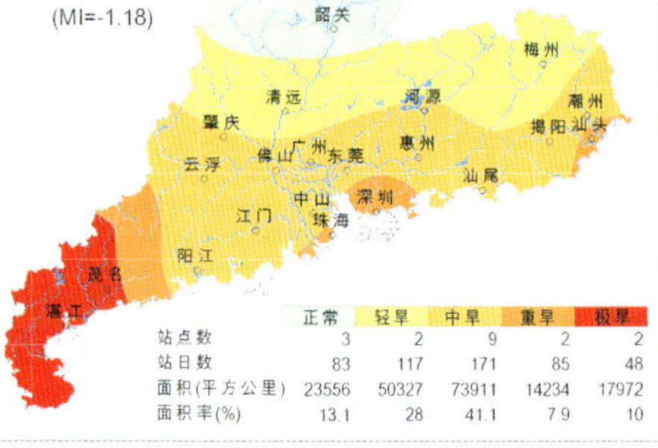

	正常	轻旱	中旱	重旱	极旱
站点数	3	2	9	2	2
站日数	83	117	171	85	48
面积(平方公里)	23556	50327	73911	14234	17972
面积率(%)	13.1	28	41.1	7.9	10

1955年3月气象干旱等级分布

全省等级：重旱

(MI=-1.54)

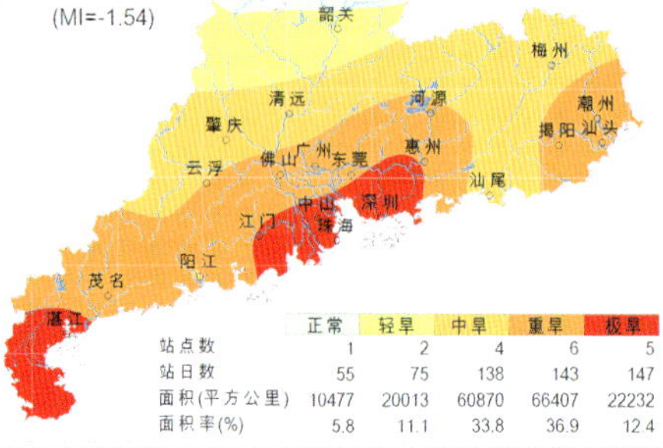

	正常	轻旱	中旱	重旱	极旱
站点数	1	2	4	6	5
站日数	55	75	138	143	147
面积(平方公里)	10477	20013	60870	66407	22232
面积率(%)	5.8	11.1	33.8	36.9	12.4

1955年4月气象干旱等级分布

全省等级：轻旱

(MI=-0.59)

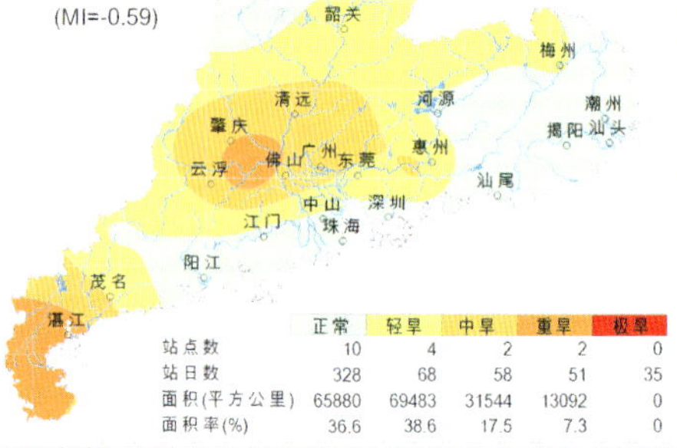

	正常	轻旱	中旱	重旱	极旱
站点数	10	4	2	2	0
站日数	328	68	58	51	35
面积(平方公里)	65880	69483	31544	13092	0
面积率(%)	36.6	38.6	17.5	7.3	0

1955年5月气象干旱等级分布

全省等级：正常

(MI=-0.34)

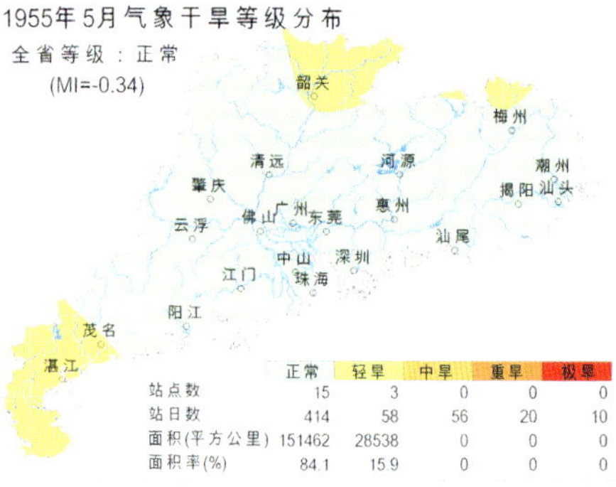

	正常	轻旱	中旱	重旱	极旱
站点数	15	3	0	0	0
站日数	414	58	56	20	10
面积(平方公里)	151462	28538	0	0	0
面积率(%)	84.1	15.9	0	0	0

1955年6月气象干旱等级分布

全省等级：正常

(MI=-0.04)

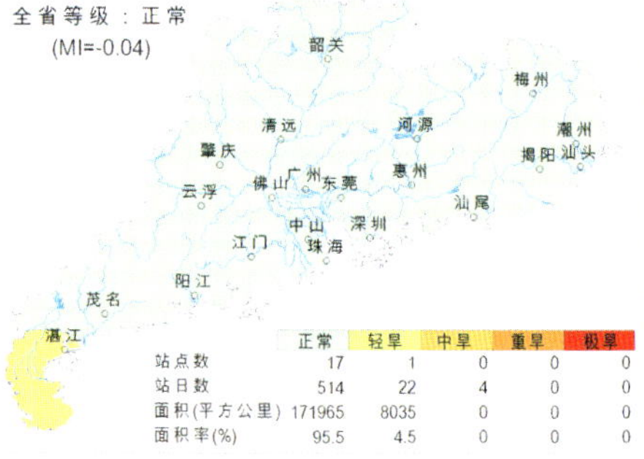

	正常	轻旱	中旱	重旱	极旱
站点数	17	1	0	0	0
站日数	514	22	4	0	0
面积(平方公里)	171965	8035	0	0	0
面积率(%)	95.5	4.5	0	0	0

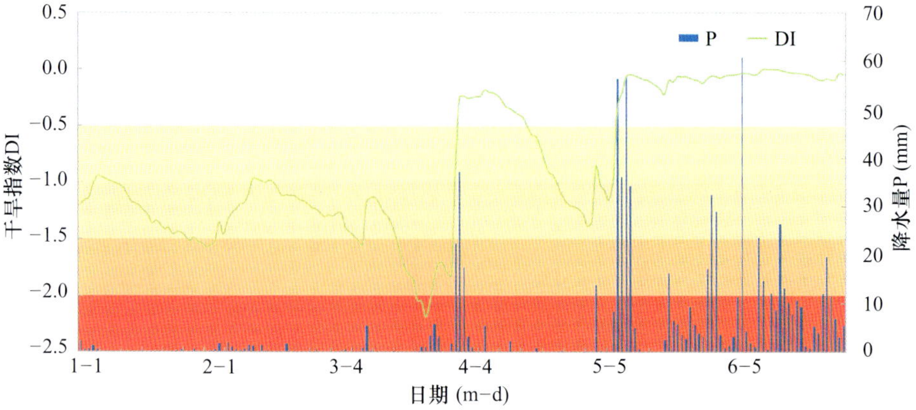

1955年7月气象干旱等级分布

全省等级：正常

(MI=-0.03)

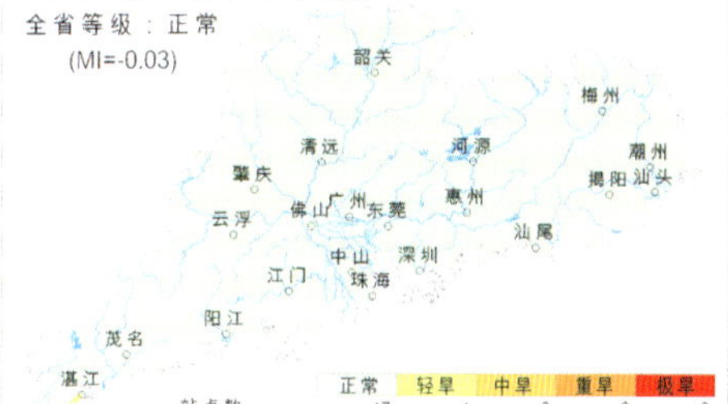

	正常	轻旱	中旱	重旱	极旱
站点数	17	1	0	0	0
站日数	545	12	1	0	0
面积(平方公里)	179856	144	0	0	0
面积率(%)	99.9	.1	0	0	0

1955年8月气象干旱等级分布

全省等级：正常

(MI=-0.05)

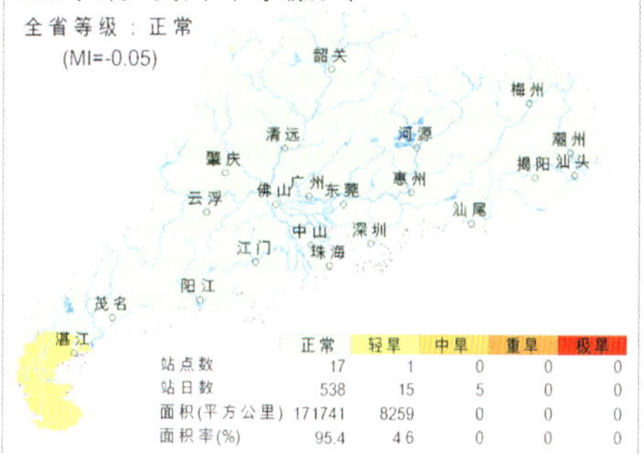

	正常	轻旱	中旱	重旱	极旱
站点数	17	1	0	0	0
站日数	538	15	5	0	0
面积(平方公里)	171741	8259	0	0	0
面积率(%)	95.4	4.6	0	0	0

1955年9月气象干旱等级分布

全省等级：正常

(MI=-0.06)

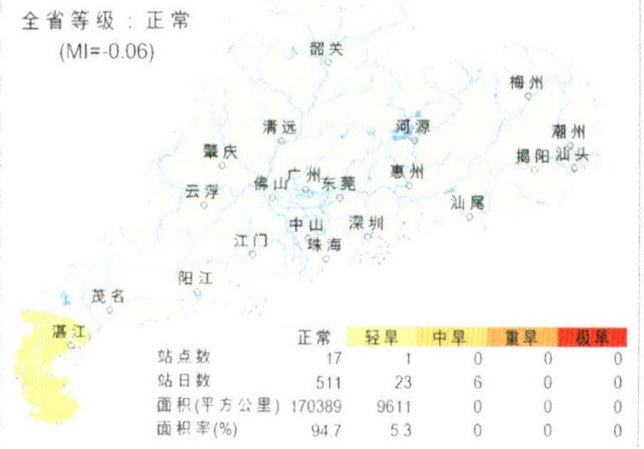

	正常	轻旱	中旱	重旱	极旱
站点数	17	1	0	0	0
站日数	511	23	6	0	0
面积(平方公里)	170389	9611	0	0	0
面积率(%)	94.7	5.3	0	0	0

1955年10月气象干旱等级分布

全省等级：轻旱

(MI=-0.77)

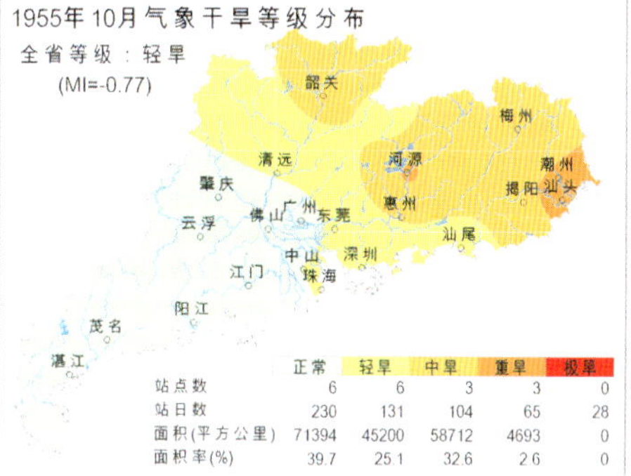

	正常	轻旱	中旱	重旱	极旱
站点数	6	6	3	3	0
站日数	230	131	104	65	28
面积(平方公里)	71394	45200	58712	4693	0
面积率(%)	39.7	25.1	32.6	2.6	0

1955年11月气象干旱等级分布

全省等级：轻旱

(MI=-0.87)

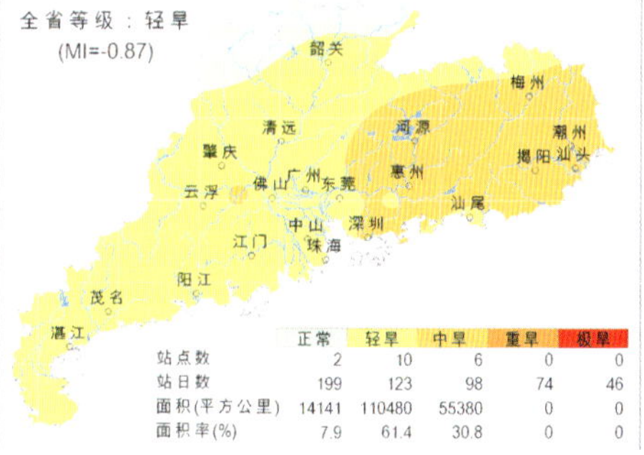

	正常	轻旱	中旱	重旱	极旱
站点数	2	10	6	0	0
站日数	199	123	98	74	46
面积(平方公里)	14141	110480	55380	0	0
面积率(%)	7.9	61.4	30.8	0	0

1955年12月气象干旱等级分布

全省等级：轻旱

(MI=-0.71)

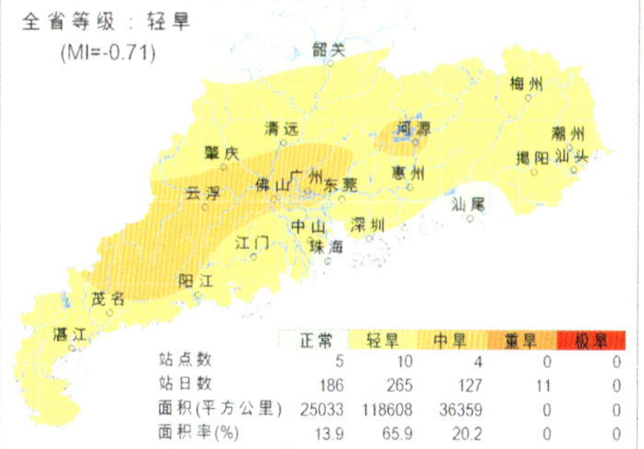

	正常	轻旱	中旱	重旱	极旱
站点数	5	10	4	0	0
站日数	186	265	127	11	0
面积(平方公里)	25033	118608	36359	0	0
面积率(%)	13.9	65.9	20.2	0	0

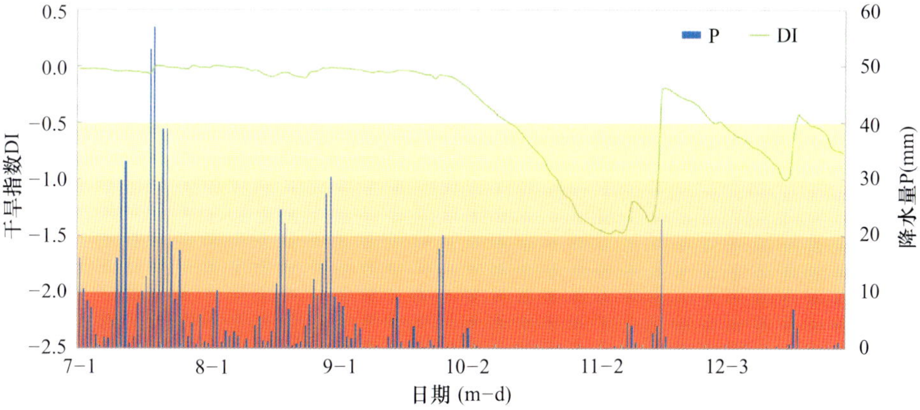

1956 年逐月气象干旱等级分布图

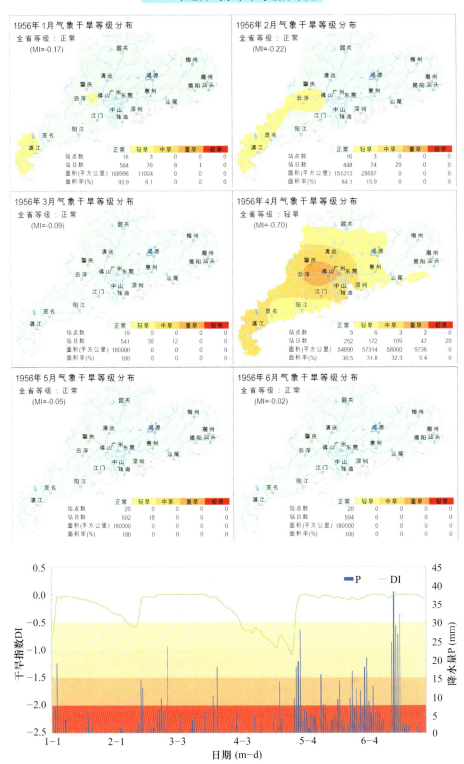

1956年 1月气象干旱等级分布

全省等级：正常

(MI=-0.17)

	正常	轻旱	中旱	重旱	极旱
站点数	16	3	0	0	0
站日数	504	76	8	1	0
面积(平方公里)	168996	11004	0	0	0
面积率(%)	93.9	6.1	0	0	0

1956年 2月气象干旱等级分布

全省等级：正常

(MI=-0.22)

	正常	轻旱	中旱	重旱	极旱
站点数	16	3	0	0	0
站日数	448	74	29	0	0
面积(平方公里)	151313	28687	0	0	0
面积率(%)	84.1	15.9	0	0	0

1956年 3月气象干旱等级分布

全省等级：正常

(MI=-0.09)

	正常	轻旱	中旱	重旱	极旱
站点数	19	0	0	0	0
站日数	541	36	12	0	0
面积(平方公里)	180000	0	0	0	0
面积率(%)	100	0	0	0	0

1956年 4月气象干旱等级分布

全省等级：轻旱

(MI=-0.70)

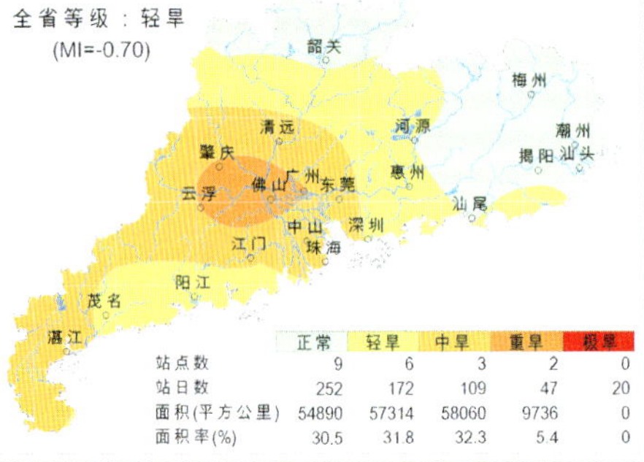

	正常	轻旱	中旱	重旱	极旱
站点数	9	6	3	2	0
站日数	252	172	109	47	20
面积(平方公里)	54890	57314	58060	9736	0
面积率(%)	30.5	31.8	32.3	5.4	0

1956年 5月气象干旱等级分布

全省等级：正常

(MI=-0.05)

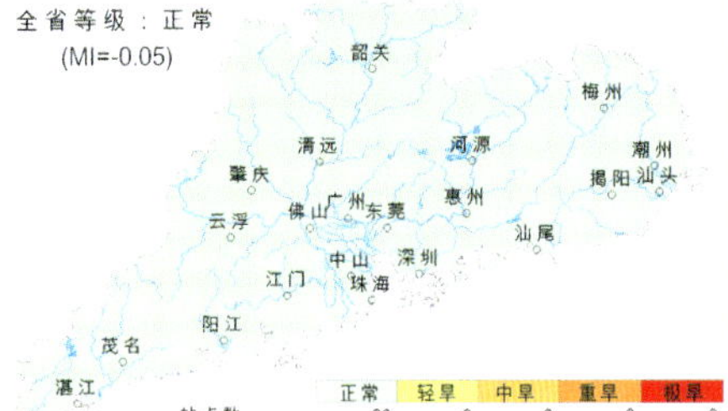

	正常	轻旱	中旱	重旱	极旱
站点数	20	0	0	0	0
站日数	602	18	0	0	0
面积(平方公里)	180000	0	0	0	0
面积率(%)	100	0	0	0	0

1956年 6月气象干旱等级分布

全省等级：正常

(MI=-0.02)

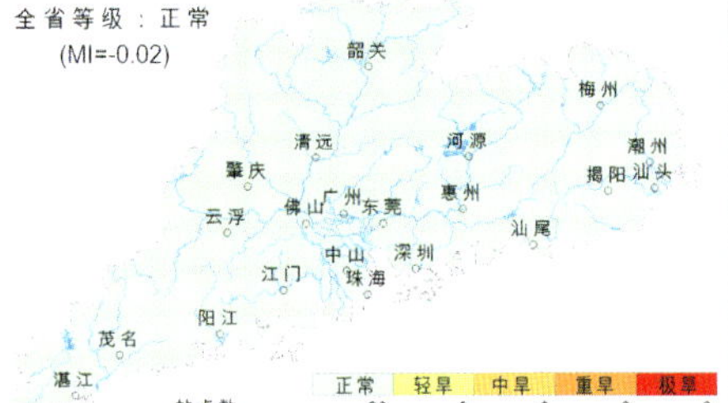

	正常	轻旱	中旱	重旱	极旱
站点数	20	0	0	0	0
站日数	594	6	0	0	0
面积(平方公里)	180000	0	0	0	0
面积率(%)	100	0	0	0	0

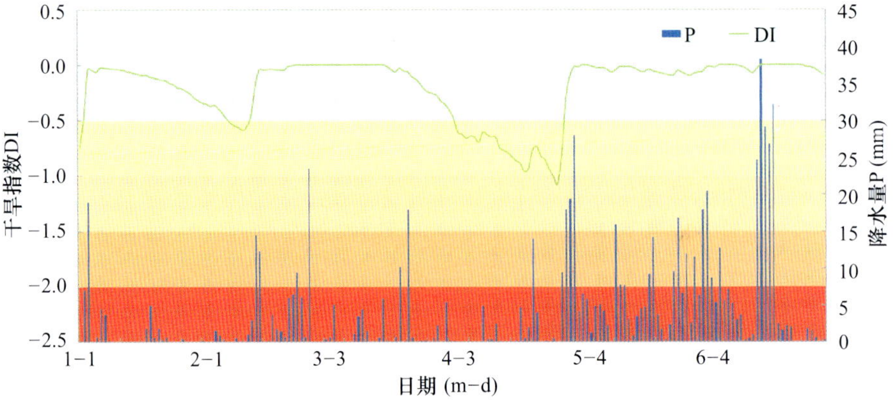

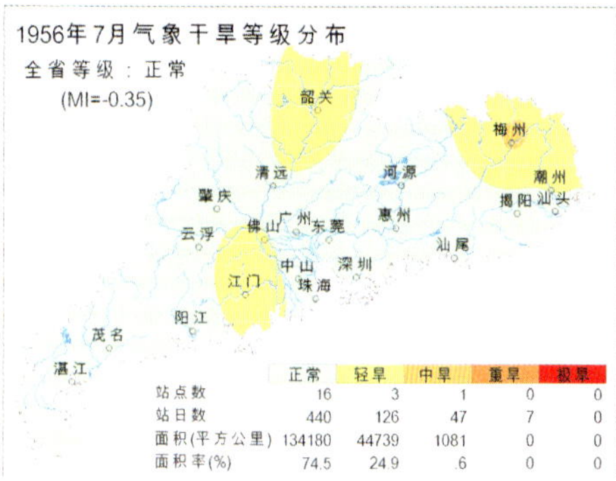

	正常	轻旱	中旱	重旱	极旱
站点数	16	3	1	0	0
站日数	440	126	47	7	0
面积(平方公里)	134180	44739	1081	0	0
面积率(%)	74.5	24.9	.6	0	0

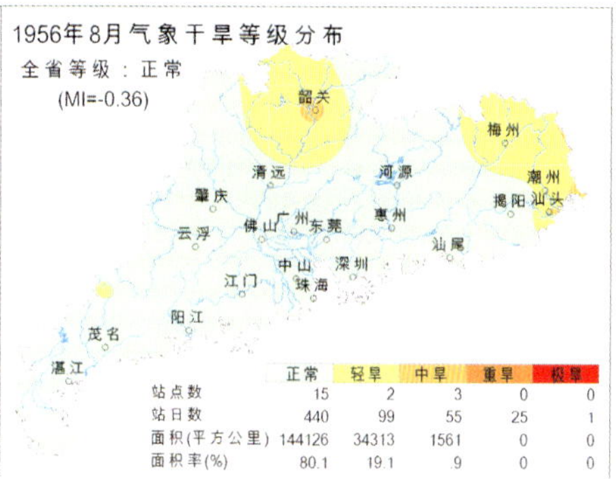

	正常	轻旱	中旱	重旱	极旱
站点数	15	2	3	0	0
站日数	440	99	55	25	1
面积(平方公里)	144126	34313	1561	0	0
面积率(%)	80.1	19.1	.9	0	0

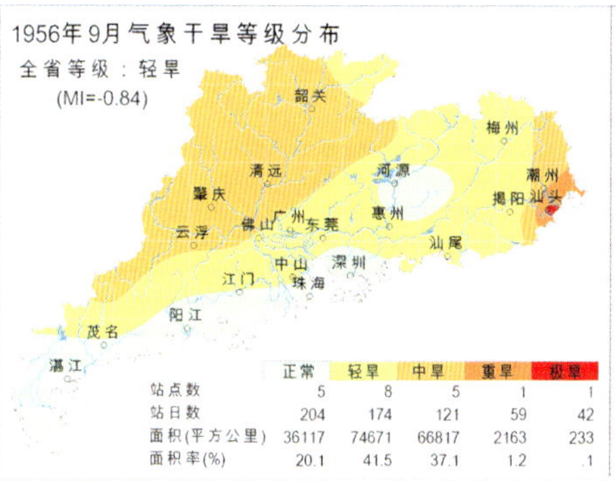

	正常	轻旱	中旱	重旱	极旱
站点数	5	8	5	1	1
站日数	204	174	121	59	42
面积(平方公里)	36117	74671	66817	2163	233
面积率(%)	20.1	41.5	37.1	1.2	.1

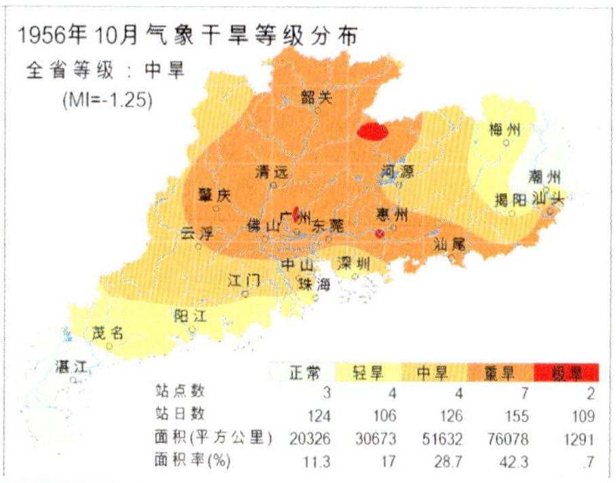

	正常	轻旱	中旱	重旱	极旱
站点数	3	4	4	7	2
站日数	124	106	126	155	109
面积(平方公里)	20326	30673	51632	76078	1291
面积率(%)	11.3	17	28.7	42.3	.7

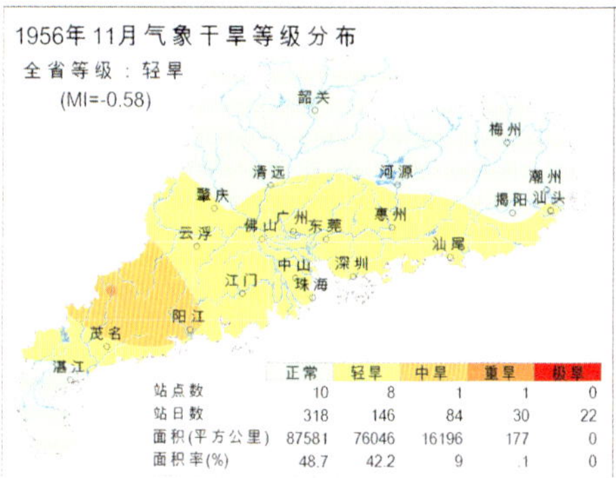

	正常	轻旱	中旱	重旱	极旱
站点数	10	8	1	1	0
站日数	318	146	84	30	22
面积(平方公里)	87581	76046	16196	177	0
面积率(%)	48.7	42.2	9	.1	0

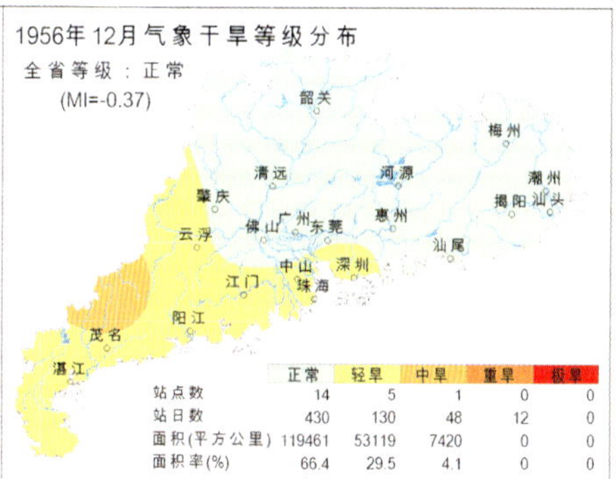

	正常	轻旱	中旱	重旱	极旱
站点数	14	5	1	0	0
站日数	430	130	48	12	0
面积(平方公里)	119461	53119	7420	0	0
面积率(%)	66.4	29.5	4.1	0	0

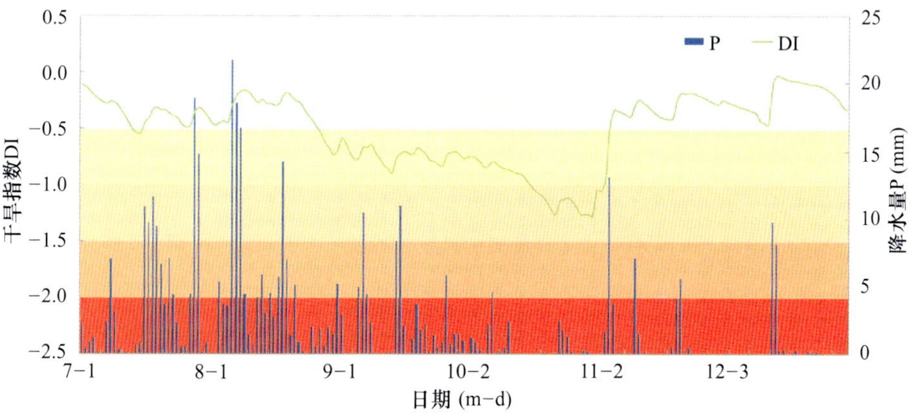

1957 年逐月气象干旱等级分布图

1957年1月气象干旱等级分布

全省等级：轻旱

(MI=-0.74)

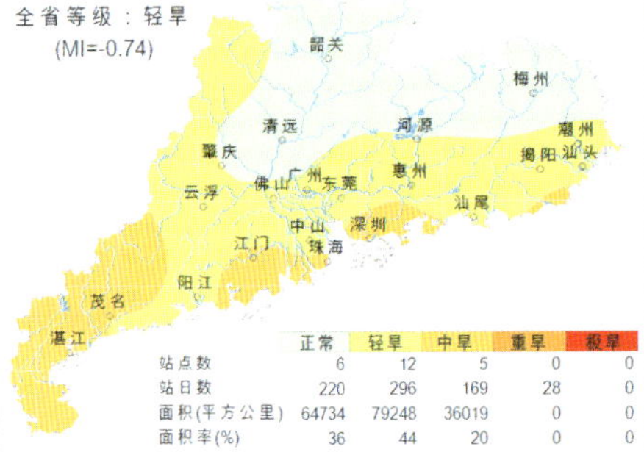

	正常	轻旱	中旱	重旱	极旱
站点数	6	12	5	0	0
站日数	220	296	169	28	0
面积(平方公里)	64734	79248	36019	0	0
面积率(%)	36	44	20	0	0

1957年2月气象干旱等级分布

全省等级：正常

(MI=-0.11)

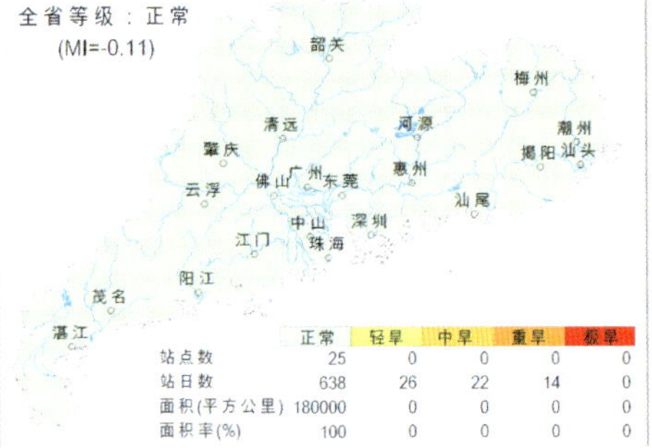

	正常	轻旱	中旱	重旱	极旱
站点数	25	0	0	0	0
站日数	638	26	22	14	0
面积(平方公里)	180000	0	0	0	0
面积率(%)	100	0	0	0	0

1957年3月气象干旱等级分布

全省等级：正常

(MI=-0.02)

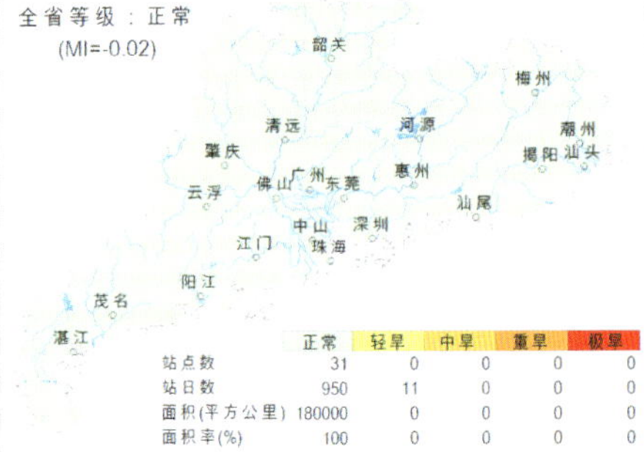

	正常	轻旱	中旱	重旱	极旱
站点数	31	0	0	0	0
站日数	950	11	0	0	0
面积(平方公里)	180000	0	0	0	0
面积率(%)	100	0	0	0	0

1957年4月气象干旱等级分布

全省等级：正常

(MI=-0.02)

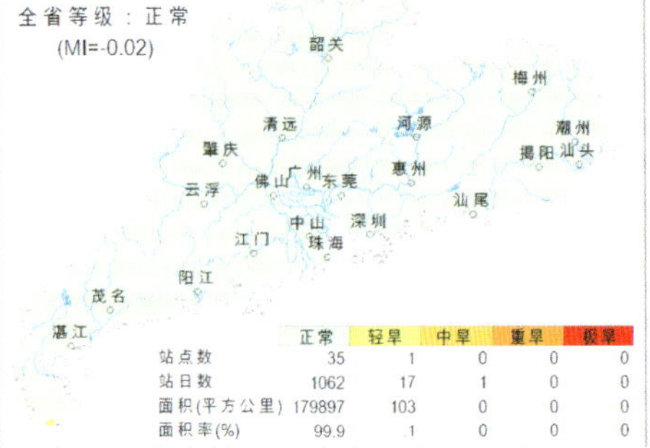

	正常	轻旱	中旱	重旱	极旱
站点数	35	1	0	0	0
站日数	1062	17	1	0	0
面积(平方公里)	179897	103	0	0	0
面积率(%)	99.9	.1	0	0	0

1957年5月气象干旱等级分布

全省等级：正常

(MI=-0.09)

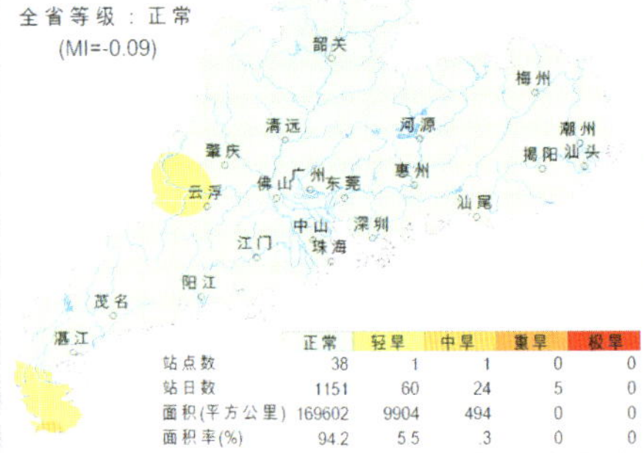

	正常	轻旱	中旱	重旱	极旱
站点数	38	1	1	0	0
站日数	1151	60	24	5	0
面积(平方公里)	169602	9904	494	0	0
面积率(%)	94.2	5.5	.3	0	0

1957年6月气象干旱等级分布

全省等级：正常

(MI=-0.01)

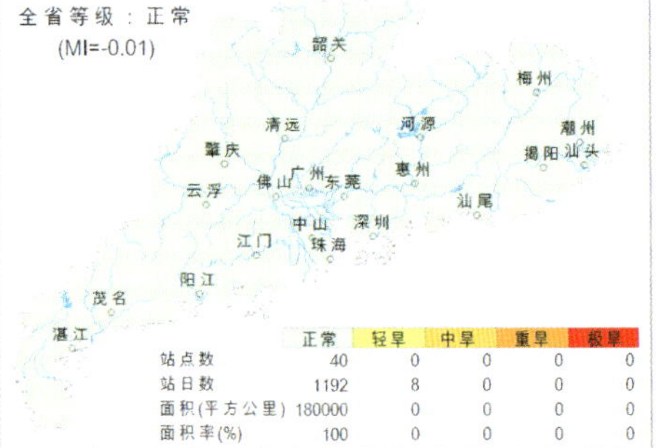

	正常	轻旱	中旱	重旱	极旱
站点数	40	0	0	0	0
站日数	1192	8	0	0	0
面积(平方公里)	180000	0	0	0	0
面积率(%)	100	0	0	0	0

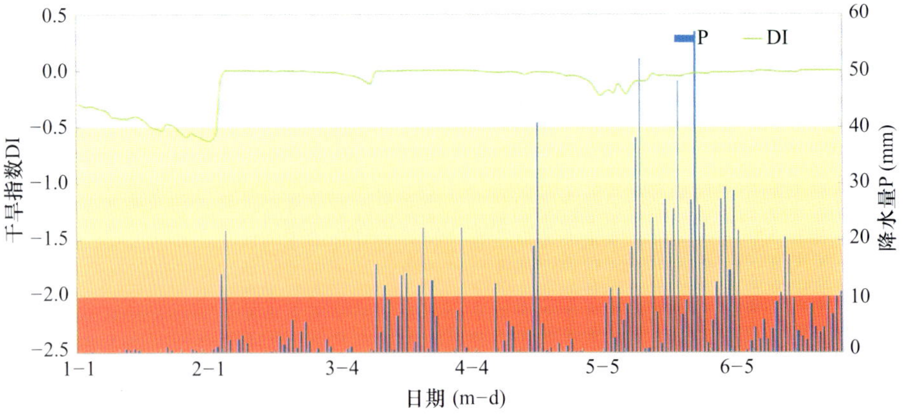

1957年7月气象干旱等级分布

全省等级：正常

(MI=-0.03)

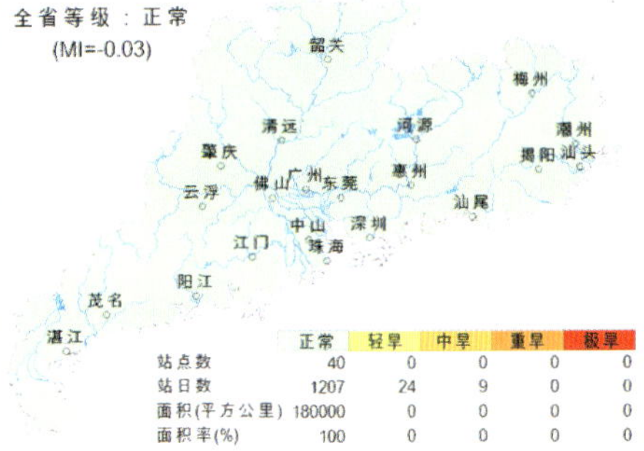

	正常	轻旱	中旱	重旱	极旱
站点数	40	0	0	0	0
站日数	1207	24	9	0	0
面积(平方公里)	180000	0	0	0	0
面积率(%)	100	0	0	0	0

1957年8月气象干旱等级分布

全省等级：正常

(MI=-0.30)

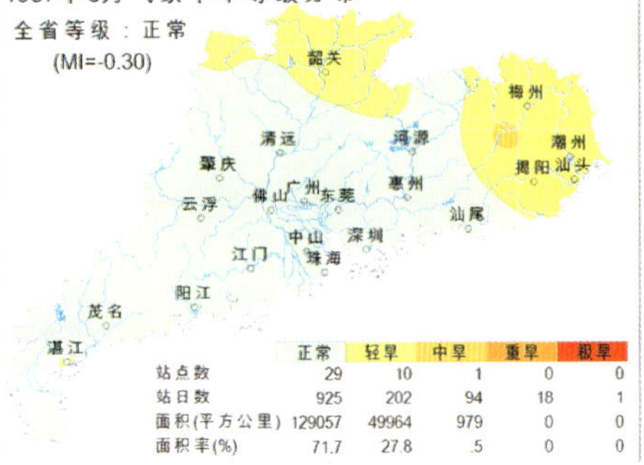

	正常	轻旱	中旱	重旱	极旱
站点数	29	10	1	0	0
站日数	925	202	94	18	1
面积(平方公里)	129057	49964	979	0	0
面积率(%)	71.7	27.8	.5	0	0

1957年9月气象干旱等级分布

全省等级：正常

(MI=-0.26)

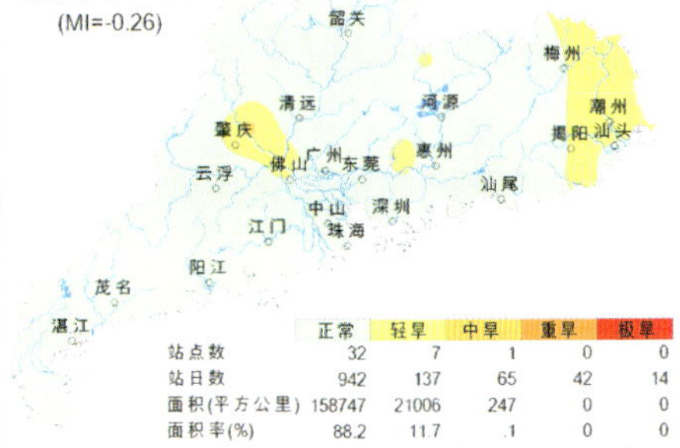

	正常	轻旱	中旱	重旱	极旱
站点数	32	7	1	0	0
站日数	942	137	65	42	14
面积(平方公里)	158747	21006	247	0	0
面积率(%)	88.2	11.7	.1	0	0

1957年10月气象干旱等级分布

全省等级：正常

(MI=-0.03)

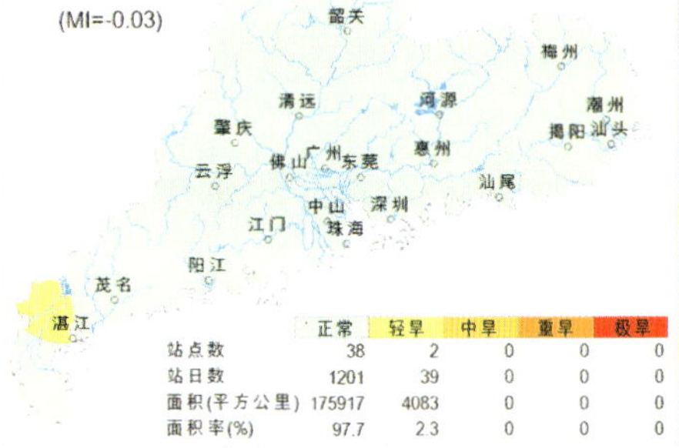

	正常	轻旱	中旱	重旱	极旱
站点数	38	2	0	0	0
站日数	1201	39	0	0	0
面积(平方公里)	175917	4083	0	0	0
面积率(%)	97.7	2.3	0	0	0

1957年11月气象干旱等级分布

全省等级：正常

(MI=-0.21)

	正常	轻旱	中旱	重旱	极旱
站点数	34	5	1	0	0
站日数	979	151	52	18	0
面积(平方公里)	161334	15399	3267	0	0
面积率(%)	89.6	8.6	1.8	0	0

1957年12月气象干旱等级分布

全省等级：轻旱

(MI=-0.67)

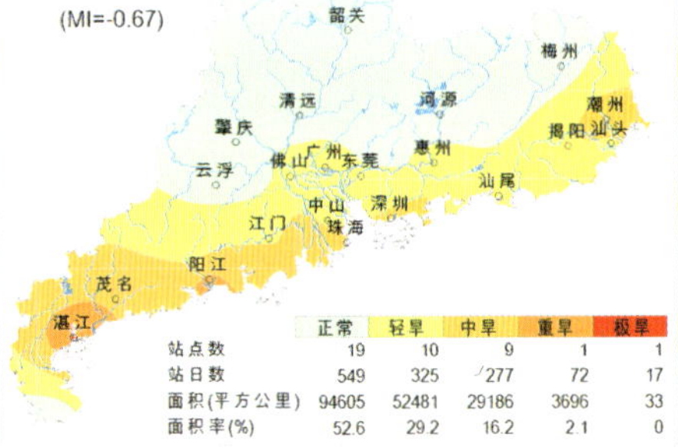

	正常	轻旱	中旱	重旱	极旱
站点数	19	10	9	1	1
站日数	549	325	277	72	17
面积(平方公里)	94605	52481	29186	3696	33
面积率(%)	52.6	29.2	16.2	2.1	0

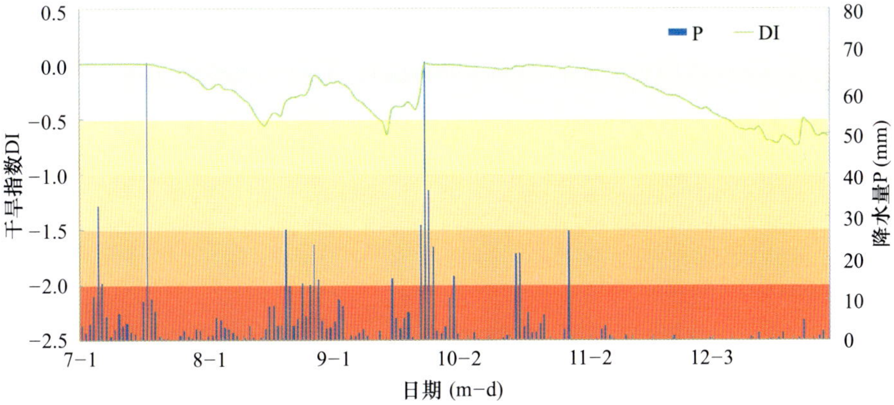

1958 年逐月气象干旱等级分布图

1958年1月气象干旱等级分布

全省等级：正常

(MI=-0.31)

	正常	轻旱	中旱	重旱	极旱
站点数	33	6	1	0	0
站日数	935	173	97	28	7
面积(平方公里)	154240	24334	1426	0	0
面积率(%)	85.7	13.5	.8	0	0

1958年2月气象干旱等级分布

全省等级：正常

(MI=0.00)

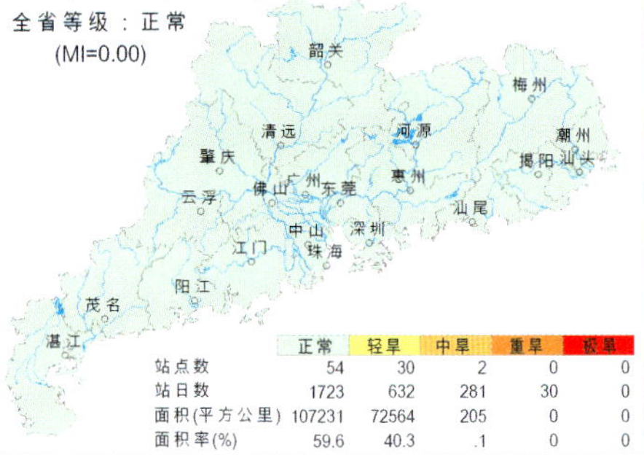

	正常	轻旱	中旱	重旱	极旱
站点数	54	30	2	0	0
站日数	1723	632	281	30	0
面积(平方公里)	107231	72564	205	0	0
面积率(%)	59.6	40.3	.1	0	0

1958年3月气象干旱等级分布

全省等级：正常

(MI=-0.02)

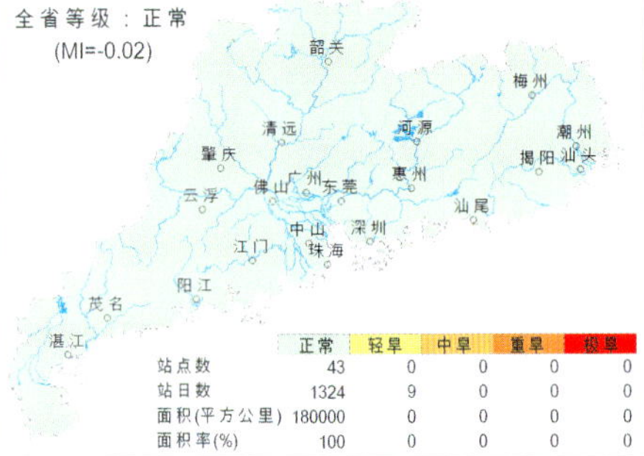

	正常	轻旱	中旱	重旱	极旱
站点数	43	0	0	0	0
站日数	1324	9	0	0	0
面积(平方公里)	180000	0	0	0	0
面积率(%)	100	0	0	0	0

1958年4月气象干旱等级分布

全省等级：正常

(MI=-0.17)

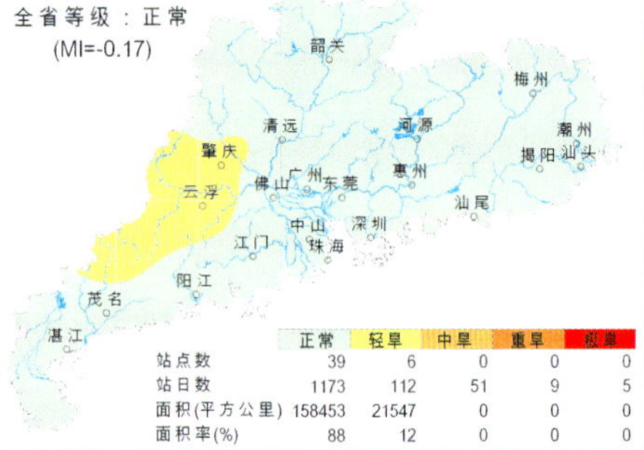

	正常	轻旱	中旱	重旱	极旱
站点数	39	6	0	0	0
站日数	1173	112	51	9	5
面积(平方公里)	158453	21547	0	0	0
面积率(%)	88	12	0	0	0

1958年5月气象干旱等级分布

全省等级：正常

(MI=-0.47)

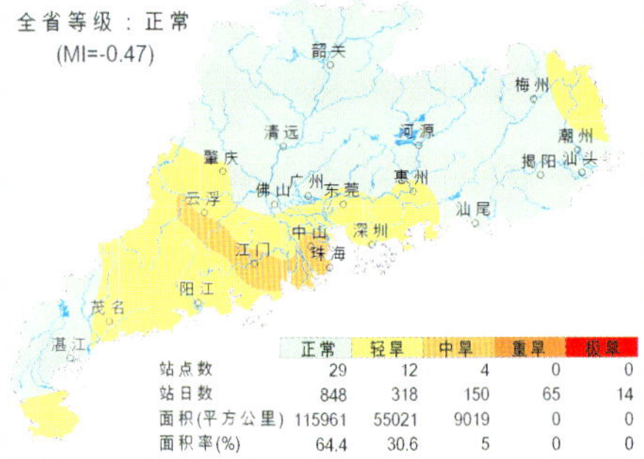

	正常	轻旱	中旱	重旱	极旱
站点数	29	12	4	0	0
站日数	848	318	150	65	14
面积(平方公里)	115961	55021	9019	0	0
面积率(%)	64.4	30.6	5	0	0

1958年6月气象干旱等级分布

全省等级：正常

(MI=-0.22)

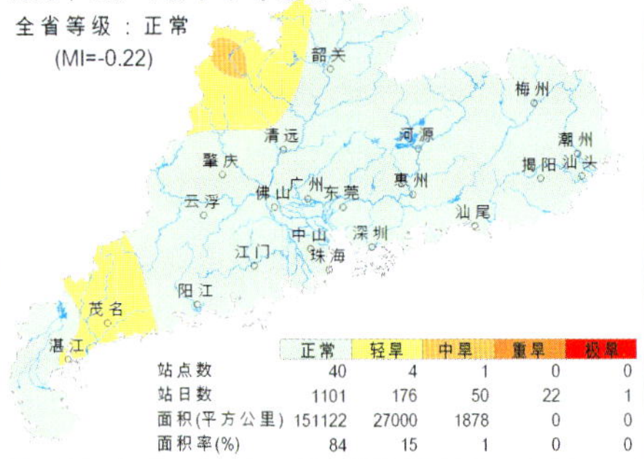

	正常	轻旱	中旱	重旱	极旱
站点数	40	4	1	0	0
站日数	1101	176	50	22	1
面积(平方公里)	151122	27000	1878	0	0
面积率(%)	84	15	1	0	0

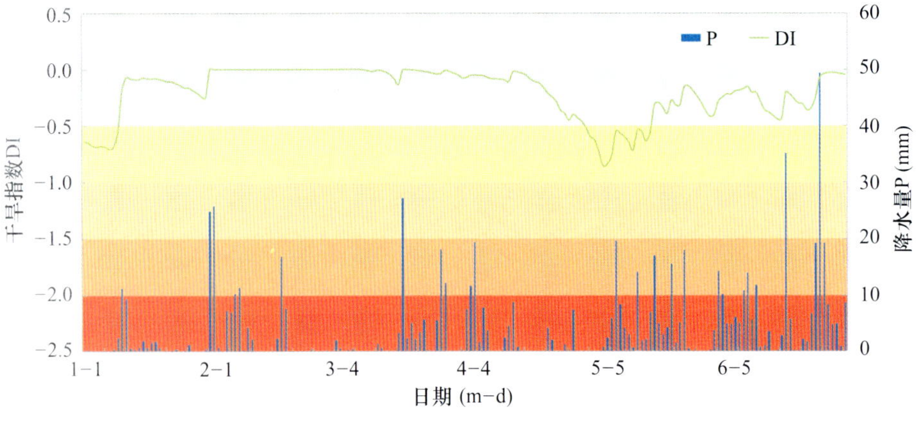

1958年7月气象干旱等级分布

全省等级：正常

(MI=-0.12)

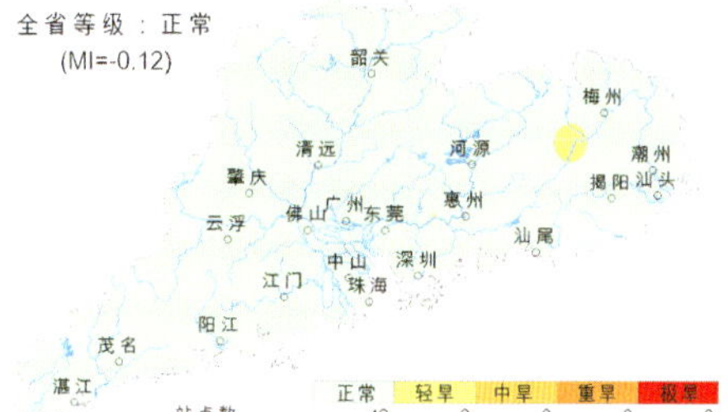

	正常	轻旱	中旱	重旱	极旱
站点数	42	2	0	0	0
站日数	1232	118	14	0	0
面积(平方公里)	178681	1319	0	0	0
面积率(%)	99.3	.7	0	0	0

1958年8月气象干旱等级分布

全省等级：正常

(MI=-0.16)

	正常	轻旱	中旱	重旱	极旱
站点数	40	2	1	0	0
站日数	1144	151	25	8	5
面积(平方公里)	167481	10985	1533	0	0
面积率(%)	93	6.1	.9	0	0

1958年9月气象干旱等级分布

全省等级：正常

(MI=-0.08)

	正常	轻旱	中旱	重旱	极旱
站点数	39	3	0	0	0
站日数	1184	51	17	8	0
面积(平方公里)	178201	1799	0	0	0
面积率(%)	99	1	0	0	0

1958年10月气象干旱等级分布

全省等级：正常

(MI=-0.34)

	正常	轻旱	中旱	重旱	极旱
站点数	34	8	2	0	0
站日数	956	263	124	21	0
面积(平方公里)	125212	53972	816	0	0
面积率(%)	69.6	30	.5	0	0

1958年11月气象干旱等级分布

全省等级：中旱

(MI=-1.28)

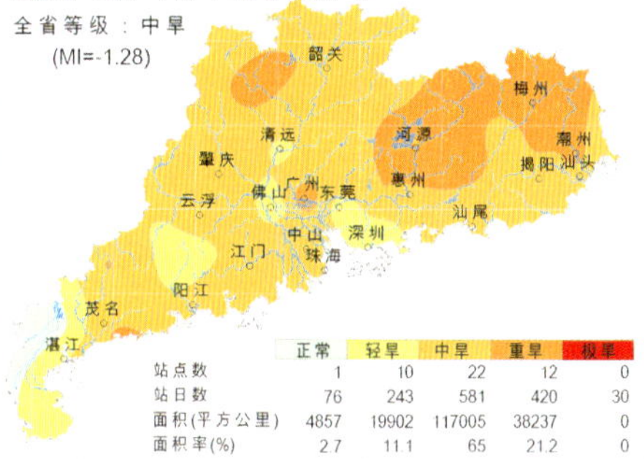

	正常	轻旱	中旱	重旱	极旱
站点数	1	10	22	12	0
站日数	76	243	581	420	30
面积(平方公里)	4857	19902	117005	38237	0
面积率(%)	2.7	11.1	65	21.2	0

1958年12月气象干旱等级分布

全省等级：重旱

(MI=-1.67)

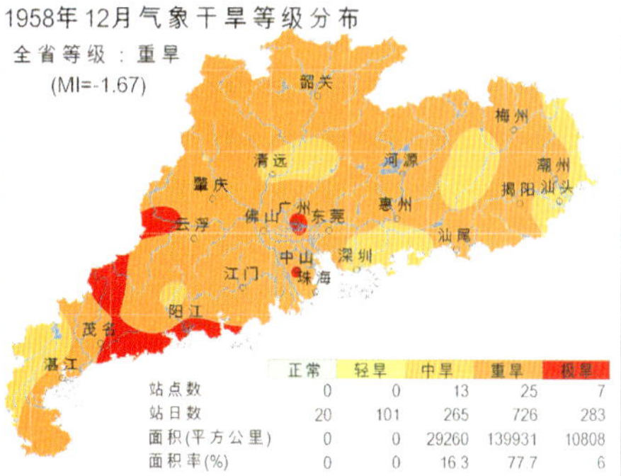

	正常	轻旱	中旱	重旱	极旱
站点数	0	0	13	25	7
站日数	20	101	265	726	283
面积(平方公里)	0	0	29260	139931	10808
面积率(%)	0	0	16.3	77.7	6

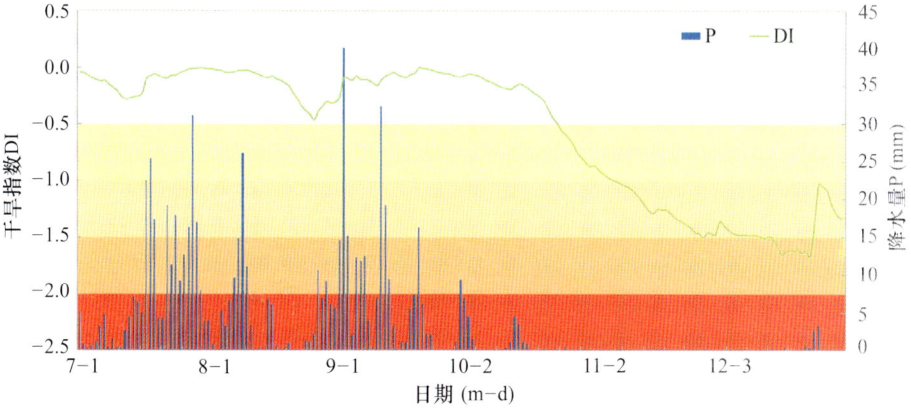

1959 年逐月气象干旱等级分布图

1959年1月气象干旱等级分布

全省等级：中旱

(MI=-1.31)

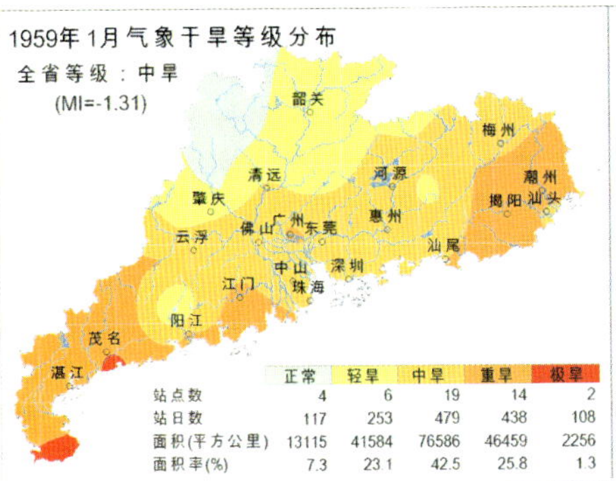

	正常	轻旱	中旱	重旱	极旱
站点数	4	6	19	14	2
站日数	117	253	479	438	108
面积(平方公里)	13115	41584	76586	46459	2256
面积率(%)	7.3	23.1	42.5	25.8	1.3

1959年2月气象干旱等级分布

全省等级：正常

(MI=-0.48)

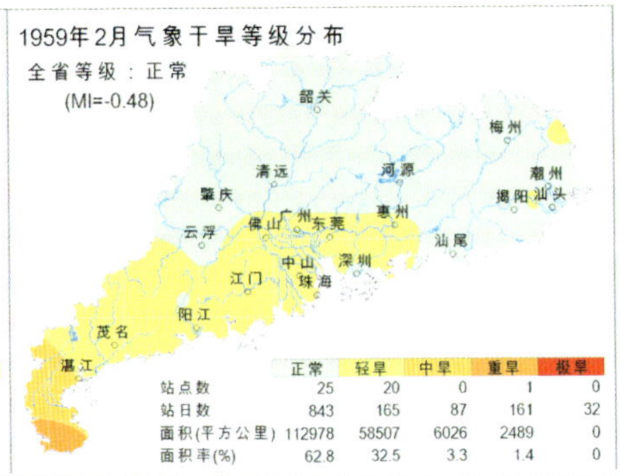

	正常	轻旱	中旱	重旱	极旱
站点数	25	20	0	1	0
站日数	843	165	87	161	32
面积(平方公里)	112978	58507	6026	2489	0
面积率(%)	62.8	32.5	3.3	1.4	0

1959年3月气象干旱等级分布

全省等级：正常

(MI=0.00)

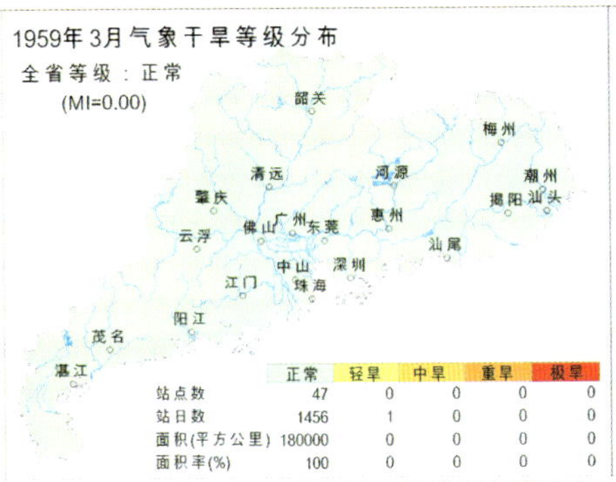

	正常	轻旱	中旱	重旱	极旱
站点数	47	0	0	0	0
站日数	1456	1	0	0	0
面积(平方公里)	180000	0	0	0	0
面积率(%)	100	0	0	0	0

1959年4月气象干旱等级分布

全省等级：正常

(MI=-0.11)

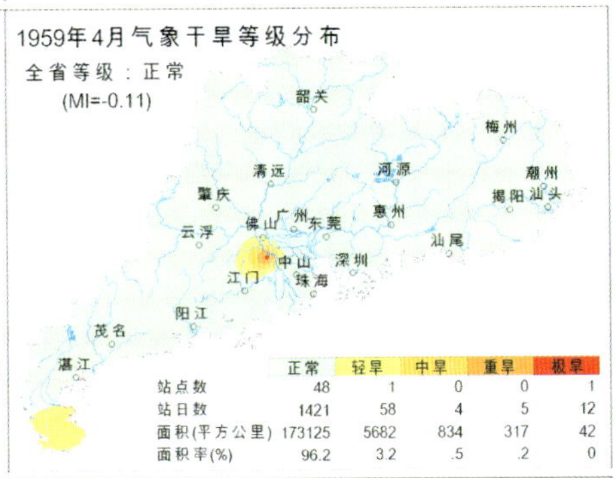

	正常	轻旱	中旱	重旱	极旱
站点数	48	1	0	0	1
站日数	1421	58	4	5	12
面积(平方公里)	173125	5682	834	317	42
面积率(%)	96.2	3.2	.5	.2	0

1959年5月气象干旱等级分布

全省等级：正常

(MI=-0.04)

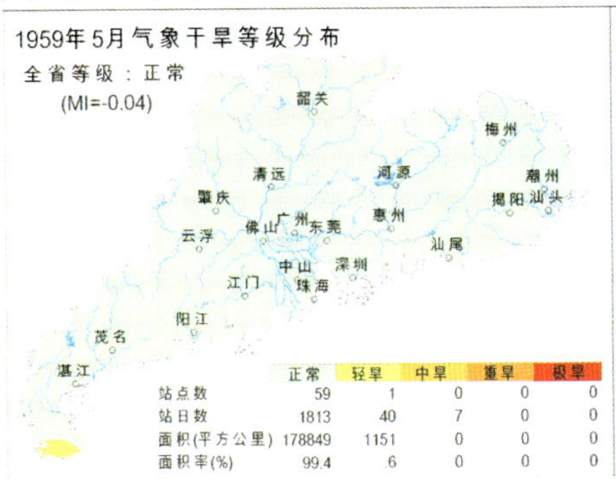

	正常	轻旱	中旱	重旱	极旱
站点数	59	1	0	0	0
站日数	1813	40	7	0	0
面积(平方公里)	178849	1151	0	0	0
面积率(%)	99.4	.6	0	0	0

1959年6月气象干旱等级分布

全省等级：正常

(MI=-0.01)

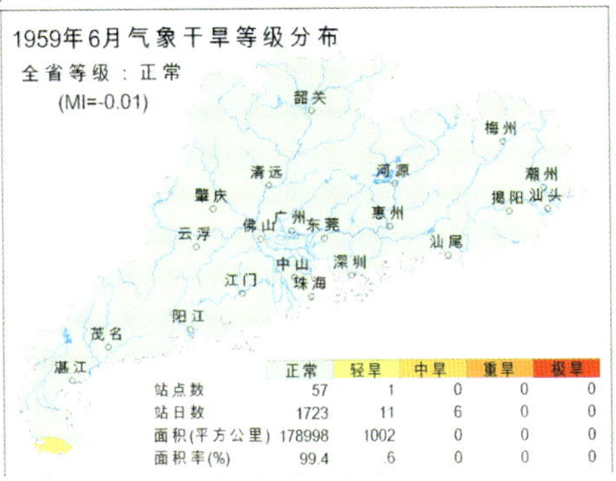

	正常	轻旱	中旱	重旱	极旱
站点数	57	1	0	0	0
站日数	1723	11	6	0	0
面积(平方公里)	178998	1002	0	0	0
面积率(%)	99.4	.6	0	0	0

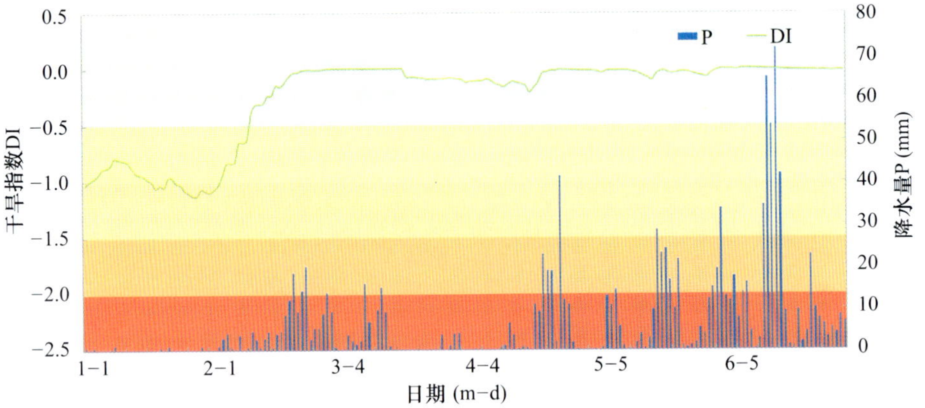

1959年7月气象干旱等级分布

全省等级：正常

(MI=-0.02)

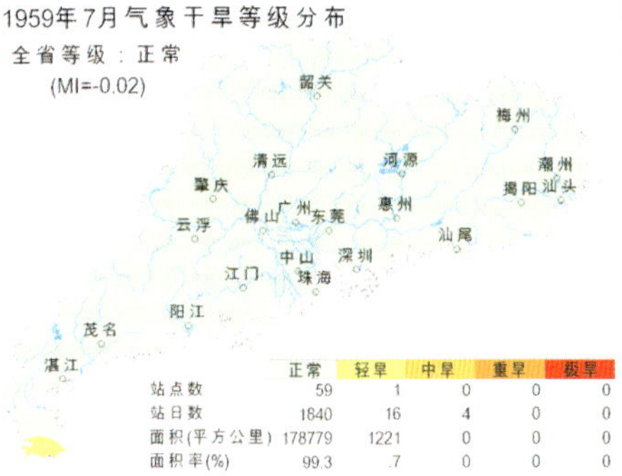

	正常	轻旱	中旱	重旱	极旱
站点数	59	1	0	0	0
站日数	1840	16	4	0	0
面积(平方公里)	178779	1221	0	0	0
面积率(%)	99.3	.7	0	0	0

1959年8月气象干旱等级分布

全省等级：正常

(MI=-0.02)

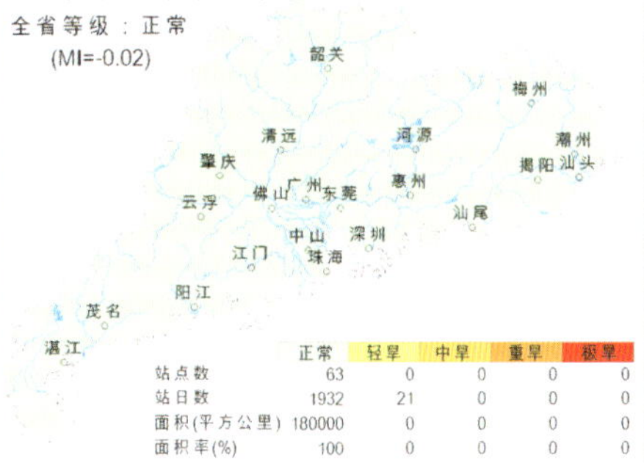

	正常	轻旱	中旱	重旱	极旱
站点数	63	0	0	0	0
站日数	1932	21	0	0	0
面积(平方公里)	180000	0	0	0	0
面积率(%)	100	0	0	0	0

1959年9月气象干旱等级分布

全省等级：正常

(MI=0.00)

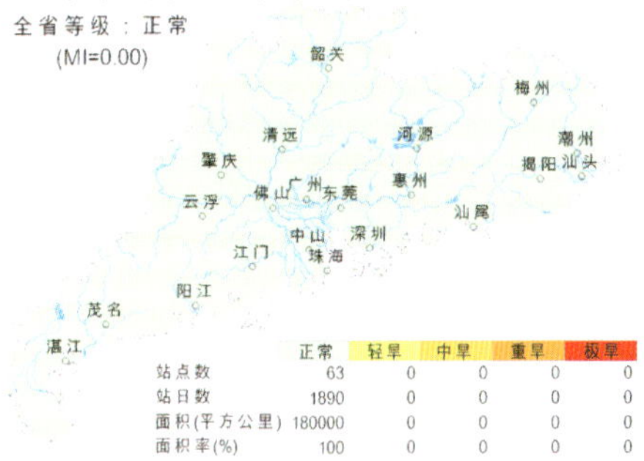

	正常	轻旱	中旱	重旱	极旱
站点数	63	0	0	0	0
站日数	1890	0	0	0	0
面积(平方公里)	180000	0	0	0	0
面积率(%)	100	0	0	0	0

1959年10月气象干旱等级分布

全省等级：正常

(MI=-0.31)

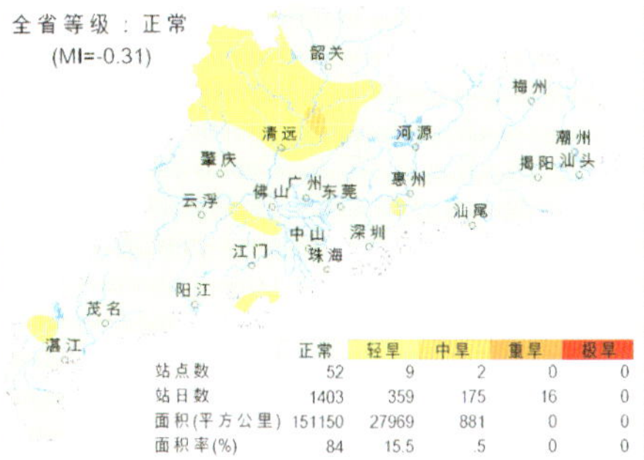

	正常	轻旱	中旱	重旱	极旱
站点数	52	9	2	0	0
站日数	1403	359	175	16	0
面积(平方公里)	151150	27969	881	0	0
面积率(%)	84	15.5	.5	0	0

1959年11月气象干旱等级分布

全省等级：中旱

(MI=-1.07)

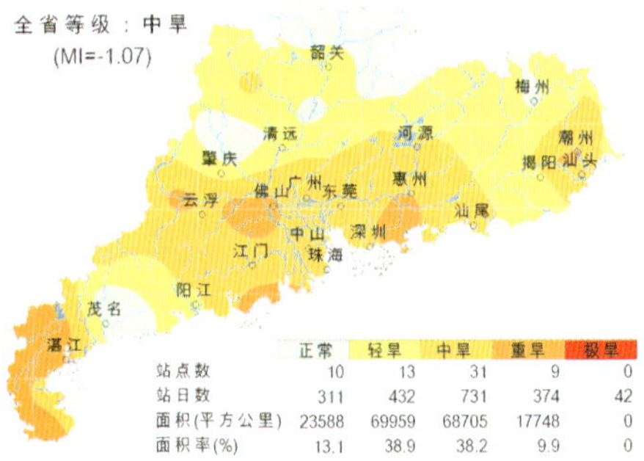

	正常	轻旱	中旱	重旱	极旱
站点数	10	13	31	9	0
站日数	311	432	731	374	42
面积(平方公里)	23588	69959	68705	17748	0
面积率(%)	13.1	38.9	38.2	9.9	0

1959年12月气象干旱等级分布

全省等级：轻旱

(MI=-0.90)

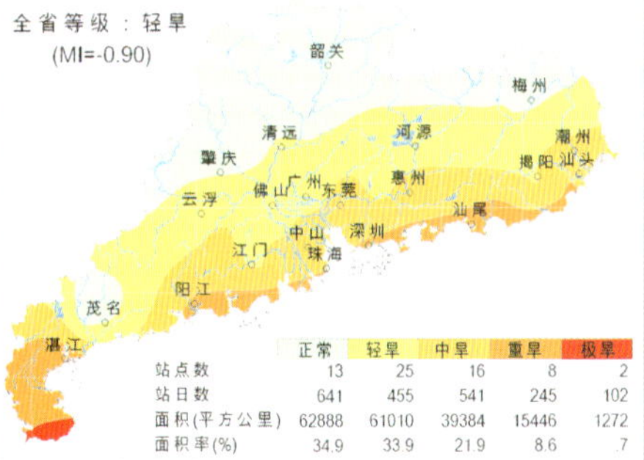

	正常	轻旱	中旱	重旱	极旱
站点数	13	25	16	8	2
站日数	641	455	541	245	102
面积(平方公里)	62888	61010	39384	15446	1272
面积率(%)	34.9	33.9	21.9	8.6	.7

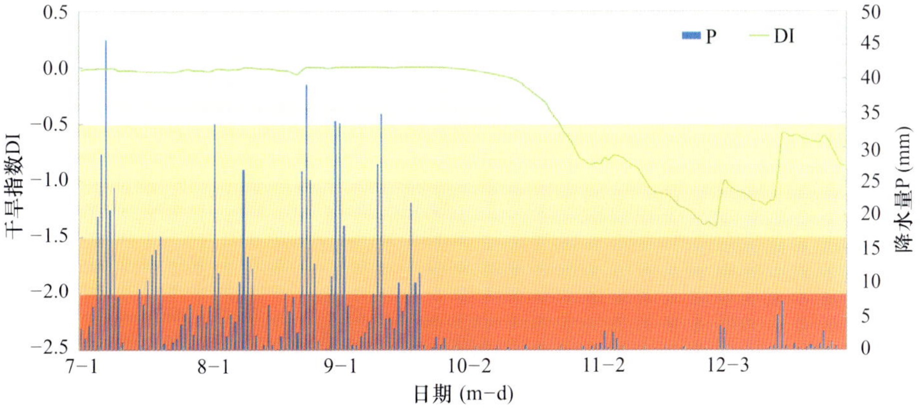

1960 年逐月气象干旱等级分布图

1960年 1月 气 象 干 旱 等 级 分 布

全 省 等 级 ： 中 旱

（MI=-1.01）

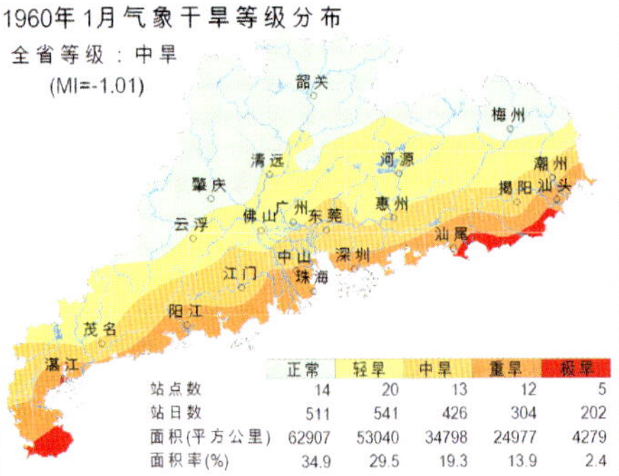

	正常	轻旱	中旱	重旱	极旱
站点数	14	20	13	12	5
站日数	511	541	426	304	202
面积(平方公里)	62907	53040	34798	24977	4279
面积率(%)	34.9	29.5	19.3	13.9	2.4

1960年 2月 气 象 干 旱 等 级 分 布

全 省 等 级 ： 轻 旱

（MI=-0.68）

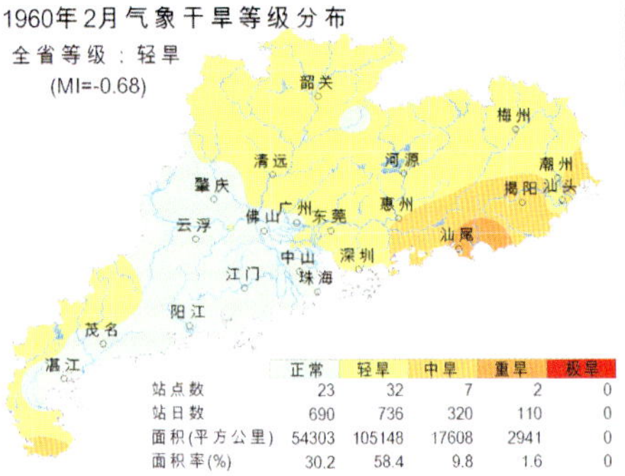

	正常	轻旱	中旱	重旱	极旱
站点数	23	32	7	2	0
站日数	690	736	320	110	0
面积(平方公里)	54303	105148	17608	2941	0
面积率(%)	30.2	58.4	9.8	1.6	0

1960年 3月 气 象 干 旱 等 级 分 布

全 省 等 级 ： 正 常

（MI=-0.47）

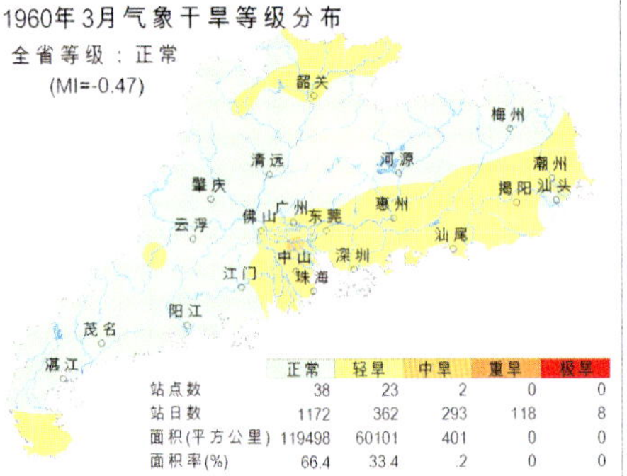

	正常	轻旱	中旱	重旱	极旱
站点数	38	23	2	0	0
站日数	1172	362	293	118	8
面积(平方公里)	119498	60101	401	0	0
面积率(%)	66.4	33.4	.2	0	0

1960年 4月 气 象 干 旱 等 级 分 布

全 省 等 级 ： 正 常

（MI=-0.21）

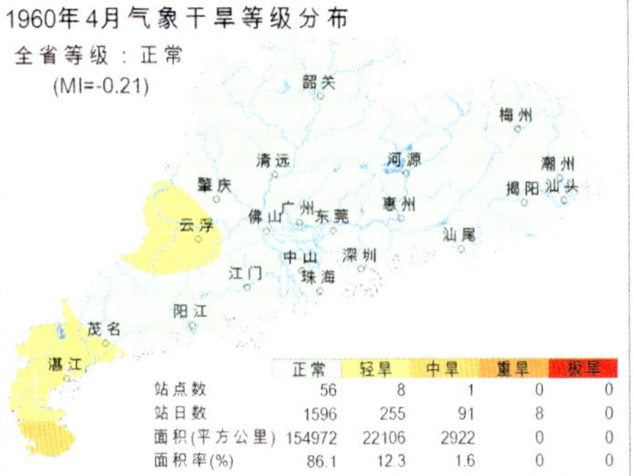

	正常	轻旱	中旱	重旱	极旱
站点数	56	8	1	0	0
站日数	1596	255	91	8	0
面积(平方公里)	154972	22106	2922	0	0
面积率(%)	86.1	12.3	1.6	0	0

1960年 5月 气 象 干 旱 等 级 分 布

全 省 等 级 ： 正 常

（MI=-0.11）

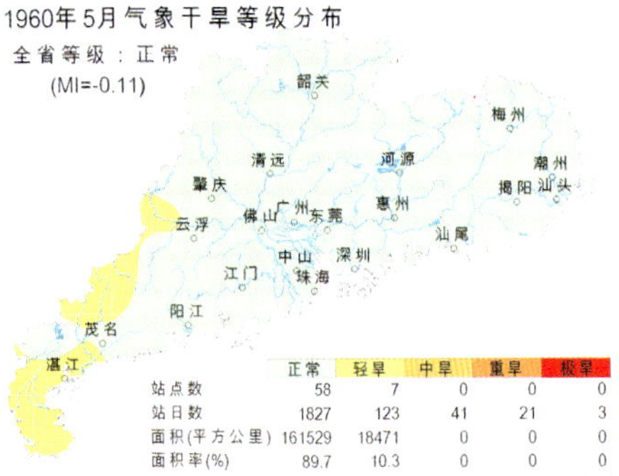

	正常	轻旱	中旱	重旱	极旱
站点数	58	7	0	0	0
站日数	1827	123	41	21	3
面积(平方公里)	161529	18471	0	0	0
面积率(%)	89.7	10.3	0	0	0

1960年 6月 气 象 干 旱 等 级 分 布

全 省 等 级 ： 正 常

（MI=-0.10）

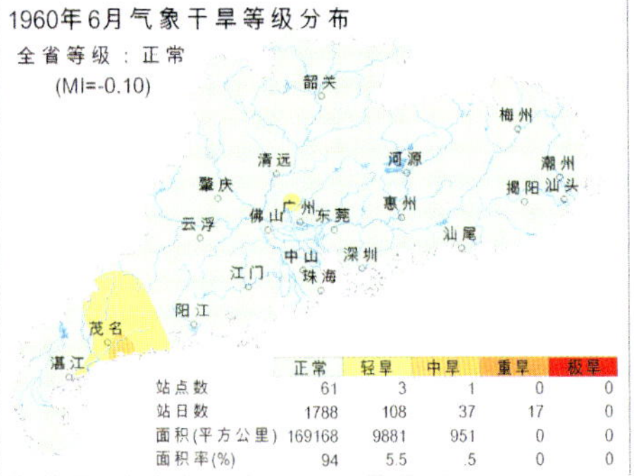

	正常	轻旱	中旱	重旱	极旱
站点数	61	3	1	0	0
站日数	1788	108	37	17	0
面积(平方公里)	169168	9881	951	0	0
面积率(%)	94	5.5	.5	0	0

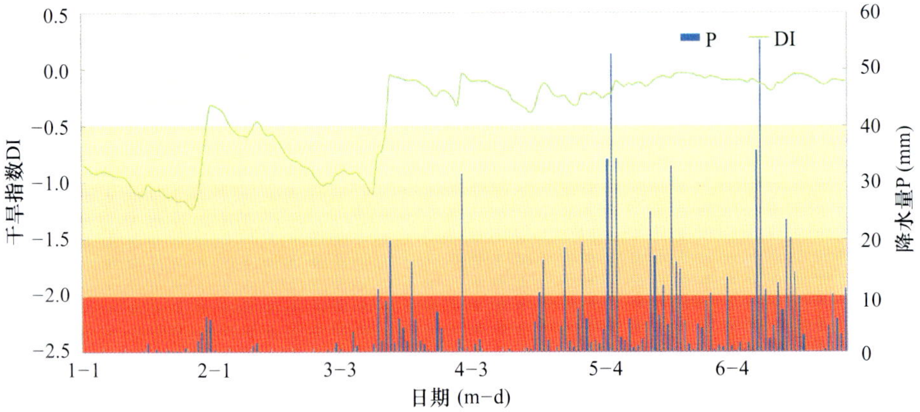

1960年7月气象干旱等级分布

全省等级：正常

(MI=-0.17)

	正常	轻旱	中旱	重旱	极旱
站点数	59	6	1	0	0
站日数	1755	204	63	24	0
面积(平方公里)	171131	8100	769	0	0
面积率(%)	95.1	4.5	.4	0	0

1960年8月气象干旱等级分布

全省等级：正常

(MI=-0.04)

	正常	轻旱	中旱	重旱	极旱
站点数	66	0	0	0	0
站日数	1992	43	11	0	0
面积(平方公里)	180000	0	0	0	0
面积率(%)	100	0	0	0	0

1960年9月气象干旱等级分布

全省等级：正常

(MI=0.00)

	正常	轻旱	中旱	重旱	极旱
站点数	66	0	0	0	0
站日数	1977	3	0	0	0
面积(平方公里)	180000	0	0	0	0
面积率(%)	100	0	0	0	0

1960年10月气象干旱等级分布

全省等级：正常

(MI=-0.05)

	正常	轻旱	中旱	重旱	极旱
站点数	66	0	0	0	0
站日数	1974	67	5	0	0
面积(平方公里)	180000	0	0	0	0
面积率(%)	100	0	0	0	0

1960年11月气象干旱等级分布

全省等级：正常

(MI=-0.18)

	正常	轻旱	中旱	重旱	极旱
站点数	66	0	0	0	0
站日数	1710	244	26	0	0
面积(平方公里)	180000	0	0	0	0
面积率(%)	100	0	0	0	0

1960年12月气象干旱等级分布

全省等级：正常

(MI=-0.35)

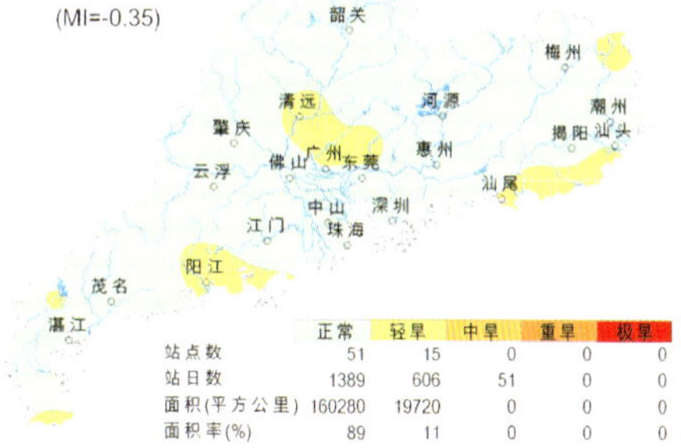

	正常	轻旱	中旱	重旱	极旱
站点数	51	15	0	0	0
站日数	1389	606	51	0	0
面积(平方公里)	160280	19720	0	0	0
面积率(%)	89	11	0	0	0

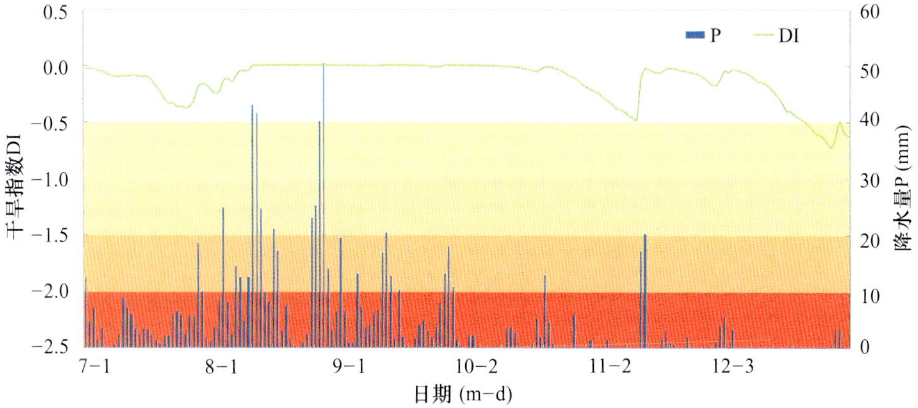

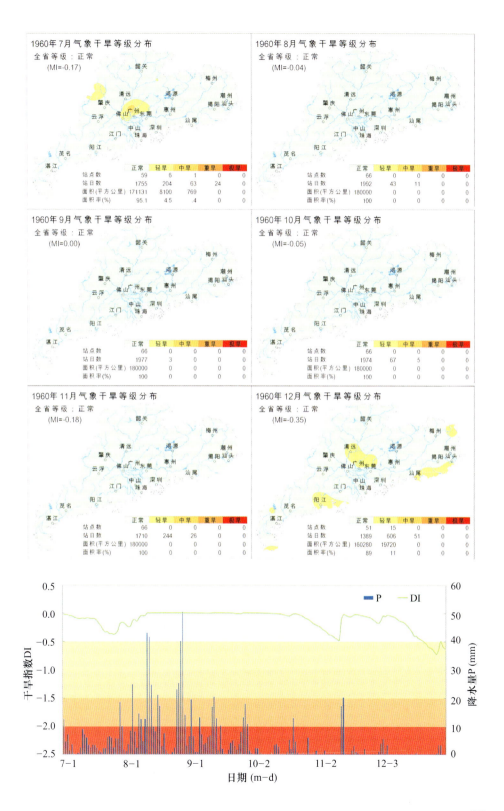

1961 年逐月气象干旱等级分布图

1961年 1月气象干旱等级分布

全省等级：轻旱

(MI=-0.66)

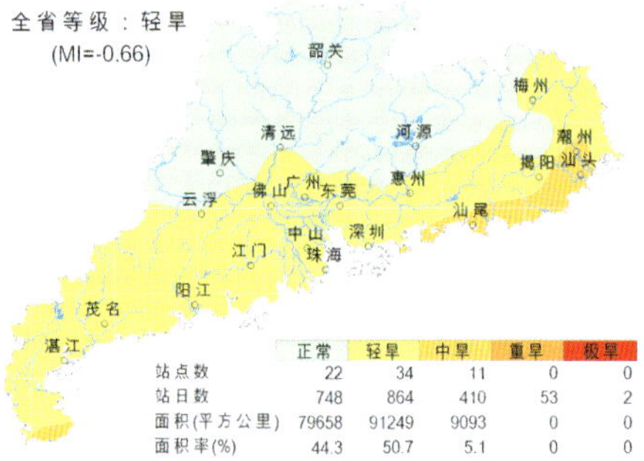

	正常	轻旱	中旱	重旱	极旱
站点数	22	34	11	0	0
站日数	748	864	410	53	2
面积(平方公里)	79658	91249	9093	0	0
面积率(%)	44.3	50.7	5.1	0	0

1961年 2月气象干旱等级分布

全省等级：轻旱

(MI=-0.64)

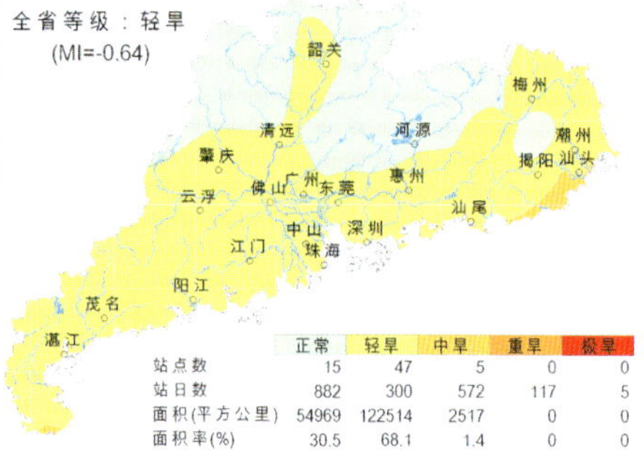

	正常	轻旱	中旱	重旱	极旱
站点数	15	47	5	0	0
站日数	882	300	572	117	5
面积(平方公里)	54969	122514	2517	0	0
面积率(%)	30.5	68.1	1.4	0	0

1961年 3月气象干旱等级分布

全省等级：正常

(MI=-0.01)

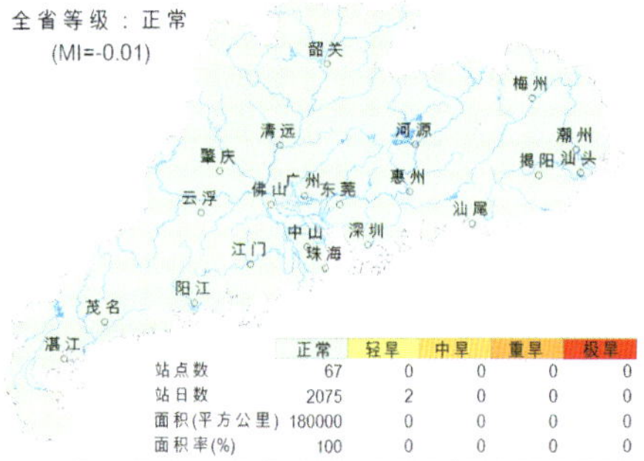

	正常	轻旱	中旱	重旱	极旱
站点数	67	0	0	0	0
站日数	2075	2	0	0	0
面积(平方公里)	180000	0	0	0	0
面积率(%)	100	0	0	0	0

1961年 4月气象干旱等级分布

全省等级：正常

(MI=-0.03)

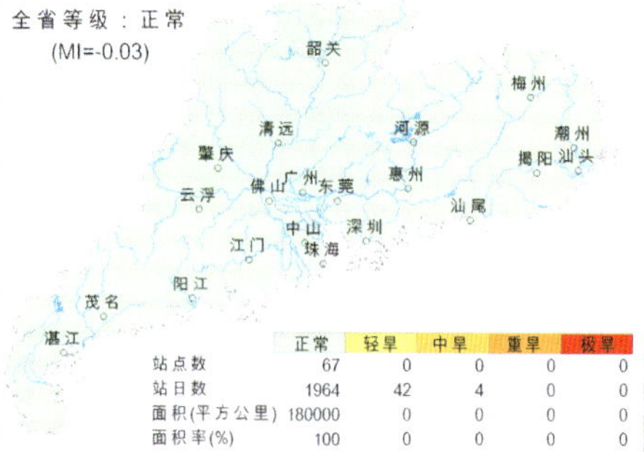

	正常	轻旱	中旱	重旱	极旱
站点数	67	0	0	0	0
站日数	1964	42	4	0	0
面积(平方公里)	180000	0	0	0	0
面积率(%)	100	0	0	0	0

1961年 5月气象干旱等级分布

全省等级：正常

(MI=-0.03)

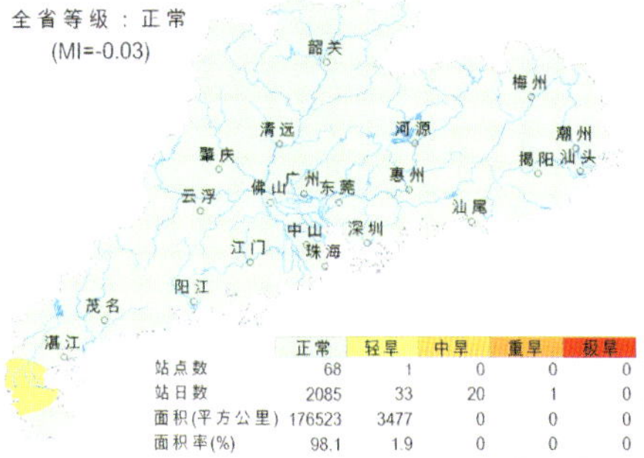

	正常	轻旱	中旱	重旱	极旱
站点数	68	1	0	0	0
站日数	2085	33	20	1	0
面积(平方公里)	176523	3477	0	0	0
面积率(%)	98.1	1.9	0	0	0

1961年 6月气象干旱等级分布

全省等级：正常

(MI=-0.09)

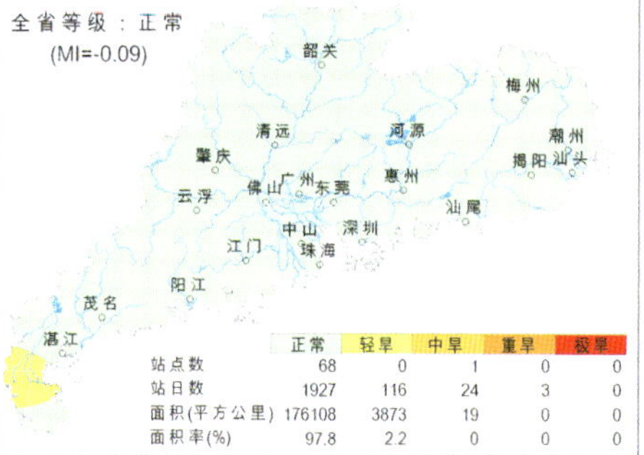

	正常	轻旱	中旱	重旱	极旱
站点数	68	0	1	0	0
站日数	1927	116	24	3	0
面积(平方公里)	176108	3873	19	0	0
面积率(%)	97.8	2.2	0	0	0

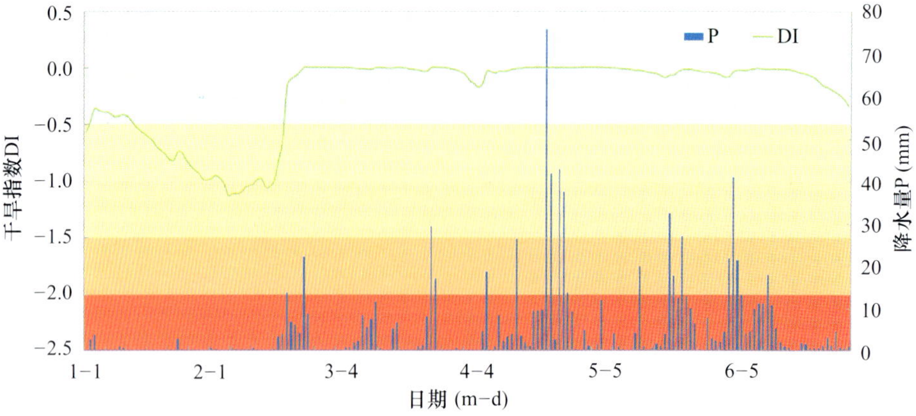

1961年7月气象干旱等级分布

全省等级：正常

(MI=-0.05)

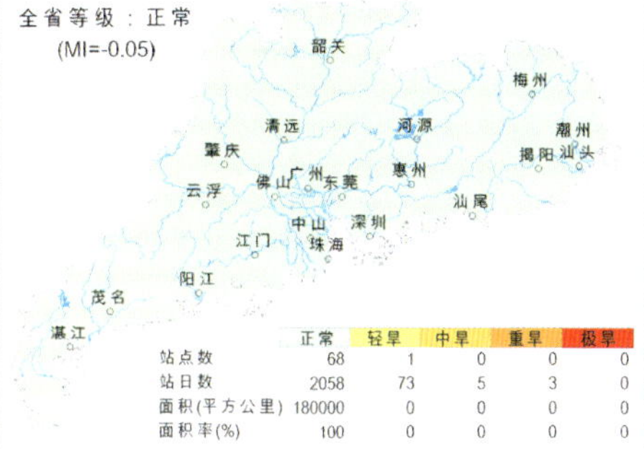

	正常	轻旱	中旱	重旱	极旱
站点数	68	1	0	0	0
站日数	2058	73	5	3	0
面积(平方公里)	180000	0	0	0	0
面积率(%)	100	0	0	0	0

1961年8月气象干旱等级分布

全省等级：正常

(MI=-0.04)

	正常	轻旱	中旱	重旱	极旱
站点数	68	1	0	0	0
站日数	2065	65	9	0	0
面积(平方公里)	179720	280	0	0	0
面积率(%)	99.8	2	0	0	0

1961年9月气象干旱等级分布

全省等级：正常

(MI=0.00)

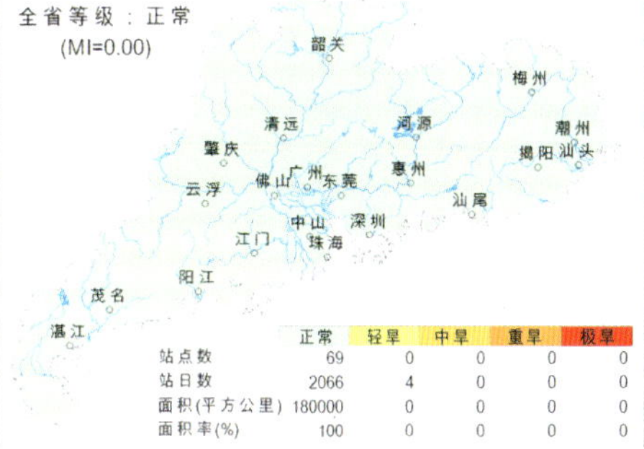

	正常	轻旱	中旱	重旱	极旱
站点数	69	0	0	0	0
站日数	2066	4	0	0	0
面积(平方公里)	180000	0	0	0	0
面积率(%)	100	0	0	0	0

1961年10月气象干旱等级分布

全省等级：正常

(MI=-0.02)

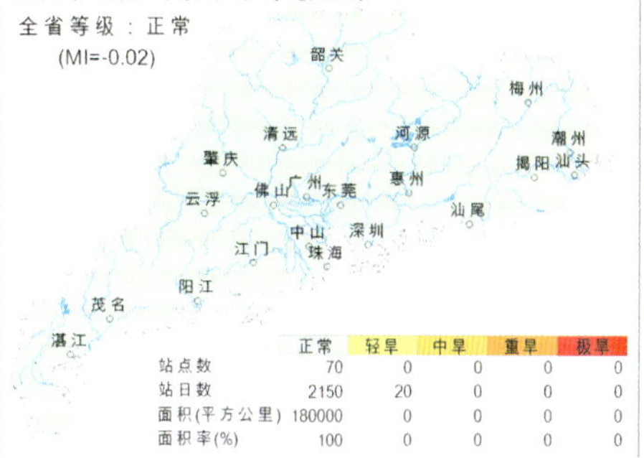

	正常	轻旱	中旱	重旱	极旱
站点数	70	0	0	0	0
站日数	2150	20	0	0	0
面积(平方公里)	180000	0	0	0	0
面积率(%)	100	0	0	0	0

1961年11月气象干旱等级分布

全省等级：正常

(MI=-0.14)

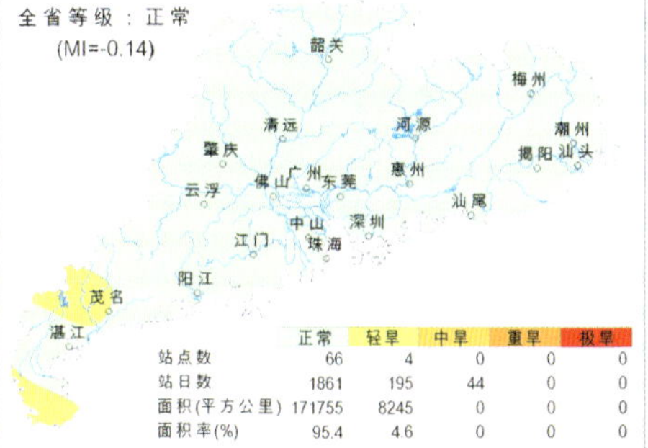

	正常	轻旱	中旱	重旱	极旱
站点数	66	4	0	0	0
站日数	1861	195	44	0	0
面积(平方公里)	171755	8245	0	0	0
面积率(%)	95.4	4.6	0	0	0

1961年12月气象干旱等级分布

全省等级：正常

(MI=-0.12)

	正常	轻旱	中旱	重旱	极旱
站点数	64	6	0	0	0
站日数	1955	201	14	0	0
面积(平方公里)	174323	5677	0	0	0
面积率(%)	96.8	3.2	0	0	0

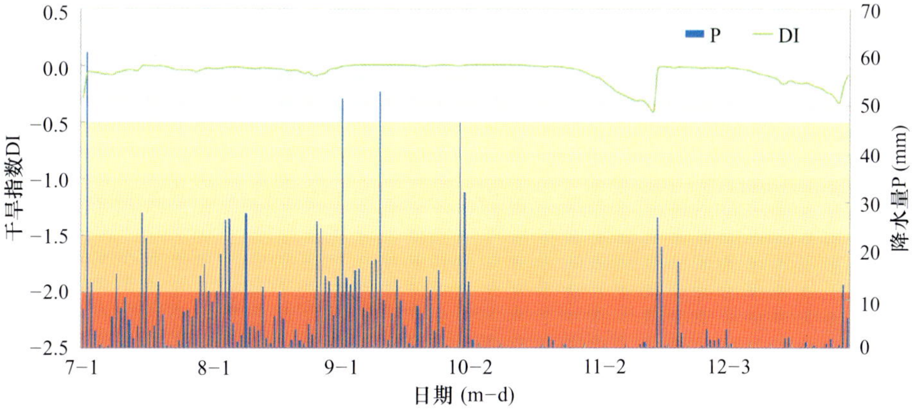

1962 年逐月气象干旱等级分布图

1962年1月气象干旱等级分布

全省等级：正常

(MI=-0.31)

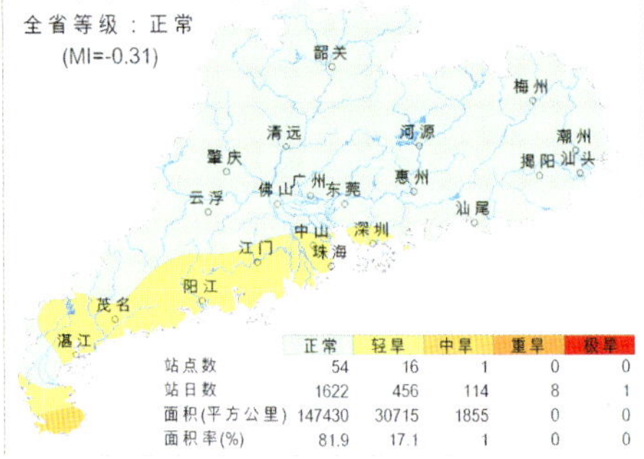

	正常	轻旱	中旱	重旱	极旱
站点数	54	16	1	0	0
站日数	1622	456	114	8	1
面积(平方公里)	147430	30715	1855	0	0
面积率(%)	81.9	17.1	1	0	0

1962年2月气象干旱等级分布

全省等级：轻旱

(MI=-0.82)

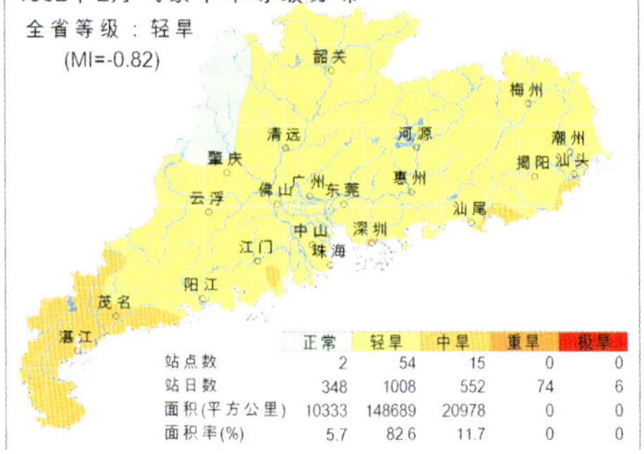

	正常	轻旱	中旱	重旱	极旱
站点数	2	54	15	0	0
站日数	348	1008	552	74	6
面积(平方公里)	10333	148689	20978	0	0
面积率(%)	5.7	82.6	11.7	0	0

1962年3月气象干旱等级分布

全省等级：正常

(MI=-0.21)

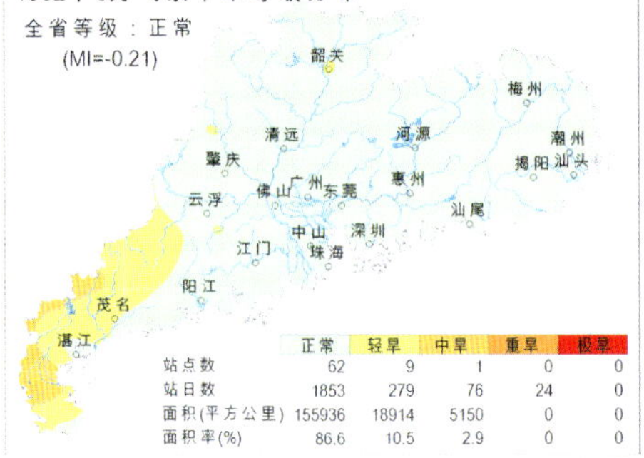

	正常	轻旱	中旱	重旱	极旱
站点数	62	9	1	0	0
站日数	1853	279	76	24	0
面积(平方公里)	155936	18914	5150	0	0
面积率(%)	86.6	10.5	2.9	0	0

1962年4月气象干旱等级分布

全省等级：正常

(MI=-0.22)

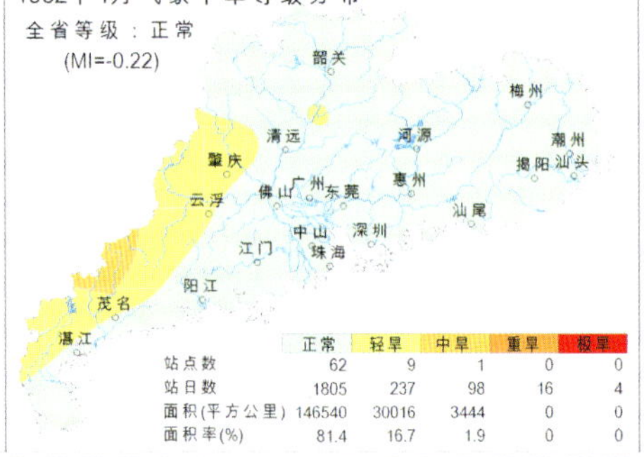

	正常	轻旱	中旱	重旱	极旱
站点数	62	9	1	0	0
站日数	1805	237	98	16	4
面积(平方公里)	146540	30016	3444	0	0
面积率(%)	81.4	16.7	1.9	0	0

1962年5月气象干旱等级分布

全省等级：正常

(MI=-0.17)

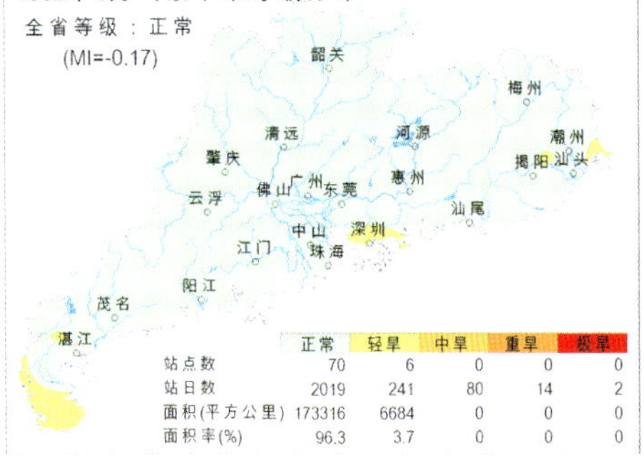

	正常	轻旱	中旱	重旱	极旱
站点数	70	6	0	0	0
站日数	2019	241	80	14	2
面积(平方公里)	173316	6684	0	0	0
面积率(%)	96.3	3.7	0	0	0

1962年6月气象干旱等级分布

全省等级：正常

(MI=-0.01)

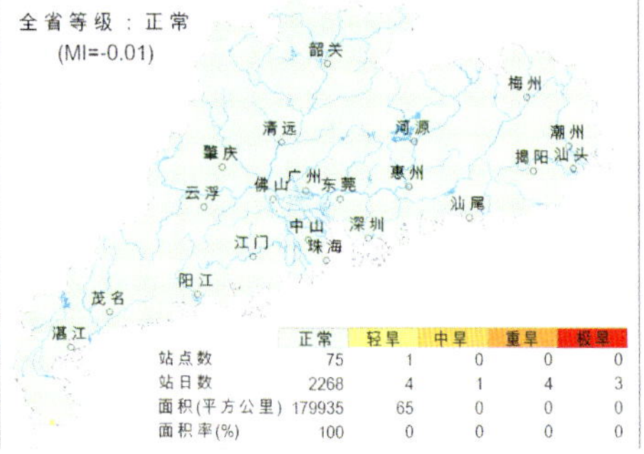

	正常	轻旱	中旱	重旱	极旱
站点数	75	1	0	0	0
站日数	2268	4	1	4	3
面积(平方公里)	179935	65	0	0	0
面积率(%)	100	0	0	0	0

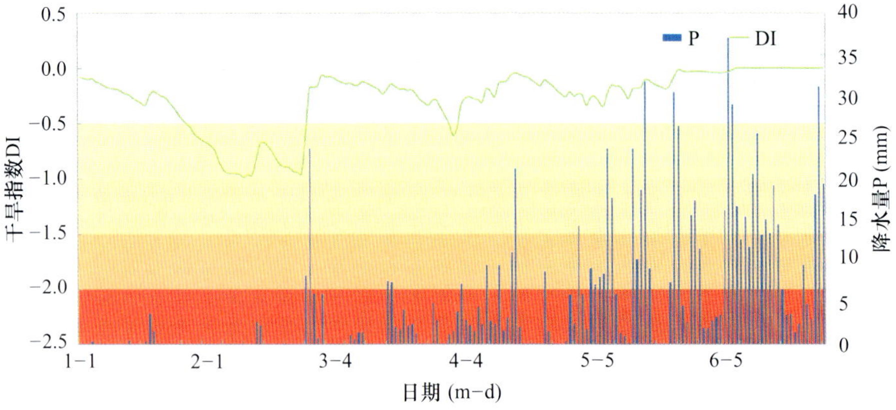

1962年7月气象干旱等级分布

全省等级：正常

(MI=-0.09)

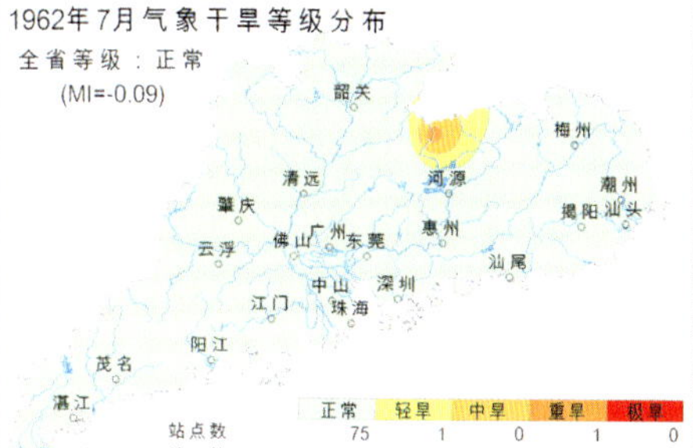

	正常	轻旱	中旱	重旱	极旱
站点数	75	1	0	1	0
站日数	2234	107	23	15	8
面积(平方公里)	174743	3393	1594	270	0
面积率(%)	97.1	1.9	.9	.2	0

1962年8月气象干旱等级分布

全省等级：正常

(MI=-0.36)

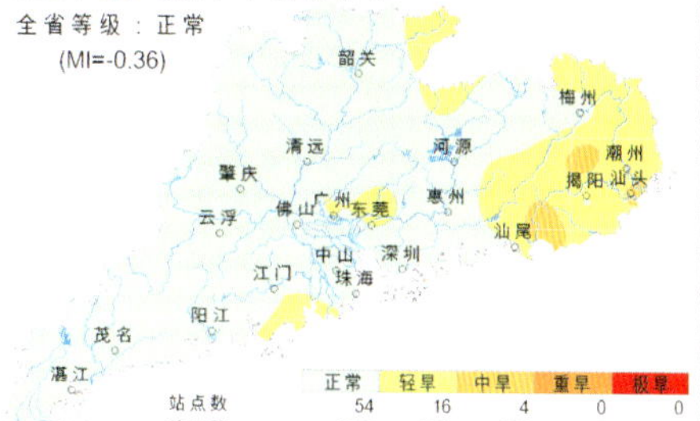

	正常	轻旱	中旱	重旱	极旱
站点数	54	16	4	0	0
站日数	1622	388	208	52	24
面积(平方公里)	140127	36266	3607	0	0
面积率(%)	77.8	20.1	2	0	0

1962年9月气象干旱等级分布

全省等级：正常

(MI=-0.10)

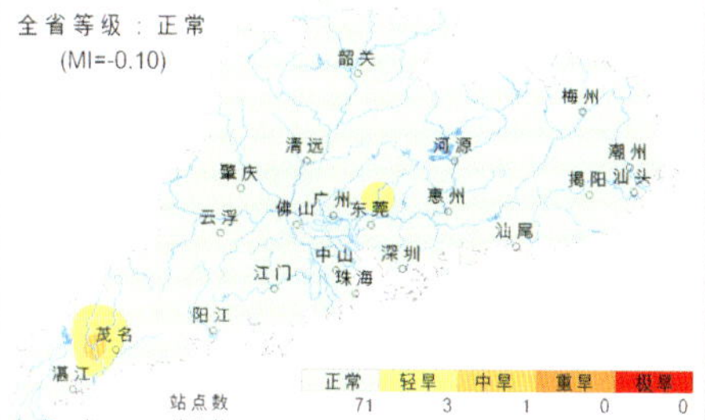

	正常	轻旱	中旱	重旱	极旱
站点数	71	3	1	0	0
站日数	2094	93	41	12	10
面积(平方公里)	174379	4954	666	0	0
面积率(%)	96.9	2.8	.4	0	0

1962年10月气象干旱等级分布

全省等级：正常

(MI=-0.22)

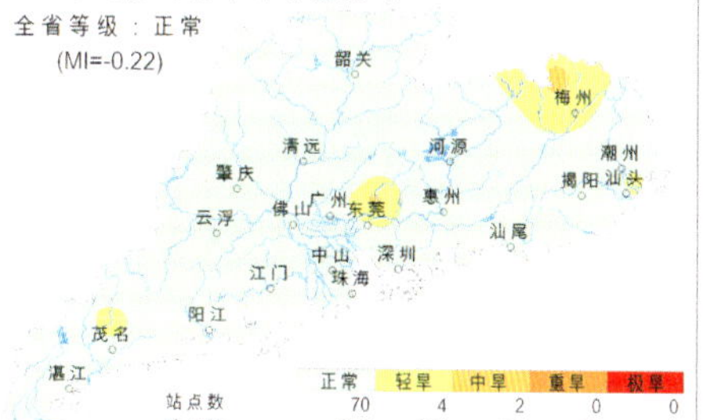

	正常	轻旱	中旱	重旱	极旱
站点数	70	4	2	0	0
站日数	1916	314	103	23	0
面积(平方公里)	167276	11829	895	0	0
面积率(%)	92.9	6.6	.5	0	0

1962年11月气象干旱等级分布

全省等级：正常

(MI=-0.38)

	正常	轻旱	中旱	重旱	极旱
站点数	55	20	2	0	0
站日数	1469	654	152	35	0
面积(平方公里)	134874	42809	2316	0	0
面积率(%)	74.9	23.8	1.3	0	0

1962年12月气象干旱等级分布

全省等级：轻旱

(MI=-0.74)

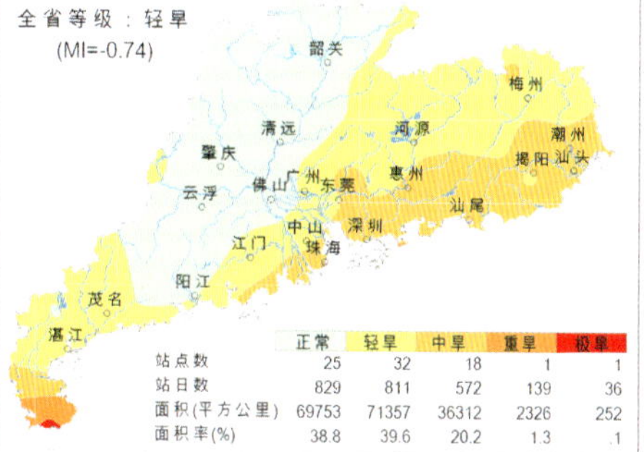

	正常	轻旱	中旱	重旱	极旱
站点数	25	32	18	1	1
站日数	829	811	572	139	36
面积(平方公里)	69753	71357	36312	2326	252
面积率(%)	38.8	39.6	20.2	1.3	.1

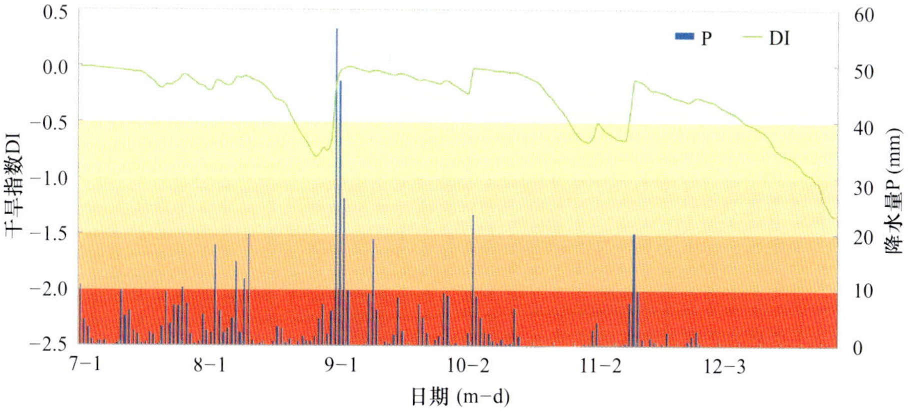

1963 年逐月气象干旱等级分布图

1963年 1月气象干旱等级分布

全省等级：中旱

(MI=-1.17)

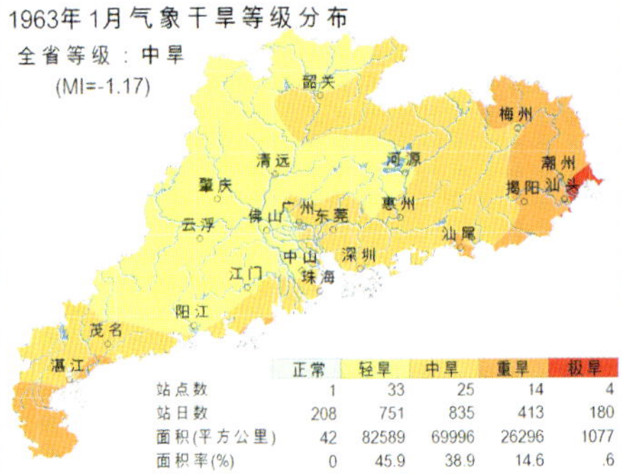

	正常	轻旱	中旱	重旱	极旱
站点数	1	33	25	14	4
站日数	208	751	835	413	180
面积(平方公里)	42	82589	69996	26296	1077
面积率(%)	0	45.9	38.9	14.6	.6

1963年 2月气象干旱等级分布

全省等级：中旱

(MI=-1.09)

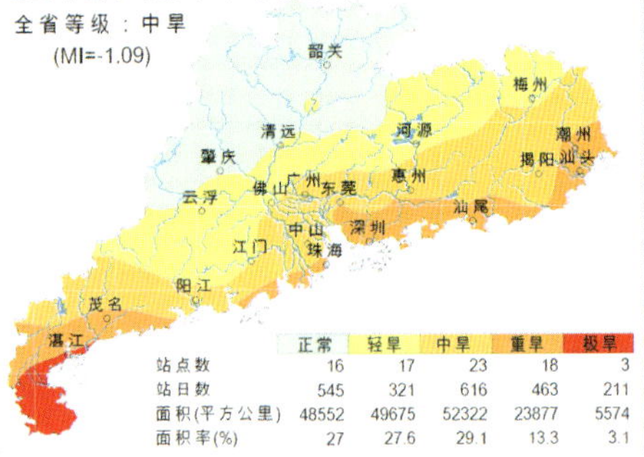

	正常	轻旱	中旱	重旱	极旱
站点数	16	17	23	18	3
站日数	545	321	616	463	211
面积(平方公里)	48552	49675	52322	23877	5574
面积率(%)	27	27.6	29.1	13.3	3.1

1963年 3月气象干旱等级分布

全省等级：轻旱

(MI=-0.84)

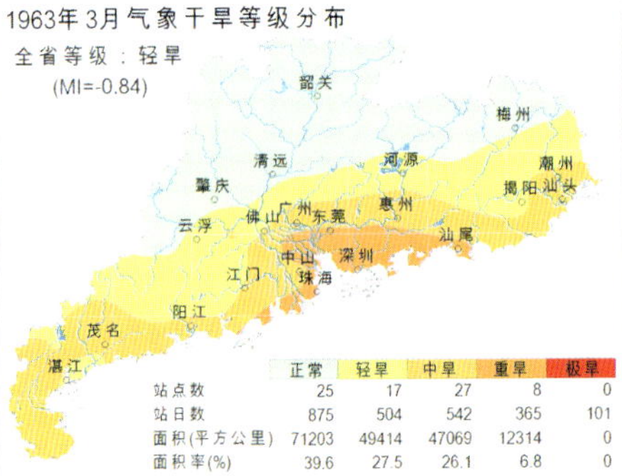

	正常	轻旱	中旱	重旱	极旱
站点数	25	17	27	8	0
站日数	875	504	542	365	101
面积(平方公里)	71203	49414	47069	12314	0
面积率(%)	39.6	27.5	26.1	6.8	0

1963年 4月气象干旱等级分布

全省等级：中旱

(MI=-1.15)

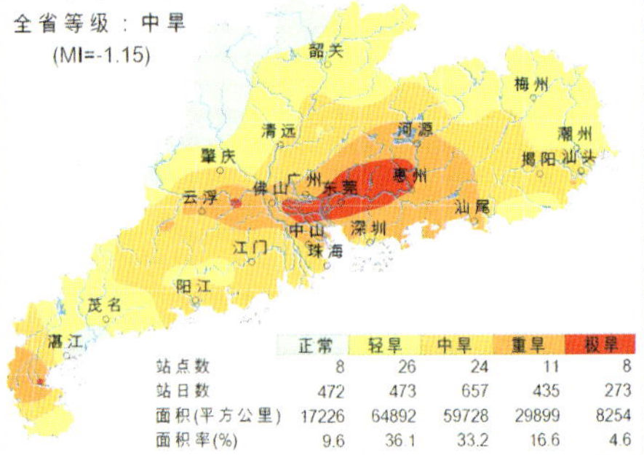

	正常	轻旱	中旱	重旱	极旱
站点数	8	26	24	11	8
站日数	472	473	657	435	273
面积(平方公里)	17226	64892	59728	29899	8254
面积率(%)	9.6	36.1	33.2	16.6	4.6

1963年 5月气象干旱等级分布

全省等级：重旱

(MI=-1.57)

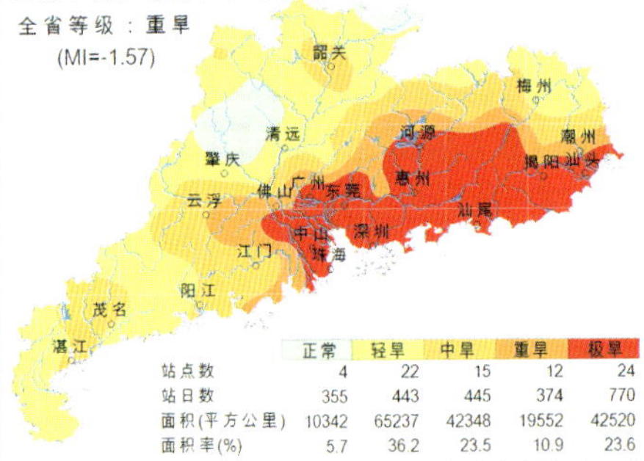

	正常	轻旱	中旱	重旱	极旱
站点数	4	22	15	12	24
站日数	355	443	445	374	770
面积(平方公里)	10342	65237	42348	19552	42520
面积率(%)	5.7	36.2	23.5	10.9	23.6

1963年 6月气象干旱等级分布

全省等级：轻旱

(MI=-0.68)

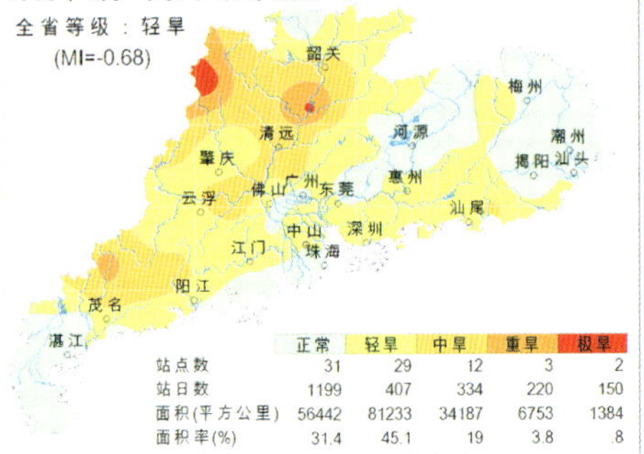

	正常	轻旱	中旱	重旱	极旱
站点数	31	29	12	3	2
站日数	1199	407	334	220	150
面积(平方公里)	56442	81233	34187	6753	1384
面积率(%)	31.4	45.1	19	3.8	.8

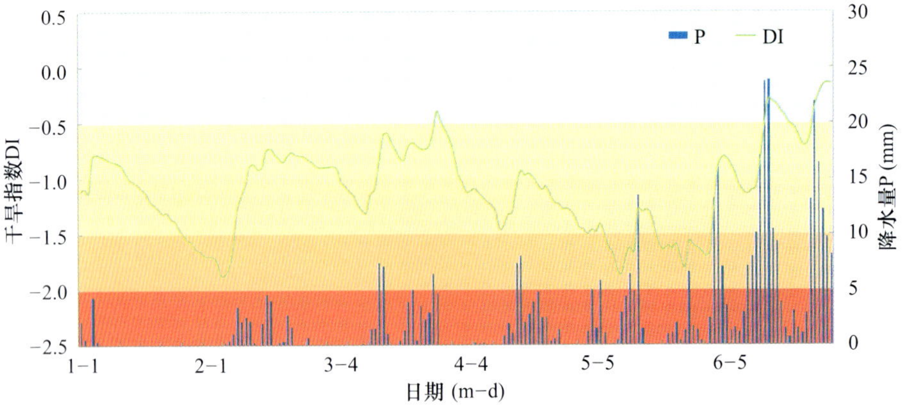

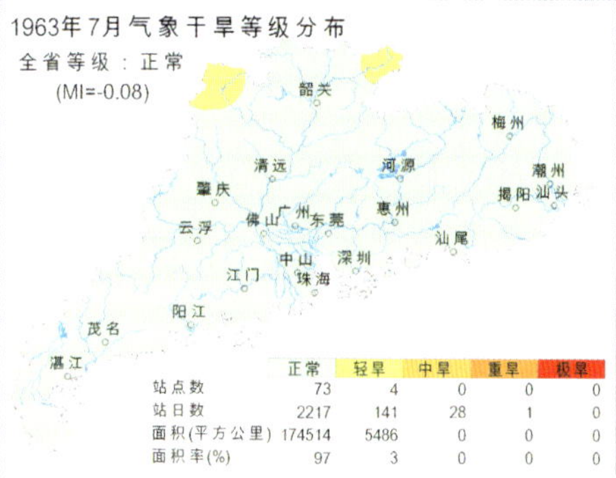

	正常	轻旱	中旱	重旱	极旱
站点数	73	4	0	0	0
站日数	2217	141	28	1	0
面积(平方公里)	174514	5486	0	0	0
面积率(%)	97	3	0	0	0

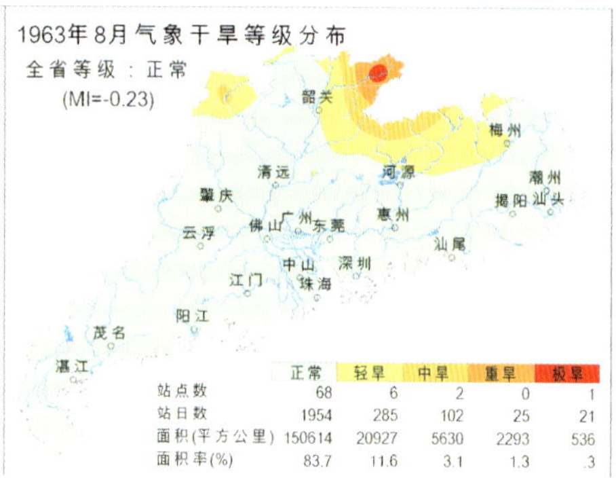

	正常	轻旱	中旱	重旱	极旱
站点数	68	6	2	0	1
站日数	1954	285	102	25	21
面积(平方公里)	150614	20927	5630	2293	536
面积率(%)	83.7	11.6	3.1	1.3	.3

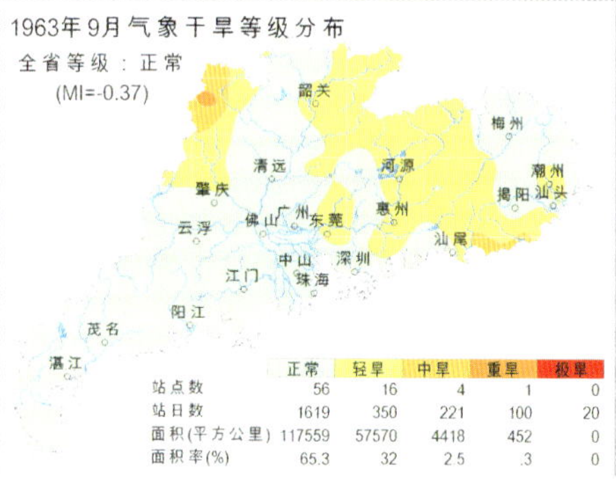

	正常	轻旱	中旱	重旱	极旱
站点数	56	16	4	1	0
站日数	1619	350	221	100	20
面积(平方公里)	117559	57570	4418	452	0
面积率(%)	65.3	32	2.5	.3	0

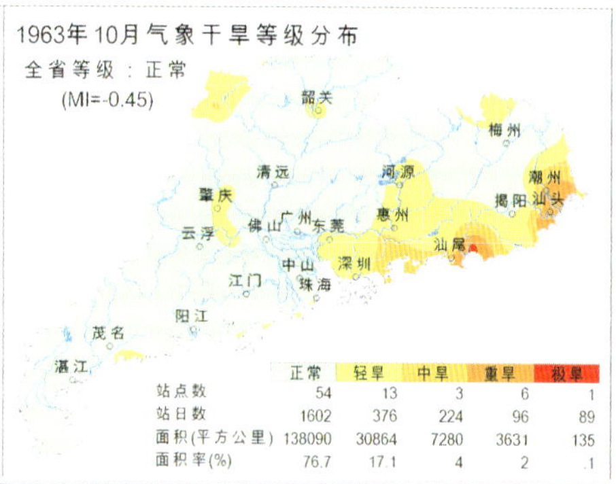

	正常	轻旱	中旱	重旱	极旱
站点数	54	13	3	6	1
站日数	1602	376	224	96	89
面积(平方公里)	138090	30864	7280	3631	135
面积率(%)	76.7	17.1	4	2	.1

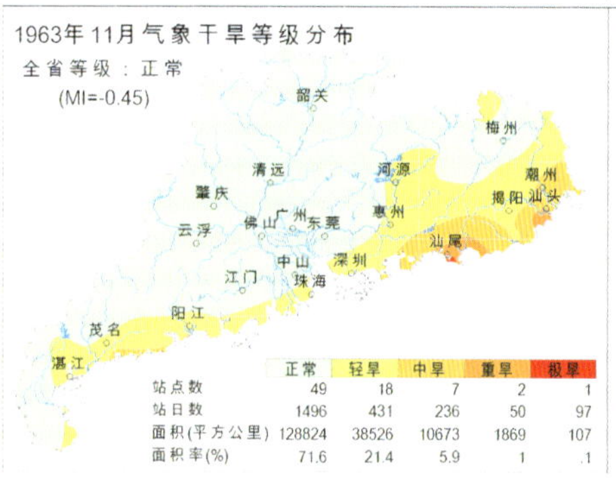

	正常	轻旱	中旱	重旱	极旱
站点数	49	18	7	2	1
站日数	1496	431	236	50	97
面积(平方公里)	128824	38526	10673	1869	107
面积率(%)	71.6	21.4	5.9	1	.1

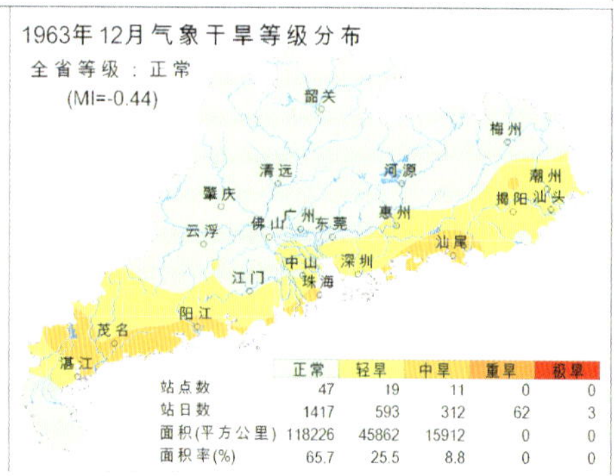

	正常	轻旱	中旱	重旱	极旱
站点数	47	19	11	0	0
站日数	1417	593	312	62	3
面积(平方公里)	118226	45862	15912	0	0
面积率(%)	65.7	25.5	8.8	0	0

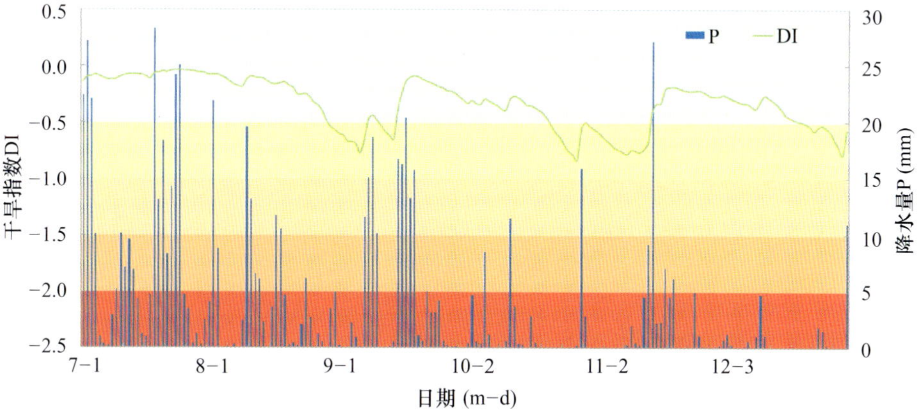

1964 年逐月气象干旱等级分布图

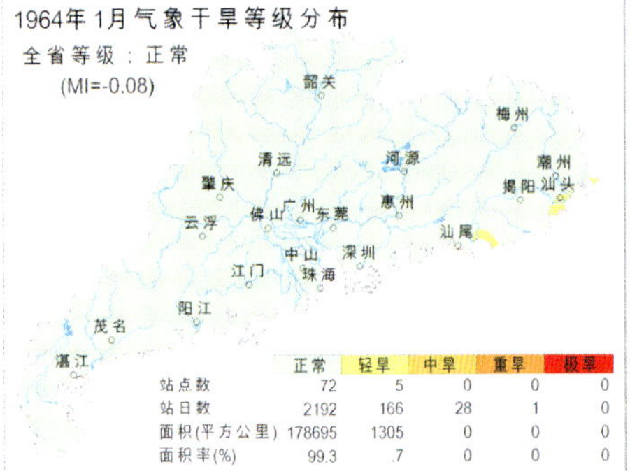

1964年 1月 气象干旱等级分布

全省等级：正常

(MI=-0.08)

	正常	轻旱	中旱	重旱	极旱
站点数	72	5	0	0	0
站日数	2192	166	28	1	0
面积(平方公里)	178695	1305	0	0	0
面积率(%)	99.3	.7	0	0	0

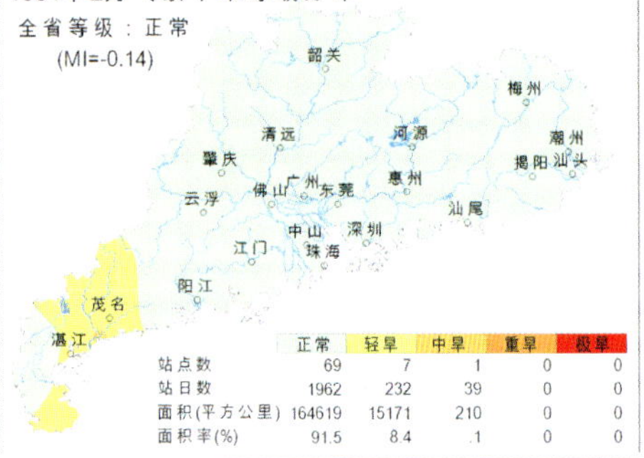

1964年 2月 气象干旱等级分布

全省等级：正常

(MI=-0.14)

	正常	轻旱	中旱	重旱	极旱
站点数	69	7	1	0	0
站日数	1962	232	39	0	0
面积(平方公里)	164619	15171	210	0	0
面积率(%)	91.5	8.4	.1	0	0

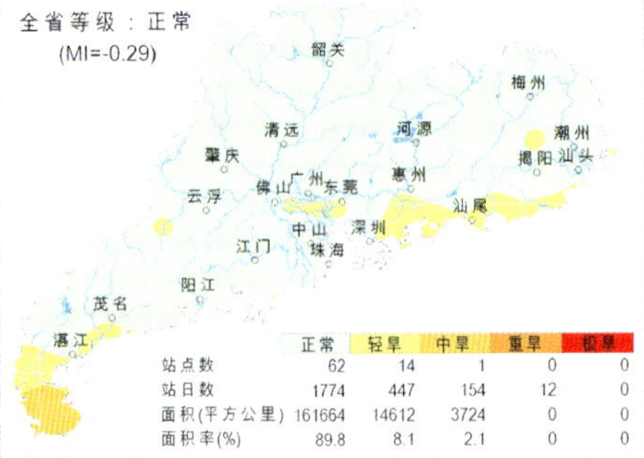

1964年 3月 气象干旱等级分布

全省等级：正常

(MI=-0.29)

	正常	轻旱	中旱	重旱	极旱
站点数	62	14	1	0	0
站日数	1774	447	154	12	0
面积(平方公里)	161664	14612	3724	0	0
面积率(%)	89.8	8.1	2.1	0	0

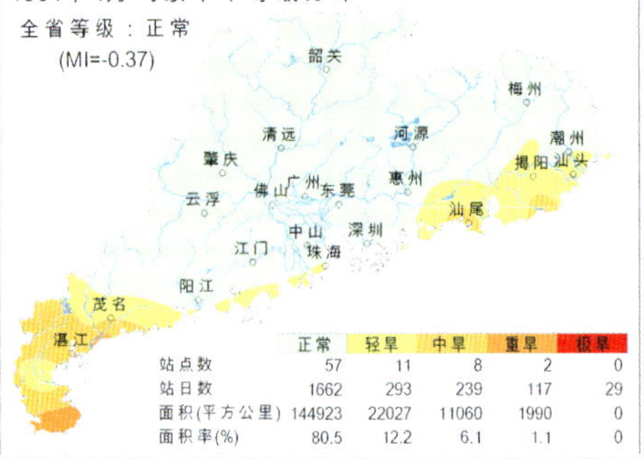

1964年 4月 气象干旱等级分布

全省等级：正常

(MI=-0.37)

	正常	轻旱	中旱	重旱	极旱
站点数	57	11	8	2	0
站日数	1662	293	239	117	29
面积(平方公里)	144923	22027	11060	1990	0
面积率(%)	80.5	12.2	6.1	1.1	0

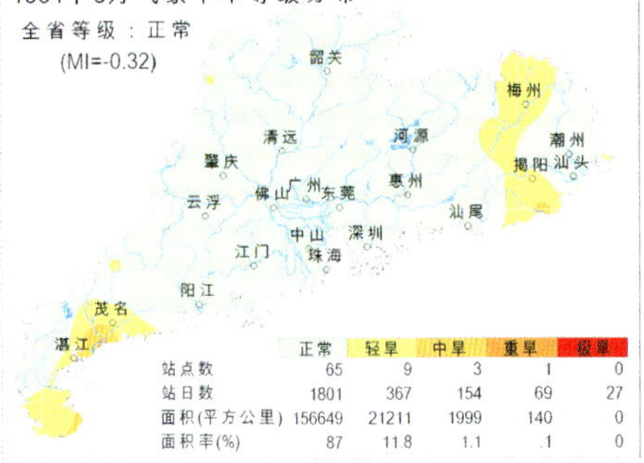

1964年 5月 气象干旱等级分布

全省等级：正常

(MI=-0.32)

	正常	轻旱	中旱	重旱	极旱
站点数	65	9	3	1	0
站日数	1801	367	154	69	27
面积(平方公里)	156649	21211	1999	140	0
面积率(%)	87	11.8	1.1	.1	0

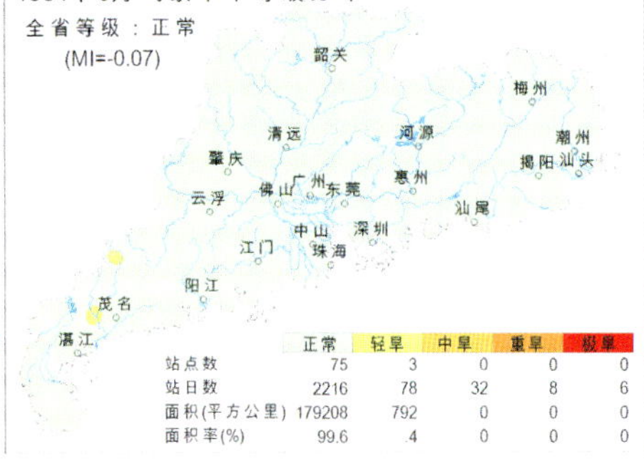

1964年 6月 气象干旱等级分布

全省等级：正常

(MI=-0.07)

	正常	轻旱	中旱	重旱	极旱
站点数	75	3	0	0	0
站日数	2216	78	32	8	6
面积(平方公里)	179208	792	0	0	0
面积率(%)	99.6	.4	0	0	0

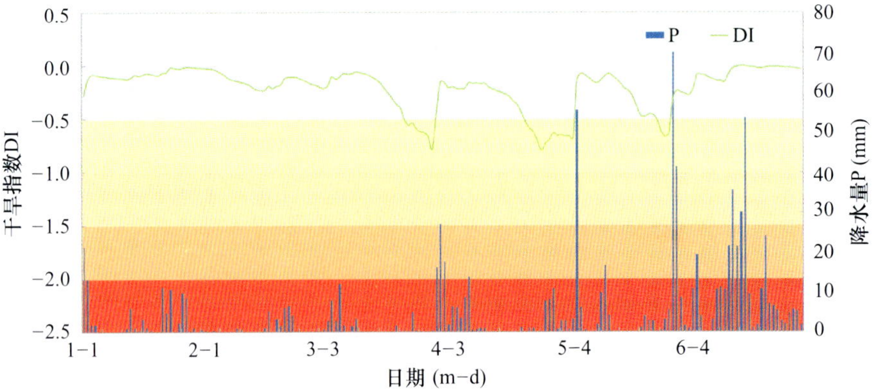

1964年7月气象干旱等级分布

全省等级：正常

(MI=-0.13)

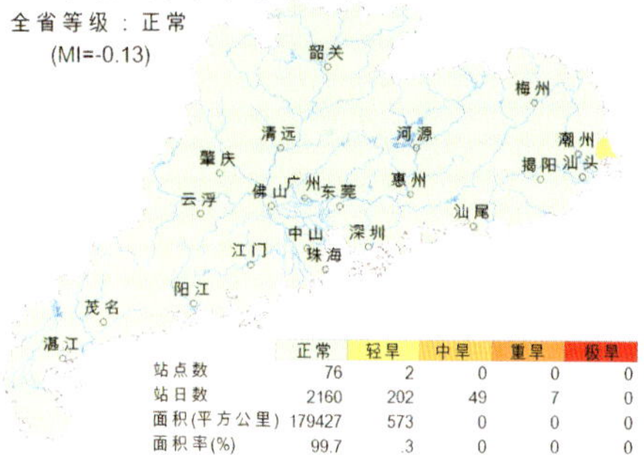

	正常	轻旱	中旱	重旱	极旱
站点数	76	2	0	0	0
站日数	2160	202	49	7	0
面积(平方公里)	179427	573	0	0	0
面积率(%)	99.7	.3	0	0	0

1964年8月气象干旱等级分布

全省等级：正常

(MI=-0.08)

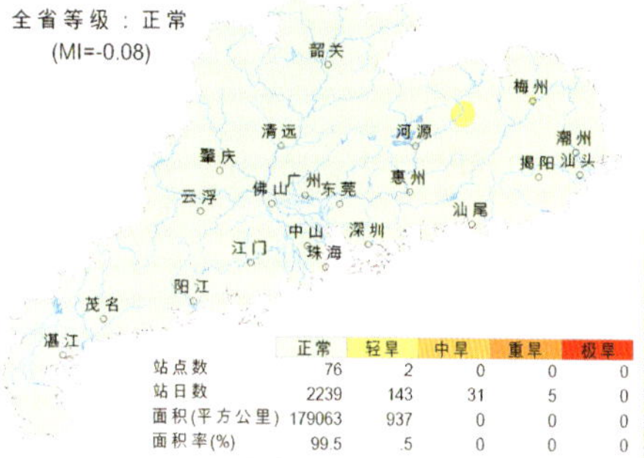

	正常	轻旱	中旱	重旱	极旱
站点数	76	2	0	0	0
站日数	2239	143	31	5	0
面积(平方公里)	179063	937	0	0	0
面积率(%)	99.5	.5	0	0	0

1964年9月气象干旱等级分布

全省等级：正常

(MI=-0.02)

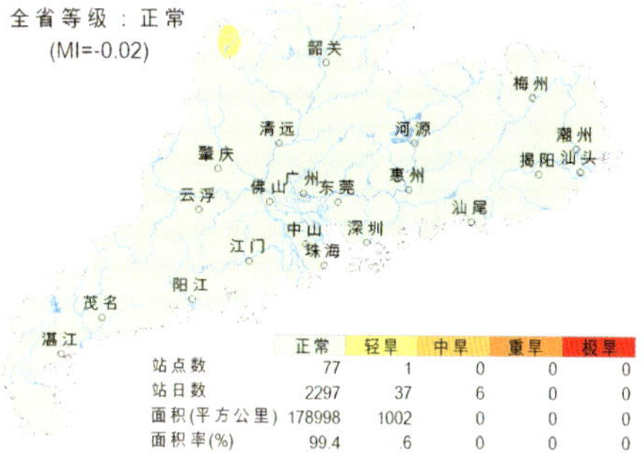

	正常	轻旱	中旱	重旱	极旱
站点数	77	1	0	0	0
站日数	2297	37	6	0	0
面积(平方公里)	178998	1002	0	0	0
面积率(%)	99.4	.6	0	0	0

1964年10月气象干旱等级分布

全省等级：正常

(MI=-0.06)

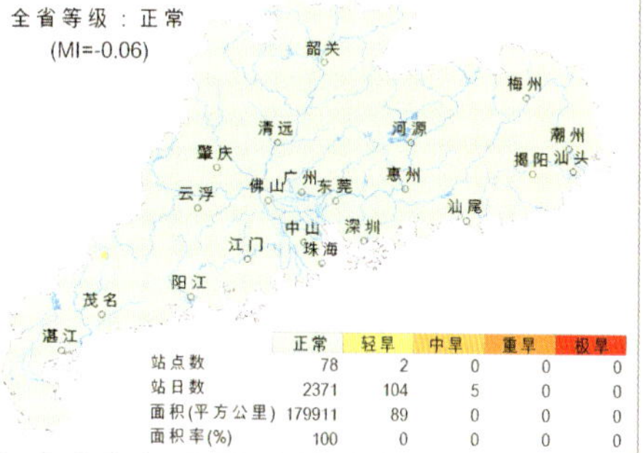

	正常	轻旱	中旱	重旱	极旱
站点数	78	2	0	0	0
站日数	2371	104	5	0	0
面积(平方公里)	179911	89	0	0	0
面积率(%)	100	0	0	0	0

1964年11月气象干旱等级分布

全省等级：正常

(MI=-0.33)

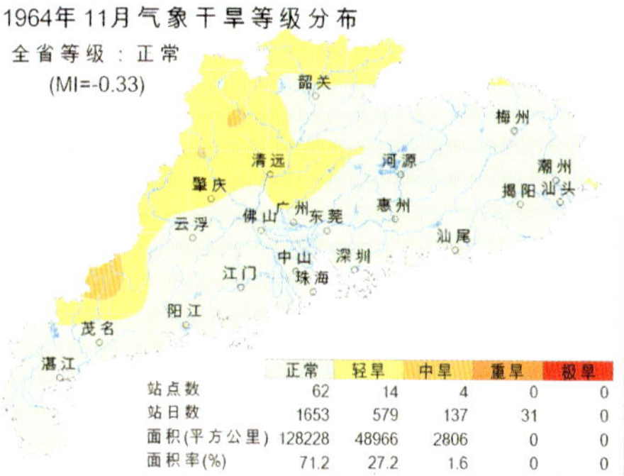

	正常	轻旱	中旱	重旱	极旱
站点数	62	14	4	0	0
站日数	1653	579	137	31	0
面积(平方公里)	128228	48966	2806	0	0
面积率(%)	71.2	27.2	1.6	0	0

1964年12月气象干旱等级分布

全省等级：中旱

(MI=-1.12)

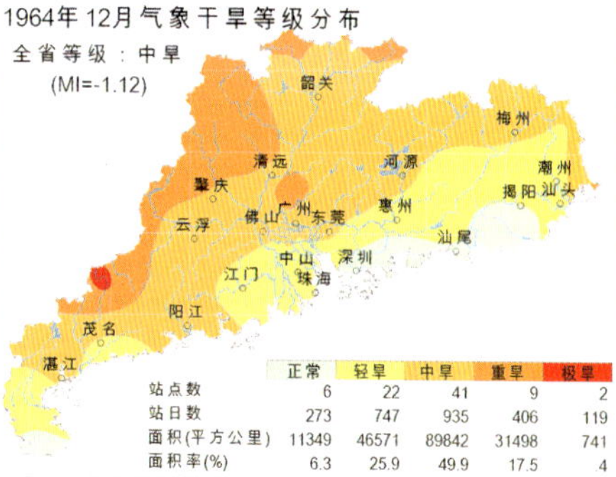

	正常	轻旱	中旱	重旱	极旱
站点数	6	22	41	9	2
站日数	273	747	935	406	119
面积(平方公里)	11349	46571	89842	31498	741
面积率(%)	6.3	25.9	49.9	17.5	.4

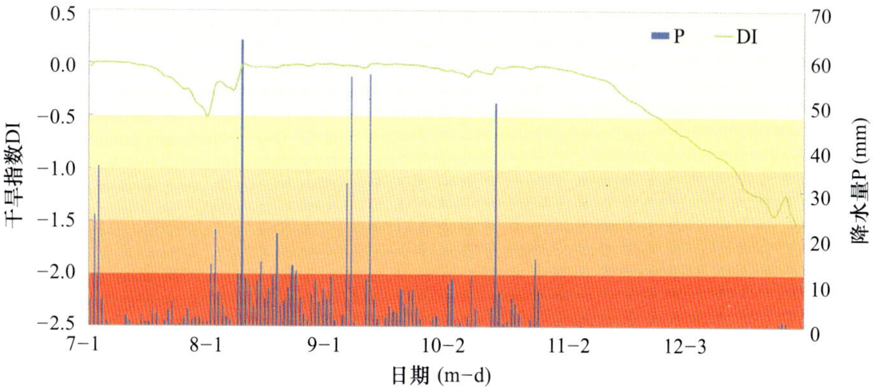

1965 年逐月气象干旱等级分布图

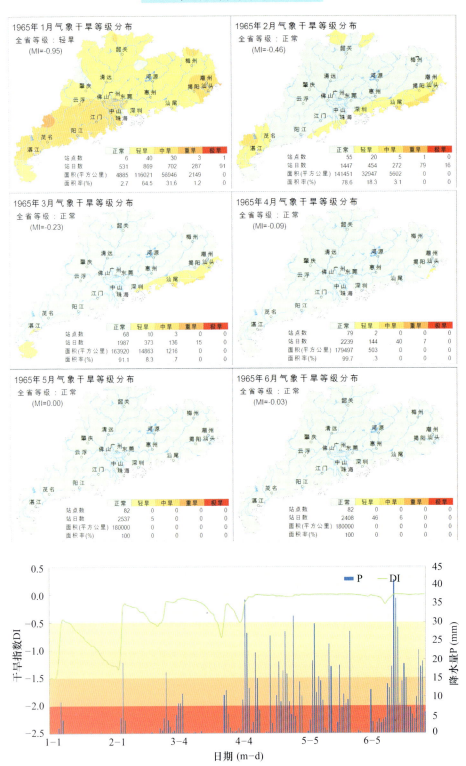

1965年1月气象干旱等级分布

全省等级：轻旱

(MI=-0.95)

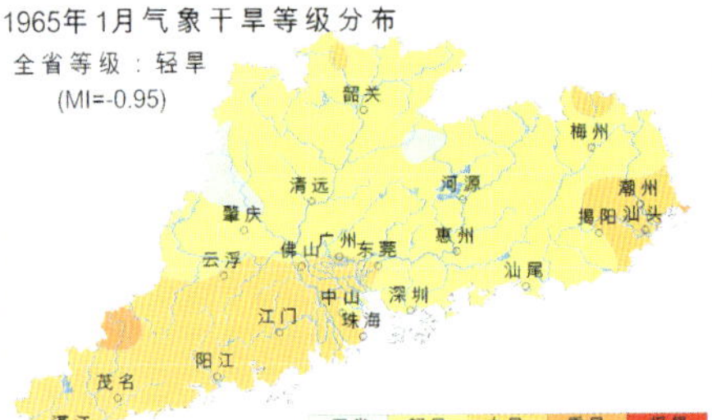

	正常	轻旱	中旱	重旱	极旱
站点数	6	40	30	3	1
站日数	531	869	702	287	91
面积(平方公里)	4885	116021	56946	2149	0
面积率(%)	2.7	64.5	31.6	1.2	0

1965年2月气象干旱等级分布

全省等级：正常

(MI=-0.46)

	正常	轻旱	中旱	重旱	极旱
站点数	55	20	5	1	0
站日数	1447	454	272	79	16
面积(平方公里)	141451	32947	5602	0	0
面积率(%)	78.6	18.3	3.1	0	0

1965年3月气象干旱等级分布

全省等级：正常

(MI=-0.23)

	正常	轻旱	中旱	重旱	极旱
站点数	68	10	3	0	0
站日数	1987	373	136	15	0
面积(平方公里)	163920	14863	1216	0	0
面积率(%)	91.1	8.3	.7	0	0

1965年4月气象干旱等级分布

全省等级：正常

(MI=-0.09)

	正常	轻旱	中旱	重旱	极旱
站点数	79	2	0	0	0
站日数	2239	144	40	7	0
面积(平方公里)	179497	503	0	0	0
面积率(%)	99.7	.3	0	0	0

1965年5月气象干旱等级分布

全省等级：正常

(MI=0.00)

	正常	轻旱	中旱	重旱	极旱
站点数	82	0	0	0	0
站日数	2537	5	0	0	0
面积(平方公里)	180000	0	0	0	0
面积率(%)	100	0	0	0	0

1965年6月气象干旱等级分布

全省等级：正常

(MI=-0.03)

	正常	轻旱	中旱	重旱	极旱
站点数	82	0	0	0	0
站日数	2408	46	6	0	0
面积(平方公里)	180000	0	0	0	0
面积率(%)	100	0	0	0	0

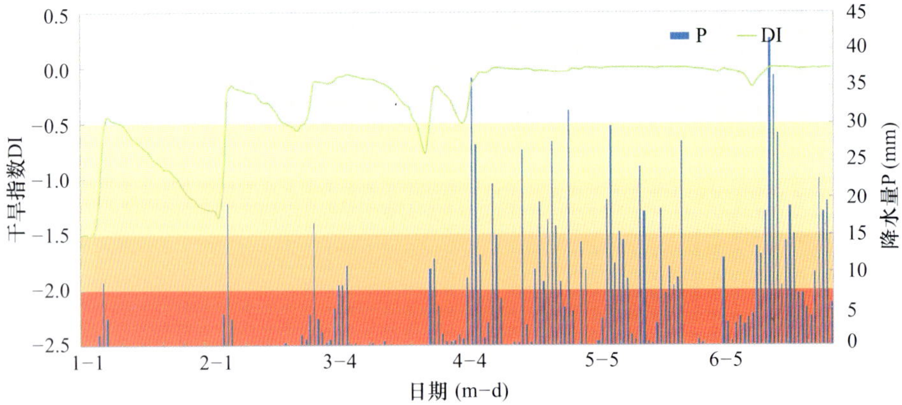

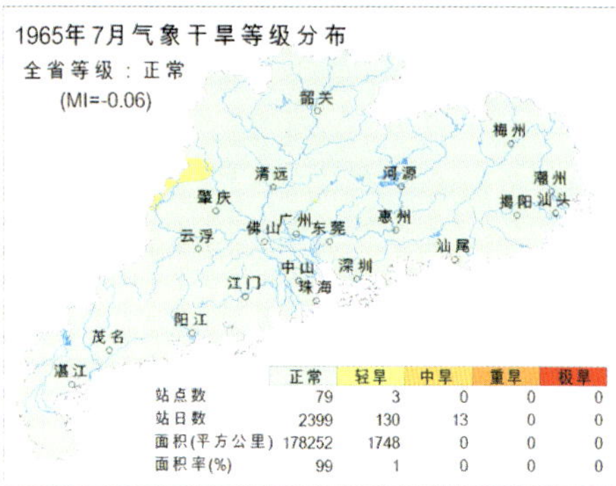

	正常	轻旱	中旱	重旱	极旱
站点数	79	3	0	0	0
站日数	2399	130	13	0	0
面积(平方公里)	178252	1748	0	0	0
面积率(%)	99	1	0	0	0

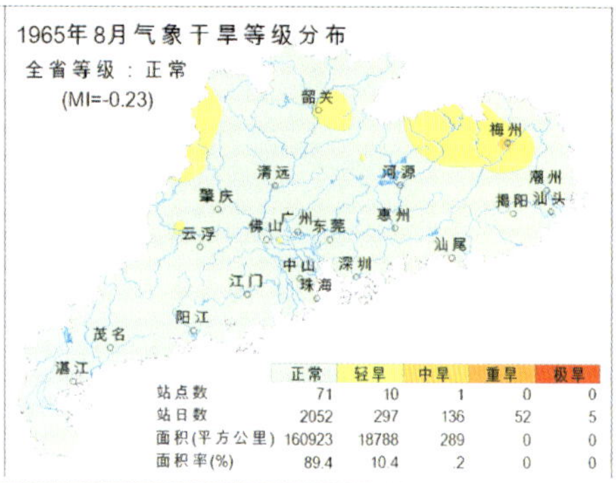

	正常	轻旱	中旱	重旱	极旱
站点数	71	10	1	0	0
站日数	2052	297	136	52	5
面积(平方公里)	160923	18788	289	0	0
面积率(%)	89.4	10.4	2	0	0

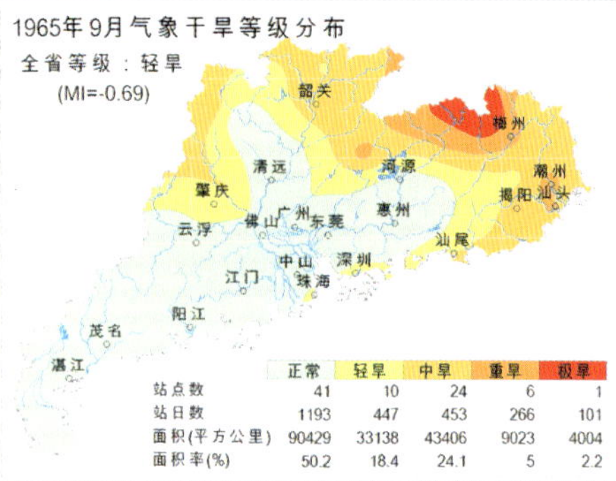

	正常	轻旱	中旱	重旱	极旱
站点数	41	10	24	6	1
站日数	1193	447	453	266	101
面积(平方公里)	90429	33138	43406	9023	4004
面积率(%)	50.2	18.4	24.1	5	2.2

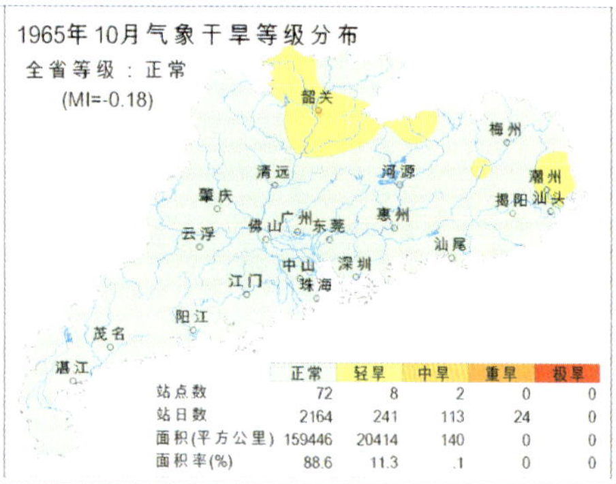

	正常	轻旱	中旱	重旱	极旱
站点数	72	8	2	0	0
站日数	2164	241	113	24	0
面积(平方公里)	159446	20414	140	0	0
面积率(%)	88.6	11.3	.1	0	0

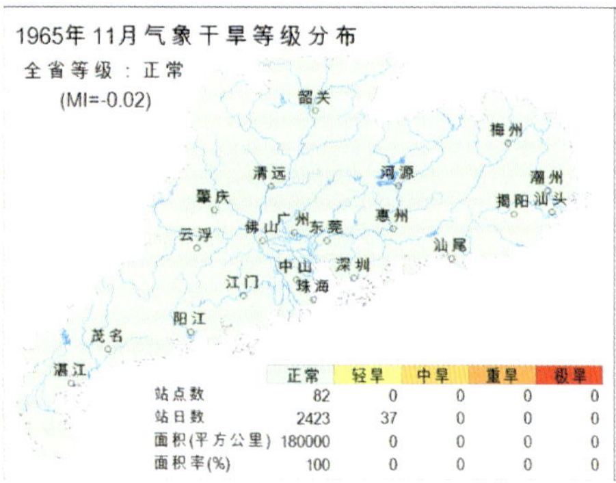

	正常	轻旱	中旱	重旱	极旱
站点数	82	0	0	0	0
站日数	2423	37	0	0	0
面积(平方公里)	180000	0	0	0	0
面积率(%)	100	0	0	0	0

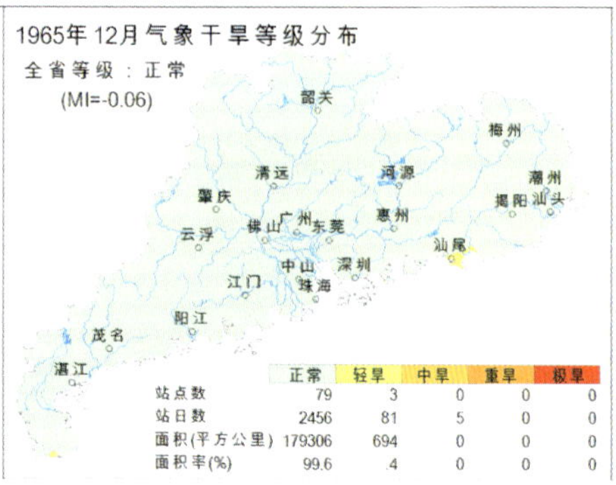

	正常	轻旱	中旱	重旱	极旱
站点数	79	3	0	0	0
站日数	2456	81	5	0	0
面积(平方公里)	179306	694	0	0	0
面积率(%)	99.6	4	0	0	0

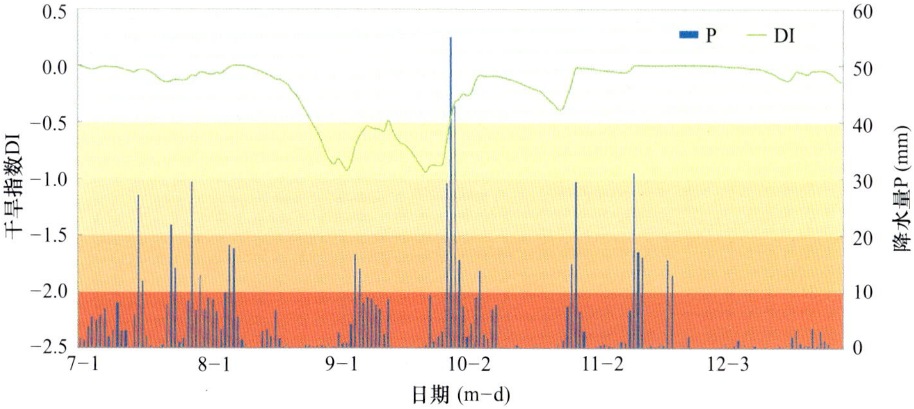

1966 年逐月气象干旱等级分布图

1966年 1月 气 象 干 旱 等 级 分 布

全 省 等 级 ： 正 常

(MI=-0.49)

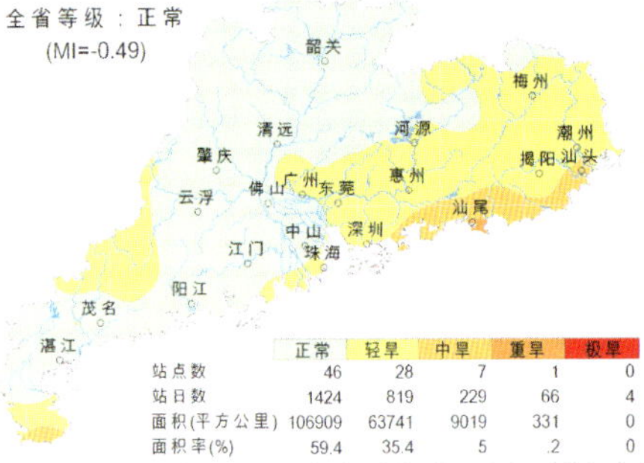

	正常	轻旱	中旱	重旱	极旱
站点数	46	28	7	1	0
站日数	1424	819	229	66	4
面积(平方公里)	106909	63741	9019	331	0
面积率(%)	59.4	35.4	5	.2	0

1966年 2月 气 象 干 旱 等 级 分 布

全 省 等 级 ： 正 常

(MI=-0.44)

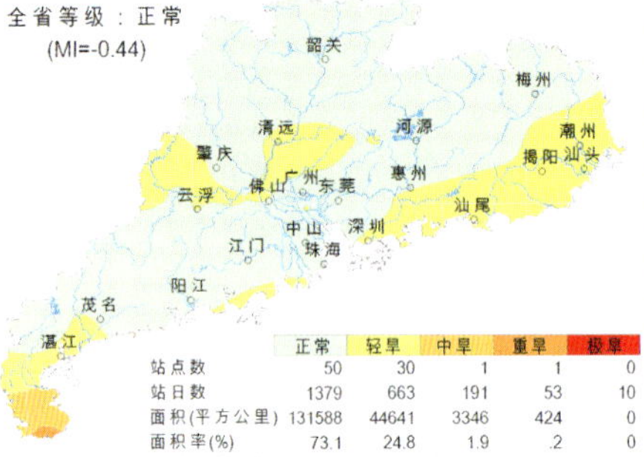

	正常	轻旱	中旱	重旱	极旱
站点数	50	30	1	1	0
站日数	1379	663	191	53	10
面积(平方公里)	131588	44641	3346	424	0
面积率(%)	73.1	24.8	1.9	.2	0

1966年 3月 气 象 干 旱 等 级 分 布

全 省 等 级 ： 正 常

(MI=-0.12)

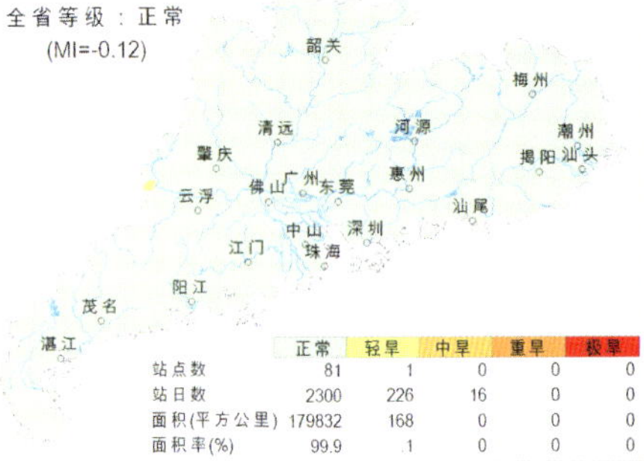

	正常	轻旱	中旱	重旱	极旱
站点数	81	1	0	0	0
站日数	2300	226	16	0	0
面积(平方公里)	179832	168	0	0	0
面积率(%)	99.9	.1	0	0	0

1966年 4月 气 象 干 旱 等 级 分 布

全 省 等 级 ： 正 常

(MI=-0.01)

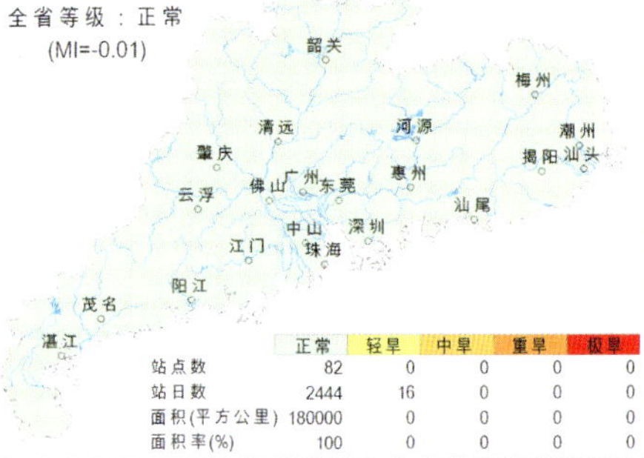

	正常	轻旱	中旱	重旱	极旱
站点数	82	0	0	0	0
站日数	2444	16	0	0	0
面积(平方公里)	180000	0	0	0	0
面积率(%)	100	0	0	0	0

1966年 5月 气 象 干 旱 等 级 分 布

全 省 等 级 ： 正 常

(MI=-0.13)

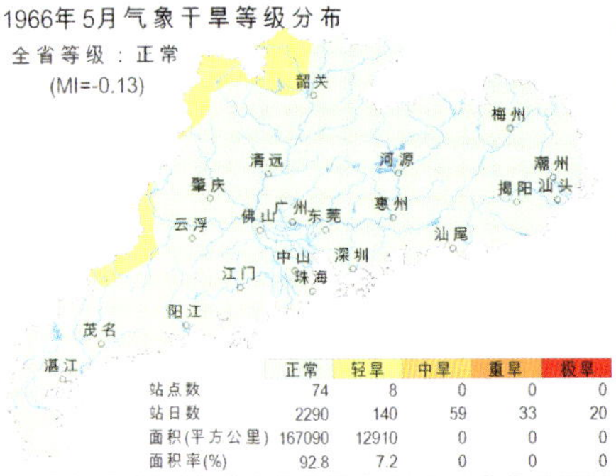

	正常	轻旱	中旱	重旱	极旱
站点数	74	8	0	0	0
站日数	2290	140	59	33	20
面积(平方公里)	167090	12910	0	0	0
面积率(%)	92.8	7.2	0	0	0

1966年 6月 气 象 干 旱 等 级 分 布

全 省 等 级 ： 正 常

(MI=-0.04)

	正常	轻旱	中旱	重旱	极旱
站点数	81	1	0	0	0
站日数	2385	51	17	6	1
面积(平方公里)	179170	830	0	0	0
面积率(%)	99.5	.5	0	0	0

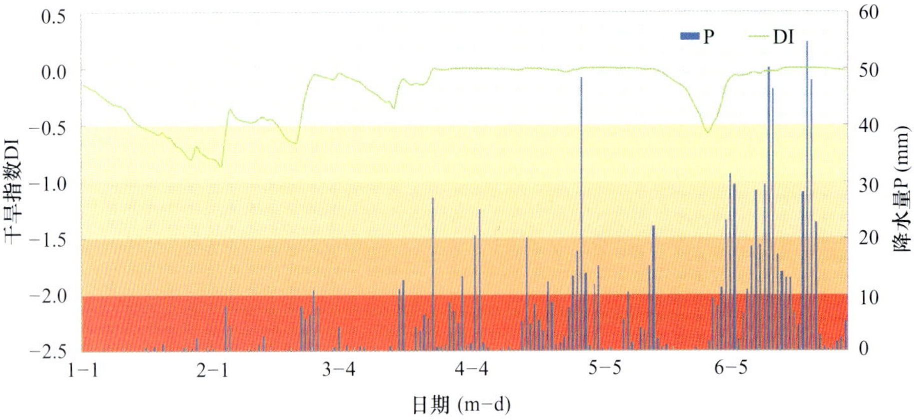

	正常	轻旱	中旱	重旱	极旱
站点数	80	2	0	0	0
站日数	2489	45	8	0	0
面积(平方公里)	179534	466	0	0	0
面积率(%)	99.7	.3	0	0	0

	正常	轻旱	中旱	重旱	极旱
站点数	76	4	2	0	0
站日数	2277	173	71	19	2
面积(平方公里)	171219	8045	736	0	0
面积率(%)	95.1	4.5	.4	0	0

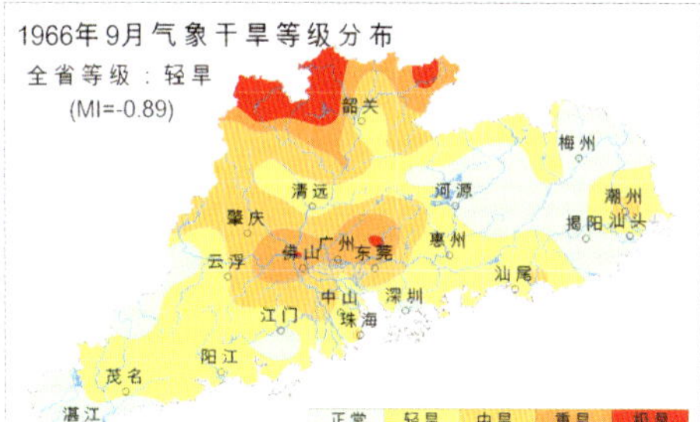

	正常	轻旱	中旱	重旱	极旱
站点数	26	24	18	7	6
站日数	906	538	452	300	234
面积(平方公里)	46491	71935	36126	16835	8613
面积率(%)	25.8	40	20.1	9.4	4.8

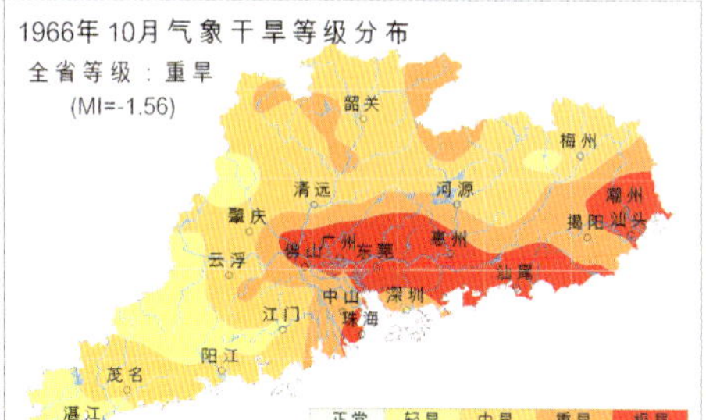

	正常	轻旱	中旱	重旱	极旱
站点数	0	16	29	15	21
站日数	271	402	523	544	771
面积(平方公里)	0	29983	79867	38876	31274
面积率(%)	0	16.7	44.4	21.6	17.4

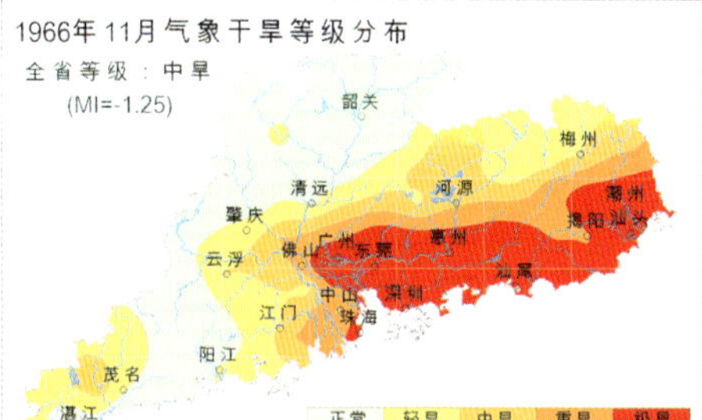

	正常	轻旱	中旱	重旱	极旱
站点数	21	19	13	8	21
站日数	670	489	387	263	651
面积(平方公里)	58954	41654	26744	17264	35385
面积率(%)	32.8	23.1	14.9	9.6	19.7

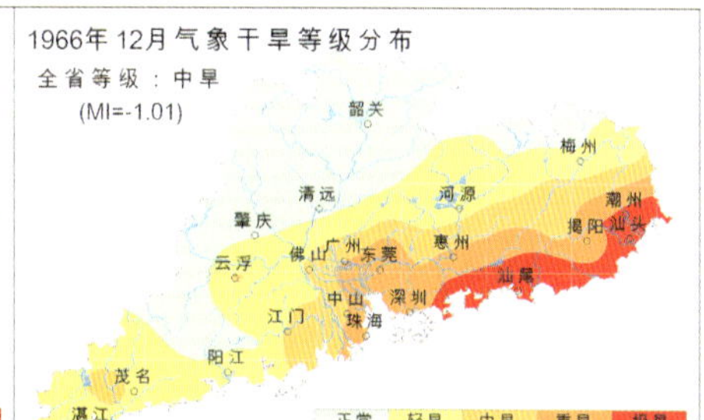

	正常	轻旱	中旱	重旱	极旱
站点数	25	23	16	8	11
站日数	871	494	476	291	441
面积(平方公里)	62403	56894	27741	21165	11796
面积率(%)	34.7	31.6	15.4	11.8	6.6

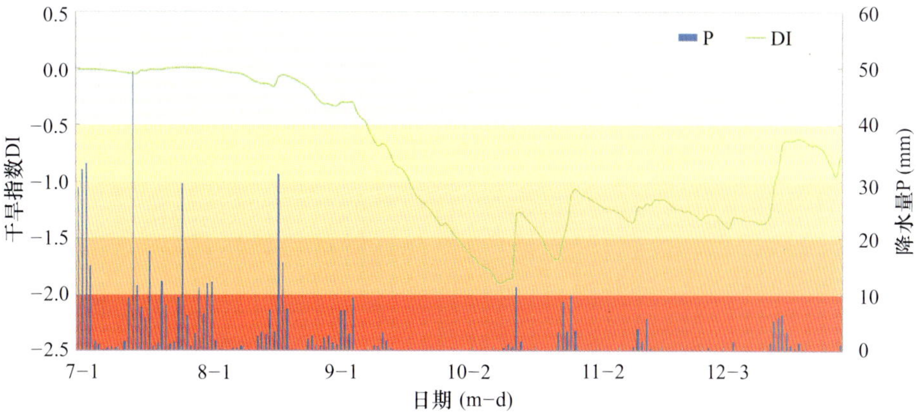

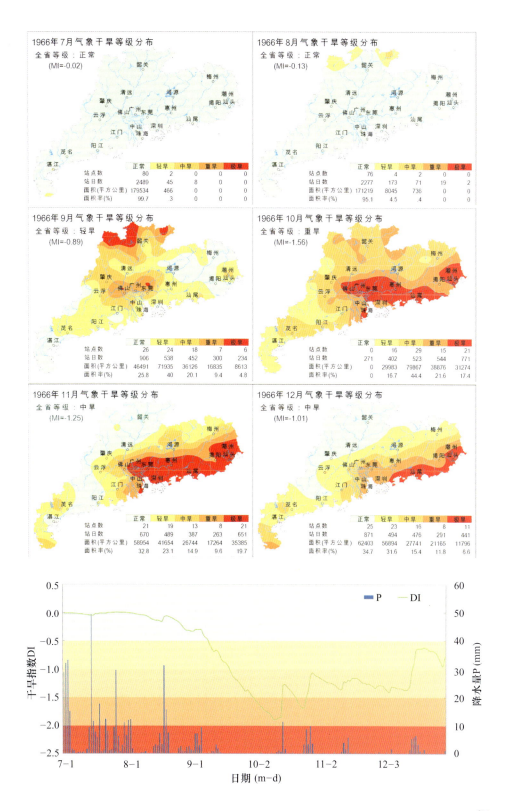

1967 年逐月气象干旱等级分布图

1967年 1月 气 象 干 旱 等 级 分 布

全 省 等 级 ：轻 旱

(MI=-0.77)

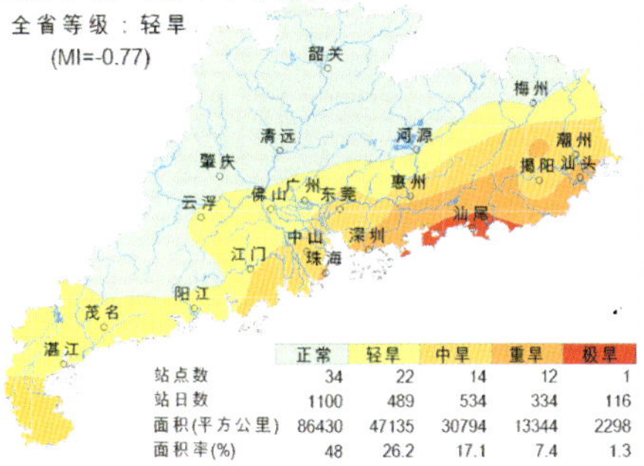

	正常	轻旱	中旱	重旱	极旱
站点数	34	22	14	12	1
站日数	1100	489	534	334	116
面积(平方公里)	86430	47135	30794	13344	2298
面积率(%)	48	26.2	17.1	7.4	1.3

1967年 2月 气 象 干 旱 等 级 分 布

全 省 等 级 ：正 常

(MI=-0.05)

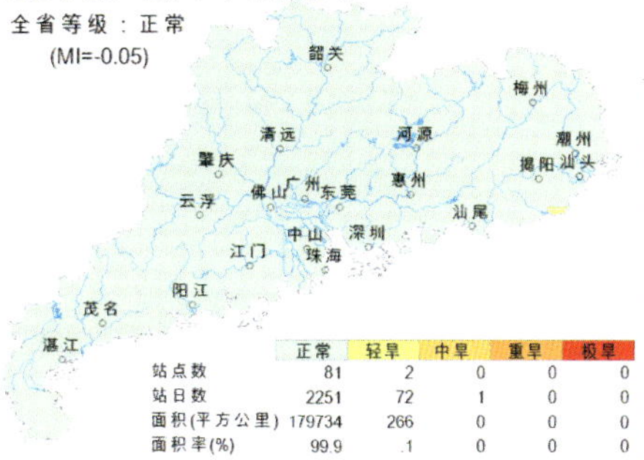

	正常	轻旱	中旱	重旱	极旱
站点数	81	2	0	0	0
站日数	2251	72	1	0	0
面积(平方公里)	179734	266	0	0	0
面积率(%)	99.9	.1	0	0	0

1967年 3月 气 象 干 旱 等 级 分 布

全 省 等 级 ：正 常

(MI=-0.28)

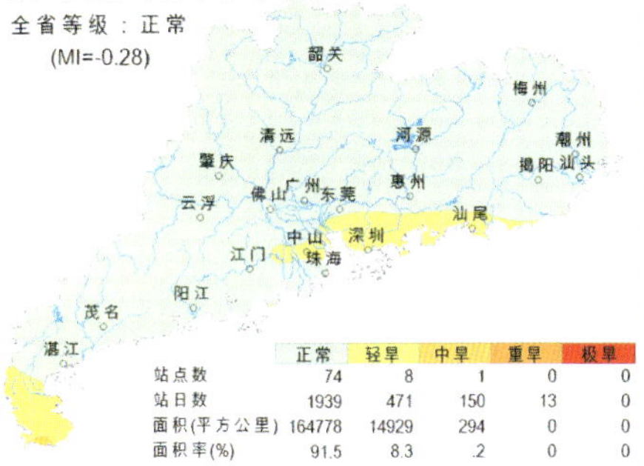

	正常	轻旱	中旱	重旱	极旱
站点数	74	8	1	0	0
站日数	1939	471	150	13	0
面积(平方公里)	164778	14929	294	0	0
面积率(%)	91.5	8.3	.2	0	0

1967年 4月 气 象 干 旱 等 级 分 布

全 省 等 级 ：正 常

(MI=-0.03)

	正常	轻旱	中旱	重旱	极旱
站点数	81	2	0	0	0
站日数	2444	24	2	15	5
面积(平方公里)	174575	5425	0	0	0
面积率(%)	97	3	0	0	0

1967年 5月 气 象 干 旱 等 级 分 布

全 省 等 级 ：正 常

(MI=-0.15)

	正常	轻旱	中旱	重旱	极旱
站点数	78	5	1	0	0
站日数	2264	247	77	14	2
面积(平方公里)	175922	4078	0	0	0
面积率(%)	97.7	2.3	0	0	0

1967年 6月 气 象 干 旱 等 级 分 布

全 省 等 级 ：正 常

(MI=-0.36)

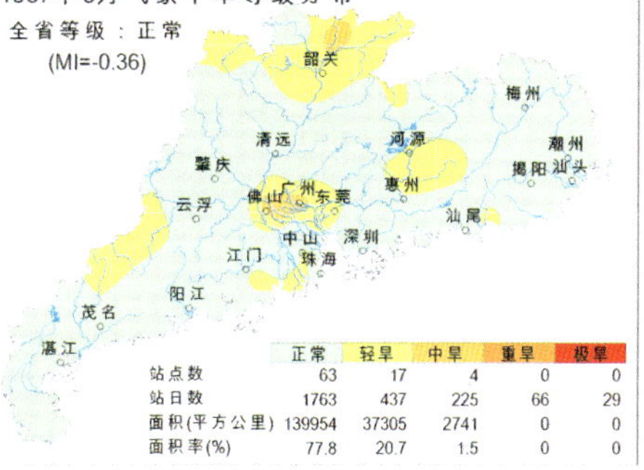

	正常	轻旱	中旱	重旱	极旱
站点数	63	17	4	0	0
站日数	1763	437	225	66	29
面积(平方公里)	139954	37305	2741	0	0
面积率(%)	77.8	20.7	1.5	0	0

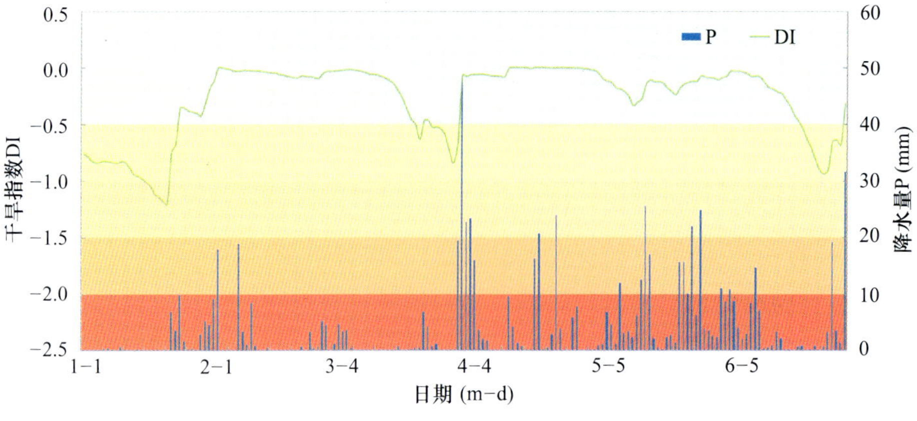

1967年7月气象干旱等级分布

全省等级：正常

(MI=-0.39)

	正常	轻旱	中旱	重旱	极旱
站点数	58	23	2	1	0
站日数	1731	570	205	76	22
面积(平方公里)	133914	43476	2484	126	0
面积率(%)	74.4	24.2	1.4	.1	0

1967年8月气象干旱等级分布

全省等级：正常

(MI=-0.13)

	正常	轻旱	中旱	重旱	极旱
站点数	80	3	1	0	0
站日数	2324	168	85	21	6
面积(平方公里)	172944	6418	639	0	0
面积率(%)	96.1	3.6	.4	0	0

1967年9月气象干旱等级分布

全省等级：正常

(MI=-0.04)

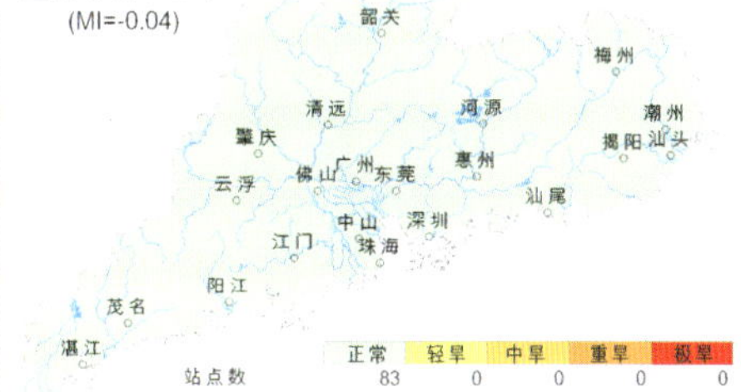

	正常	轻旱	中旱	重旱	极旱
站点数	83	0	0	0	0
站日数	2436	47	7	0	0
面积(平方公里)	180000	0	0	0	0
面积率(%)	100	0	0	0	0

1967年10月气象干旱等级分布

全省等级：轻旱

(MI=-0.72)

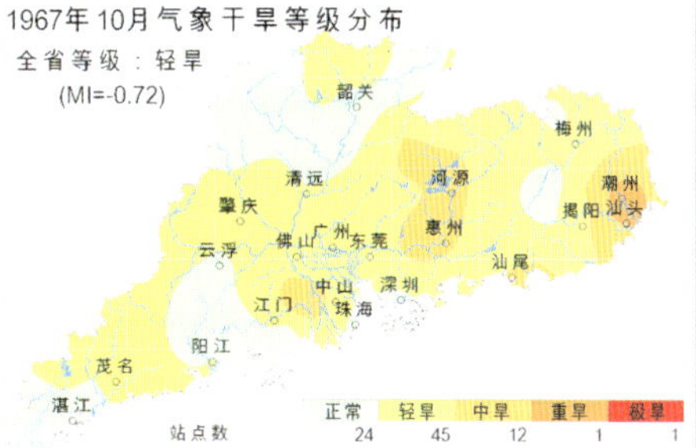

	正常	轻旱	中旱	重旱	极旱
站点数	24	45	12	1	1
站日数	981	865	487	191	49
面积(平方公里)	52303	106951	18708	2027	9
面积率(%)	29.1	59.4	10.4	1.1	0

1967年11月气象干旱等级分布

全省等级：中旱

(MI=-1.11)

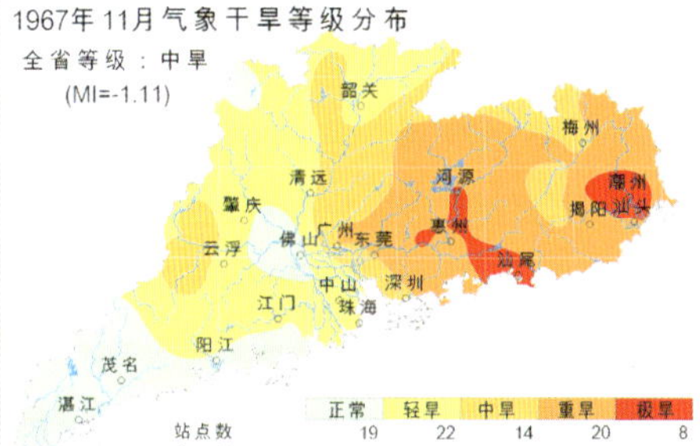

	正常	轻旱	中旱	重旱	极旱
站点数	19	22	14	20	8
站日数	597	429	575	651	238
面积(平方公里)	33502	54983	32966	50337	8212
面积率(%)	18.6	30.5	18.3	28	4.6

1967年12月气象干旱等级分布

全省等级：中旱

(MI=-1.01)

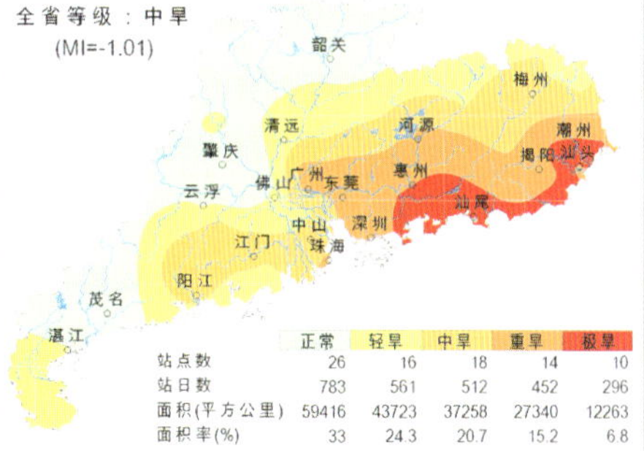

	正常	轻旱	中旱	重旱	极旱
站点数	26	16	18	14	10
站日数	783	561	512	452	296
面积(平方公里)	59416	43723	37258	27340	12263
面积率(%)	33	24.3	20.7	15.2	6.8

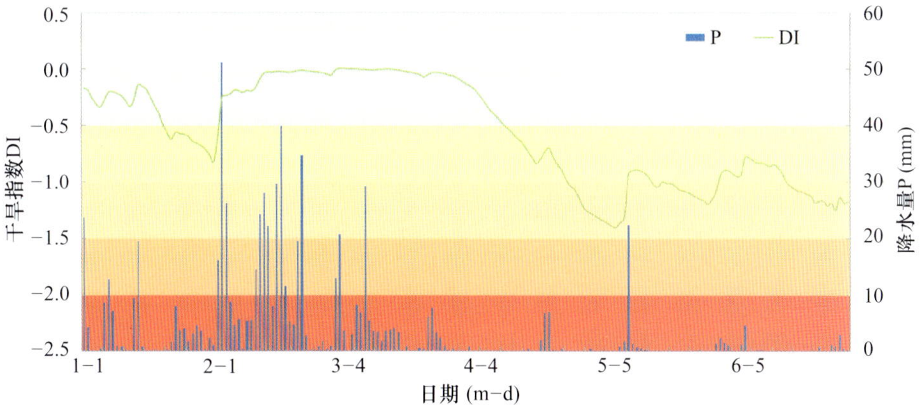

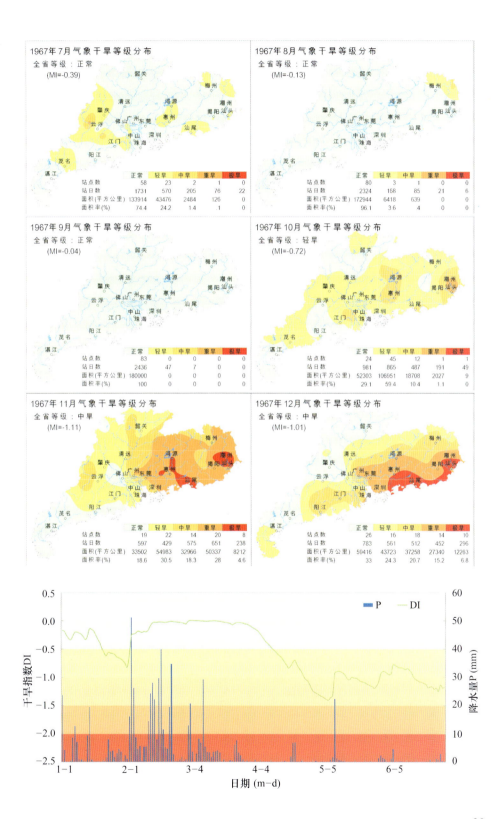

1968 年逐月气象干旱等级分布图

1968年 1月气象干旱等级分布

全省等级：轻旱

(MI=-0.98)

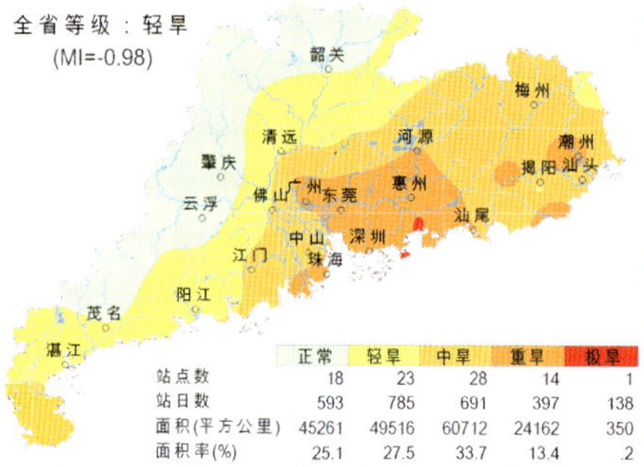

	正常	轻旱	中旱	重旱	极旱
站点数	18	23	28	14	1
站日数	593	785	691	397	138
面积(平方公里)	45261	49516	60712	24162	350
面积率(%)	25.1	27.5	33.7	13.4	.2

1968年 2月气象干旱等级分布

全省等级：正常

(MI=-0.06)

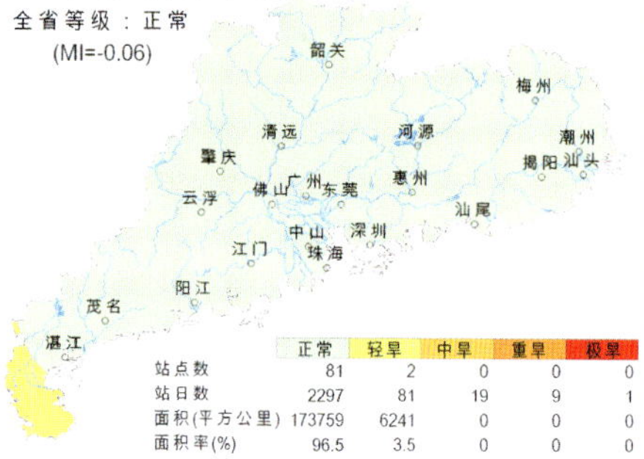

	正常	轻旱	中旱	重旱	极旱
站点数	81	2	0	0	0
站日数	2297	81	19	9	1
面积(平方公里)	173759	6241	0	0	0
面积率(%)	96.5	3.5	0	0	0

1968年 3月气象干旱等级分布

全省等级：正常

(MI=-0.06)

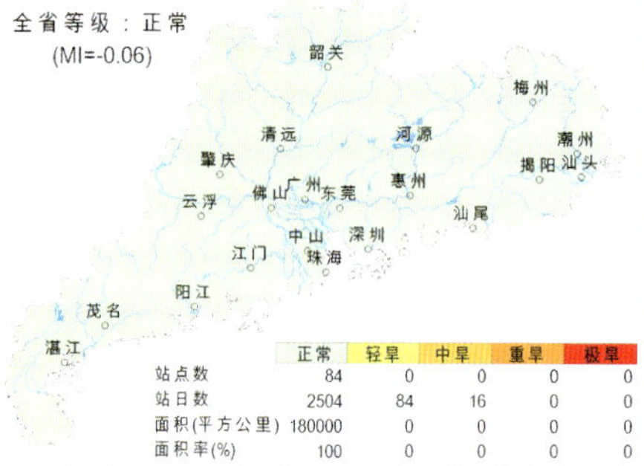

	正常	轻旱	中旱	重旱	极旱
站点数	84	0	0	0	0
站日数	2504	84	16	0	0
面积(平方公里)	180000	0	0	0	0
面积率(%)	100	0	0	0	0

1968年 4月气象干旱等级分布

全省等级：正常

(MI=-0.03)

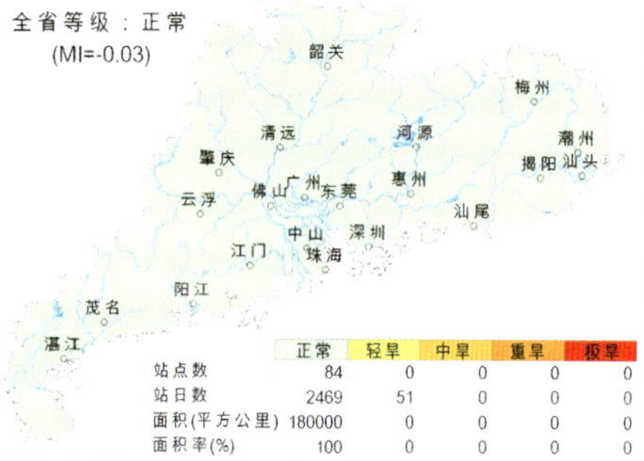

	正常	轻旱	中旱	重旱	极旱
站点数	84	0	0	0	0
站日数	2469	51	0	0	0
面积(平方公里)	180000	0	0	0	0
面积率(%)	100	0	0	0	0

1968年 5月气象干旱等级分布

全省等级：正常

(MI=-0.41)

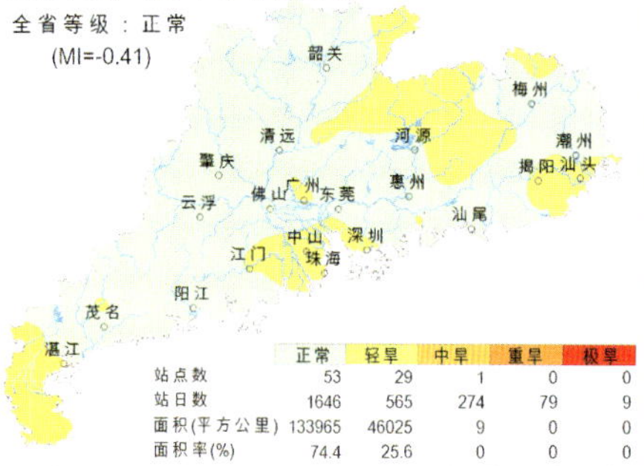

	正常	轻旱	中旱	重旱	极旱
站点数	53	29	1	0	0
站日数	1646	565	274	79	9
面积(平方公里)	133965	46025	9	0	0
面积率(%)	74.4	25.6	0	0	0

1968年 6月气象干旱等级分布

全省等级：正常

(MI=-0.02)

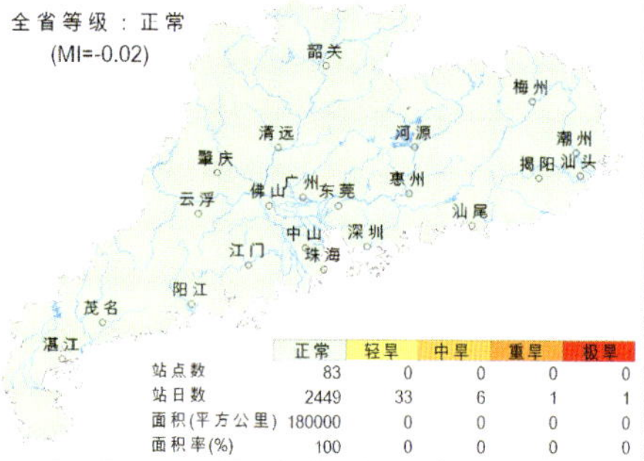

	正常	轻旱	中旱	重旱	极旱
站点数	83	0	0	0	0
站日数	2449	33	6	1	1
面积(平方公里)	180000	0	0	0	0
面积率(%)	100	0	0	0	0

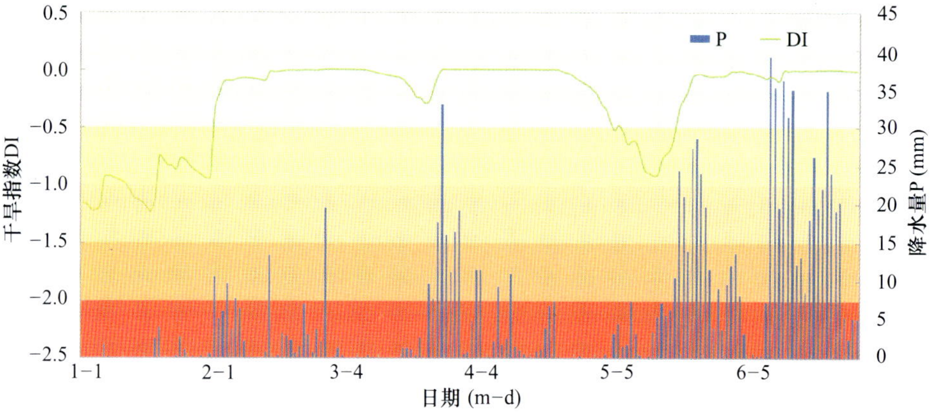

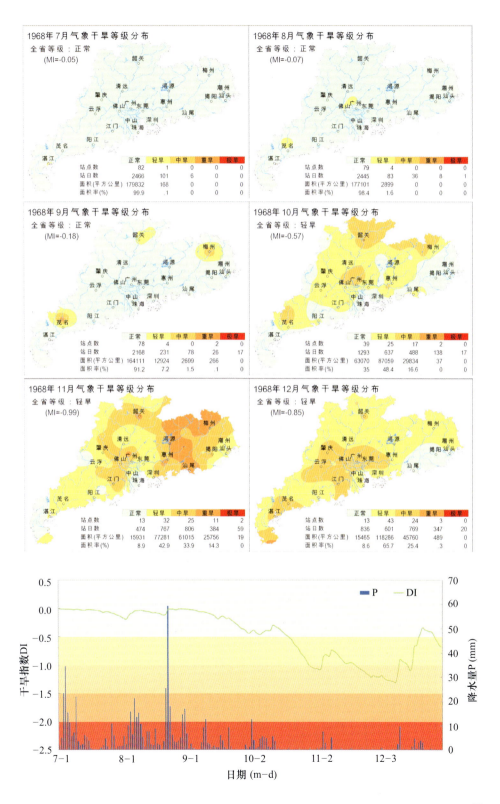

1968年7月气象干旱等级分布

	正常	轻旱	中旱	重旱	极旱
站点数	82	1	0	0	0
站日数	2466	101	6	0	0
面积(平方公里)	179832	168	0	0	0
面积率(%)	99.9	.1	0	0	0

1968年8月气象干旱等级分布

	正常	轻旱	中旱	重旱	极旱
站点数	79	4	0	0	0
站日数	2445	83	36	8	1
面积(平方公里)	177101	2899	0	0	0
面积率(%)	98.4	1.6	0	0	0

1968年9月气象干旱等级分布

	正常	轻旱	中旱	重旱	极旱
站点数	78	4	0	2	0
站日数	2168	231	78	26	17
面积(平方公里)	164111	12924	2699	266	0
面积率(%)	91.2	7.2	1.5	.1	0

1968年10月气象干旱等级分布

	正常	轻旱	中旱	重旱	极旱
站点数	39	25	17	2	0
站日数	1293	637	488	138	17
面积(平方公里)	63070	87059	29834	37	0
面积率(%)	35	48.4	16.6	0	0

1968年11月气象干旱等级分布

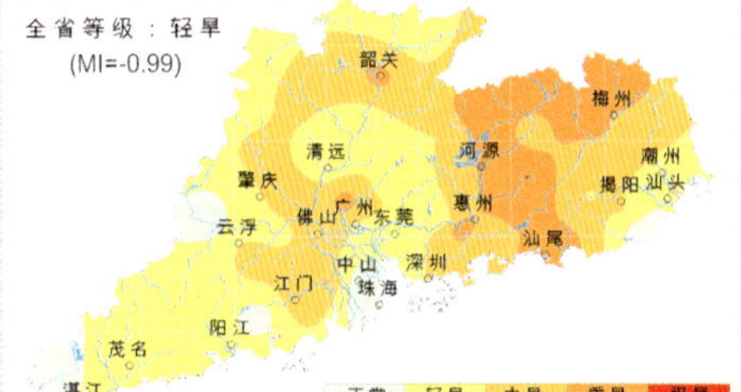

	正常	轻旱	中旱	重旱	极旱
站点数	13	32	25	11	2
站日数	474	767	806	384	59
面积(平方公里)	15931	77281	61015	25756	19
面积率(%)	8.9	42.9	33.9	14.3	0

1968年12月气象干旱等级分布

	正常	轻旱	中旱	重旱	极旱
站点数	13	43	24	3	0
站日数	836	601	769	347	20
面积(平方公里)	15465	118286	45760	489	0
面积率(%)	8.6	65.7	25.4	.3	0

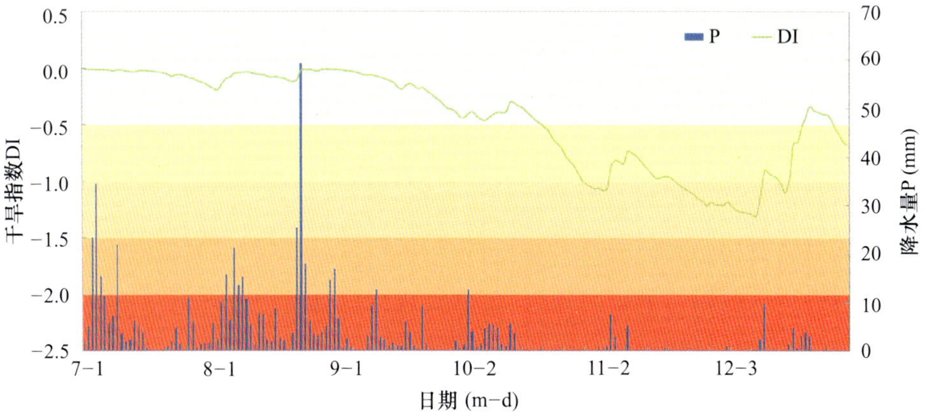

1969 年逐月气象干旱等级分布图

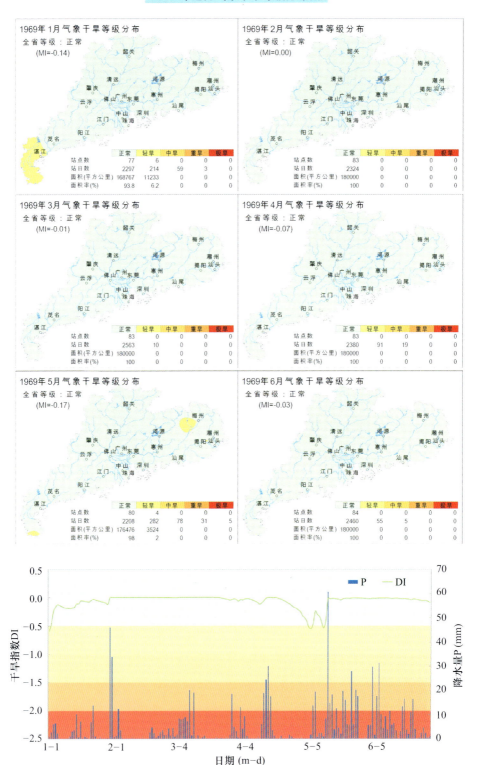

1969年1月气象干旱等级分布

全省等级：正常

(MI=-0.14)

	正常	轻旱	中旱	重旱	极旱
站点数	77	6	0	0	0
站日数	2297	214	59	3	0
面积(平方公里)	168767	11233	0	0	0
面积率(%)	93.8	6.2	0	0	0

1969年2月气象干旱等级分布

全省等级：正常

(MI=0.00)

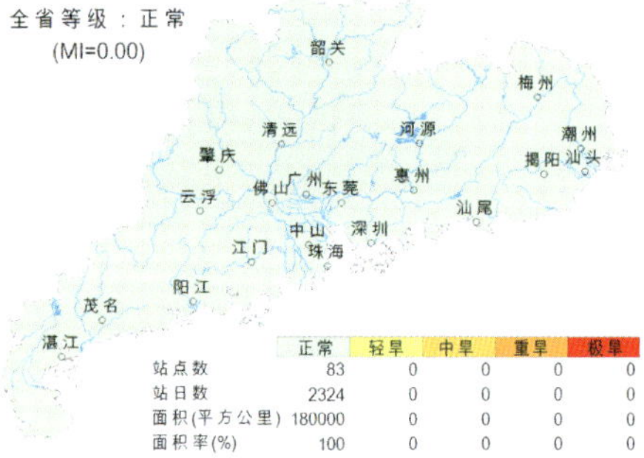

	正常	轻旱	中旱	重旱	极旱
站点数	83	0	0	0	0
站日数	2324	0	0	0	0
面积(平方公里)	180000	0	0	0	0
面积率(%)	100	0	0	0	0

1969年3月气象干旱等级分布

全省等级：正常

(MI=-0.01)

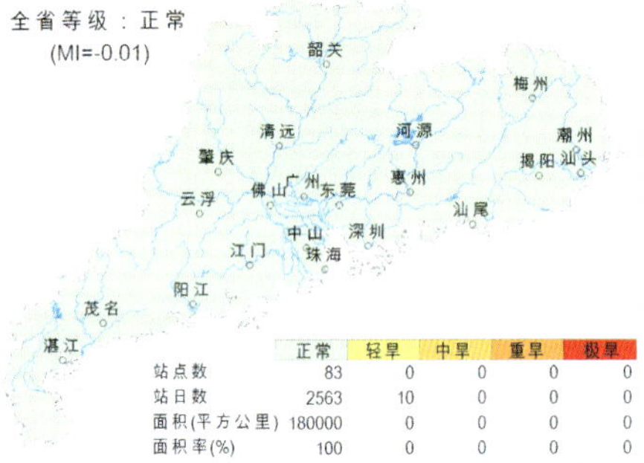

	正常	轻旱	中旱	重旱	极旱
站点数	83	0	0	0	0
站日数	2563	10	0	0	0
面积(平方公里)	180000	0	0	0	0
面积率(%)	100	0	0	0	0

1969年4月气象干旱等级分布

全省等级：正常

(MI=-0.07)

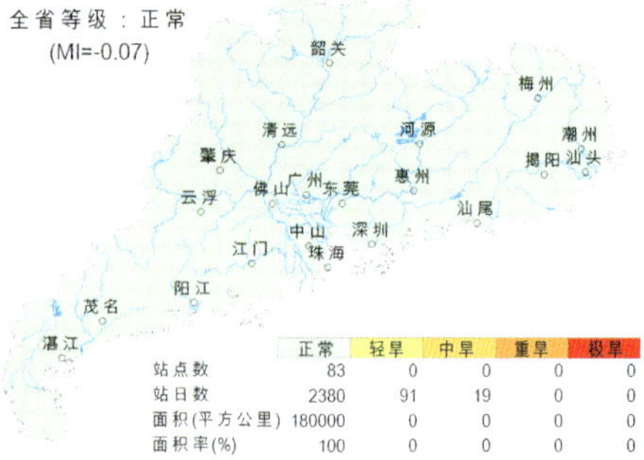

	正常	轻旱	中旱	重旱	极旱
站点数	83	0	0	0	0
站日数	2380	91	19	0	0
面积(平方公里)	180000	0	0	0	0
面积率(%)	100	0	0	0	0

1969年5月气象干旱等级分布

全省等级：正常

(MI=-0.17)

	正常	轻旱	中旱	重旱	极旱
站点数	80	4	0	0	0
站日数	2208	282	78	31	5
面积(平方公里)	176476	3524	0	0	0
面积率(%)	98	2	0	0	0

1969年6月气象干旱等级分布

全省等级：正常

(MI=-0.03)

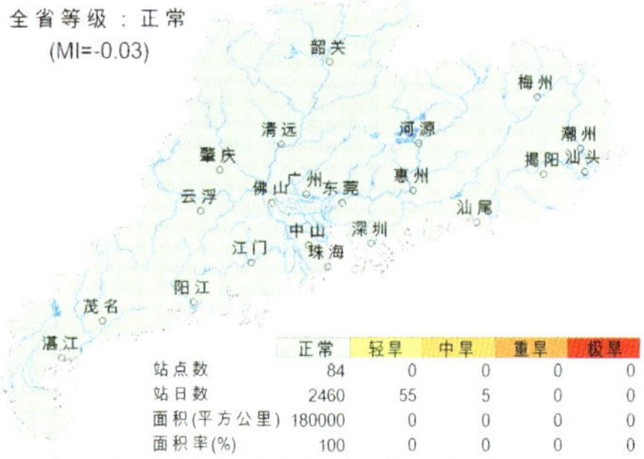

	正常	轻旱	中旱	重旱	极旱
站点数	84	0	0	0	0
站日数	2460	55	5	0	0
面积(平方公里)	180000	0	0	0	0
面积率(%)	100	0	0	0	0

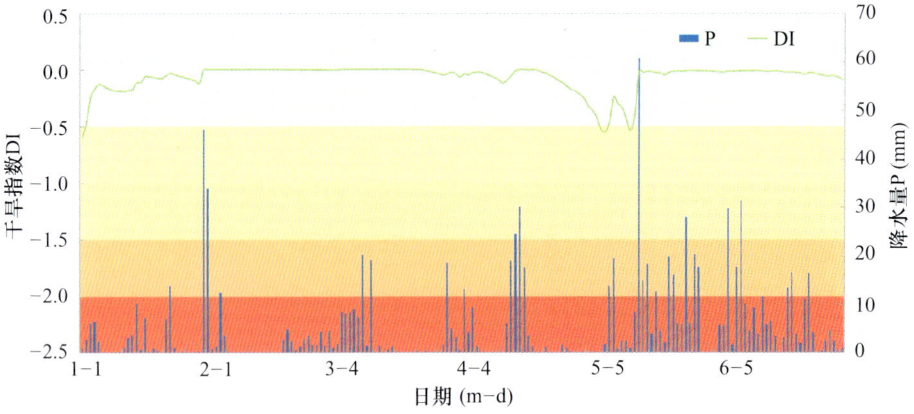

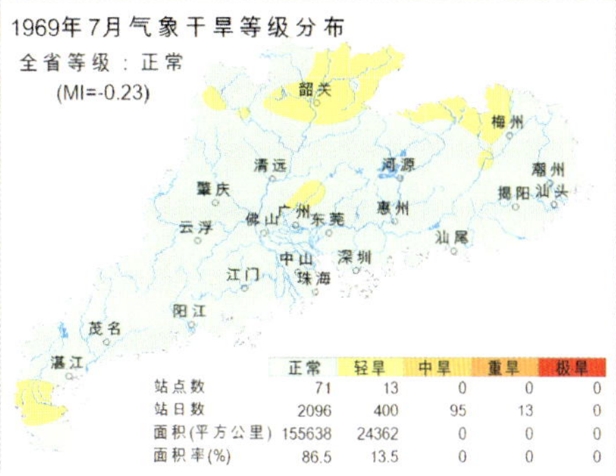

1969年7月气象干旱等级分布

全省等级：正常

(MI=-0.23)

	正常	轻旱	中旱	重旱	极旱
站点数	71	13	0	0	0
站日数	2096	400	95	13	0
面积(平方公里)	155638	24362	0	0	0
面积率(%)	86.5	13.5	0	0	0

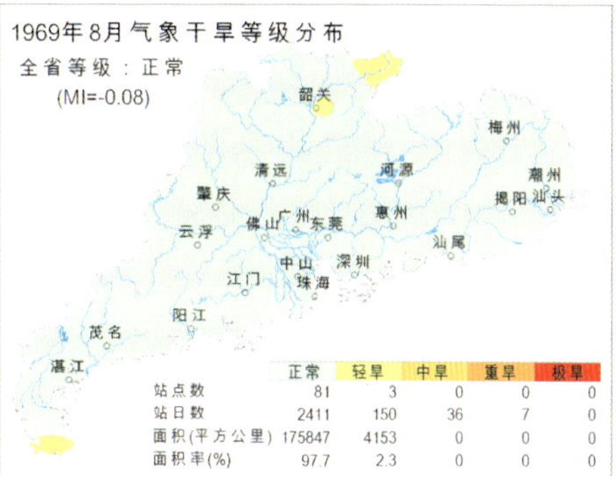

1969年8月气象干旱等级分布

全省等级：正常

(MI=-0.08)

	正常	轻旱	中旱	重旱	极旱
站点数	81	3	0	0	0
站日数	2411	150	36	7	0
面积(平方公里)	175847	4153	0	0	0
面积率(%)	97.7	2.3	0	0	0

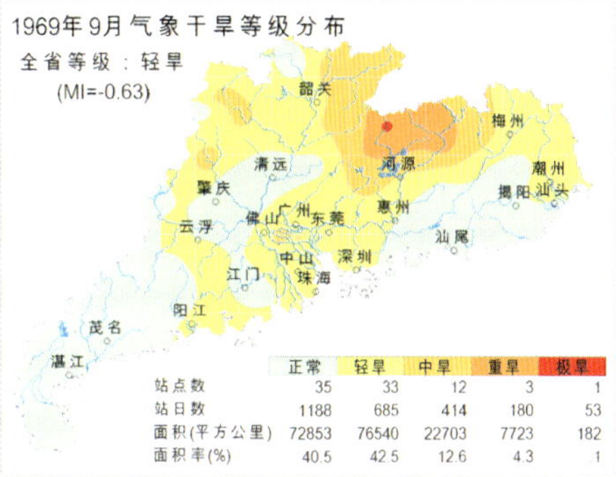

1969年9月气象干旱等级分布

全省等级：轻旱

(MI=-0.63)

	正常	轻旱	中旱	重旱	极旱
站点数	35	33	12	3	1
站日数	1188	685	414	180	53
面积(平方公里)	72853	76540	22703	7723	182
面积率(%)	40.5	42.5	12.6	4.3	.1

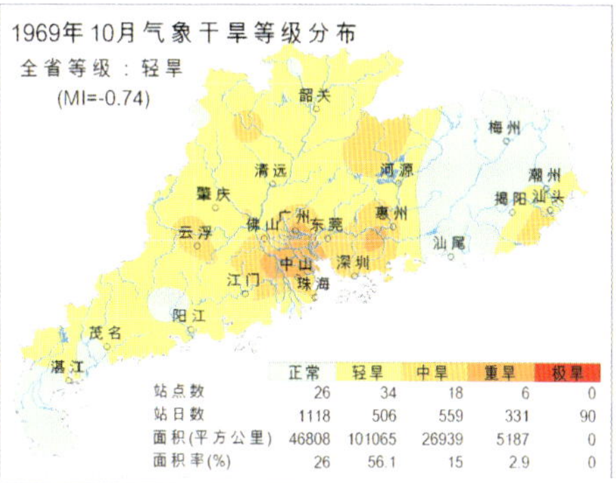

1969年10月气象干旱等级分布

全省等级：轻旱

(MI=-0.74)

	正常	轻旱	中旱	重旱	极旱
站点数	26	34	18	6	0
站日数	1118	506	559	331	90
面积(平方公里)	46808	101065	26939	5187	0
面积率(%)	26	56.1	15	2.9	0

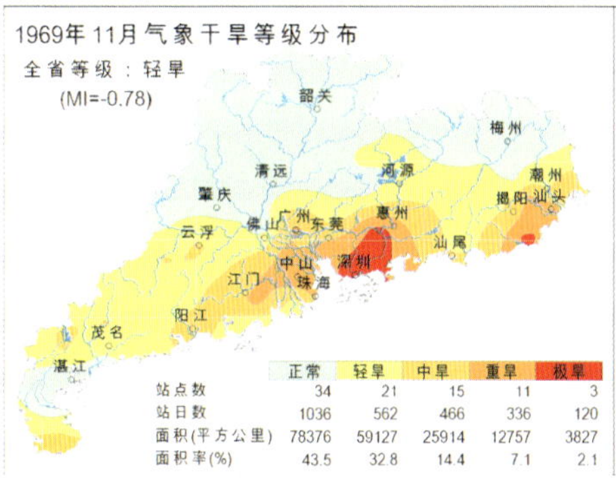

1969年11月气象干旱等级分布

全省等级：轻旱

(MI=-0.78)

	正常	轻旱	中旱	重旱	极旱
站点数	34	21	15	11	3
站日数	1036	562	466	336	120
面积(平方公里)	78376	59127	25914	12757	3827
面积率(%)	43.5	32.8	14.4	7.1	2.1

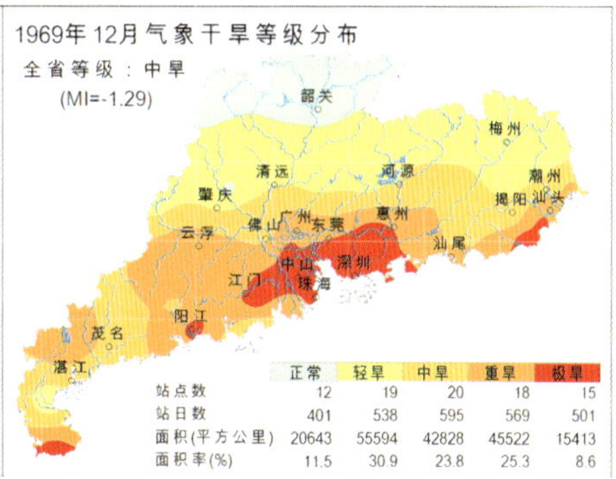

1969年12月气象干旱等级分布

全省等级：中旱

(MI=-1.29)

	正常	轻旱	中旱	重旱	极旱
站点数	12	19	20	18	15
站日数	401	538	595	569	501
面积(平方公里)	20643	55594	42828	45522	15413
面积率(%)	11.5	30.9	23.8	25.3	8.6

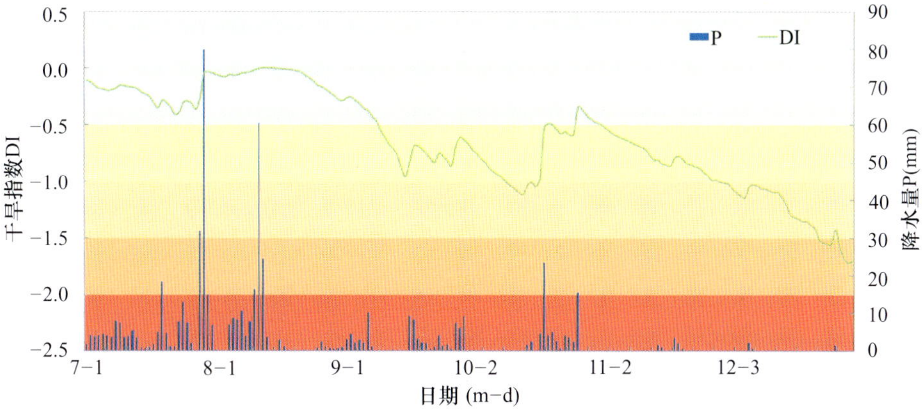

1970 年逐月气象干旱等级分布图

1970年1月气象干旱等级分布

全省等级：轻旱

(MI=-0.89)

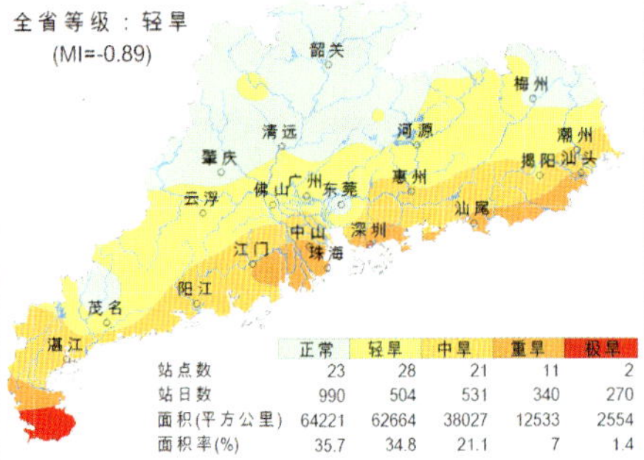

	正常	轻旱	中旱	重旱	极旱
站点数	23	28	21	11	2
站日数	990	504	531	340	270
面积(平方公里)	64221	62664	38027	12533	2554
面积率(%)	35.7	34.8	21.1	7	1.4

1970年2月气象干旱等级分布

全省等级：正常

(MI=-0.50)

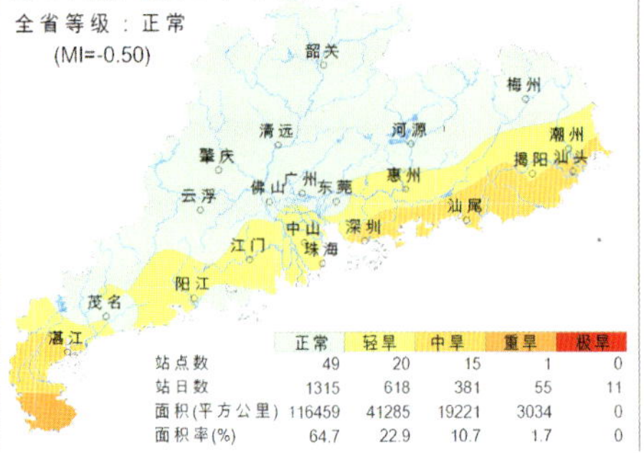

	正常	轻旱	中旱	重旱	极旱
站点数	49	20	15	1	0
站日数	1315	618	381	55	11
面积(平方公里)	116459	41285	19221	3034	0
面积率(%)	64.7	22.9	10.7	1.7	0

1970年3月气象干旱等级分布

全省等级：正常

(MI=-0.26)

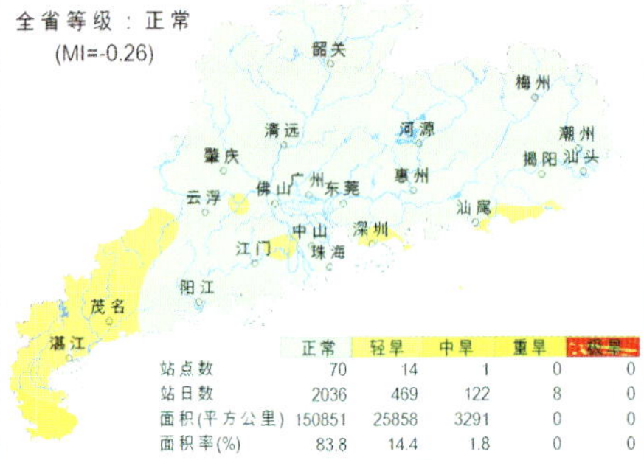

	正常	轻旱	中旱	重旱	极旱
站点数	70	14	1	0	0
站日数	2036	469	122	8	0
面积(平方公里)	150851	25858	3291	0	0
面积率(%)	83.8	14.4	1.8	0	0

1970年4月气象干旱等级分布

全省等级：正常

(MI=-0.15)

	正常	轻旱	中旱	重旱	极旱
站点数	78	7	0	0	0
站日数	2240	244	54	12	0
面积(平方公里)	170334	9666	0	0	0
面积率(%)	94.6	5.4	0	0	0

1970年5月气象干旱等级分布

全省等级：正常

(MI=-0.08)

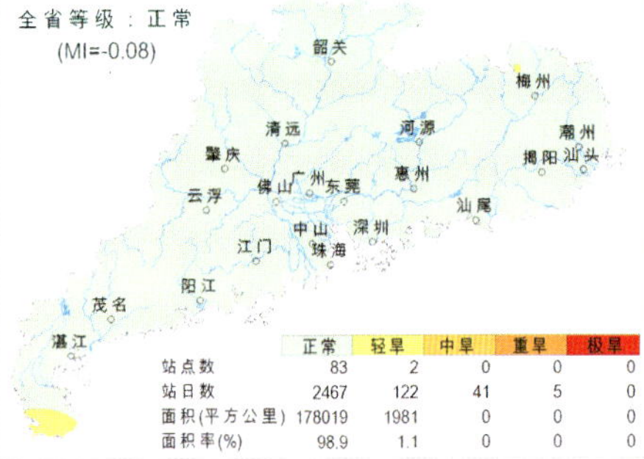

	正常	轻旱	中旱	重旱	极旱
站点数	83	2	0	0	0
站日数	2467	122	41	5	0
面积(平方公里)	178019	1981	0	0	0
面积率(%)	98.9	1.1	0	0	0

1970年6月气象干旱等级分布

全省等级：正常

(MI=-0.03)

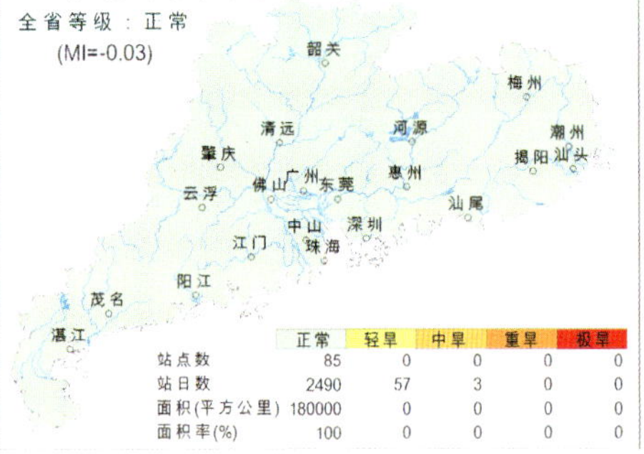

	正常	轻旱	中旱	重旱	极旱
站点数	85	0	0	0	0
站日数	2490	57	3	0	0
面积(平方公里)	180000	0	0	0	0
面积率(%)	100	0	0	0	0

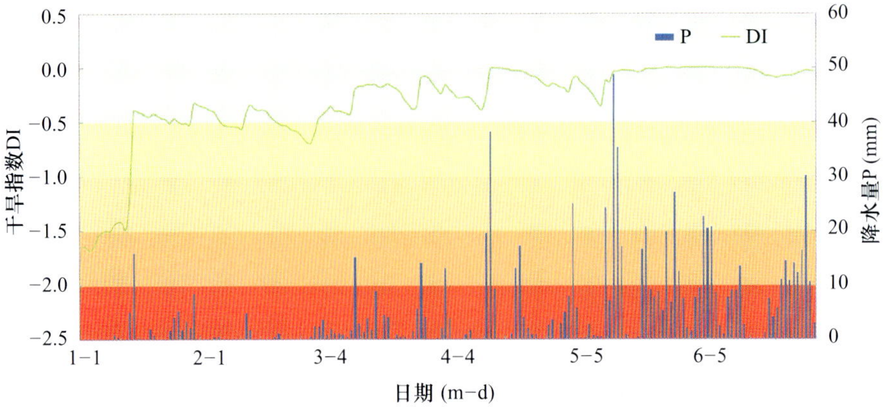

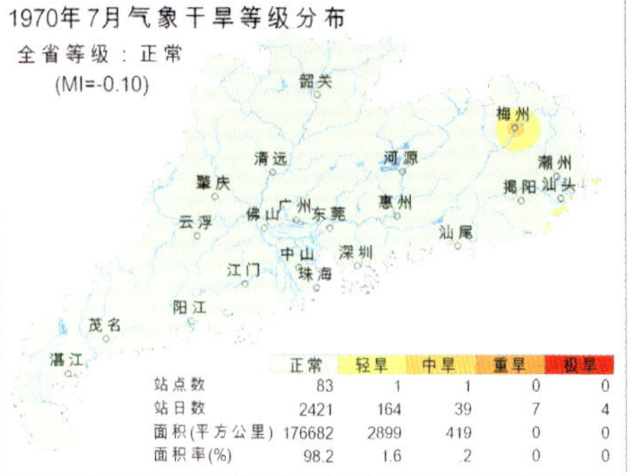

1970年7月气象干旱等级分布

全省等级：正常

(MI=-0.10)

	正常	轻旱	中旱	重旱	极旱
站点数	83	1	1	0	0
站日数	2421	164	39	7	4
面积(平方公里)	176682	2899	419	0	0
面积率(%)	98.2	1.6	.2	0	0

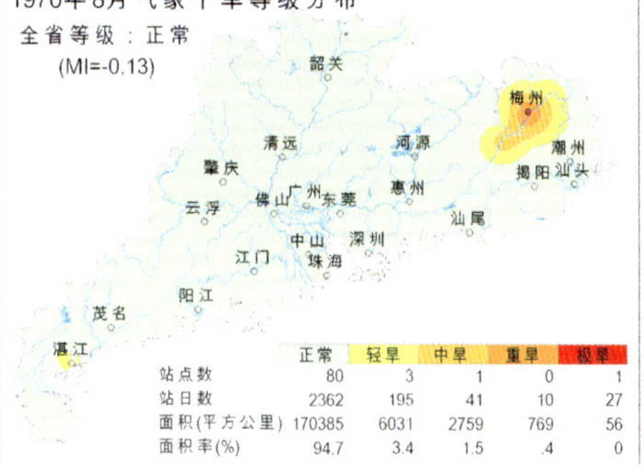

1970年8月气象干旱等级分布

全省等级：正常

(MI=-0.13)

	正常	轻旱	中旱	重旱	极旱
站点数	80	3	1	0	1
站日数	2362	195	41	10	27
面积(平方公里)	170385	6031	2759	769	56
面积率(%)	94.7	3.4	1.5	.4	0

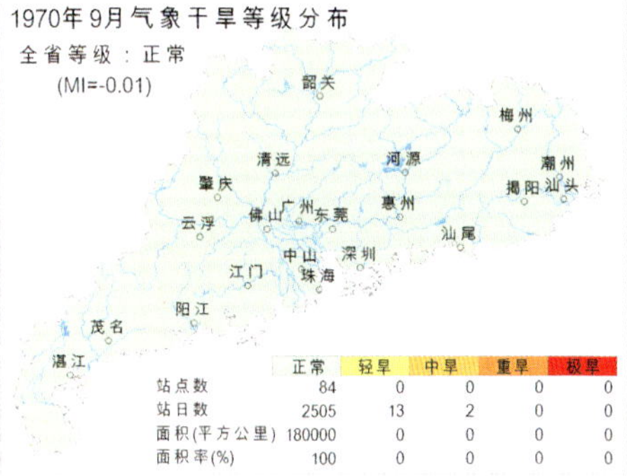

1970年9月气象干旱等级分布

全省等级：正常

(MI=-0.01)

	正常	轻旱	中旱	重旱	极旱
站点数	84	0	0	0	0
站日数	2505	13	2	0	0
面积(平方公里)	180000	0	0	0	0
面积率(%)	100	0	0	0	0

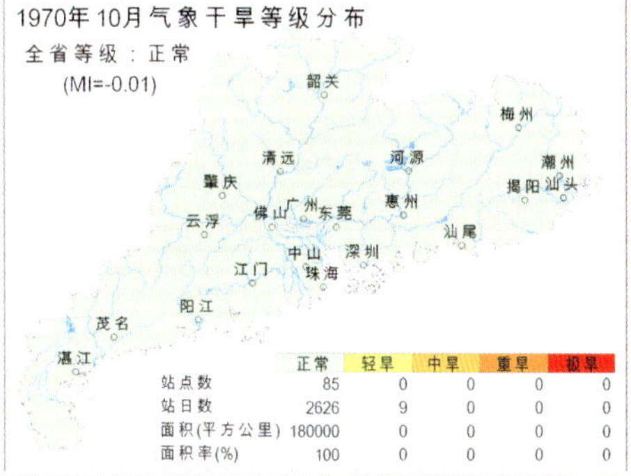

1970年10月气象干旱等级分布

全省等级：正常

(MI=-0.01)

	正常	轻旱	中旱	重旱	极旱
站点数	85	0	0	0	0
站日数	2626	9	0	0	0
面积(平方公里)	180000	0	0	0	0
面积率(%)	100	0	0	0	0

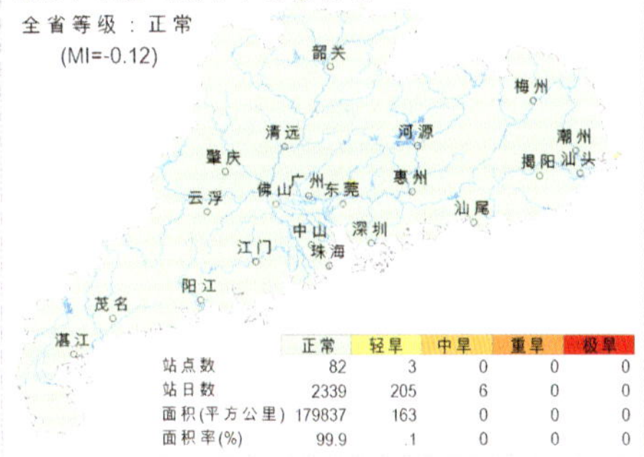

1970年11月气象干旱等级分布

全省等级：正常

(MI=-0.12)

	正常	轻旱	中旱	重旱	极旱
站点数	82	3	0	0	0
站日数	2339	205	6	0	0
面积(平方公里)	179837	163	0	0	0
面积率(%)	99.9	.1	0	0	0

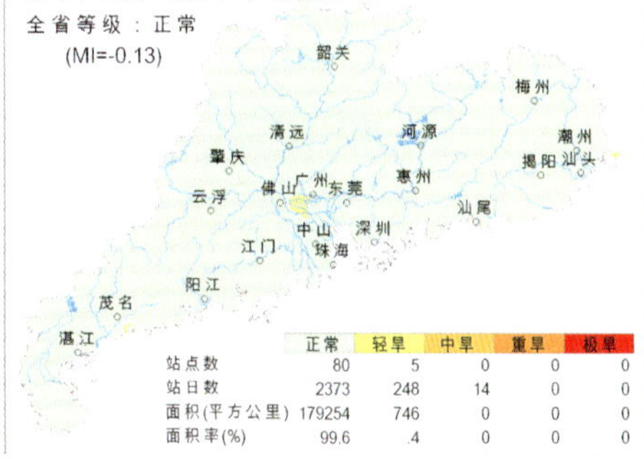

1970年12月气象干旱等级分布

全省等级：正常

(MI=-0.13)

	正常	轻旱	中旱	重旱	极旱
站点数	80	5	0	0	0
站日数	2373	248	14	0	0
面积(平方公里)	179254	746	0	0	0
面积率(%)	99.6	.4	0	0	0

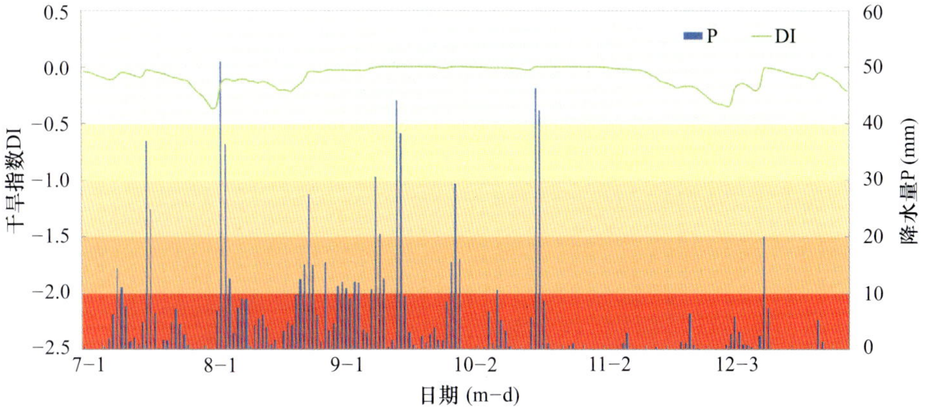

1971 年逐月气象干旱等级分布图

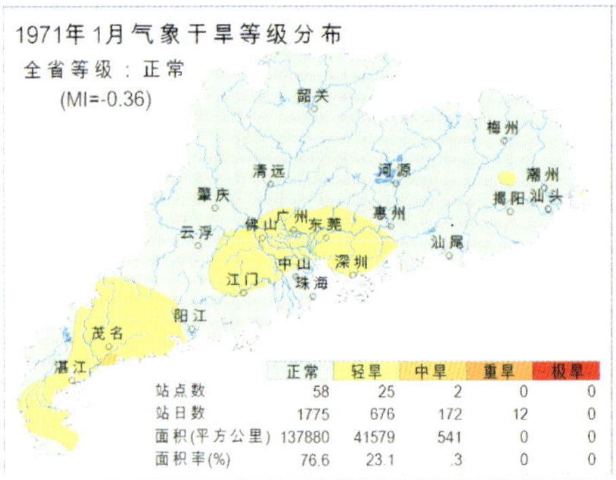

	正常	轻旱	中旱	重旱	极旱
站点数	58	25	2	0	0
站日数	1775	676	172	12	0
面积(平方公里)	137880	41579	541	0	0
面积率(%)	76.6	23.1	.3	0	0

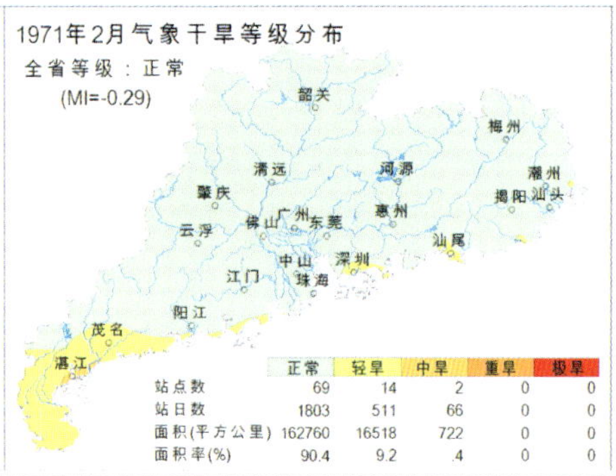

	正常	轻旱	中旱	重旱	极旱
站点数	69	14	2	0	0
站日数	1803	511	66	0	0
面积(平方公里)	162760	16518	722	0	0
面积率(%)	90.4	9.2	.4	0	0

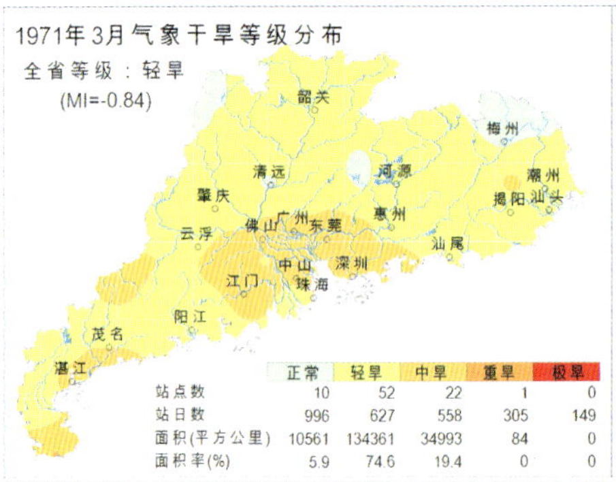

	正常	轻旱	中旱	重旱	极旱
站点数	10	52	22	1	0
站日数	996	627	558	305	149
面积(平方公里)	10561	134361	34993	84	0
面积率(%)	5.9	74.6	19.4	0	0

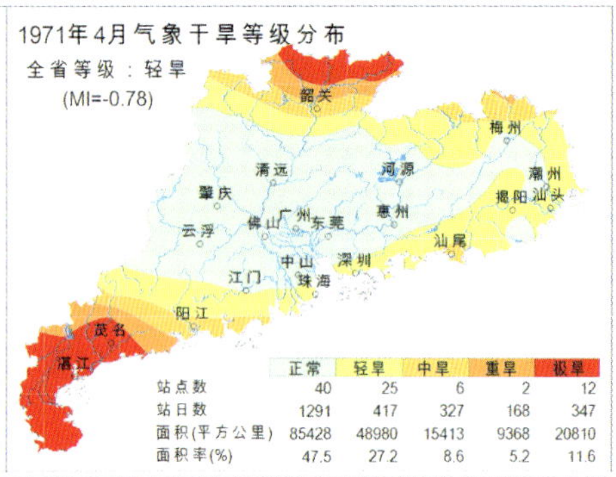

	正常	轻旱	中旱	重旱	极旱
站点数	40	25	6	2	12
站日数	1291	417	327	168	347
面积(平方公里)	85428	48980	15413	9368	20810
面积率(%)	47.5	27.2	8.6	5.2	11.6

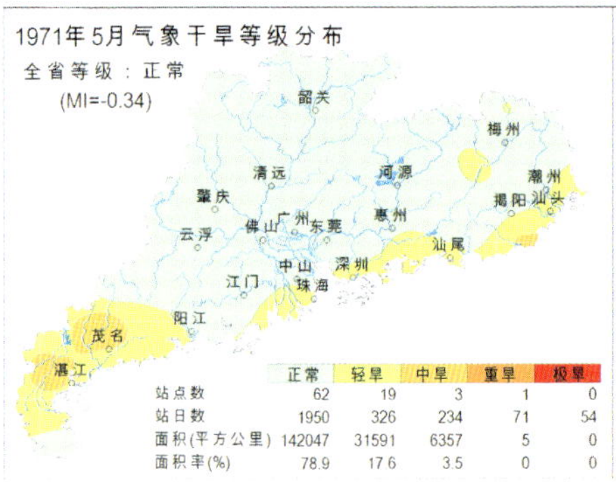

	正常	轻旱	中旱	重旱	极旱
站点数	62	19	3	1	0
站日数	1950	326	234	71	54
面积(平方公里)	142047	31591	6357	5	0
面积率(%)	78.9	17.6	3.5	0	0

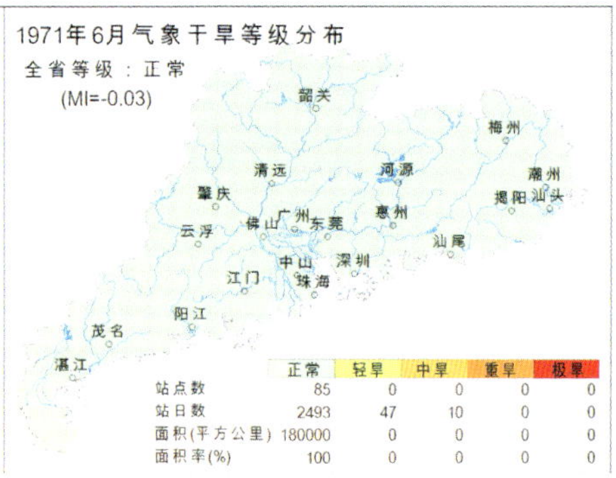

	正常	轻旱	中旱	重旱	极旱
站点数	85	0	0	0	0
站日数	2493	47	10	0	0
面积(平方公里)	180000	0	0	0	0
面积率(%)	100	0	0	0	0

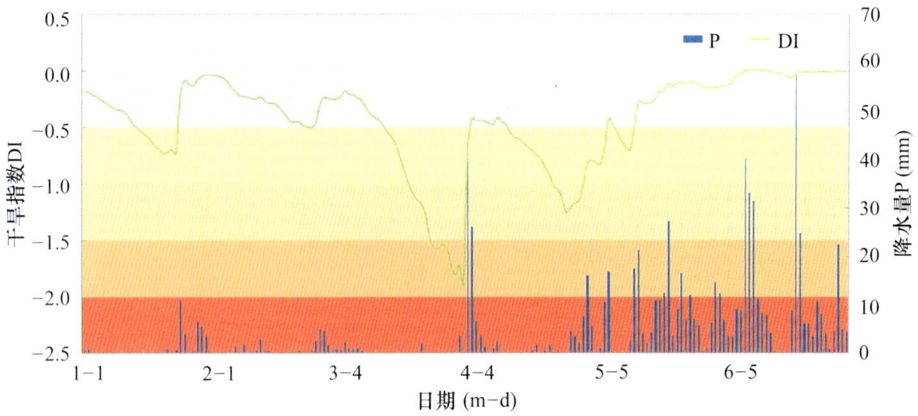

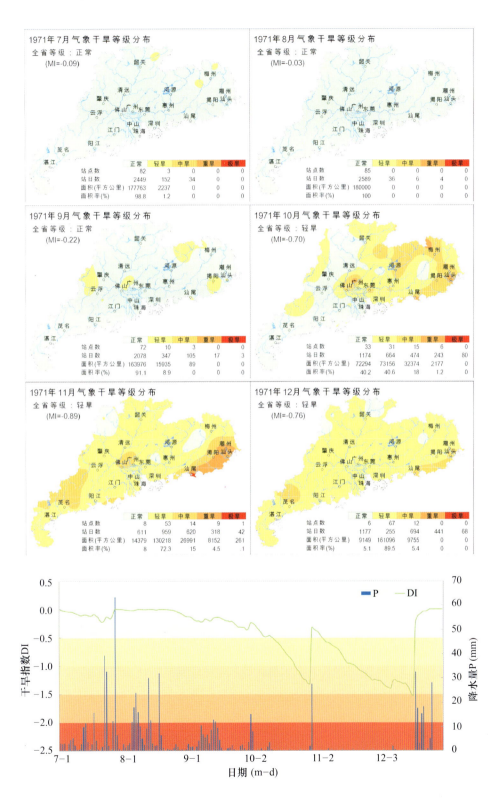

1971年7月气象干旱等级分布

全省等级：正常

(MI=-0.09)

	正常	轻旱	中旱	重旱	极旱
站点数	82	3	0	0	0
站日数	2449	152	34	0	0
面积(平方公里)	177763	2237	0	0	0
面积率(%)	98.8	1.2	0	0	0

1971年8月气象干旱等级分布

全省等级：正常

(MI=-0.03)

	正常	轻旱	中旱	重旱	极旱
站点数	85	0	0	0	0
站日数	2589	36	6	4	0
面积(平方公里)	180000	0	0	0	0
面积率(%)	100	0	0	0	0

1971年9月气象干旱等级分布

全省等级：正常

(MI=-0.22)

	正常	轻旱	中旱	重旱	极旱
站点数	72	10	3	0	0
站日数	2078	347	105	17	3
面积(平方公里)	163976	15935	89	0	0
面积率(%)	91.1	8.9	0	0	0

1971年10月气象干旱等级分布

全省等级：轻旱

(MI=-0.70)

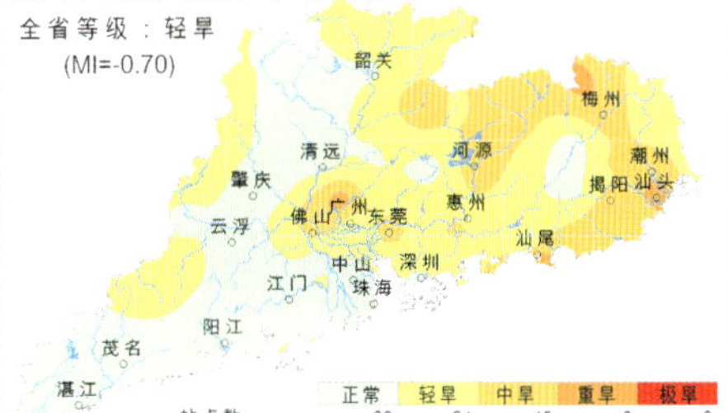

	正常	轻旱	中旱	重旱	极旱
站点数	33	31	15	6	0
站日数	1174	664	474	243	80
面积(平方公里)	72294	73156	32374	2177	0
面积率(%)	40.2	40.6	18	1.2	0

1971年11月气象干旱等级分布

全省等级：轻旱

(MI=-0.89)

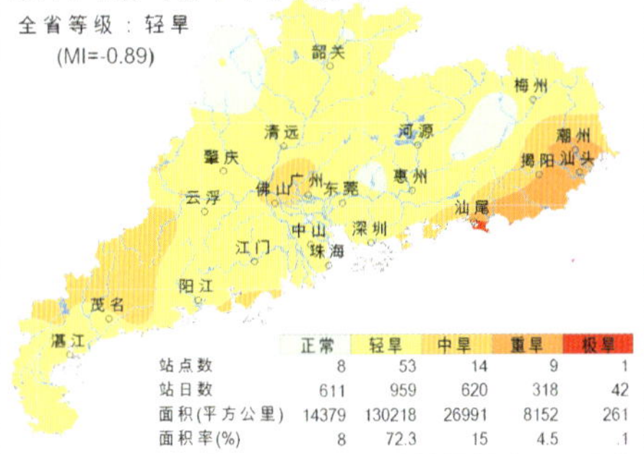

	正常	轻旱	中旱	重旱	极旱
站点数	8	53	14	9	1
站日数	611	959	620	318	42
面积(平方公里)	14379	130218	26991	8152	261
面积率(%)	8	72.3	15	4.5	.1

1971年12月气象干旱等级分布

全省等级：轻旱

(MI=-0.76)

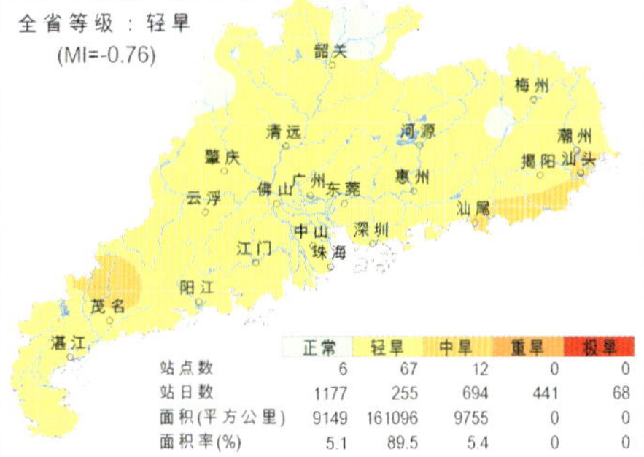

	正常	轻旱	中旱	重旱	极旱
站点数	6	67	12	0	0
站日数	1177	255	694	441	68
面积(平方公里)	9149	161096	9755	0	0
面积率(%)	5.1	89.5	5.4	0	0

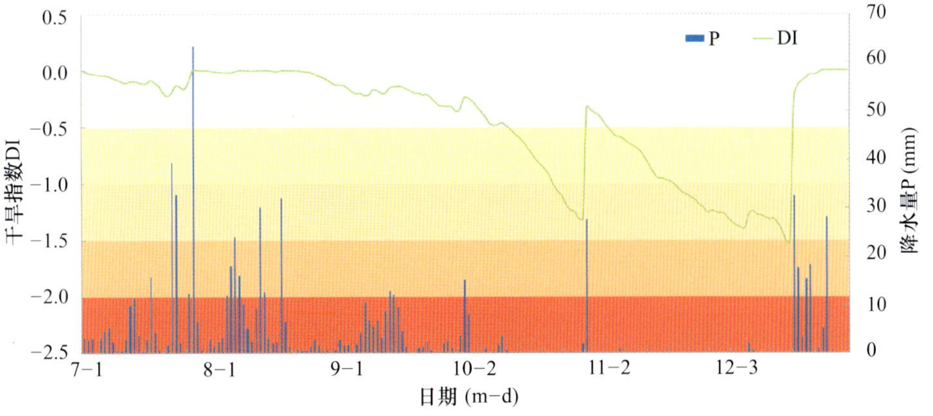

1972 年逐月气象干旱等级分布图

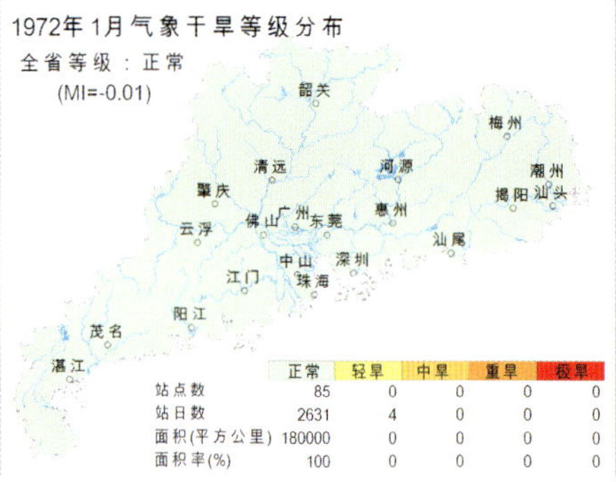

	正常	轻旱	中旱	重旱	极旱
站点数	85	0	0	0	0
站日数	2631	4	0	0	0
面积(平方公里)	180000	0	0	0	0
面积率(%)	100	0	0	0	0

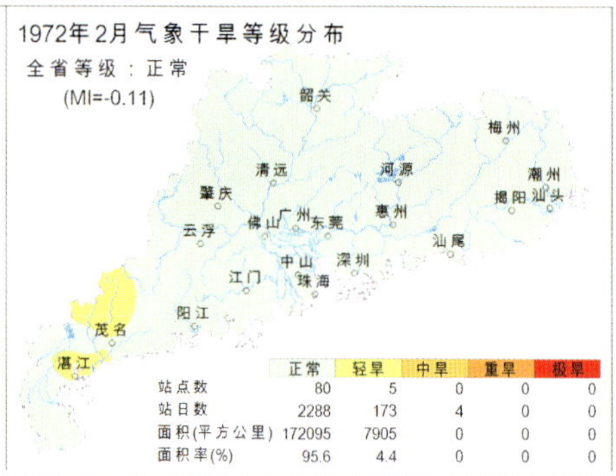

	正常	轻旱	中旱	重旱	极旱
站点数	80	5	0	0	0
站日数	2288	173	4	0	0
面积(平方公里)	172095	7905	0	0	0
面积率(%)	95.6	4.4	0	0	0

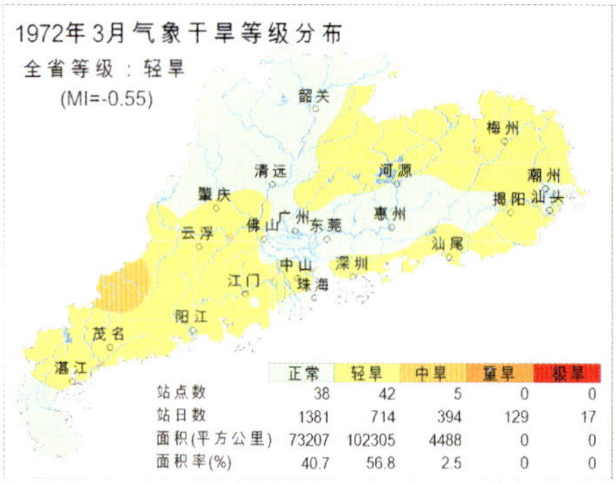

	正常	轻旱	中旱	重旱	极旱
站点数	38	42	5	0	0
站日数	1381	714	394	129	17
面积(平方公里)	73207	102305	4488	0	0
面积率(%)	40.7	56.8	2.5	0	0

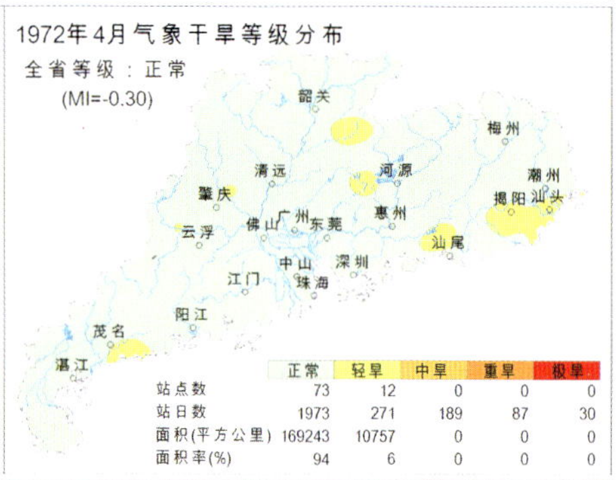

	正常	轻旱	中旱	重旱	极旱
站点数	73	12	0	0	0
站日数	1973	271	189	87	30
面积(平方公里)	169243	10757	0	0	0
面积率(%)	94	6	0	0	0

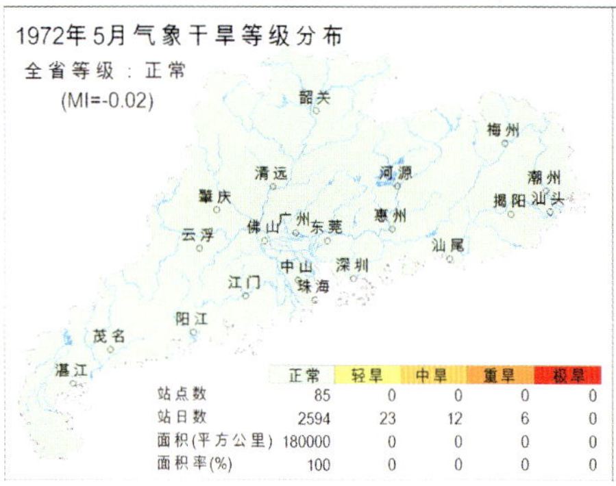

	正常	轻旱	中旱	重旱	极旱
站点数	85	0	0	0	0
站日数	2594	23	12	6	0
面积(平方公里)	180000	0	0	0	0
面积率(%)	100	0	0	0	0

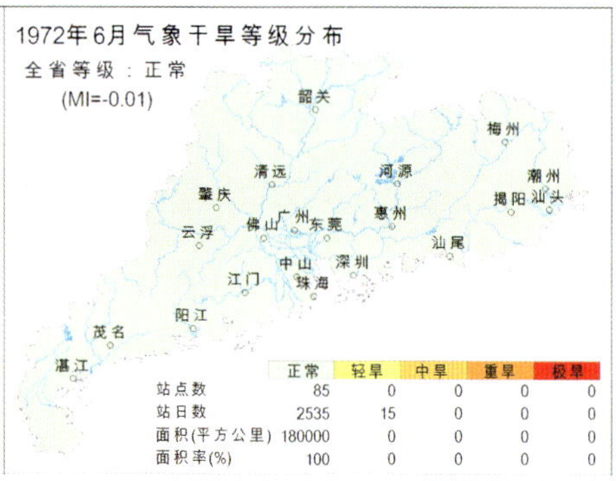

	正常	轻旱	中旱	重旱	极旱
站点数	85	0	0	0	0
站日数	2535	15	0	0	0
面积(平方公里)	180000	0	0	0	0
面积率(%)	100	0	0	0	0

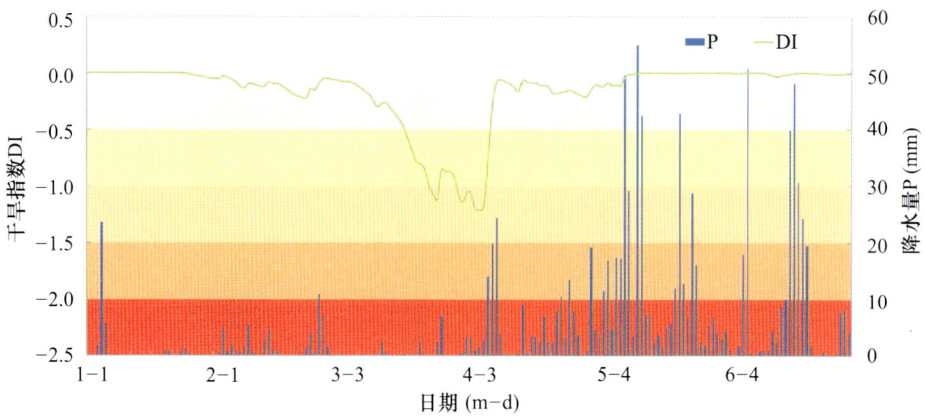

1972年7月气象干旱等级分布

全省等级：正常

(MI=-0.27)

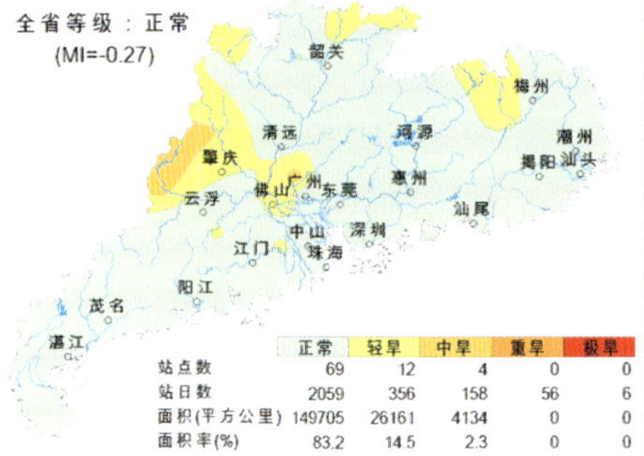

	正常	轻旱	中旱	重旱	极旱
站点数	69	12	4	0	0
站日数	2059	356	158	56	6
面积(平方公里)	149705	26161	4134	0	0
面积率(%)	83.2	14.5	2.3	0	0

1972年8月气象干旱等级分布

全省等级：正常

(MI=-0.04)

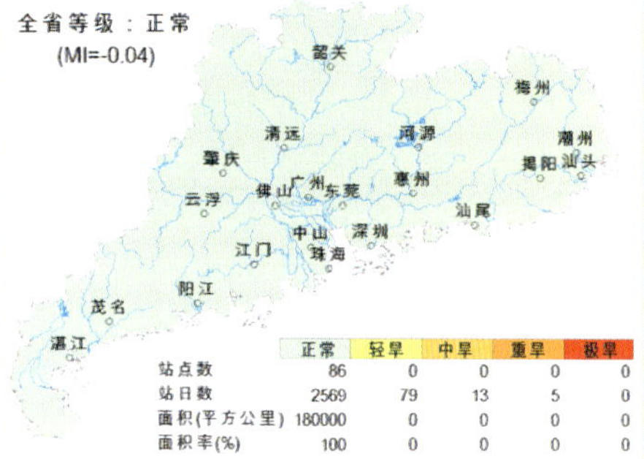

	正常	轻旱	中旱	重旱	极旱
站点数	86	0	0	0	0
站日数	2569	79	13	5	0
面积(平方公里)	180000	0	0	0	0
面积率(%)	100	0	0	0	0

1972年9月气象干旱等级分布

全省等级：正常

(MI=-0.05)

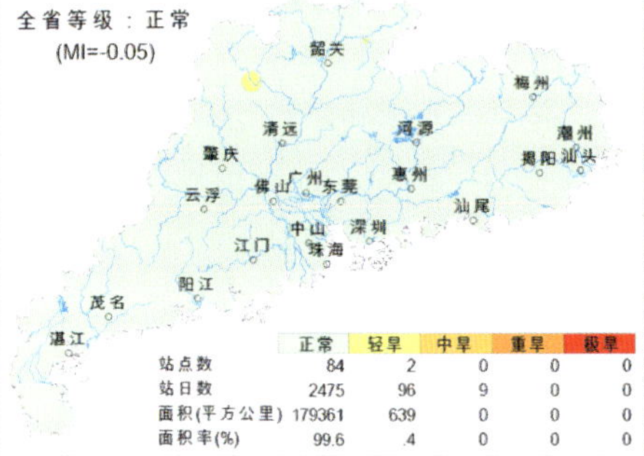

	正常	轻旱	中旱	重旱	极旱
站点数	84	2	0	0	0
站日数	2475	96	9	0	0
面积(平方公里)	179361	639	0	0	0
面积率(%)	99.6	4	0	0	0

1972年10月气象干旱等级分布

全省等级：正常

(MI=-0.14)

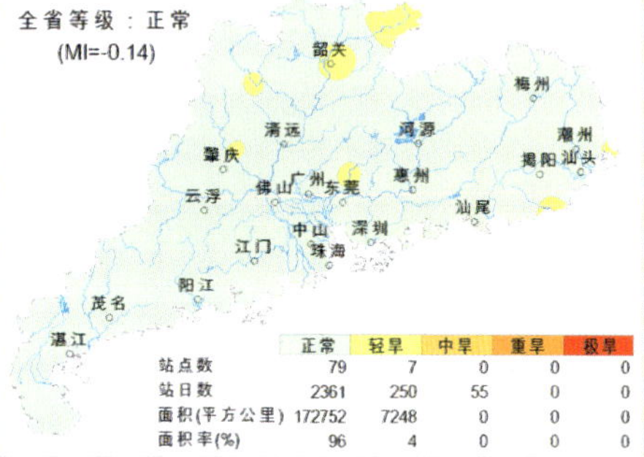

	正常	轻旱	中旱	重旱	极旱
站点数	79	7	0	0	0
站日数	2361	250	55	0	0
面积(平方公里)	172752	7248	0	0	0
面积率(%)	96	4	0	0	0

1972年11月气象干旱等级分布

全省等级：正常

(MI=-0.14)

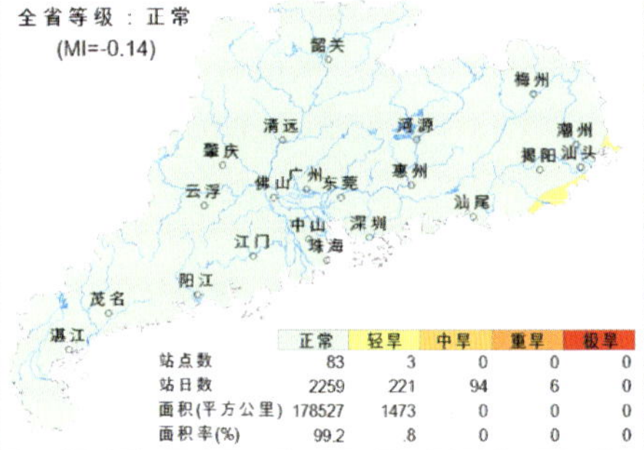

	正常	轻旱	中旱	重旱	极旱
站点数	83	3	0	0	0
站日数	2259	221	94	6	0
面积(平方公里)	178527	1473	0	0	0
面积率(%)	99.2	8	0	0	0

1972年12月气象干旱等级分布

全省等级：正常

(MI=-0.05)

	正常	轻旱	中旱	重旱	极旱
站点数	85	1	0	0	0
站日数	2586	75	5	0	0
面积(平方公里)	180000	0	0	0	0
面积率(%)	100	0	0	0	0

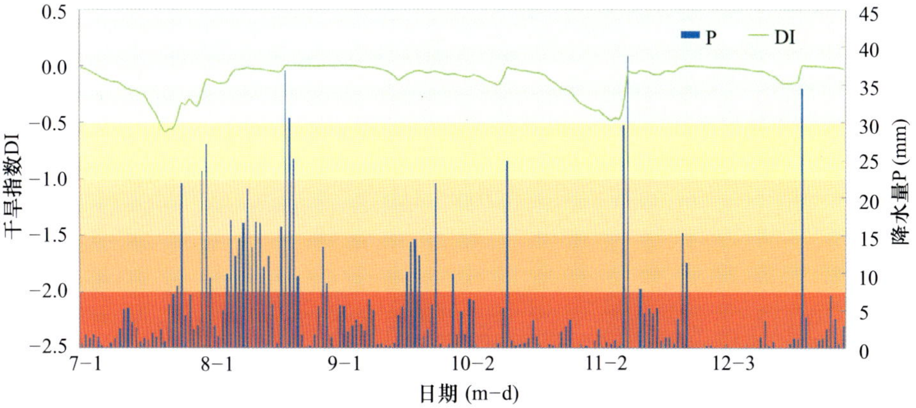

1973 年逐月气象干旱等级分布图

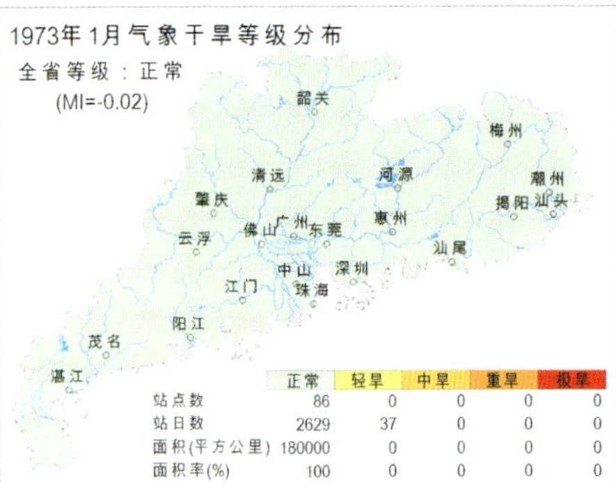

	正常	轻旱	中旱	重旱	极旱
站点数	86	0	0	0	0
站日数	2629	37	0	0	0
面积(平方公里)	180000	0	0	0	0
面积率(%)	100	0	0	0	0

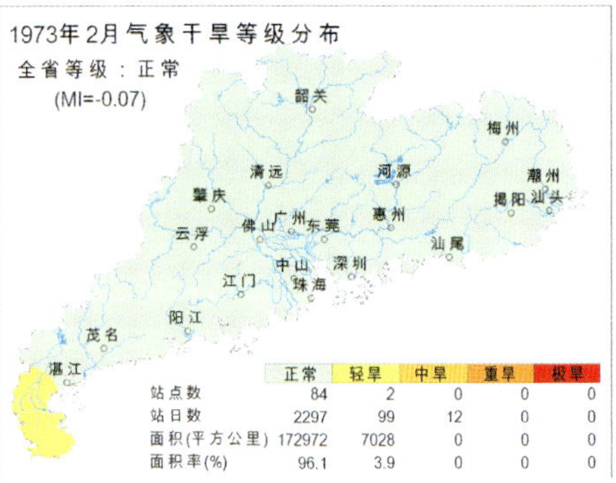

	正常	轻旱	中旱	重旱	极旱
站点数	84	2	0	0	0
站日数	2297	99	12	0	0
面积(平方公里)	172972	7028	0	0	0
面积率(%)	96.1	3.9	0	0	0

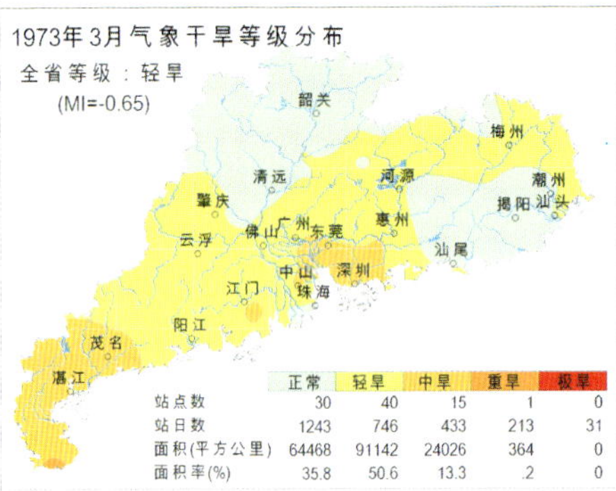

	正常	轻旱	中旱	重旱	极旱
站点数	30	40	15	1	0
站日数	1243	746	433	213	31
面积(平方公里)	64468	91142	24026	364	0
面积率(%)	35.8	50.6	13.3	.2	0

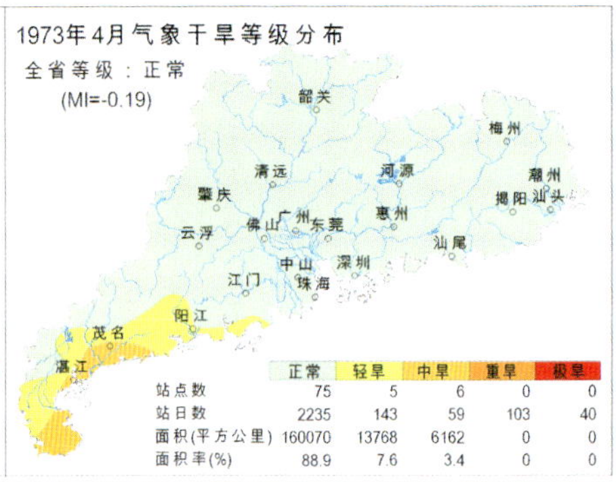

	正常	轻旱	中旱	重旱	极旱
站点数	75	5	6	0	0
站日数	2235	143	59	103	40
面积(平方公里)	160070	13768	6162	0	0
面积率(%)	88.9	7.6	3.4	0	0

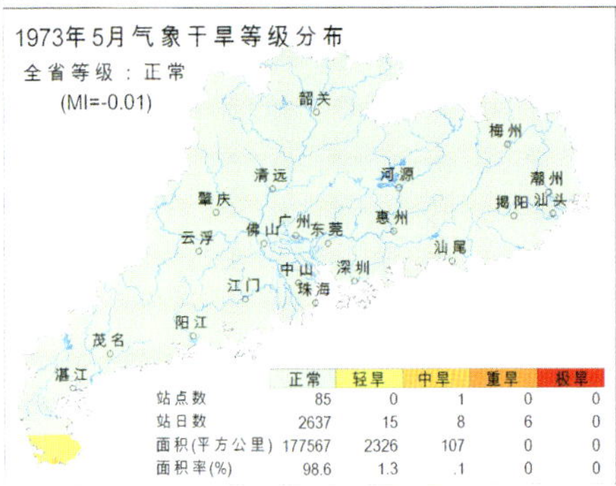

	正常	轻旱	中旱	重旱	极旱
站点数	85	0	1	0	0
站日数	2637	15	8	6	0
面积(平方公里)	177567	2326	107	0	0
面积率(%)	98.6	1.3	.1	0	0

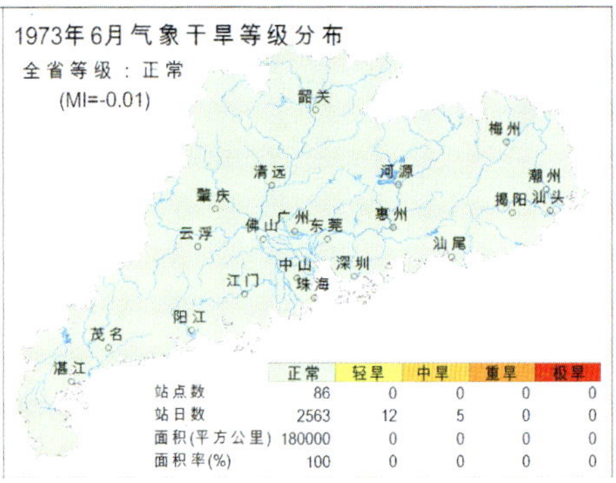

	正常	轻旱	中旱	重旱	极旱
站点数	86	0	0	0	0
站日数	2563	12	5	0	0
面积(平方公里)	180000	0	0	0	0
面积率(%)	100	0	0	0	0

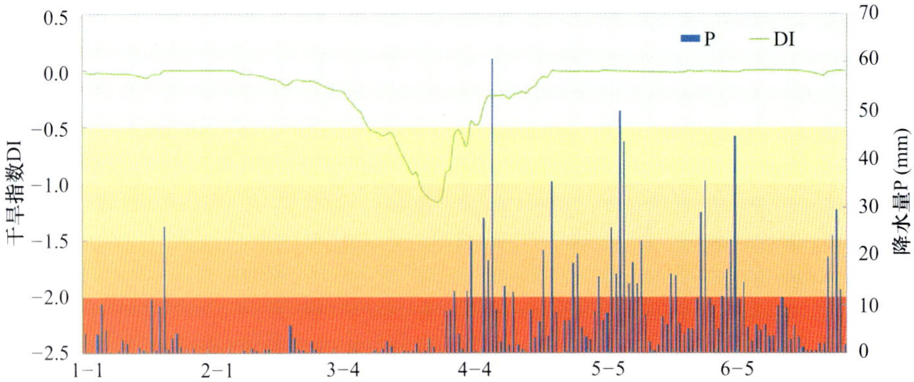

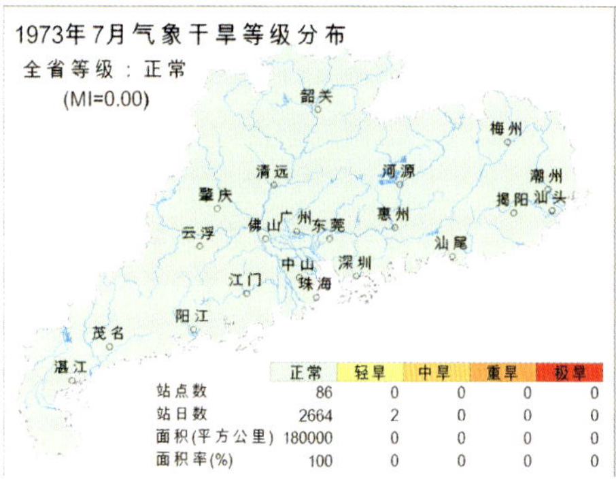

	正常	轻旱	中旱	重旱	极旱
站点数	86	0	0	0	0
站日数	2664	2	0	0	0
面积(平方公里)	180000	0	0	0	0
面积率(%)	100	0	0	0	0

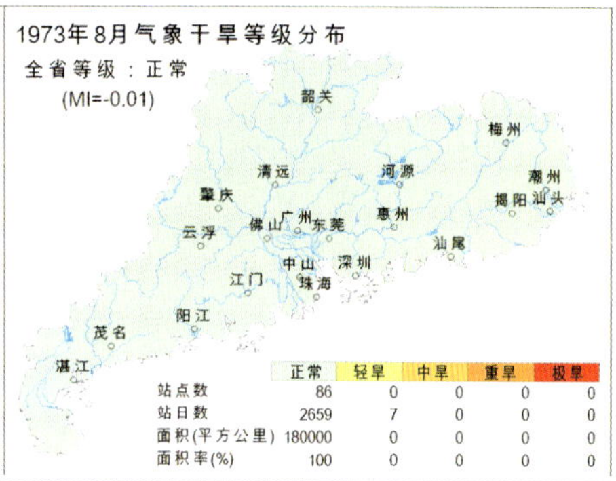

	正常	轻旱	中旱	重旱	极旱
站点数	86	0	0	0	0
站日数	2659	7	0	0	0
面积(平方公里)	180000	0	0	0	0
面积率(%)	100	0	0	0	0

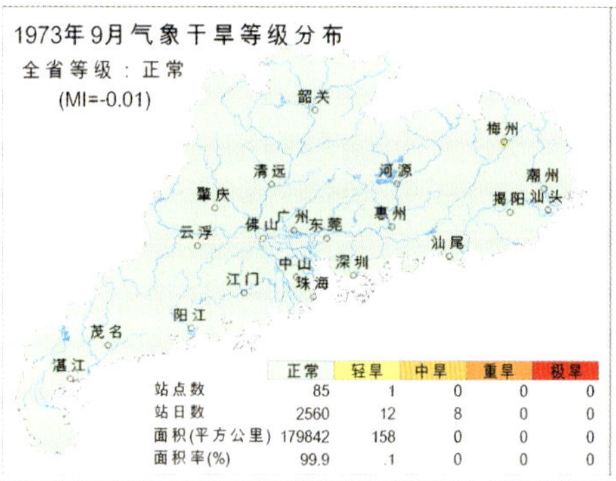

	正常	轻旱	中旱	重旱	极旱
站点数	85	1	0	0	0
站日数	2560	12	8	0	0
面积(平方公里)	179842	158	0	0	0
面积率(%)	99.9	.1	0	0	0

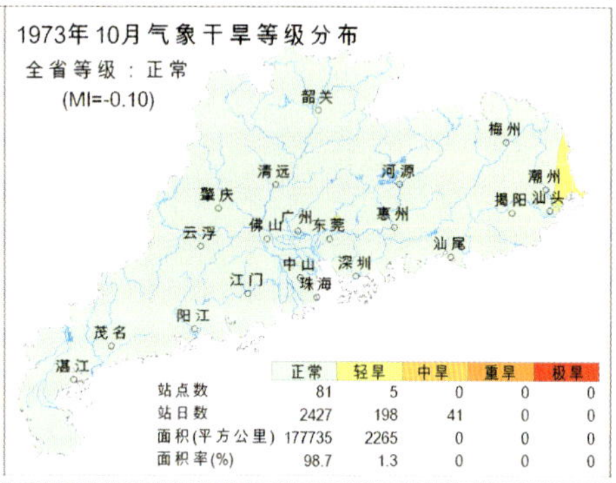

	正常	轻旱	中旱	重旱	极旱
站点数	81	5	0	0	0
站日数	2427	198	41	0	0
面积(平方公里)	177735	2265	0	0	0
面积率(%)	98.7	1.3	0	0	0

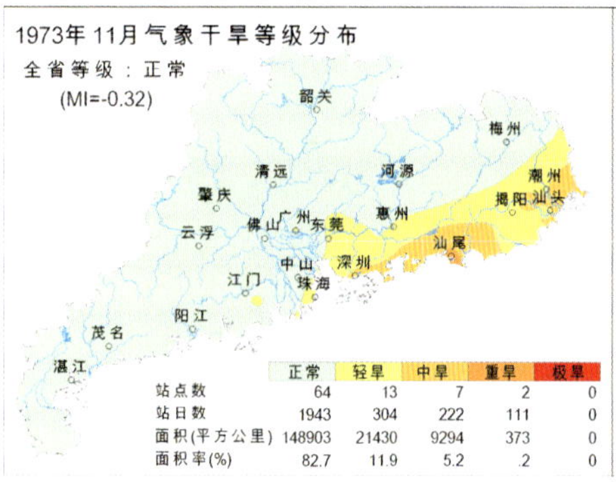

	正常	轻旱	中旱	重旱	极旱
站点数	64	13	7	2	0
站日数	1943	304	222	111	0
面积(平方公里)	148903	21430	9294	373	0
面积率(%)	82.7	11.9	5.2	.2	0

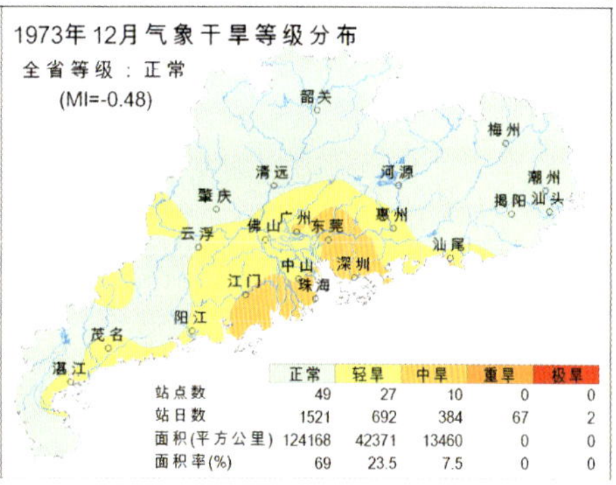

	正常	轻旱	中旱	重旱	极旱
站点数	49	27	10	0	0
站日数	1521	692	384	67	2
面积(平方公里)	124168	42371	13460	0	0
面积率(%)	69	23.5	7.5	0	0

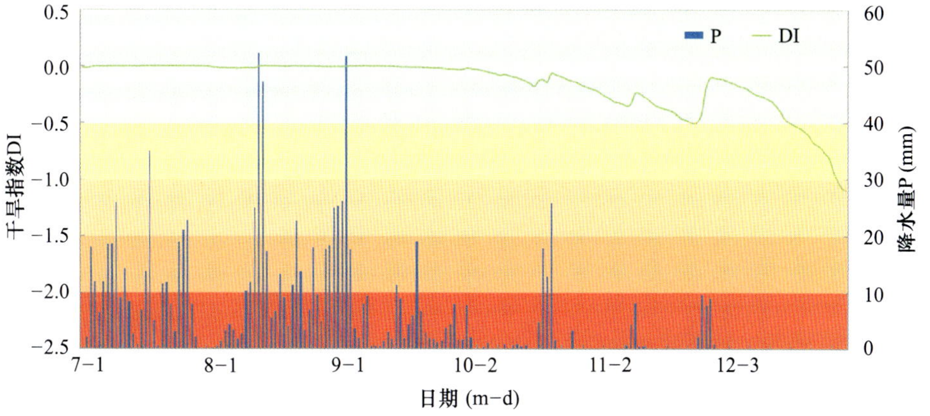

1974 年逐月气象干旱等级分布图

1974年1月气象干旱等级分布

全省等级：中旱

(MI=-1.10)

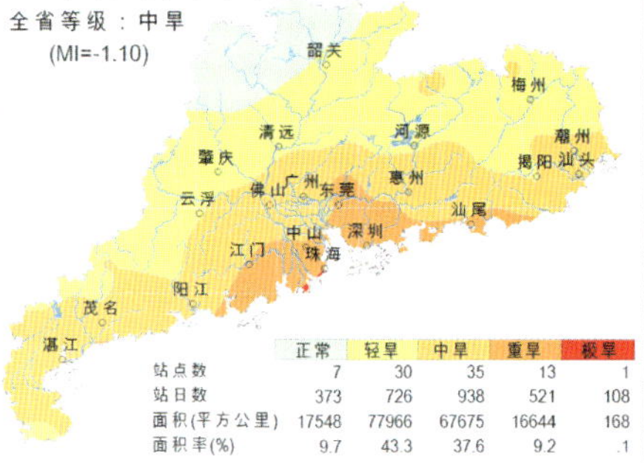

	正常	轻旱	中旱	重旱	极旱
站点数	7	30	35	13	1
站日数	373	726	938	521	108
面积(平方公里)	17548	77966	67675	16644	168
面积率(%)	9.7	43.3	37.6	9.2	.1

1974年2月气象干旱等级分布

全省等级：正常

(MI=-0.37)

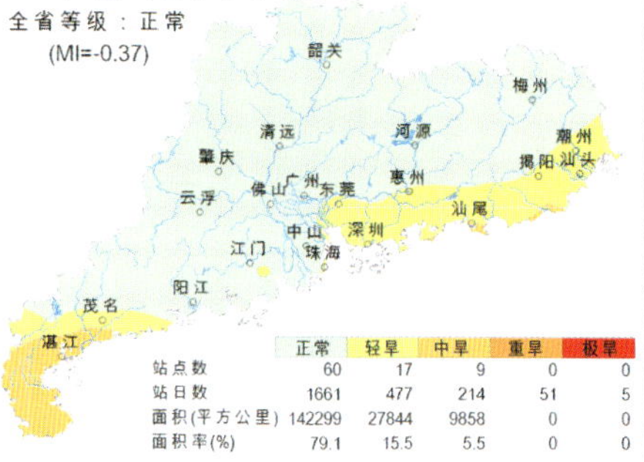

	正常	轻旱	中旱	重旱	极旱
站点数	60	17	9	0	0
站日数	1661	477	214	51	5
面积(平方公里)	142299	27844	9858	0	0
面积率(%)	79.1	15.5	5.5	0	0

1974年3月气象干旱等级分布

全省等级：正常

(MI=-0.28)

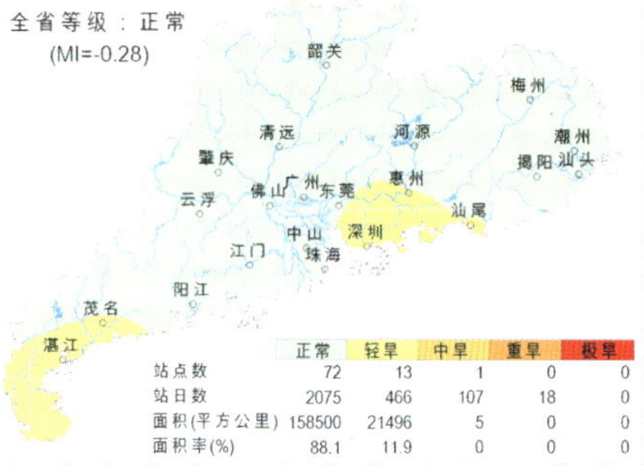

	正常	轻旱	中旱	重旱	极旱
站点数	72	13	1	0	0
站日数	2075	466	107	18	0
面积(平方公里)	158500	21496	5	0	0
面积率(%)	88.1	11.9	0	0	0

1974年4月气象干旱等级分布

全省等级：正常

(MI=-0.05)

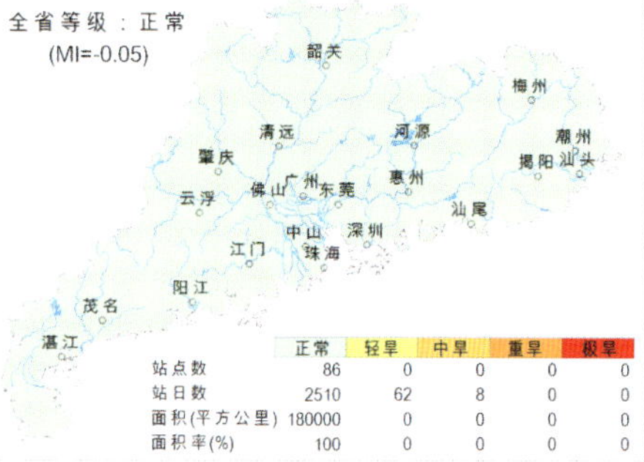

	正常	轻旱	中旱	重旱	极旱
站点数	86	0	0	0	0
站日数	2510	62	8	0	0
面积(平方公里)	180000	0	0	0	0
面积率(%)	100	0	0	0	0

1974年5月气象干旱等级分布

全省等级：正常

(MI=-0.04)

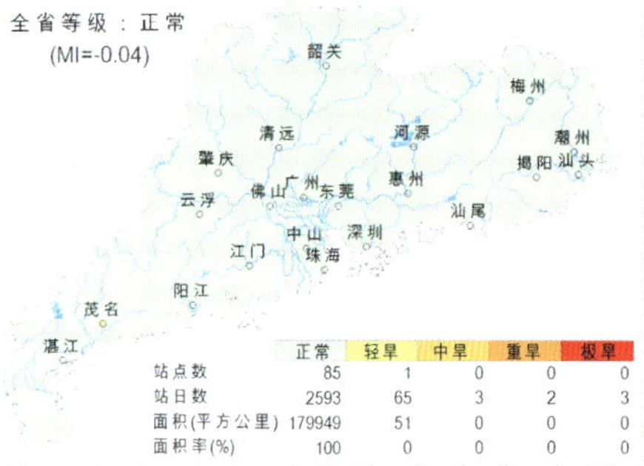

	正常	轻旱	中旱	重旱	极旱
站点数	85	1	0	0	0
站日数	2593	65	3	2	3
面积(平方公里)	179949	51	0	0	0
面积率(%)	100	0	0	0	0

1974年6月气象干旱等级分布

全省等级：正常

(MI=-0.10)

	正常	轻旱	中旱	重旱	极旱
站点数	84	2	0	0	0
站日数	2387	137	43	9	4
面积(平方公里)	176905	3095	0	0	0
面积率(%)	98.3	1.7	0	0	0

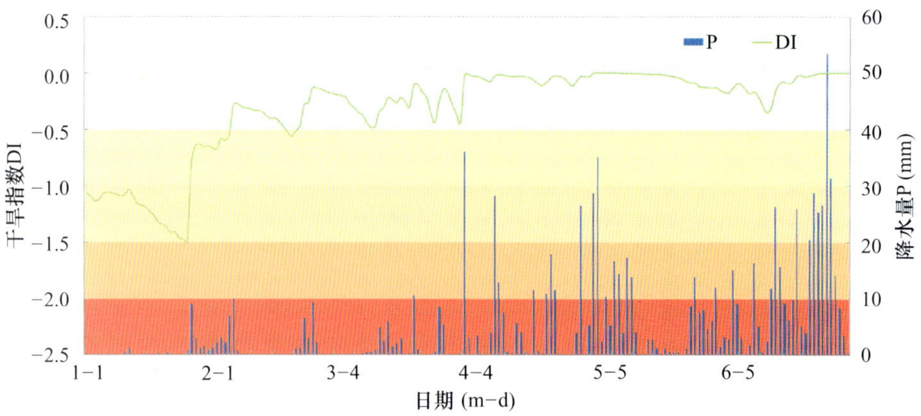

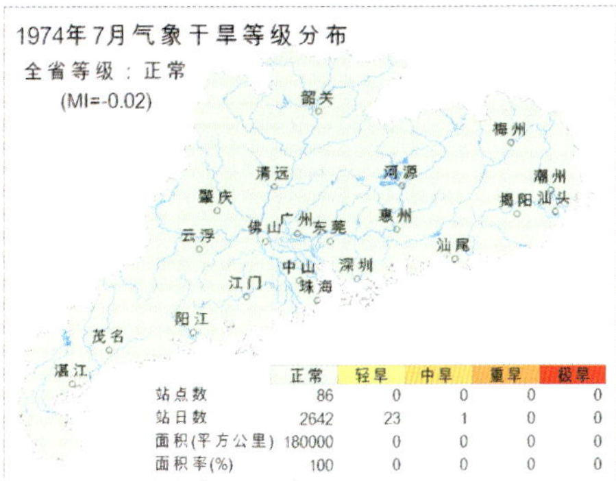

	正常	轻旱	中旱	重旱	极旱
站点数	86	0	0	0	0
站日数	2642	23	1	0	0
面积(平方公里)	180000	0	0	0	0
面积率(%)	100	0	0	0	0

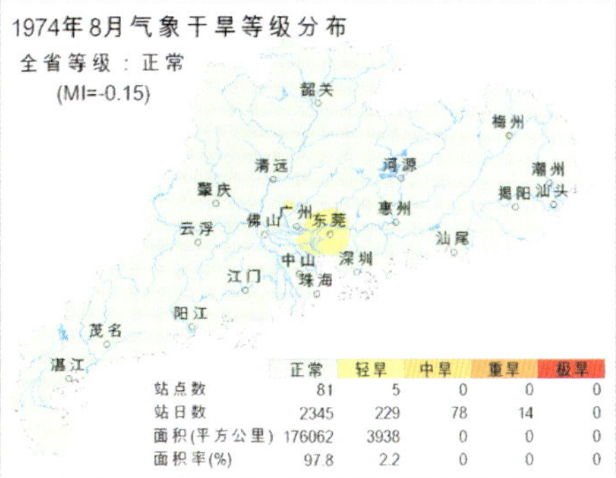

	正常	轻旱	中旱	重旱	极旱
站点数	81	5	0	0	0
站日数	2345	229	78	14	0
面积(平方公里)	176062	3938	0	0	0
面积率(%)	97.8	2.2	0	0	0

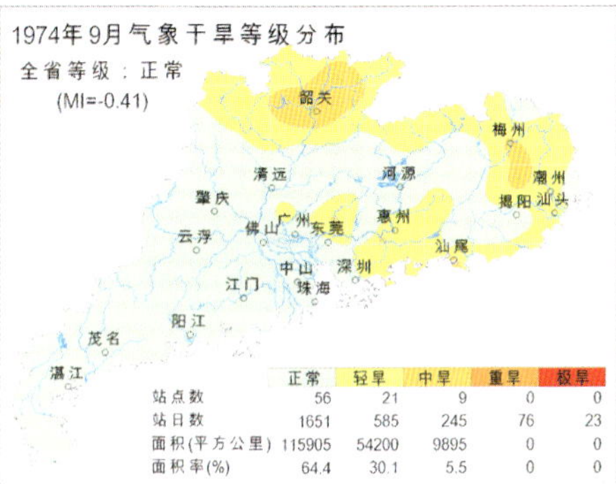

	正常	轻旱	中旱	重旱	极旱
站点数	56	21	9	0	0
站日数	1651	585	245	76	23
面积(平方公里)	115905	54200	9895	0	0
面积率(%)	64.4	30.1	5.5	0	0

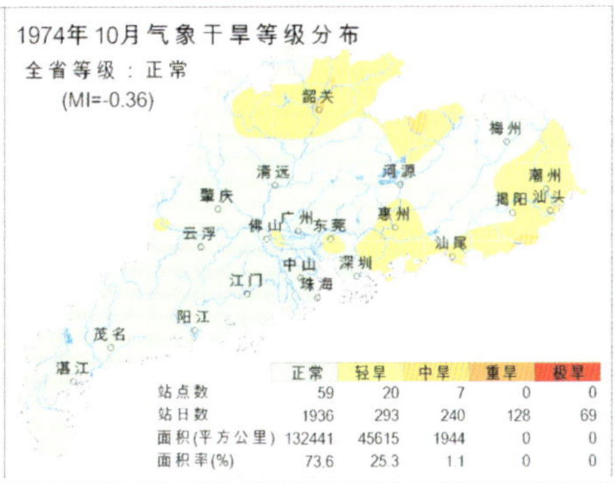

	正常	轻旱	中旱	重旱	极旱
站点数	59	20	7	0	0
站日数	1936	293	240	128	69
面积(平方公里)	132441	45615	1944	0	0
面积率(%)	73.6	25.3	1.1	0	0

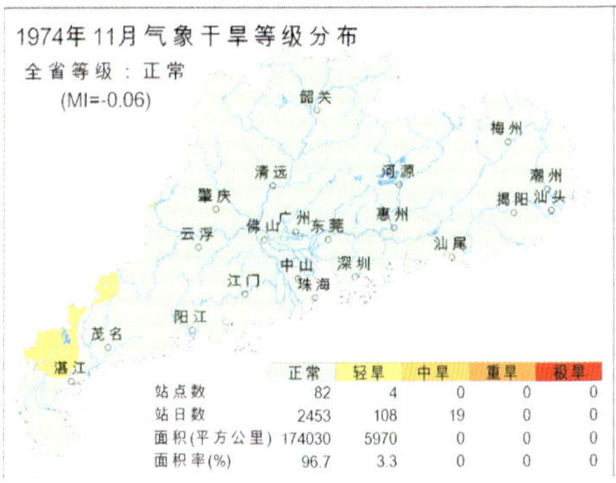

	正常	轻旱	中旱	重旱	极旱
站点数	82	4	0	0	0
站日数	2453	108	19	0	0
面积(平方公里)	174030	5970	0	0	0
面积率(%)	96.7	3.3	0	0	0

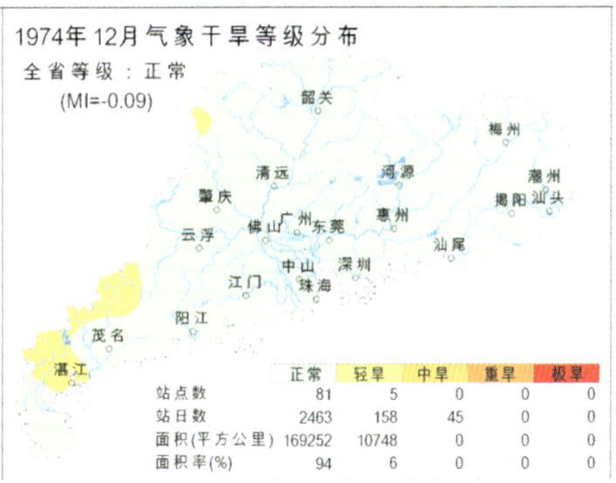

	正常	轻旱	中旱	重旱	极旱
站点数	81	5	0	0	0
站日数	2463	158	45	0	0
面积(平方公里)	169252	10748	0	0	0
面积率(%)	94	6	0	0	0

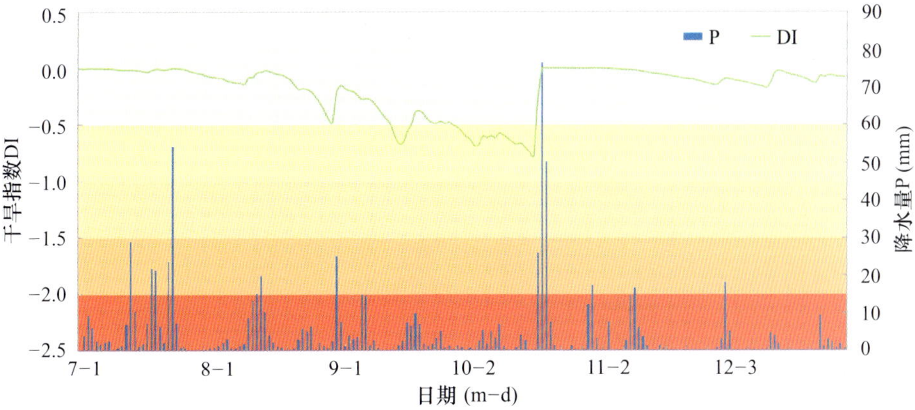

1975 年逐月气象干旱等级分布图

1975年 1月气象干旱等级分布

全省等级：正常

(MI=-0.04)

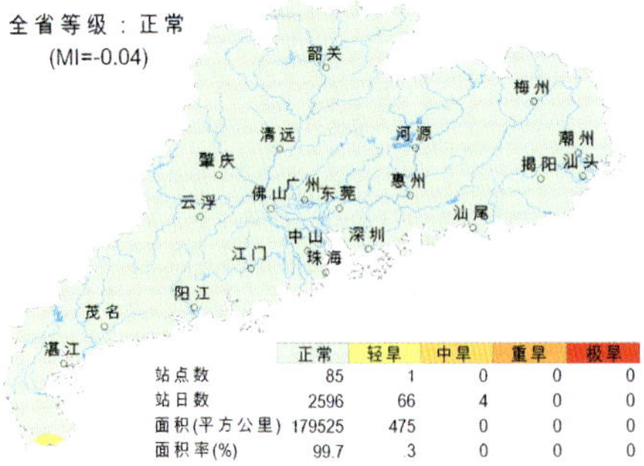

	正常	轻旱	中旱	重旱	极旱
站点数	85	1	0	0	0
站日数	2596	66	4	0	0
面积(平方公里)	179525	475	0	0	0
面积率(%)	99.7	.3	0	0	0

1975年 2月气象干旱等级分布

全省等级：正常

(MI=-0.01)

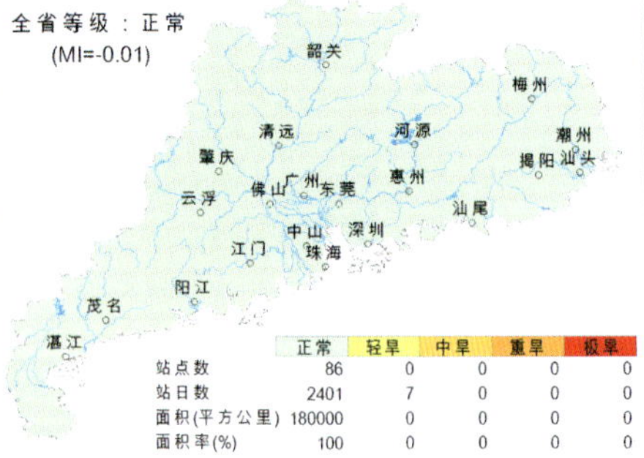

	正常	轻旱	中旱	重旱	极旱
站点数	86	0	0	0	0
站日数	2401	7	0	0	0
面积(平方公里)	180000	0	0	0	0
面积率(%)	100	0	0	0	0

1975年 3月气象干旱等级分布

全省等级：正常

(MI=-0.02)

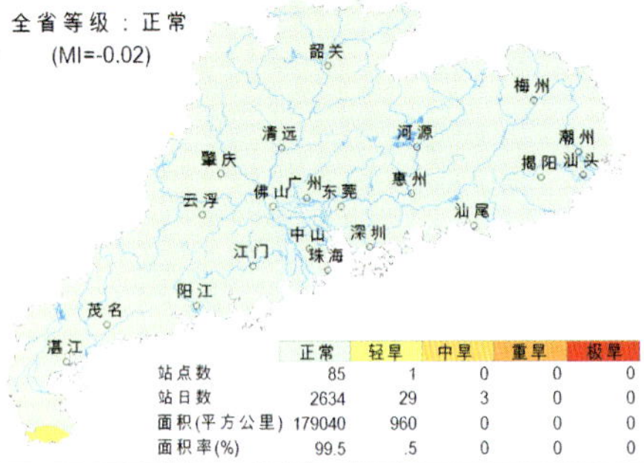

	正常	轻旱	中旱	重旱	极旱
站点数	85	1	0	0	0
站日数	2634	29	3	0	0
面积(平方公里)	179040	960	0	0	0
面积率(%)	99.5	.5	0	0	0

1975年 4月气象干旱等级分布

全省等级：正常

(MI=-0.07)

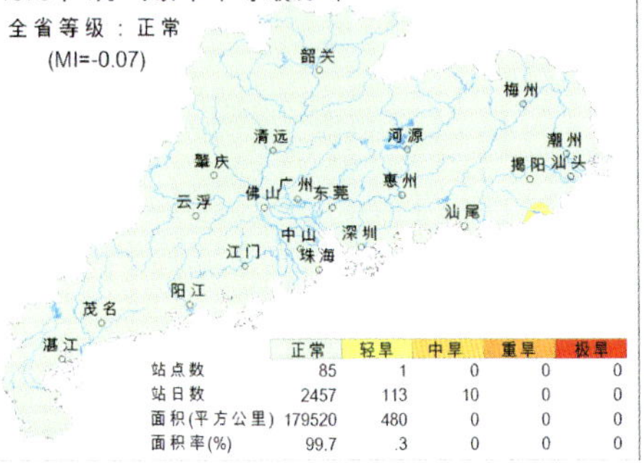

	正常	轻旱	中旱	重旱	极旱
站点数	85	1	0	0	0
站日数	2457	113	10	0	0
面积(平方公里)	179520	480	0	0	0
面积率(%)	99.7	.3	0	0	0

1975年 5月气象干旱等级分布

全省等级：正常

(MI=-0.02)

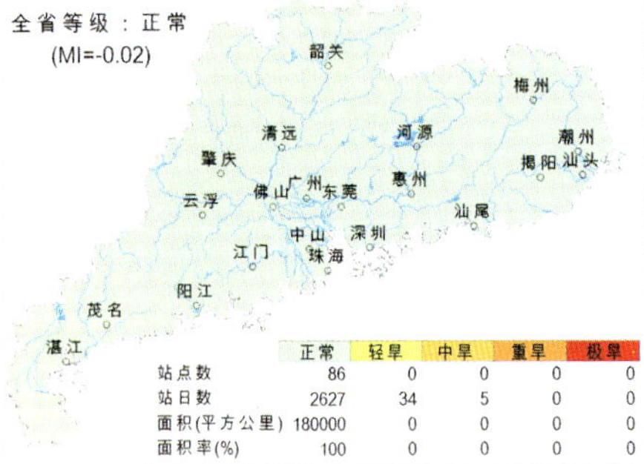

	正常	轻旱	中旱	重旱	极旱
站点数	86	0	0	0	0
站日数	2627	34	5	0	0
面积(平方公里)	180000	0	0	0	0
面积率(%)	100	0	0	0	0

1975年 6月气象干旱等级分布

全省等级：正常

(MI=0.00)

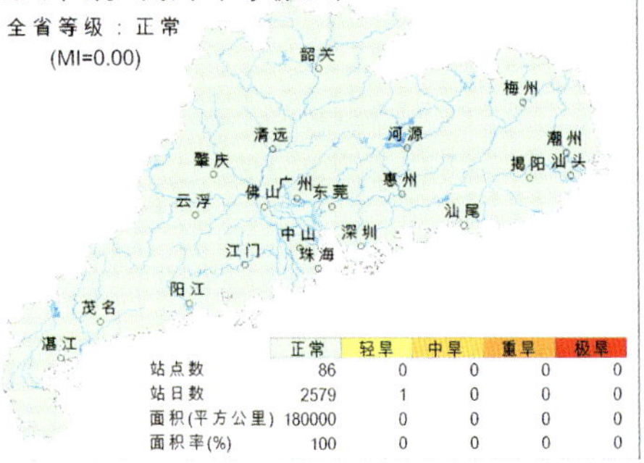

	正常	轻旱	中旱	重旱	极旱
站点数	86	0	0	0	0
站日数	2579	1	0	0	0
面积(平方公里)	180000	0	0	0	0
面积率(%)	100	0	0	0	0

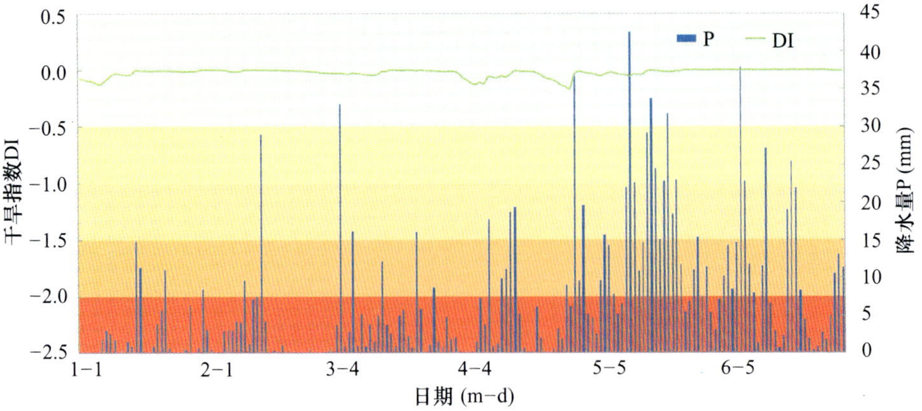

1975年7月气象干旱等级分布

全省等级：正常

(MI=-0.03)

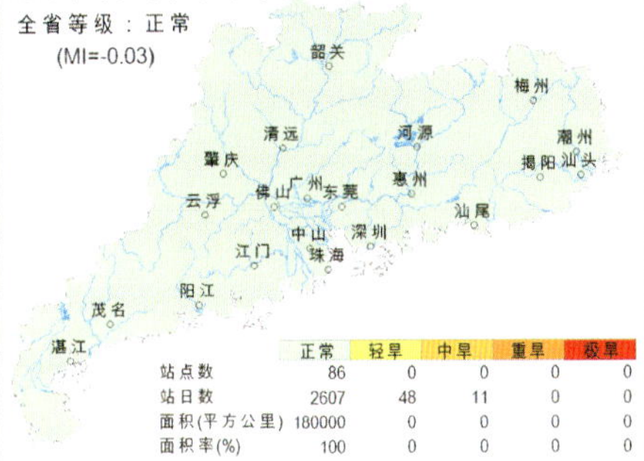

	正常	轻旱	中旱	重旱	极旱
站点数	86	0	0	0	0
站日数	2607	48	11	0	0
面积(平方公里)	180000	0	0	0	0
面积率(%)	100	0	0	0	0

1975年8月气象干旱等级分布

全省等级：正常

(MI=-0.03)

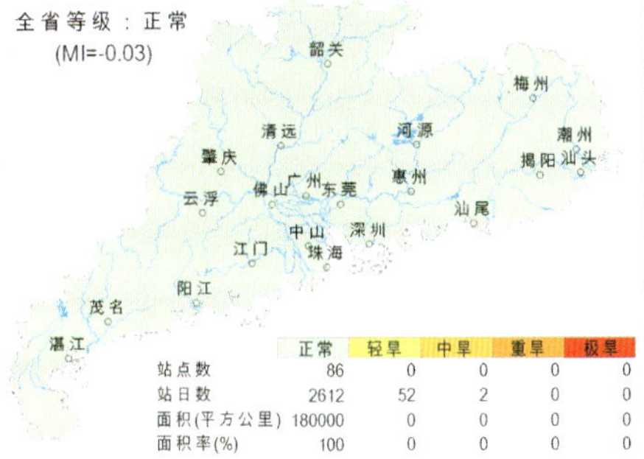

	正常	轻旱	中旱	重旱	极旱
站点数	86	0	0	0	0
站日数	2612	52	2	0	0
面积(平方公里)	180000	0	0	0	0
面积率(%)	100	0	0	0	0

1975年9月气象干旱等级分布

全省等级：正常

(MI=-0.09)

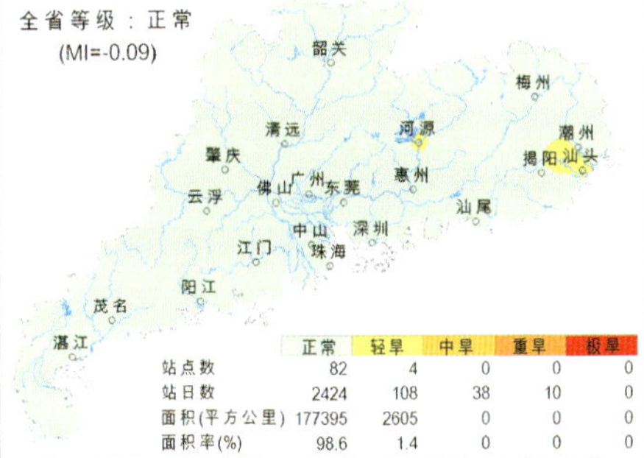

	正常	轻旱	中旱	重旱	极旱
站点数	82	4	0	0	0
站日数	2424	108	38	10	0
面积(平方公里)	177395	2605	0	0	0
面积率(%)	98.6	1.4	0	0	0

1975年10月气象干旱等级分布

全省等级：正常

(MI=-0.02)

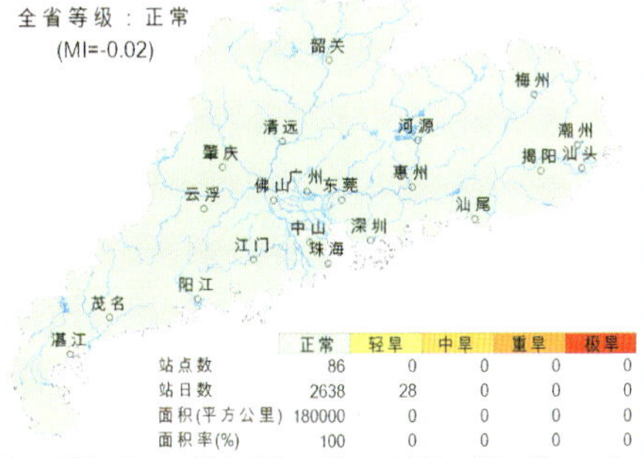

	正常	轻旱	中旱	重旱	极旱
站点数	86	0	0	0	0
站日数	2638	28	0	0	0
面积(平方公里)	180000	0	0	0	0
面积率(%)	100	0	0	0	0

1975年11月气象干旱等级分布

全省等级：正常

(MI=-0.09)

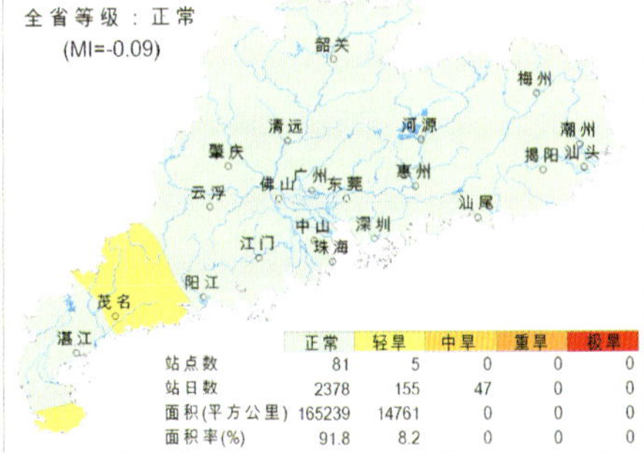

	正常	轻旱	中旱	重旱	极旱
站点数	81	5	0	0	0
站日数	2378	155	47	0	0
面积(平方公里)	165239	14761	0	0	0
面积率(%)	91.8	8.2	0	0	0

1975年12月气象干旱等级分布

全省等级：正常

(MI=-0.15)

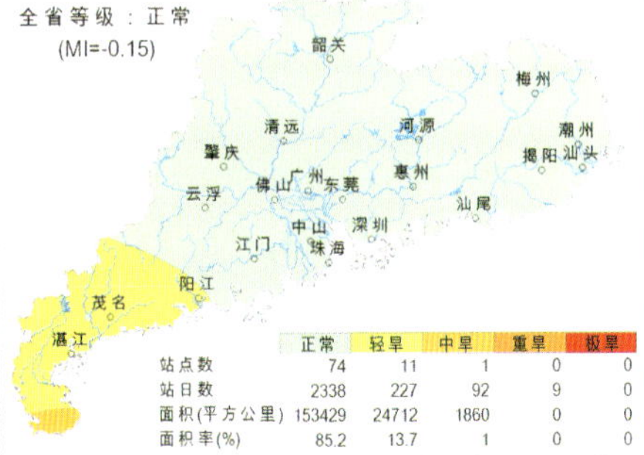

	正常	轻旱	中旱	重旱	极旱
站点数	74	11	1	0	0
站日数	2338	227	92	9	0
面积(平方公里)	153429	24712	1860	0	0
面积率(%)	85.2	13.7	1	0	0

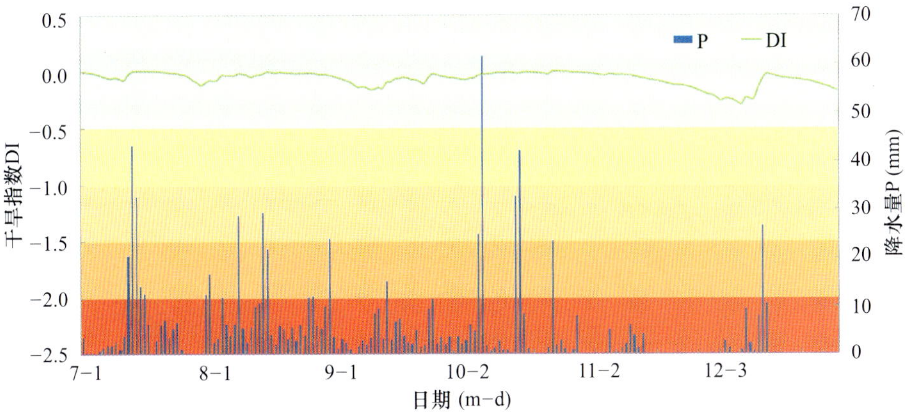

1976 年逐月气象干旱等级分布图

1976年1月气象干旱等级分布

全省等级：轻旱

(MI=-0.51)

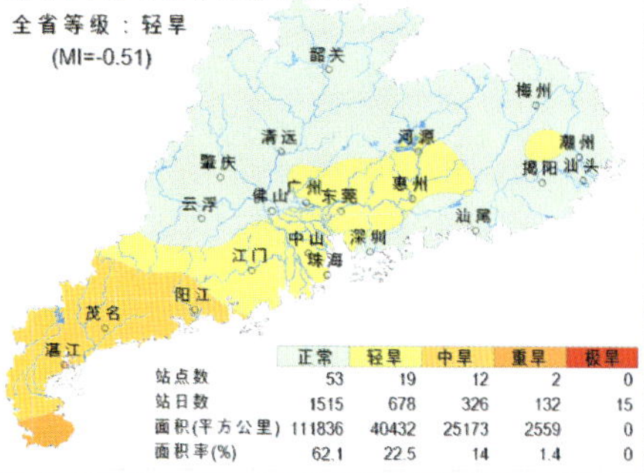

	正常	轻旱	中旱	重旱	极旱
站点数	53	19	12	2	0
站日数	1515	678	326	132	15
面积(平方公里)	111836	40432	25173	2559	0
面积率(%)	62.1	22.5	14	1.4	0

1976年2月气象干旱等级分布

全省等级：轻旱

(MI=-0.90)

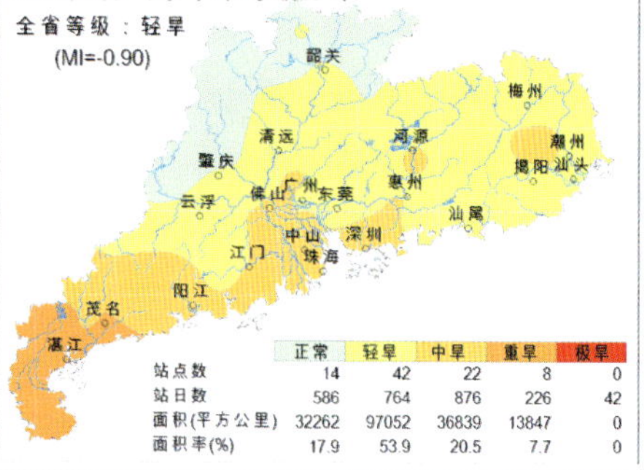

	正常	轻旱	中旱	重旱	极旱
站点数	14	42	22	8	0
站日数	586	764	876	226	42
面积(平方公里)	32262	97052	36839	13847	0
面积率(%)	17.9	53.9	20.5	7.7	0

1976年3月气象干旱等级分布

全省等级：正常

(MI=-0.23)

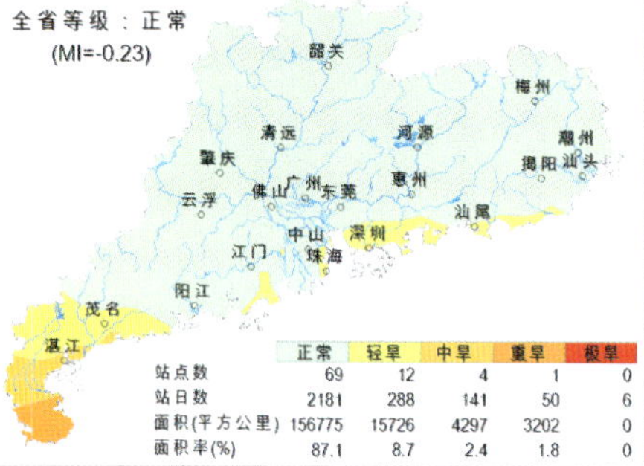

	正常	轻旱	中旱	重旱	极旱
站点数	69	12	4	1	0
站日数	2181	288	141	50	6
面积(平方公里)	156775	15726	4297	3202	0
面积率(%)	87.1	8.7	2.4	1.8	0

1976年4月气象干旱等级分布

全省等级：正常

(MI=-0.14)

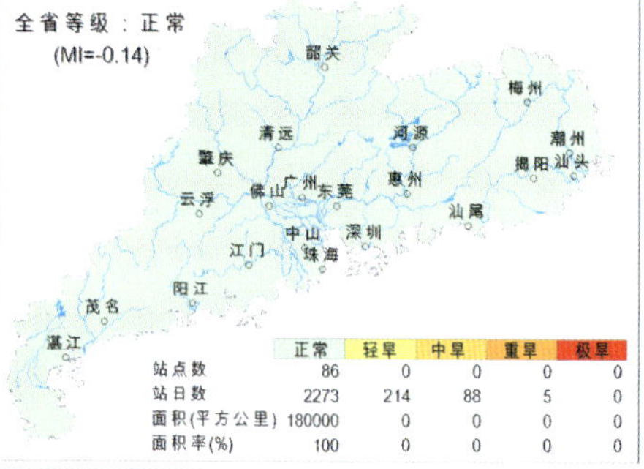

	正常	轻旱	中旱	重旱	极旱
站点数	86	0	0	0	0
站日数	2273	214	88	5	0
面积(平方公里)	180000	0	0	0	0
面积率(%)	100	0	0	0	0

1976年5月气象干旱等级分布

全省等级：正常

(MI=-0.02)

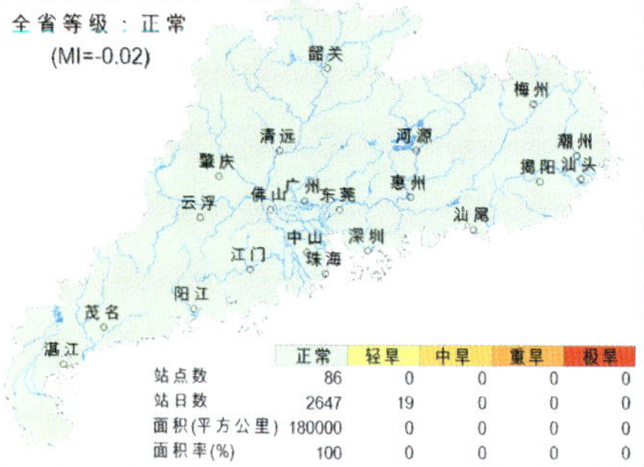

	正常	轻旱	中旱	重旱	极旱
站点数	86	0	0	0	0
站日数	2647	19	0	0	0
面积(平方公里)	180000	0	0	0	0
面积率(%)	100	0	0	0	0

1976年6月气象干旱等级分布

全省等级：正常

(MI=-0.01)

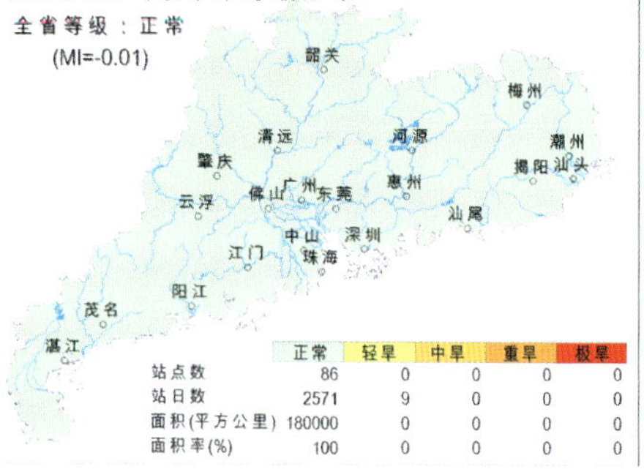

	正常	轻旱	中旱	重旱	极旱
站点数	86	0	0	0	0
站日数	2571	9	0	0	0
面积(平方公里)	180000	0	0	0	0
面积率(%)	100	0	0	0	0

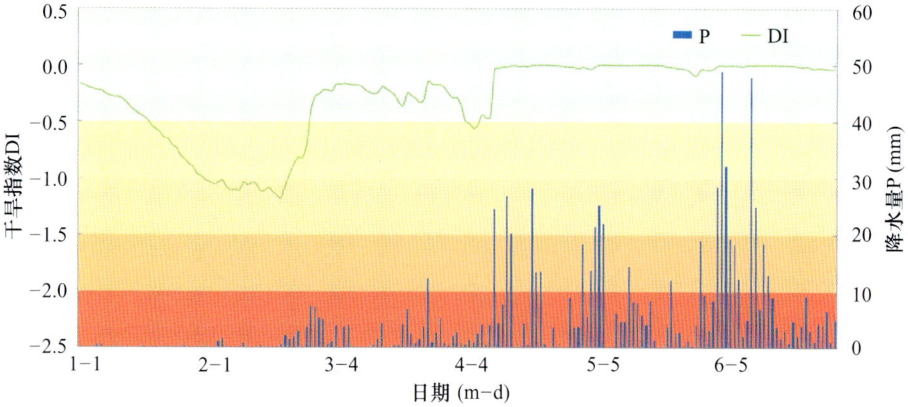

	正常	轻旱	中旱	重旱	极旱
站点数	85	1	0	0	0
站日数	2528	102	33	3	0
面积(平方公里)	178620	1380	0	0	0
面积率(%)	99.2	.8	0	0	0

	正常	轻旱	中旱	重旱	极旱
站点数	84	2	0	0	0
站日数	2572	75	19	0	0
面积(平方公里)	178313	1687	0	0	0
面积率(%)	99.1	.9	0	0	0

	正常	轻旱	中旱	重旱	极旱
站点数	79	6	1	0	0
站日数	2221	239	106	14	0
面积(平方公里)	163836	15614	550	0	0
面积率(%)	91	8.7	.3	0	0

	正常	轻旱	中旱	重旱	极旱
站点数	84	2	0	0	0
站日数	2544	104	10	8	0
面积(平方公里)	177637	2363	0	0	0
面积率(%)	98.7	1.3	0	0	0

	正常	轻旱	中旱	重旱	极旱
站点数	84	2	0	0	0
站日数	2419	143	18	0	0
面积(平方公里)	179925	75	0	0	0
面积率(%)	100	0	0	0	0

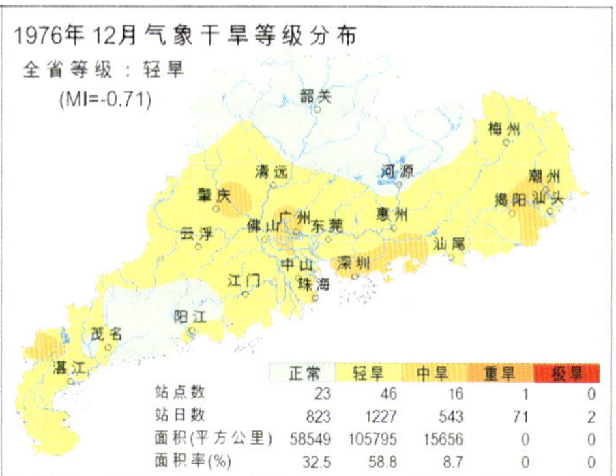

	正常	轻旱	中旱	重旱	极旱
站点数	23	46	16	1	0
站日数	823	1227	543	71	2
面积(平方公里)	58549	105795	15656	0	0
面积率(%)	32.5	58.8	8.7	0	0

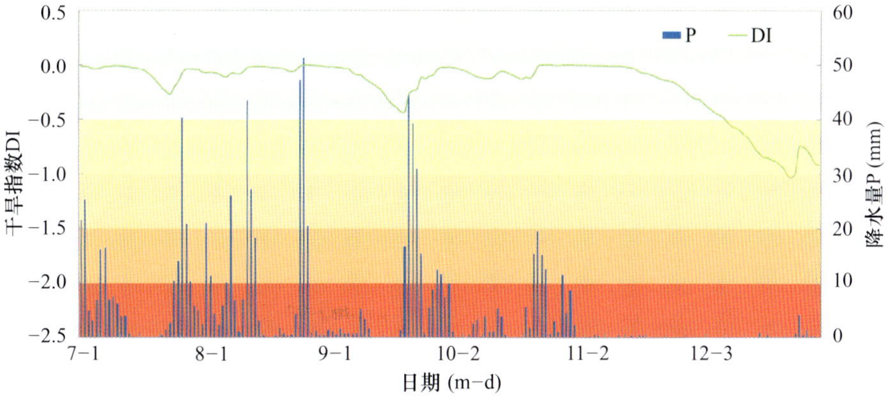

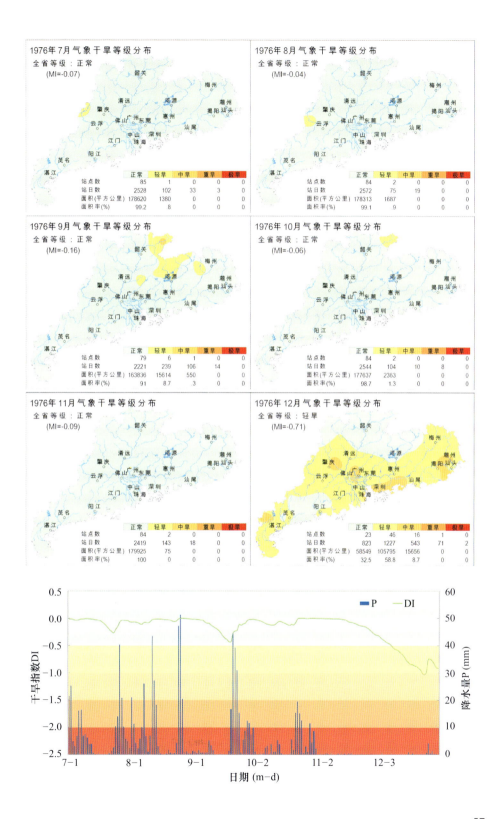

1977 年逐月气象干旱等级分布图

1977年1月气象干旱等级分布

全省等级：正常

(MI=-0.29)

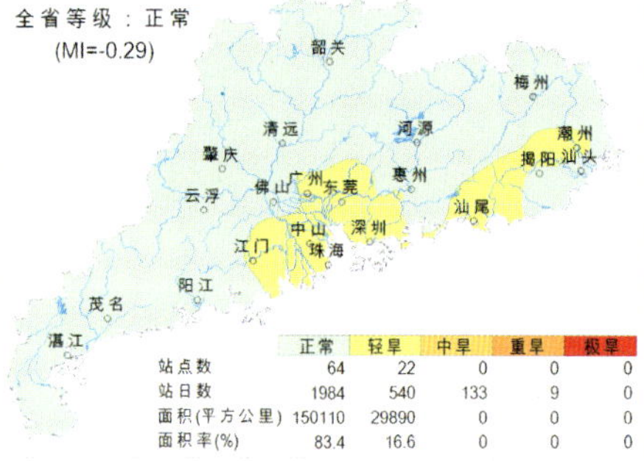

	正常	轻旱	中旱	重旱	极旱
站点数	64	22	0	0	0
站日数	1984	540	133	9	0
面积(平方公里)	150110	29890	0	0	0
面积率(%)	83.4	16.6	0	0	0

1977年2月气象干旱等级分布

全省等级：轻旱

(MI=-0.63)

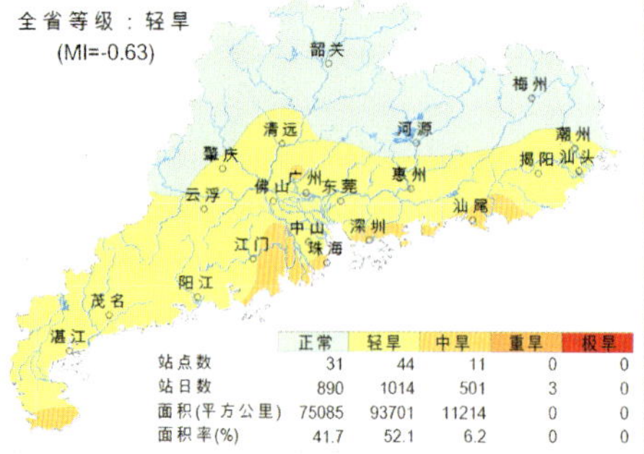

	正常	轻旱	中旱	重旱	极旱
站点数	31	44	11	0	0
站日数	890	1014	501	3	0
面积(平方公里)	75085	93701	11214	0	0
面积率(%)	41.7	52.1	6.2	0	0

1977年3月气象干旱等级分布

全省等级：重旱

(MI=-1.58)

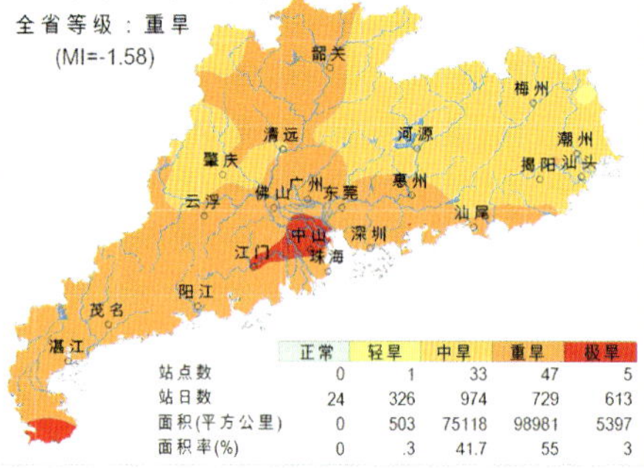

	正常	轻旱	中旱	重旱	极旱
站点数	0	1	33	47	5
站日数	24	326	974	729	613
面积(平方公里)	0	503	75118	98981	5397
面积率(%)	0	.3	41.7	55	3

1977年4月气象干旱等级分布

全省等级：中旱

(MI=-1.14)

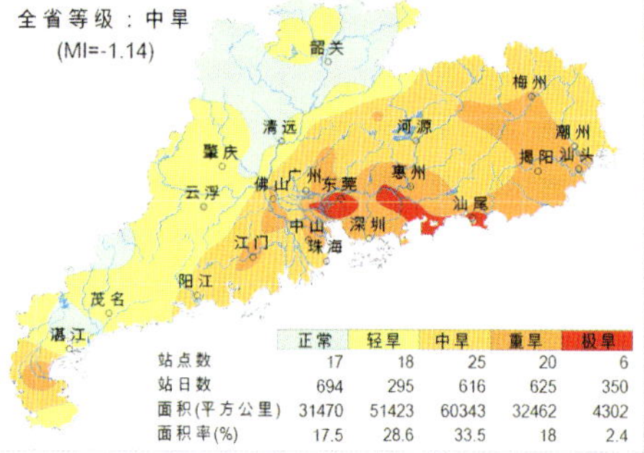

	正常	轻旱	中旱	重旱	极旱
站点数	17	18	25	20	6
站日数	694	295	616	625	350
面积(平方公里)	31470	51423	60343	32462	4302
面积率(%)	17.5	28.6	33.5	18	2.4

1977年5月气象干旱等级分布

全省等级：轻旱

(MI=-0.93)

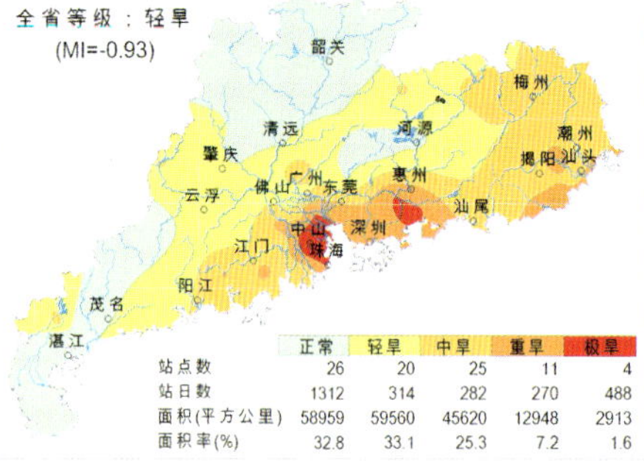

	正常	轻旱	中旱	重旱	极旱
站点数	26	20	25	11	4
站日数	1312	314	282	270	488
面积(平方公里)	58959	59560	45620	12948	2913
面积率(%)	32.8	33.1	25.3	7.2	1.6

1977年6月气象干旱等级分布

全省等级：正常

(MI=-0.22)

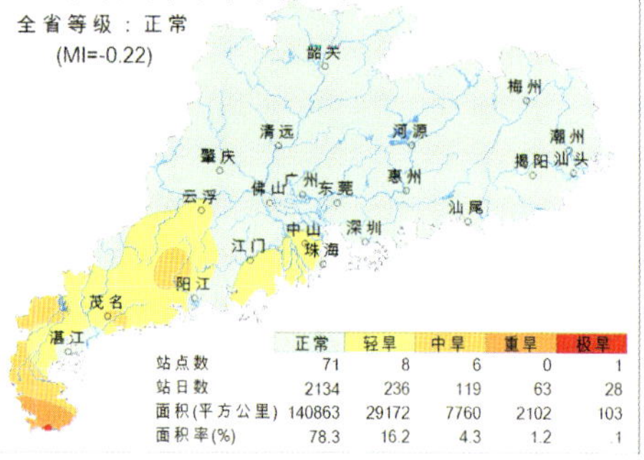

	正常	轻旱	中旱	重旱	极旱
站点数	71	8	6	0	1
站日数	2134	236	119	63	28
面积(平方公里)	140863	29172	7760	2102	103
面积率(%)	78.3	16.2	4.3	1.2	.1

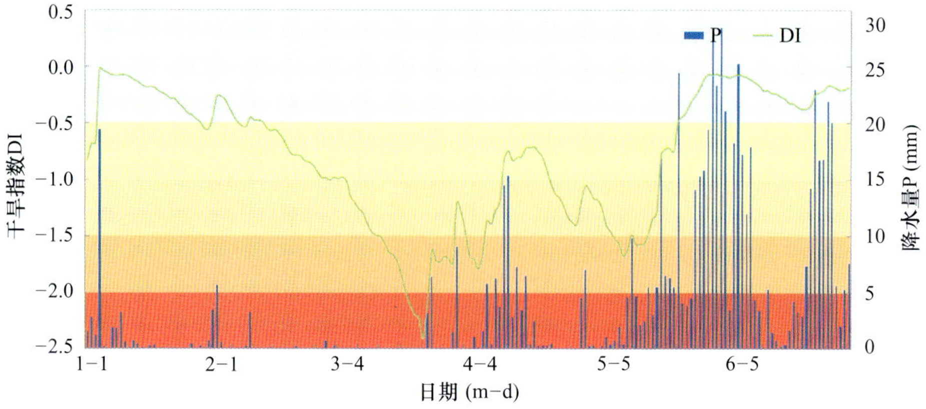

1977年7月气象干旱等级分布

全省等级：正常

(MI=-0.08)

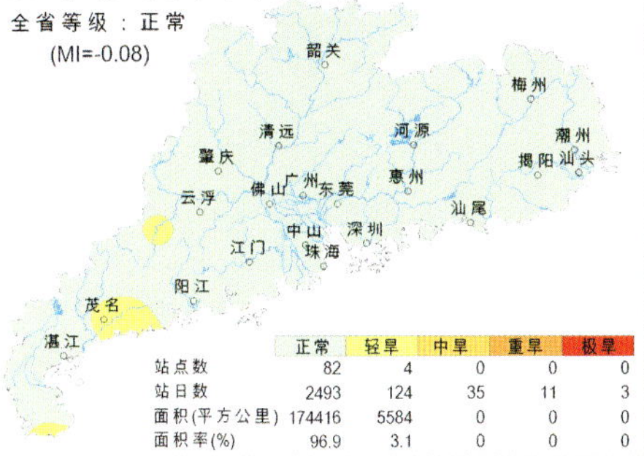

	正常	轻旱	中旱	重旱	极旱
站点数	82	4	0	0	0
站日数	2493	124	35	11	3
面积(平方公里)	174416	5584	0	0	0
面积率(%)	96.9	3.1	0	0	0

1977年8月气象干旱等级分布

全省等级：正常

(MI=-0.12)

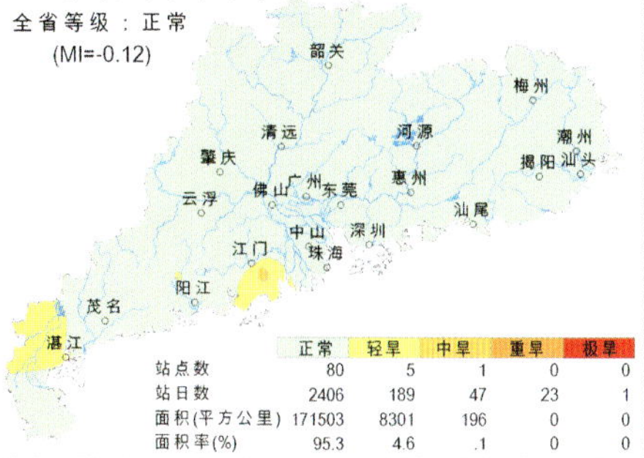

	正常	轻旱	中旱	重旱	极旱
站点数	80	5	1	0	0
站日数	2406	189	47	23	1
面积(平方公里)	171503	8301	196	0	0
面积率(%)	95.3	4.6	.1	0	0

1977年9月气象干旱等级分布

全省等级：正常

(MI=-0.22)

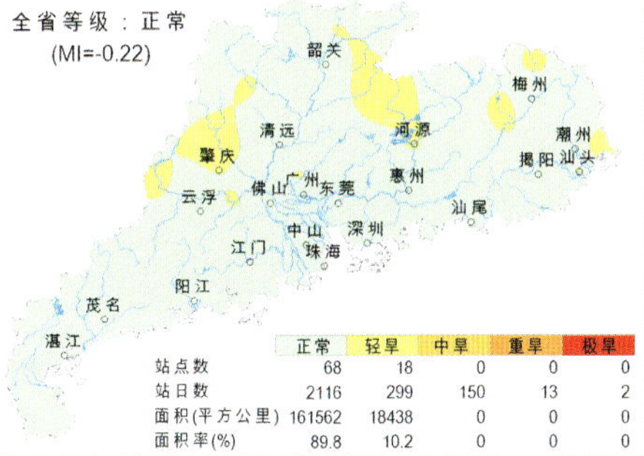

	正常	轻旱	中旱	重旱	极旱
站点数	68	18	0	0	0
站日数	2116	299	150	13	2
面积(平方公里)	161562	18438	0	0	0
面积率(%)	89.8	10.2	0	0	0

1977年10月气象干旱等级分布

全省等级：正常

(MI=-0.20)

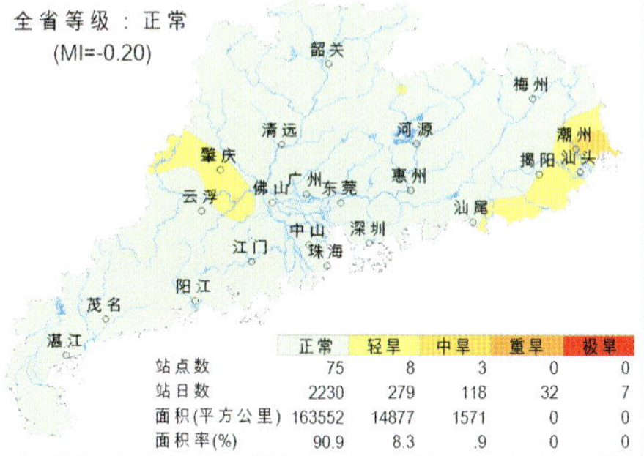

	正常	轻旱	中旱	重旱	极旱
站点数	75	8	3	0	0
站日数	2230	279	118	32	7
面积(平方公里)	163552	14877	1571	0	0
面积率(%)	90.9	8.3	.9	0	0

1977年11月气象干旱等级分布

全省等级：轻旱

(MI=-0.70)

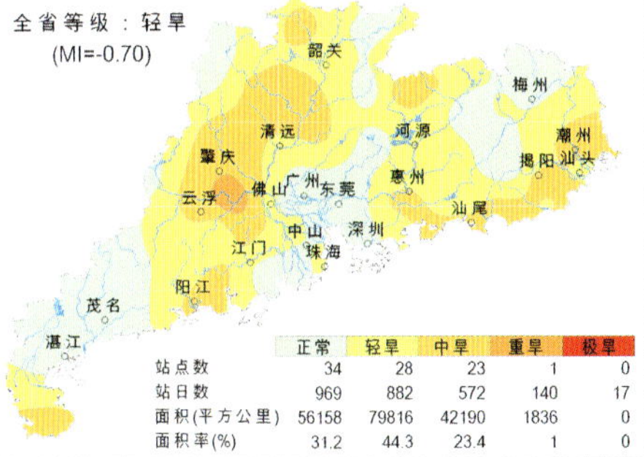

	正常	轻旱	中旱	重旱	极旱
站点数	34	28	23	1	0
站日数	969	882	572	140	17
面积(平方公里)	56158	79816	42190	1836	0
面积率(%)	31.2	44.3	23.4	1	0

1977年12月气象干旱等级分布

全省等级：中旱

(MI=-1.05)

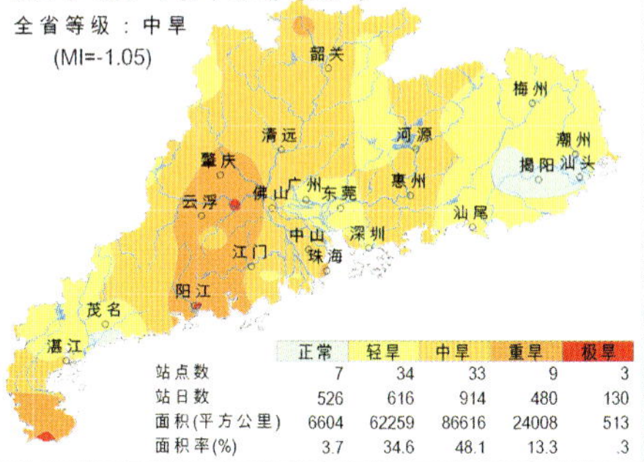

	正常	轻旱	中旱	重旱	极旱
站点数	7	34	33	9	3
站日数	526	616	914	480	130
面积(平方公里)	6604	62259	86616	24008	513
面积率(%)	3.7	34.6	48.1	13.3	.3

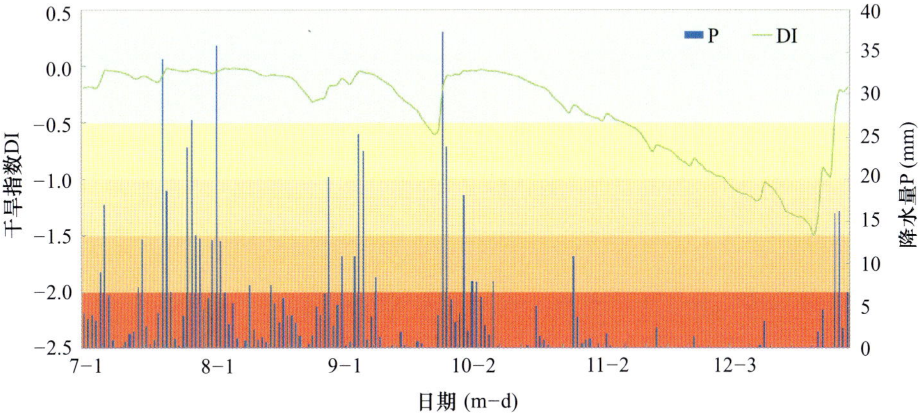

1978 年逐月气象干旱等级分布图

1978年1月气象干旱等级分布

全省等级：正常

(MI=-0.23)

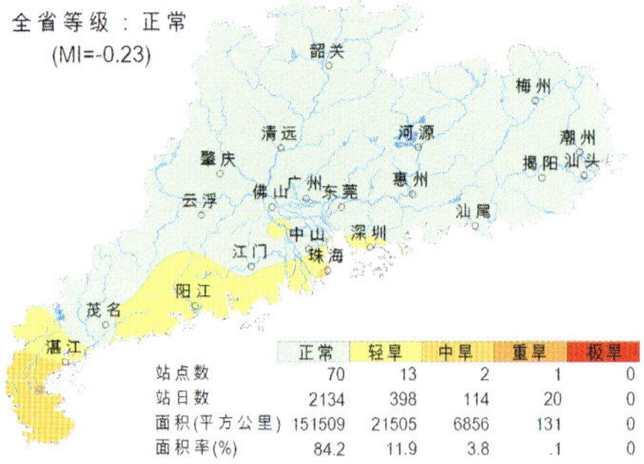

	正常	轻旱	中旱	重旱	极旱
站点数	70	13	2	1	0
站日数	2134	398	114	20	0
面积(平方公里)	151509	21505	6856	131	0
面积率(%)	84.2	11.9	3.8	.1	0

1978年2月气象干旱等级分布

全省等级：正常

(MI=-0.17)

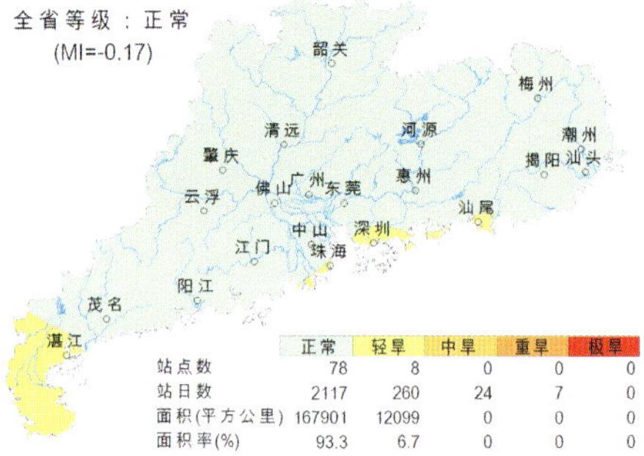

	正常	轻旱	中旱	重旱	极旱
站点数	78	8	0	0	0
站日数	2117	260	24	7	0
面积(平方公里)	167901	12099	0	0	0
面积率(%)	93.3	6.7	0	0	0

1978年3月气象干旱等级分布

全省等级：正常

(MI=-0.02)

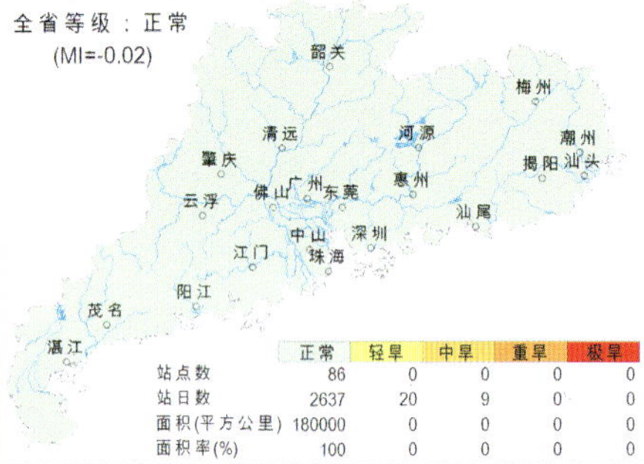

	正常	轻旱	中旱	重旱	极旱
站点数	86	0	0	0	0
站日数	2637	20	9	0	0
面积(平方公里)	180000	0	0	0	0
面积率(%)	100	0	0	0	0

1978年4月气象干旱等级分布

全省等级：正常

(MI=0.00)

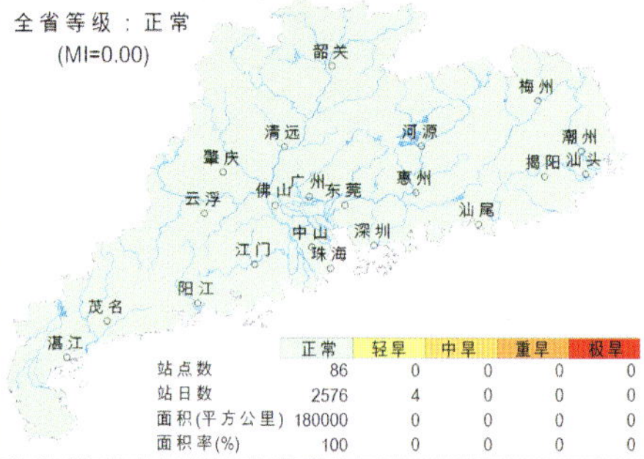

	正常	轻旱	中旱	重旱	极旱
站点数	86	0	0	0	0
站日数	2576	4	0	0	0
面积(平方公里)	180000	0	0	0	0
面积率(%)	100	0	0	0	0

1978年5月气象干旱等级分布

全省等级：正常

(MI=0.00)

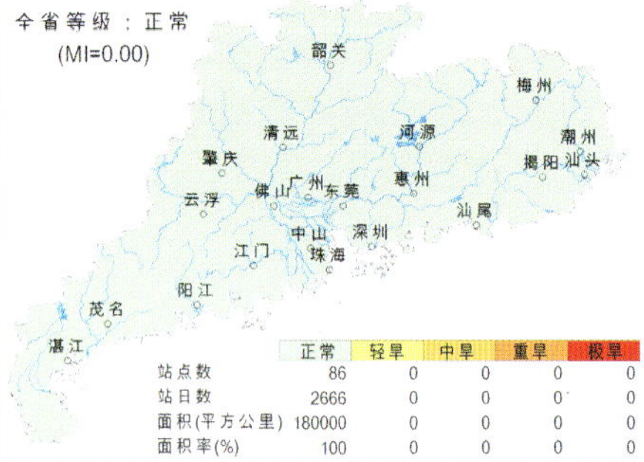

	正常	轻旱	中旱	重旱	极旱
站点数	86	0	0	0	0
站日数	2666	0	0	0	0
面积(平方公里)	180000	0	0	0	0
面积率(%)	100	0	0	0	0

1978年6月气象干旱等级分布

全省等级：正常

(MI=-0.01)

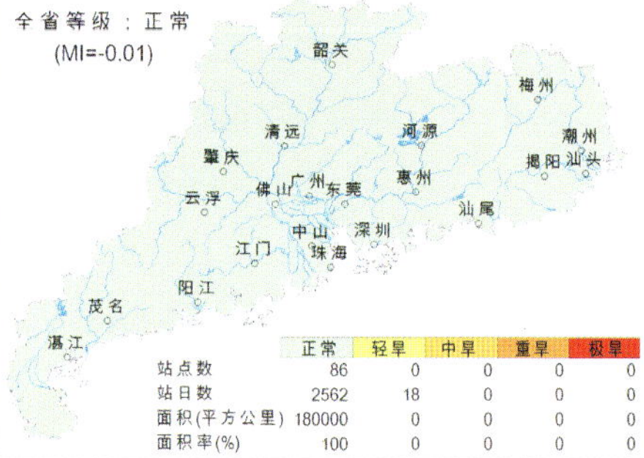

	正常	轻旱	中旱	重旱	极旱
站点数	86	0	0	0	0
站日数	2562	18	0	0	0
面积(平方公里)	180000	0	0	0	0
面积率(%)	100	0	0	0	0

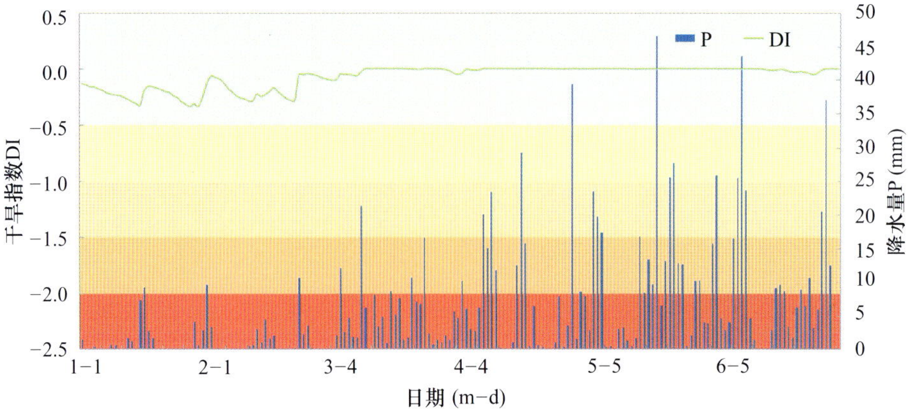

1978年7月气象干旱等级分布

全省等级：正常

(MI=-0.21)

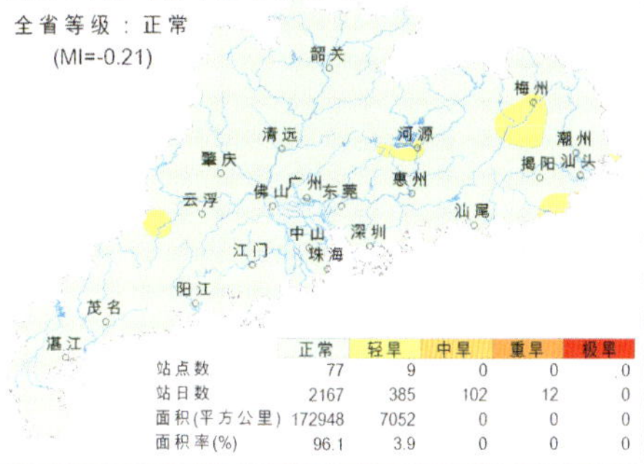

	正常	轻旱	中旱	重旱	极旱
站点数	77	9	0	0	0
站日数	2167	385	102	12	0
面积(平方公里)	172948	7052	0	0	0
面积率(%)	96.1	3.9	0	0	0

1978年8月气象干旱等级分布

全省等级：正常

(MI=-0.04)

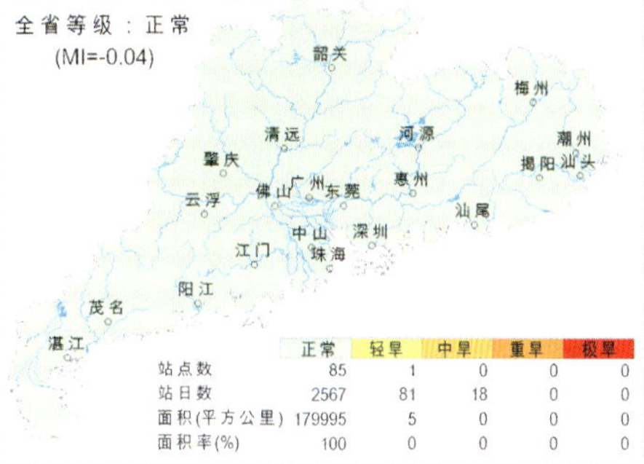

	正常	轻旱	中旱	重旱	极旱
站点数	85	1	0	0	0
站日数	2567	81	18	0	0
面积(平方公里)	179995	5	0	0	0
面积率(%)	100	0	0	0	0

1978年9月气象干旱等级分布

全省等级：正常

(MI=-0.16)

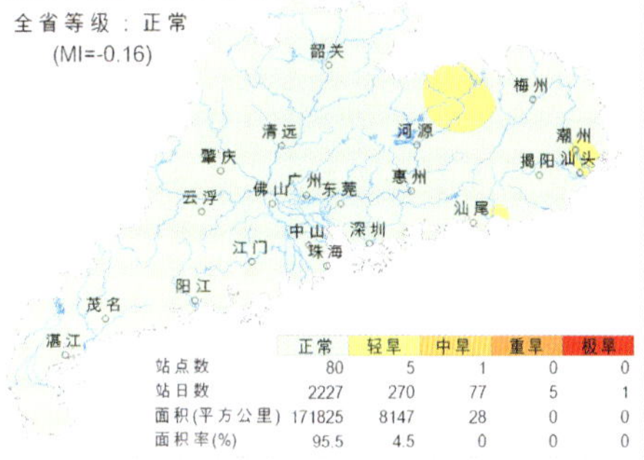

	正常	轻旱	中旱	重旱	极旱
站点数	80	5	1	0	0
站日数	2227	270	77	5	1
面积(平方公里)	171825	8147	28	0	0
面积率(%)	95.5	4.5	0	0	0

1978年10月气象干旱等级分布

全省等级：正常

(MI=-0.09)

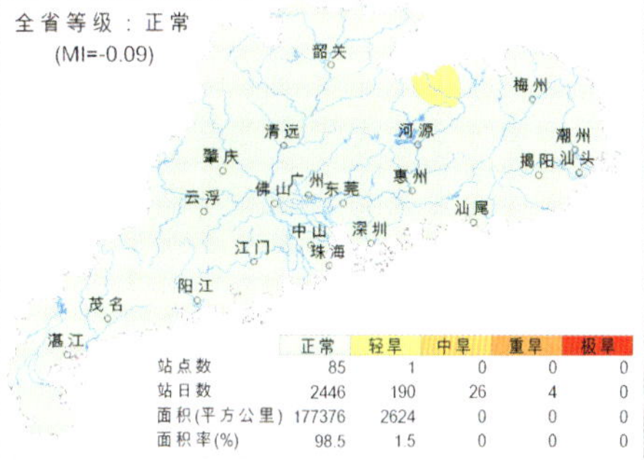

	正常	轻旱	中旱	重旱	极旱
站点数	85	1	0	0	0
站日数	2446	190	26	4	0
面积(平方公里)	177376	2624	0	0	0
面积率(%)	98.5	1.5	0	0	0

1978年11月气象干旱等级分布

全省等级：正常

(MI=-0.05)

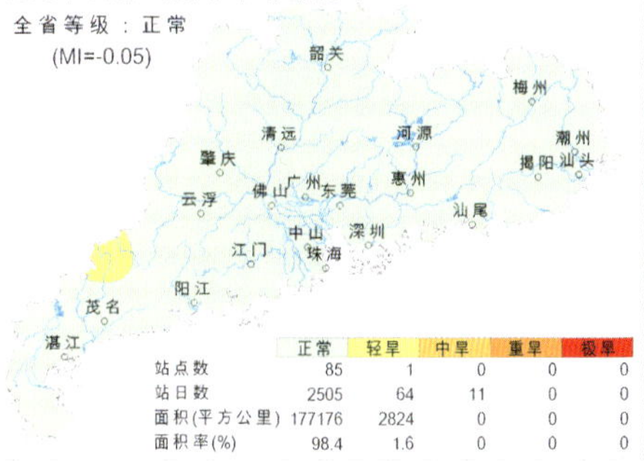

	正常	轻旱	中旱	重旱	极旱
站点数	85	1	0	0	0
站日数	2505	64	11	0	0
面积(平方公里)	177176	2824	0	0	0
面积率(%)	98.4	1.6	0	0	0

1978年12月气象干旱等级分布

全省等级：正常

(MI=-0.46)

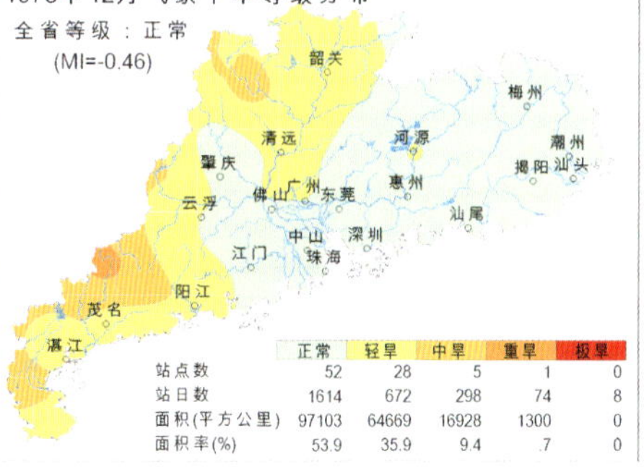

	正常	轻旱	中旱	重旱	极旱
站点数	52	28	5	1	0
站日数	1614	672	298	74	8
面积(平方公里)	97103	64669	16928	1300	0
面积率(%)	53.9	35.9	9.4	.7	0

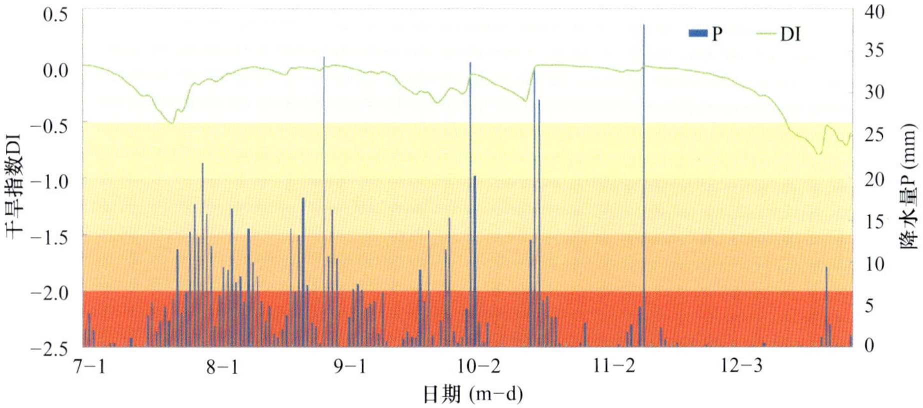

1979 年逐月气象干旱等级分布图

1979年1月气象干旱等级分布

全省等级：正常
(MI=-0.36)

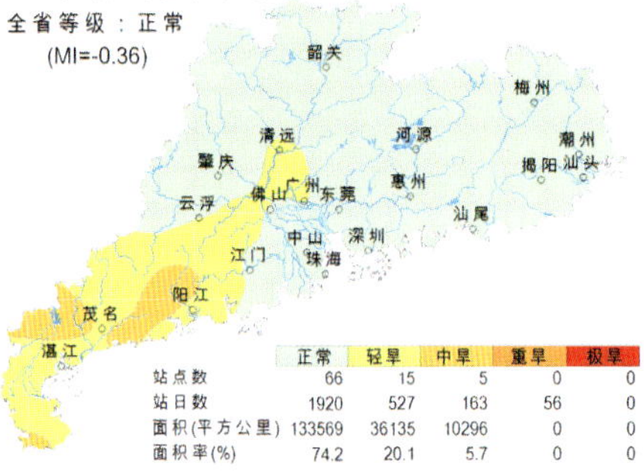

	正常	轻旱	中旱	重旱	极旱
站点数	66	15	5	0	0
站日数	1920	527	163	56	0
面积(平方公里)	133569	36135	10296	0	0
面积率(%)	74.2	20.1	5.7	0	0

1979年2月气象干旱等级分布

全省等级：正常
(MI=-0.10)

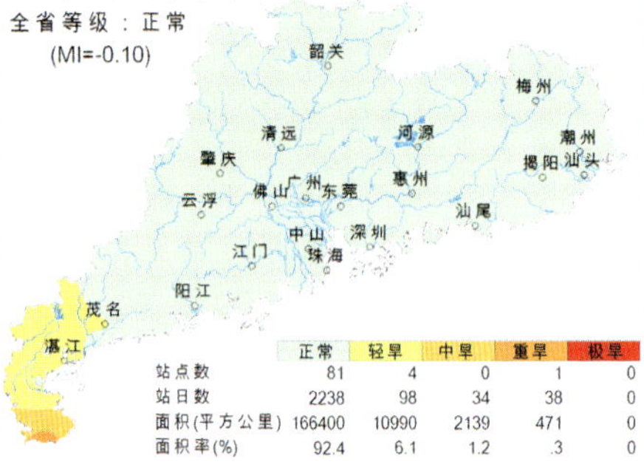

	正常	轻旱	中旱	重旱	极旱
站点数	81	4	0	1	0
站日数	2238	98	34	38	0
面积(平方公里)	166400	10990	2139	471	0
面积率(%)	92.4	6.1	1.2	.3	0

1979年3月气象干旱等级分布

全省等级：正常
(MI=-0.04)

	正常	轻旱	中旱	重旱	极旱
站点数	85	0	0	1	0
站日数	2630	5	5	17	9
面积(平方公里)	176551	1282	1417	750	0
面积率(%)	98.1	.7	.8	.4	0

1979年4月气象干旱等级分布

全省等级：正常
(MI=-0.02)

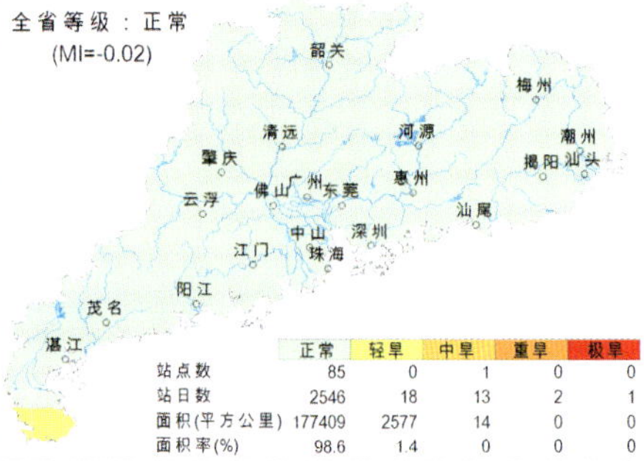

	正常	轻旱	中旱	重旱	极旱
站点数	85	0	1	0	0
站日数	2546	18	13	2	1
面积(平方公里)	177409	2577	14	0	0
面积率(%)	98.6	1.4	0	0	0

1979年5月气象干旱等级分布

全省等级：正常
(MI=-0.02)

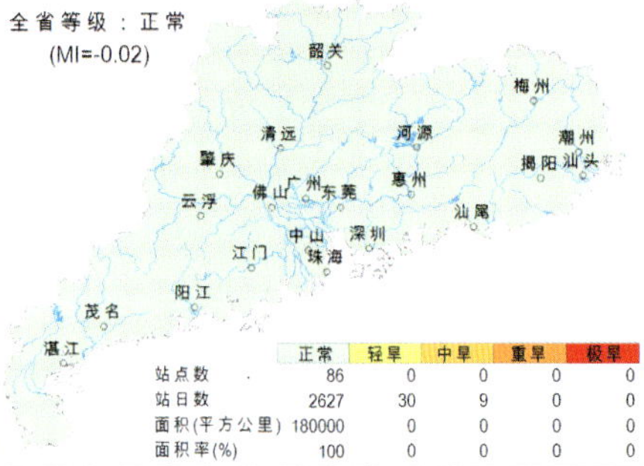

	正常	轻旱	中旱	重旱	极旱
站点数	86	0	0	0	0
站日数	2627	30	9	0	0
面积(平方公里)	180000	0	0	0	0
面积率(%)	100	0	0	0	0

1979年6月气象干旱等级分布

全省等级：正常
(MI=-0.05)

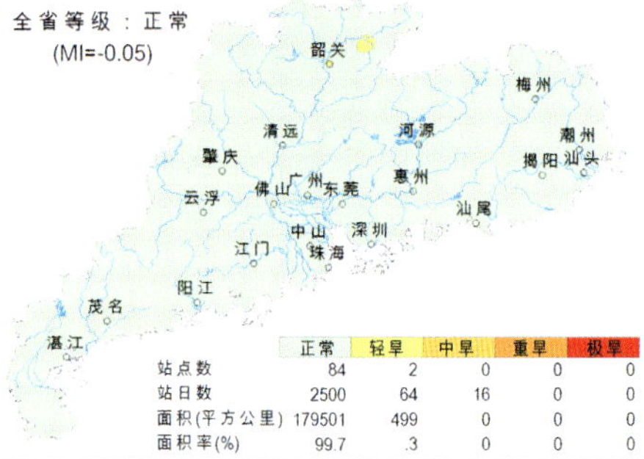

	正常	轻旱	中旱	重旱	极旱
站点数	84	2	0	0	0
站日数	2500	64	16	0	0
面积(平方公里)	179501	499	0	0	0
面积率(%)	99.7	.3	0	0	0

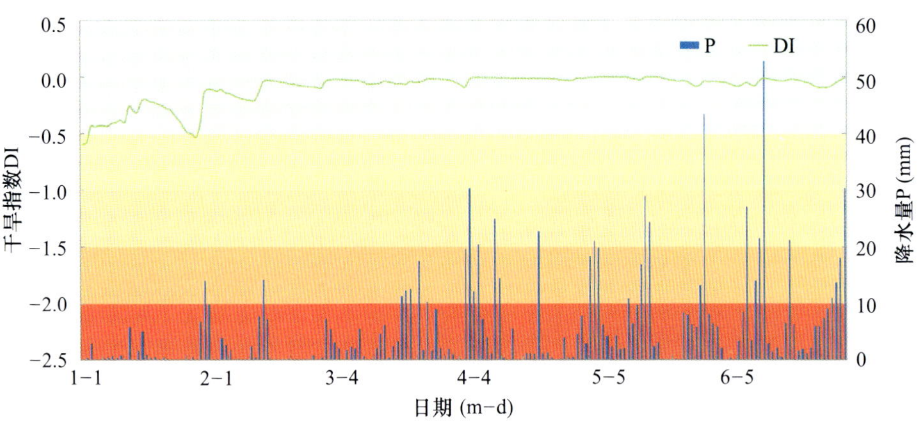

1979年7月气象干旱等级分布

全省等级：正常

(MI=-0.23)

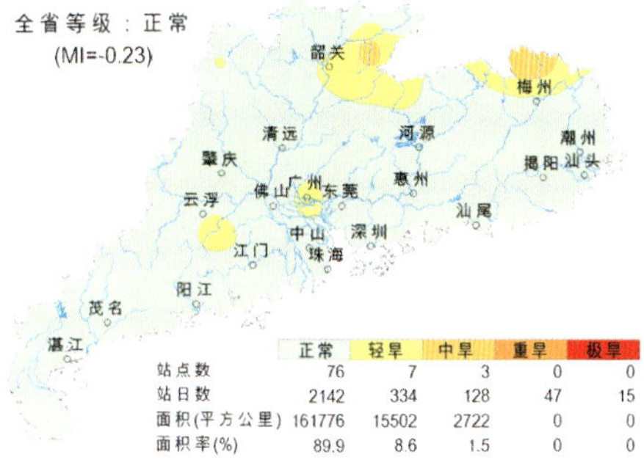

	正常	轻旱	中旱	重旱	极旱
站点数	76	7	3	0	0
站日数	2142	334	128	47	15
面积(平方公里)	161776	15502	2722	0	0
面积率(%)	89.9	8.6	1.5	0	0

1979年8月气象干旱等级分布

全省等级：正常

(MI=-0.07)

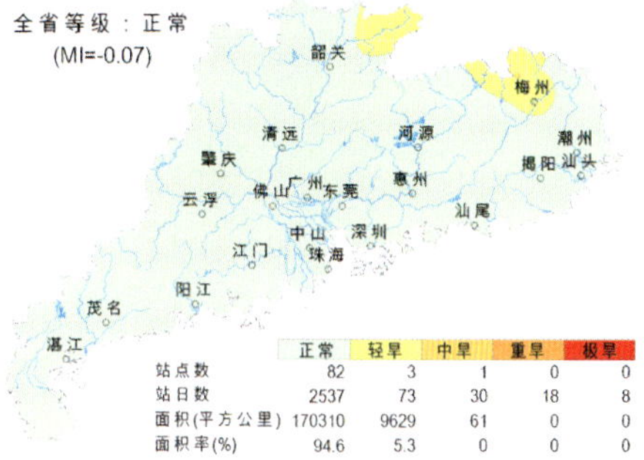

	正常	轻旱	中旱	重旱	极旱
站点数	82	3	1	0	0
站日数	2537	73	30	18	8
面积(平方公里)	170310	9629	61	0	0
面积率(%)	94.6	5.3	0	0	0

1979年9月气象干旱等级分布

全省等级：正常

(MI=-0.01)

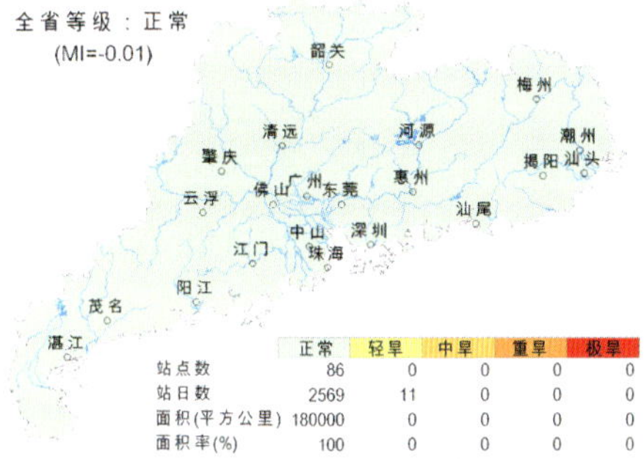

	正常	轻旱	中旱	重旱	极旱
站点数	86	0	0	0	0
站日数	2569	11	0	0	0
面积(平方公里)	180000	0	0	0	0
面积率(%)	100	0	0	0	0

1979年10月气象干旱等级分布

全省等级：正常

(MI=-0.25)

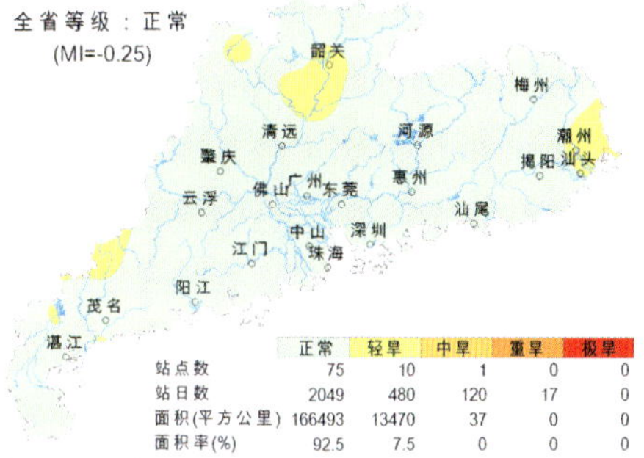

	正常	轻旱	中旱	重旱	极旱
站点数	75	10	1	0	0
站日数	2049	480	120	17	0
面积(平方公里)	166493	13470	37	0	0
面积率(%)	92.5	7.5	0	0	0

1979年11月气象干旱等级分布

全省等级：轻旱

(MI=-0.89)

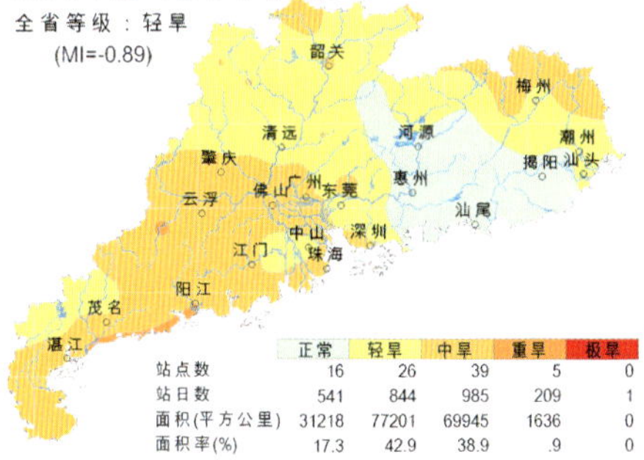

	正常	轻旱	中旱	重旱	极旱
站点数	16	26	39	5	0
站日数	541	844	985	209	1
面积(平方公里)	31218	77201	69945	1636	0
面积率(%)	17.3	42.9	38.9	.9	0

1979年12月气象干旱等级分布

全省等级：中旱

(MI=-1.39)

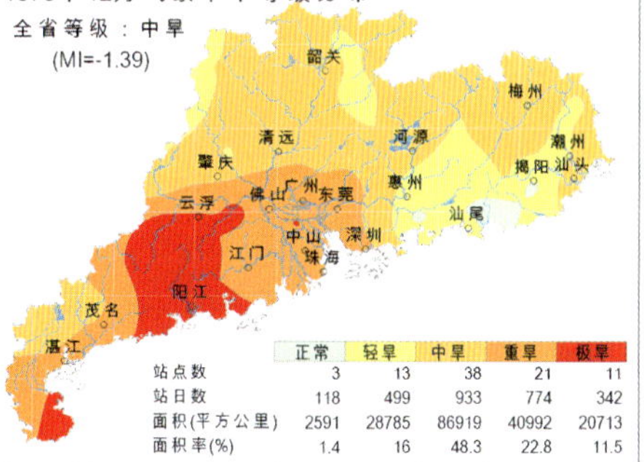

	正常	轻旱	中旱	重旱	极旱
站点数	3	13	38	21	11
站日数	118	499	933	774	342
面积(平方公里)	2591	28785	86919	40992	20713
面积率(%)	1.4	16	48.3	22.8	11.5

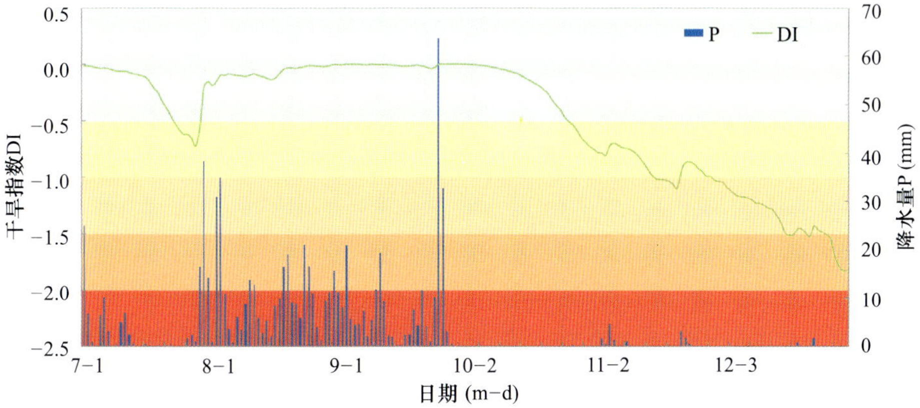

1980 年逐月气象干旱等级分布图

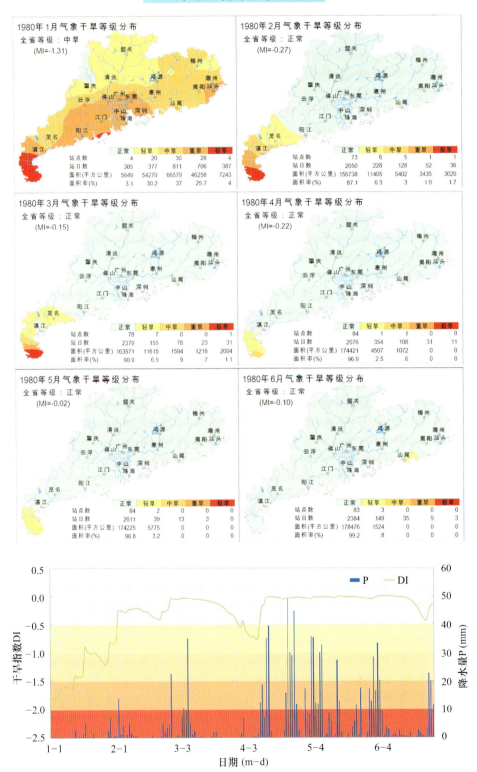

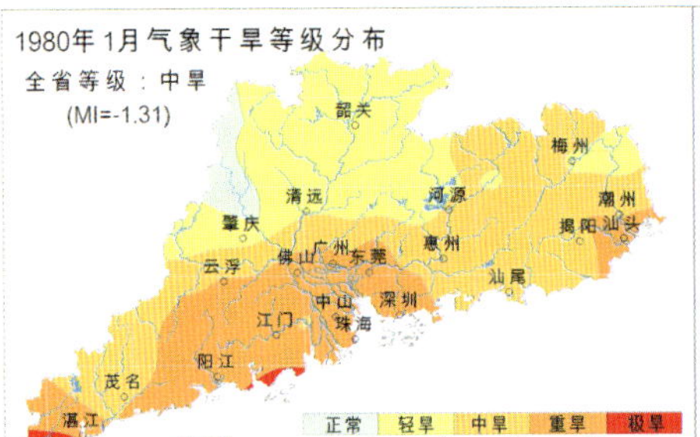

	正常	轻旱	中旱	重旱	极旱
站点数	4	20	30	28	4
站日数	385	377	811	706	387
面积(平方公里)	5649	54270	66579	46258	7243
面积率(%)	3.1	30.2	37	25.7	4

	正常	轻旱	中旱	重旱	极旱
站点数	73	6	5	1	1
站日数	2050	228	128	52	36
面积(平方公里)	156738	11405	5402	3435	3020
面积率(%)	87.1	6.3	3	1.9	1.7

	正常	轻旱	中旱	重旱	极旱
站点数	78	7	0	0	1
站日数	2379	155	78	23	31
面积(平方公里)	163571	11615	1594	1216	2004
面积率(%)	90.9	6.5	.9	.7	1.1

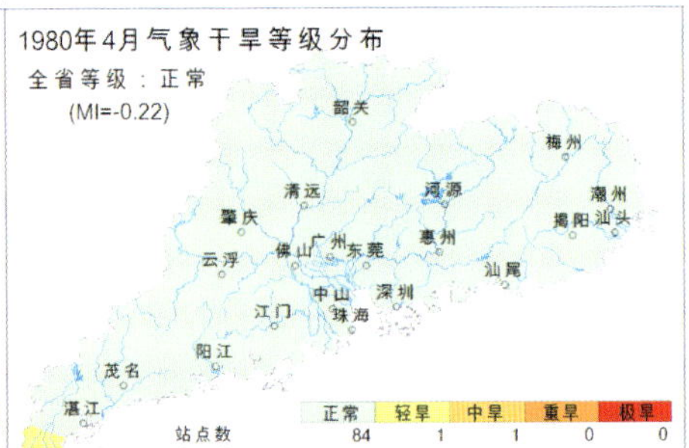

	正常	轻旱	中旱	重旱	极旱
站点数	84	1	1	0	0
站日数	2076	354	108	31	11
面积(平方公里)	174421	4507	1072	0	0
面积率(%)	96.9	2.5	.6	0	0

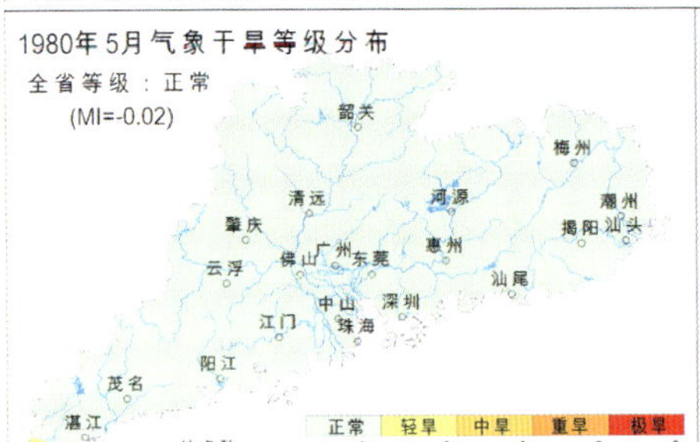

	正常	轻旱	中旱	重旱	极旱
站点数	84	2	0	0	0
站日数	2611	39	13	3	0
面积(平方公里)	174225	5775	0	0	0
面积率(%)	96.8	3.2	0	0	0

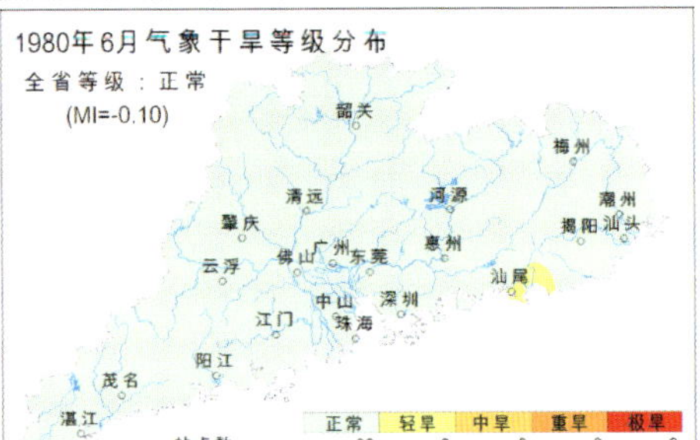

	正常	轻旱	中旱	重旱	极旱
站点数	83	3	0	0	0
站日数	2384	149	35	9	3
面积(平方公里)	178476	1524	0	0	0
面积率(%)	99.2	8	0	0	0

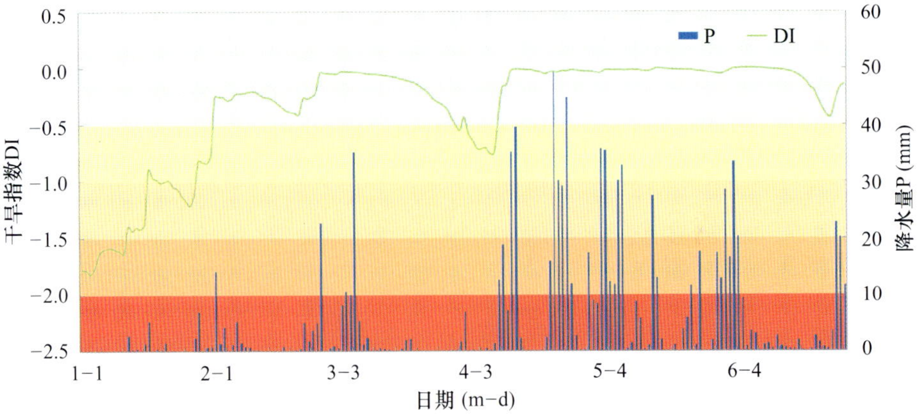

1980年7月气象干旱等级分布

全省等级：正常
(MI=-0.16)

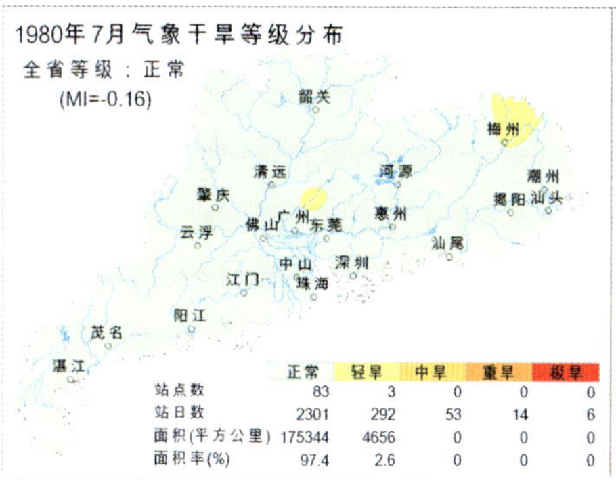

	正常	轻旱	中旱	重旱	极旱
站点数	83	3	0	0	0
站日数	2301	292	53	14	6
面积(平方公里)	175344	4656	0	0	0
面积率(%)	97.4	2.6	0	0	0

1980年8月气象干旱等级分布

全省等级：正常
(MI=-0.05)

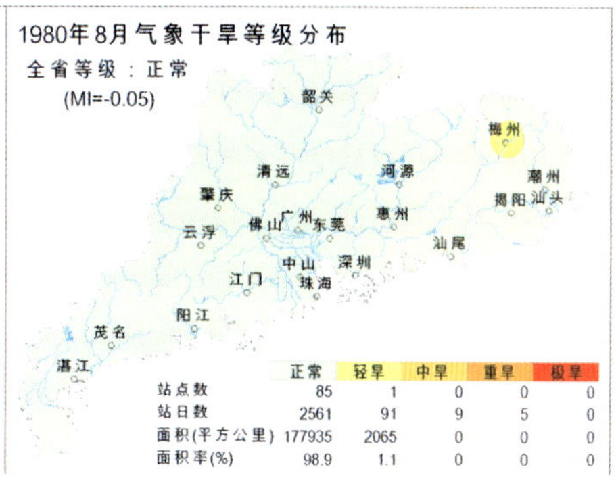

	正常	轻旱	中旱	重旱	极旱
站点数	85	1	0	0	0
站日数	2561	91	9	5	0
面积(平方公里)	177935	2065	0	0	0
面积率(%)	98.9	1.1	0	0	0

1980年9月气象干旱等级分布

全省等级：正常
(MI=-0.29)

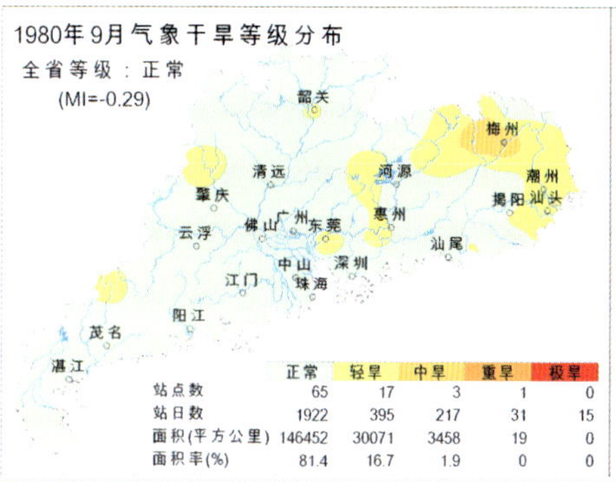

	正常	轻旱	中旱	重旱	极旱
站点数	65	17	3	1	0
站日数	1922	395	217	31	15
面积(平方公里)	146452	30071	3458	19	0
面积率(%)	81.4	16.7	1.9	0	0

1980年10月气象干旱等级分布

全省等级：轻旱
(MI=-0.86)

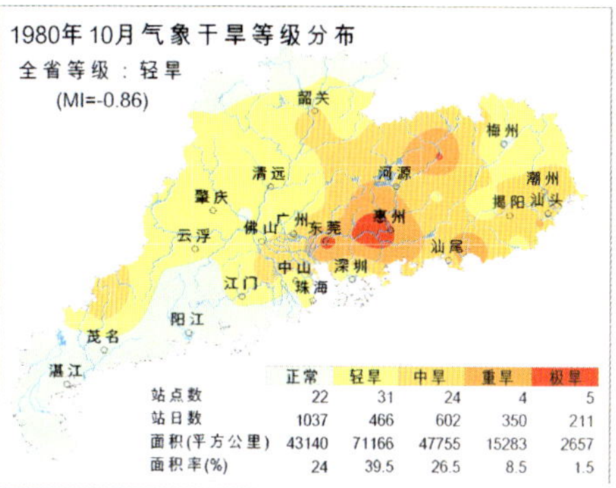

	正常	轻旱	中旱	重旱	极旱
站点数	22	31	24	4	5
站日数	1037	466	602	350	211
面积(平方公里)	43140	71166	47755	15283	2657
面积率(%)	24	39.5	26.5	8.5	1.5

1980年11月气象干旱等级分布

全省等级：轻旱
(MI=-0.84)

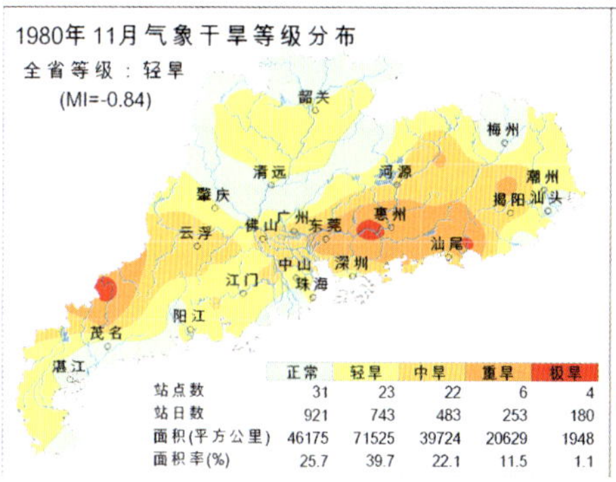

	正常	轻旱	中旱	重旱	极旱
站点数	31	23	22	6	4
站日数	921	743	483	253	180
面积(平方公里)	46175	71525	39724	20629	1948
面积率(%)	25.7	39.7	22.1	11.5	1.1

1980年12月气象干旱等级分布

全省等级：中旱
(MI=-1.02)

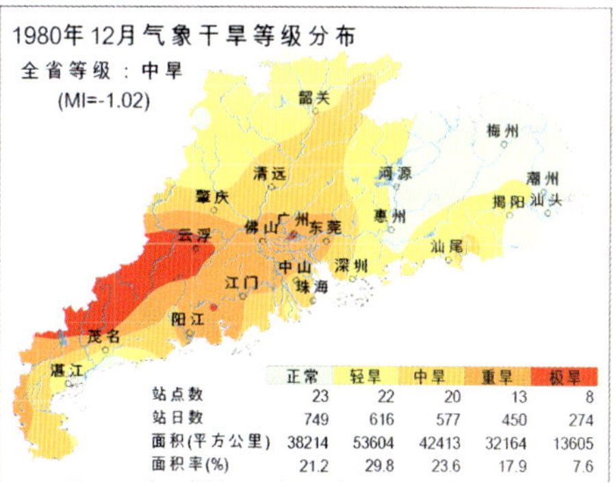

	正常	轻旱	中旱	重旱	极旱
站点数	23	22	20	13	8
站日数	749	616	577	450	274
面积(平方公里)	38214	53604	42413	32164	13605
面积率(%)	21.2	29.8	23.6	17.9	7.6

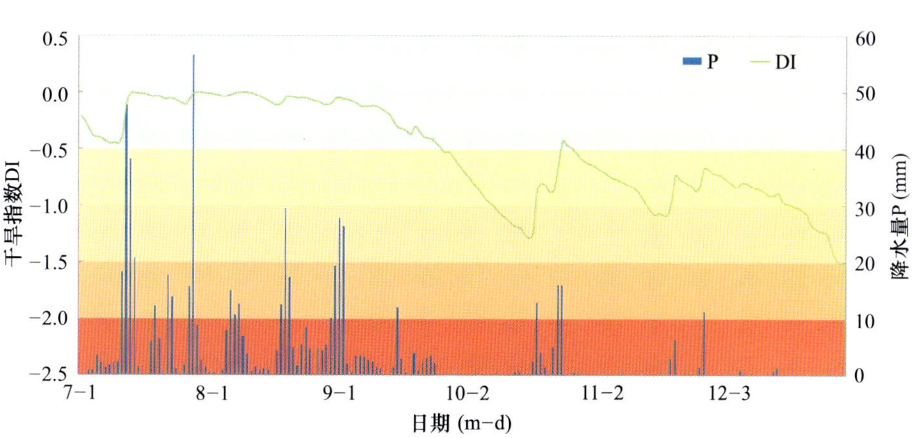

1981 年逐月气象干旱等级分布图

1981年1月气象干旱等级分布

全省等级：中旱

(MI=-1.07)

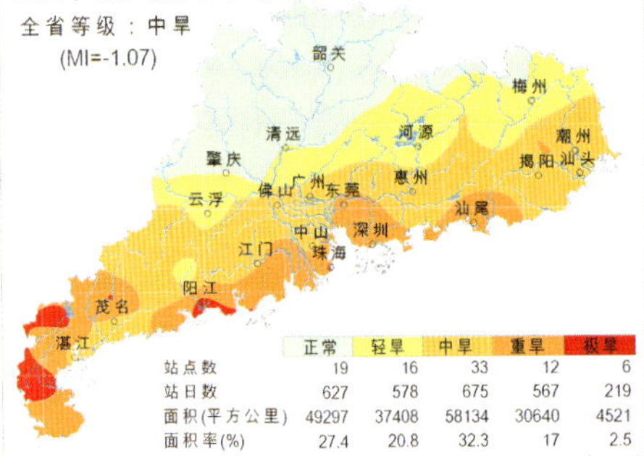

	正常	轻旱	中旱	重旱	极旱
站点数	19	16	33	12	6
站日数	627	578	675	567	219
面积(平方公里)	49297	37408	58134	30640	4521
面积率(%)	27.4	20.8	32.3	17	2.5

1981年2月气象干旱等级分布

全省等级：轻旱

(MI=-0.83)

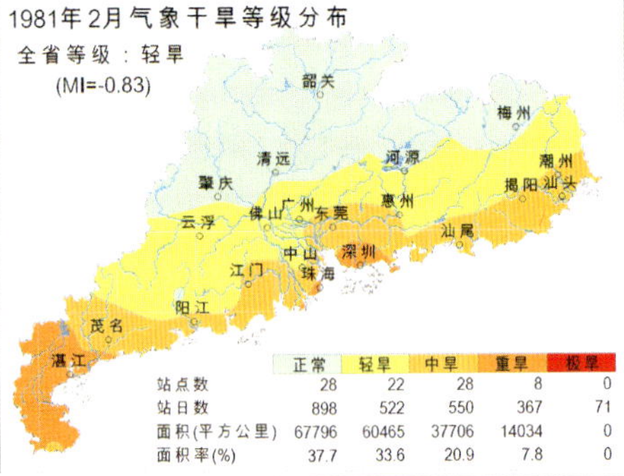

	正常	轻旱	中旱	重旱	极旱
站点数	28	22	28	8	0
站日数	898	522	550	367	71
面积(平方公里)	67796	60465	37706	14034	0
面积率(%)	37.7	33.6	20.9	7.8	0

1981年3月气象干旱等级分布

全省等级：正常

(MI=-0.17)

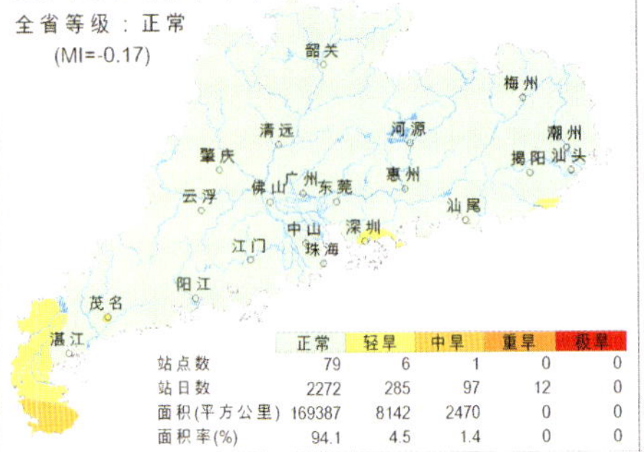

	正常	轻旱	中旱	重旱	极旱
站点数	79	6	1	0	0
站日数	2272	285	97	12	0
面积(平方公里)	169387	8142	2470	0	0
面积率(%)	94.1	4.5	1.4	0	0

1981年4月气象干旱等级分布

全省等级：正常

(MI=-0.05)

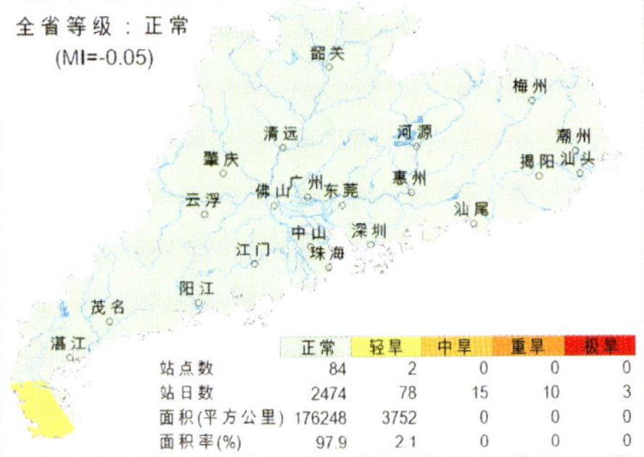

	正常	轻旱	中旱	重旱	极旱
站点数	84	2	0	0	0
站日数	2474	78	15	10	3
面积(平方公里)	176248	3752	0	0	0
面积率(%)	97.9	2.1	0	0	0

1981年5月气象干旱等级分布

全省等级：正常

(MI=-0.01)

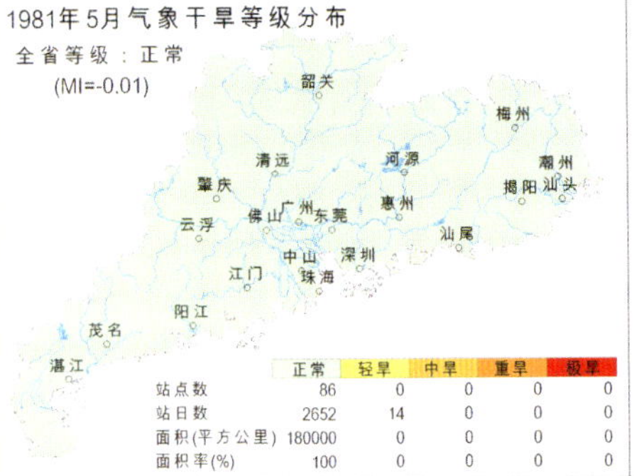

	正常	轻旱	中旱	重旱	极旱
站点数	86	0	0	0	0
站日数	2652	14	0	0	0
面积(平方公里)	180000	0	0	0	0
面积率(%)	100	0	0	0	0

1981年6月气象干旱等级分布

全省等级：正常

(MI=-0.06)

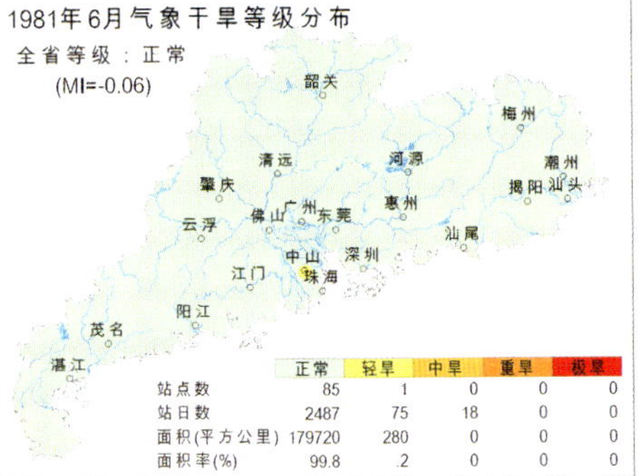

	正常	轻旱	中旱	重旱	极旱
站点数	85	1	0	0	0
站日数	2487	75	18	0	0
面积(平方公里)	179720	280	0	0	0
面积率(%)	99.8	.2	0	0	0

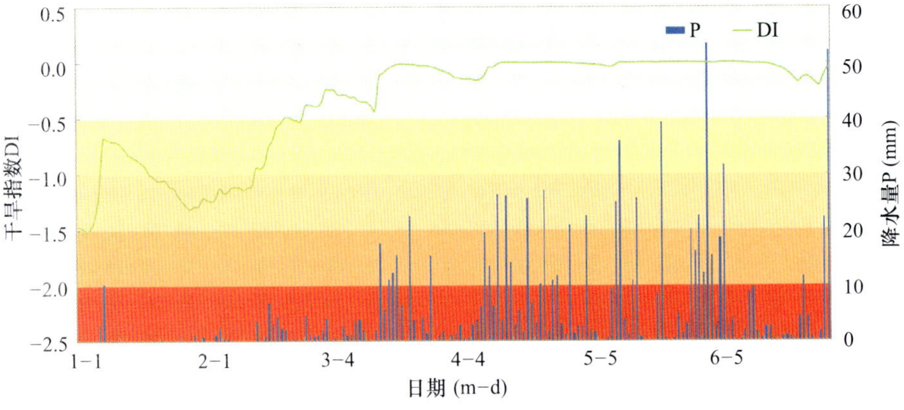

1981年7月气象干旱等级分布

全省等级：正常

(MI=-0.03)

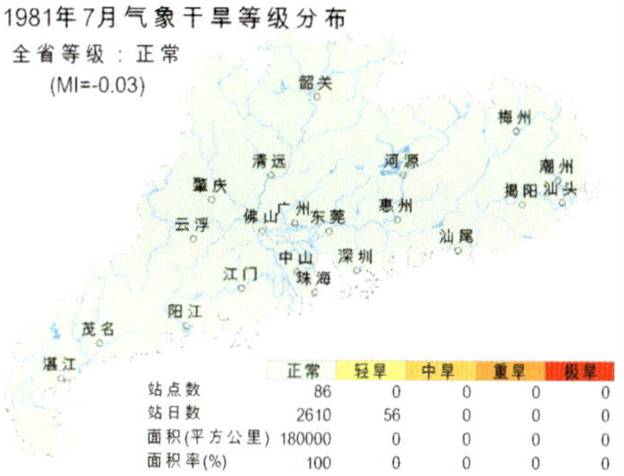

	正常	轻旱	中旱	重旱	极旱
站点数	86	0	0	0	0
站日数	2610	56	0	0	0
面积(平方公里)	180000	0	0	0	0
面积率(%)	100	0	0	0	0

1981年8月气象干旱等级分布

全省等级：正常

(MI=-0.07)

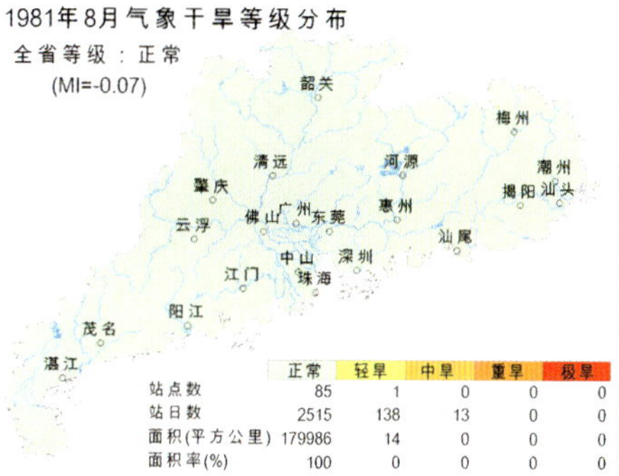

	正常	轻旱	中旱	重旱	极旱
站点数	85	1	0	0	0
站日数	2515	138	13	0	0
面积(平方公里)	179986	14	0	0	0
面积率(%)	100	0	0	0	0

1981年9月气象干旱等级分布

全省等级：正常

(MI=-0.11)

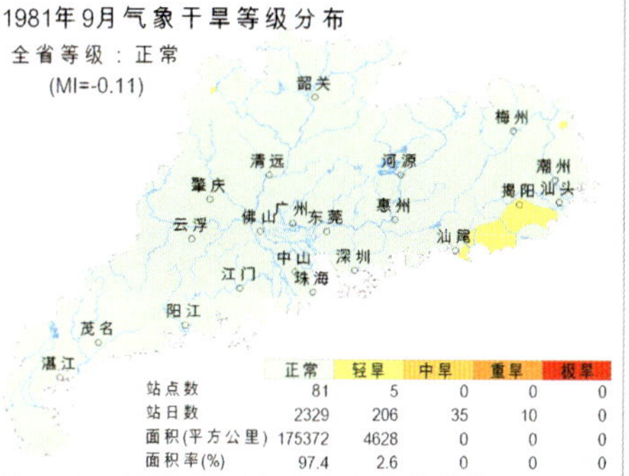

	正常	轻旱	中旱	重旱	极旱
站点数	81	5	0	0	0
站日数	2329	206	35	10	0
面积(平方公里)	175372	4628	0	0	0
面积率(%)	97.4	2.6	0	0	0

1981年10月气象干旱等级分布

全省等级：正常

(MI=-0.03)

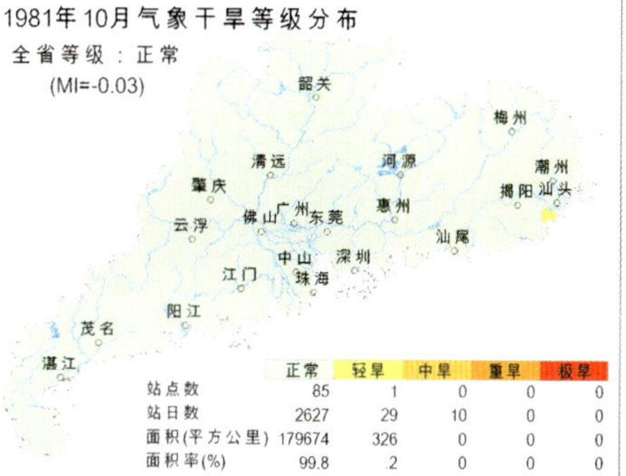

	正常	轻旱	中旱	重旱	极旱
站点数	85	1	0	0	0
站日数	2627	29	10	0	0
面积(平方公里)	179674	326	0	0	0
面积率(%)	99.8	.2	0	0	0

1981年11月气象干旱等级分布

全省等级：正常

(MI=-0.03)

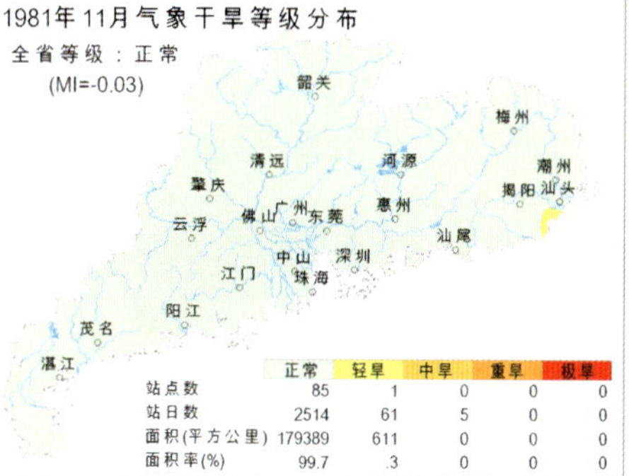

	正常	轻旱	中旱	重旱	极旱
站点数	85	1	0	0	0
站日数	2514	61	5	0	0
面积(平方公里)	179389	611	0	0	0
面积率(%)	99.7	.3	0	0	0

1981年12月气象干旱等级分布

全省等级：正常

(MI=-0.48)

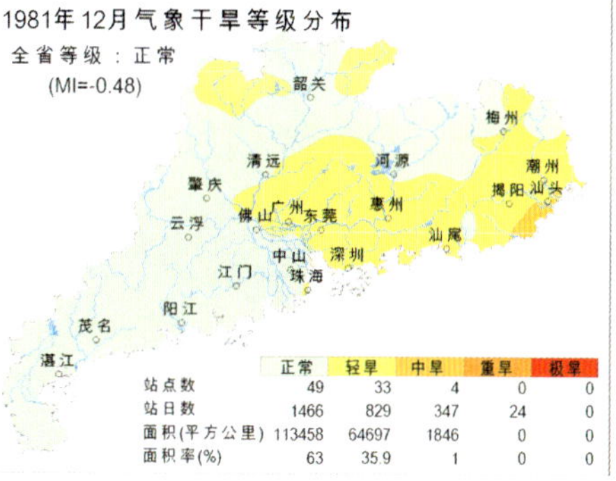

	正常	轻旱	中旱	重旱	极旱
站点数	49	33	4	0	0
站日数	1466	829	347	24	0
面积(平方公里)	113458	64697	1846	0	0
面积率(%)	63	35.9	1	0	0

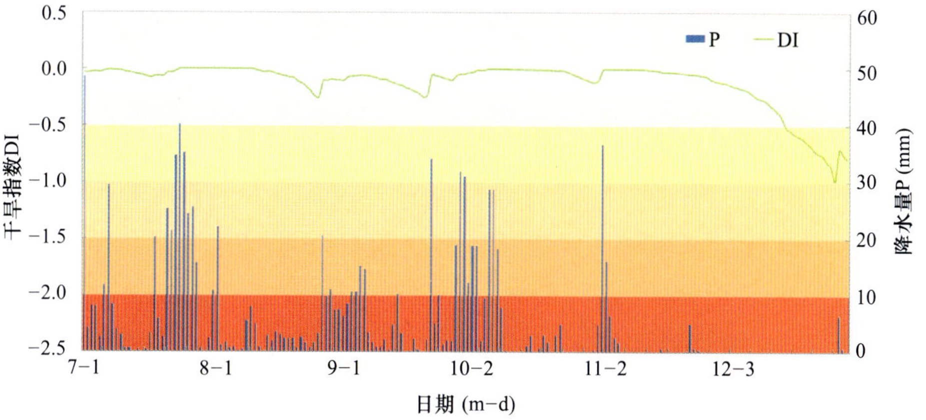

1982 年逐月气象干旱等级分布图

1982年1月气象干旱等级分布

全省等级：轻旱

(MI=-0.85)

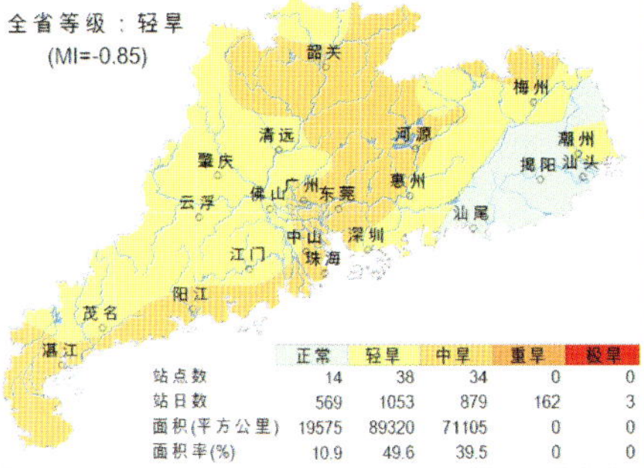

	正常	轻旱	中旱	重旱	极旱
站点数	14	38	34	0	0
站日数	569	1053	879	162	3
面积(平方公里)	19575	89320	71105	0	0
面积率(%)	10.9	49.6	39.5	0	0

1982年2月气象干旱等级分布

全省等级：轻旱

(MI=-0.54)

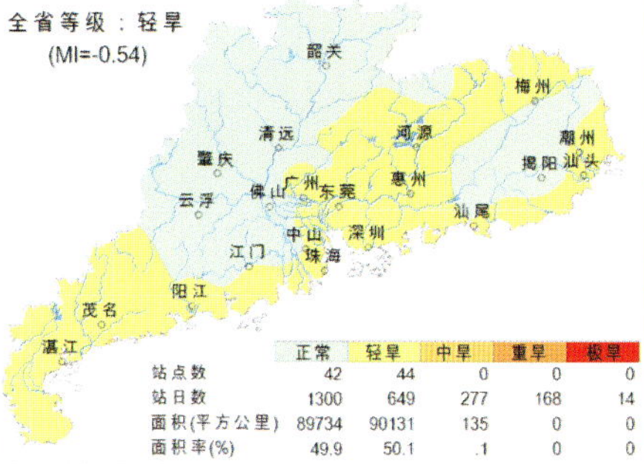

	正常	轻旱	中旱	重旱	极旱
站点数	42	44	0	0	0
站日数	1300	649	277	168	14
面积(平方公里)	89734	90131	135	0	0
面积率(%)	49.9	50.1	.1	0	0

1982年3月气象干旱等级分布

全省等级：正常

(MI=-0.09)

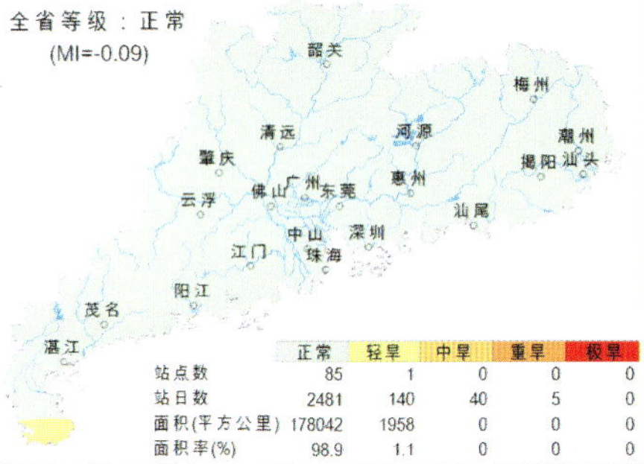

	正常	轻旱	中旱	重旱	极旱
站点数	85	1	0	0	0
站日数	2481	140	40	5	0
面积(平方公里)	178042	1958	0	0	0
面积率(%)	98.9	1.1	0	0	0

1982年4月气象干旱等级分布

全省等级：正常

(MI=-0.12)

	正常	轻旱	中旱	重旱	极旱
站点数	85	1	0	0	0
站日数	2334	216	27	3	0
面积(平方公里)	179264	736	0	0	0
面积率(%)	99.6	4	0	0	0

1982年5月气象干旱等级分布

全省等级：正常

(MI=-0.01)

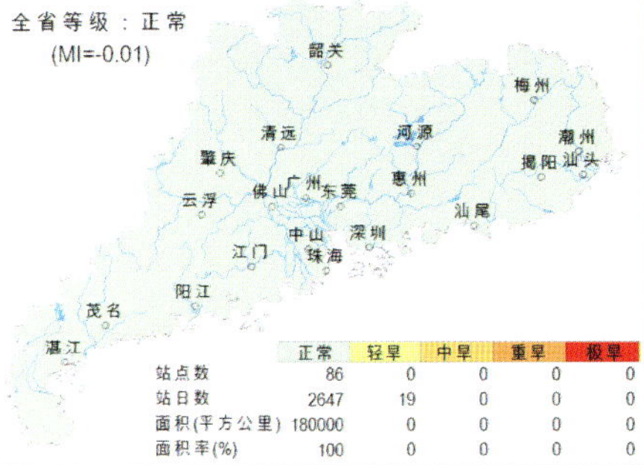

	正常	轻旱	中旱	重旱	极旱
站点数	86	0	0	0	0
站日数	2647	19	0	0	0
面积(平方公里)	180000	0	0	0	0
面积率(%)	100	0	0	0	0

1982年6月气象干旱等级分布

全省等级：正常

(MI=-0.04)

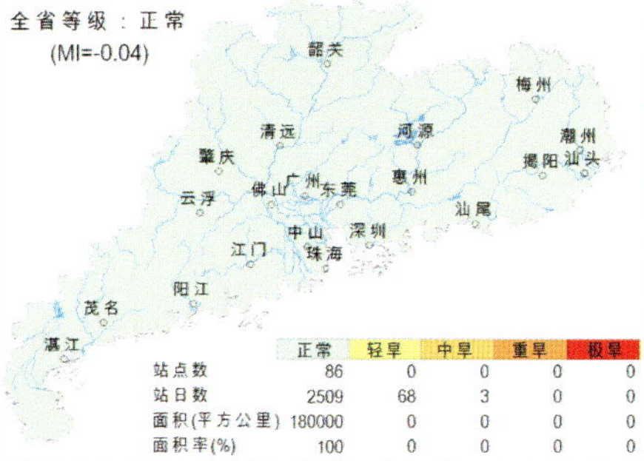

	正常	轻旱	中旱	重旱	极旱
站点数	86	0	0	0	0
站日数	2509	68	3	0	0
面积(平方公里)	180000	0	0	0	0
面积率(%)	100	0	0	0	0

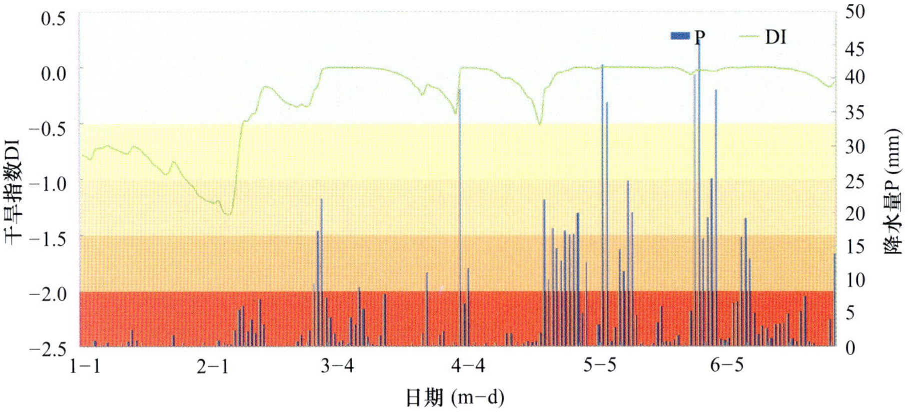

1982年7月气象干旱等级分布

全省等级：正常

(MI=-0.10)

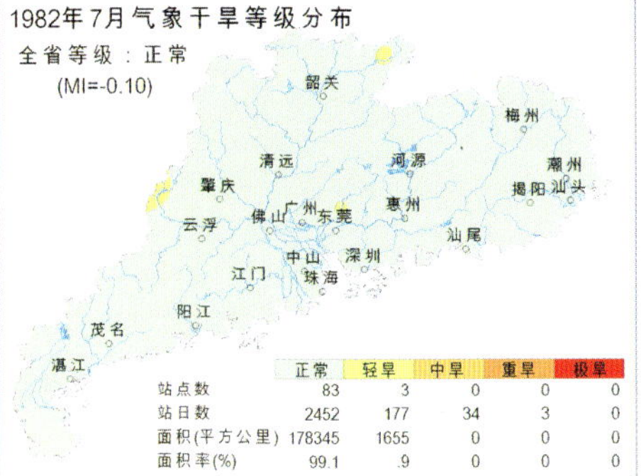

	正常	轻旱	中旱	重旱	极旱
站点数	83	3	0	0	0
站日数	2452	177	34	3	0
面积(平方公里)	178345	1655	0	0	0
面积率(%)	99.1	.9	0	0	0

1982年8月气象干旱等级分布

全省等级：正常

(MI=-0.07)

	正常	轻旱	中旱	重旱	极旱
站点数	85	1	0	0	0
站日数	2528	128	10	0	0
面积(平方公里)	179469	531	0	0	0
面积率(%)	99.7	.3	0	0	0

1982年9月气象干旱等级分布

全省等级：正常

(MI=-0.13)

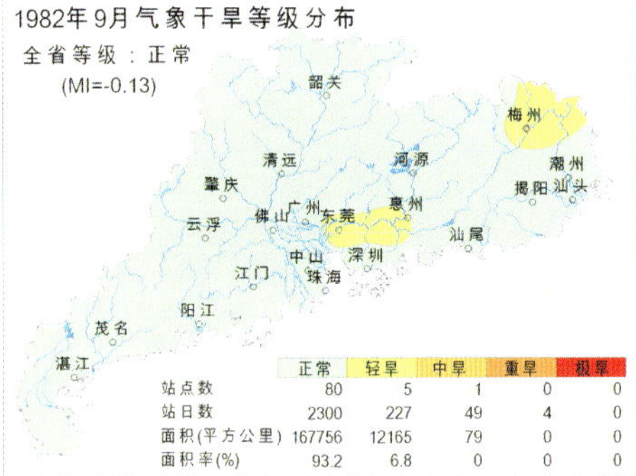

	正常	轻旱	中旱	重旱	极旱
站点数	80	5	1	0	0
站日数	2300	227	49	4	0
面积(平方公里)	167756	12165	79	0	0
面积率(%)	93.2	6.8	0	0	0

1982年10月气象干旱等级分布

全省等级：正常

(MI=-0.25)

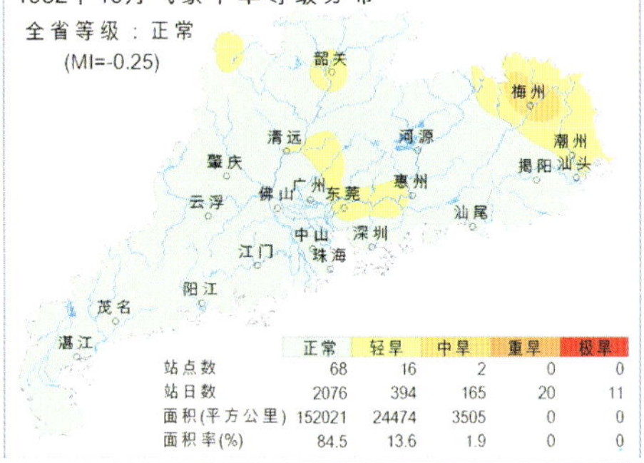

	正常	轻旱	中旱	重旱	极旱
站点数	68	16	2	0	0
站日数	2076	394	165	20	11
面积(平方公里)	152021	24474	3505	0	0
面积率(%)	84.5	13.6	1.9	0	0

1982年11月气象干旱等级分布

全省等级：正常

(MI=-0.11)

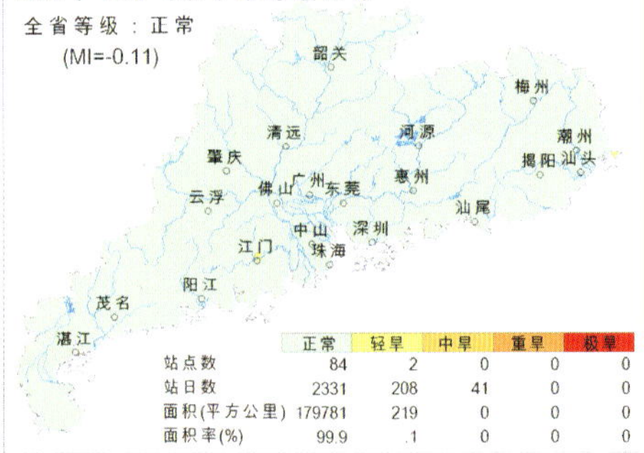

	正常	轻旱	中旱	重旱	极旱
站点数	84	2	0	0	0
站日数	2331	208	41	0	0
面积(平方公里)	179781	219	0	0	0
面积率(%)	99.9	.1	0	0	0

1982年12月气象干旱等级分布

全省等级：正常

(MI=-0.03)

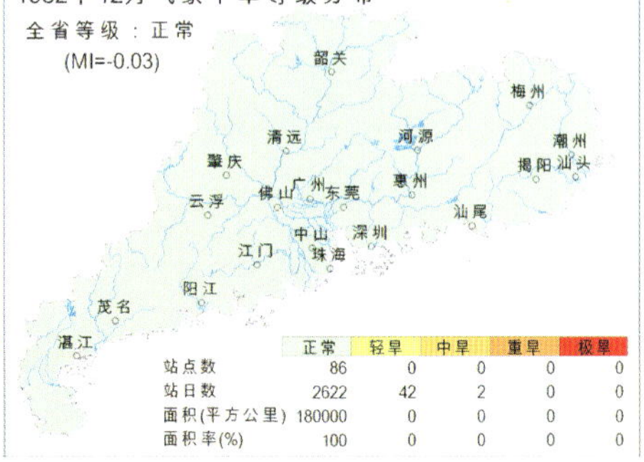

	正常	轻旱	中旱	重旱	极旱
站点数	86	0	0	0	0
站日数	2622	42	2	0	0
面积(平方公里)	180000	0	0	0	0
面积率(%)	100	0	0	0	0

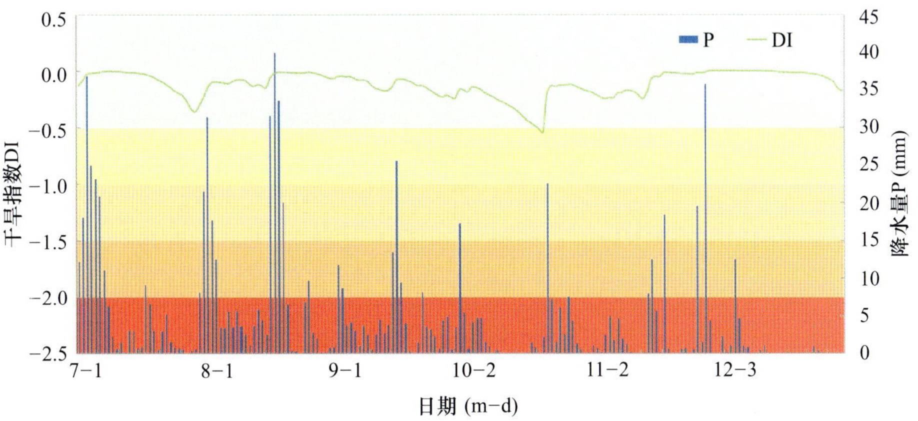

1983 年逐月气象干旱等级分布图

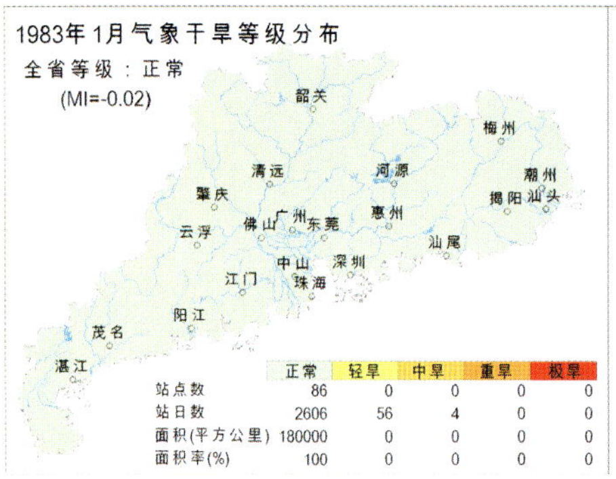

	正常	轻旱	中旱	重旱	极旱
站点数	86	0	0	0	0
站日数	2606	56	4	0	0
面积(平方公里)	180000	0	0	0	0
面积率(%)	100	0	0	0	0

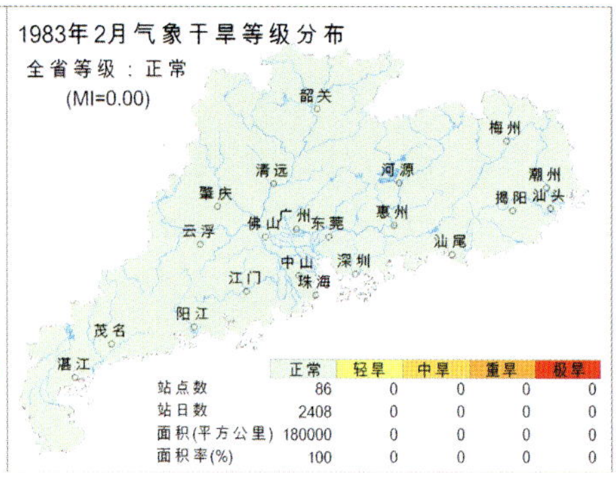

	正常	轻旱	中旱	重旱	极旱
站点数	86	0	0	0	0
站日数	2408	0	0	0	0
面积(平方公里)	180000	0	0	0	0
面积率(%)	100	0	0	0	0

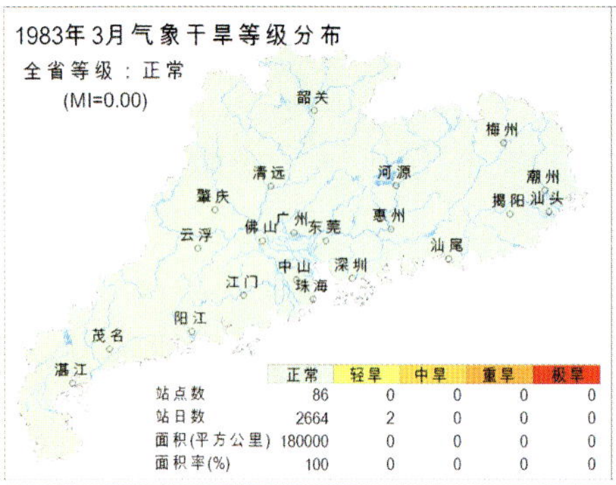

	正常	轻旱	中旱	重旱	极旱
站点数	86	0	0	0	0
站日数	2664	2	0	0	0
面积(平方公里)	180000	0	0	0	0
面积率(%)	100	0	0	0	0

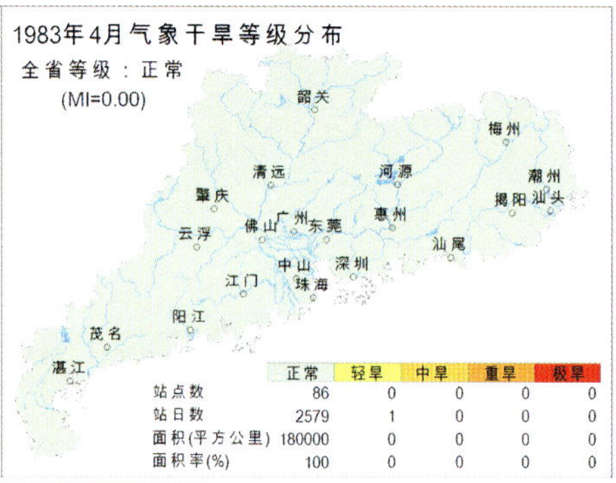

	正常	轻旱	中旱	重旱	极旱
站点数	86	0	0	0	0
站日数	2579	1	0	0	0
面积(平方公里)	180000	0	0	0	0
面积率(%)	100	0	0	0	0

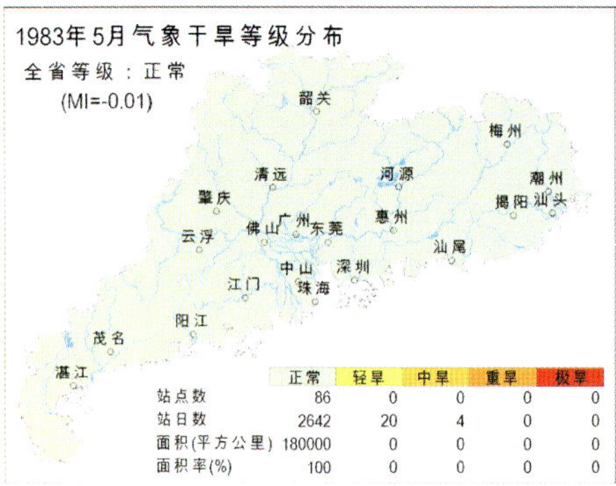

	正常	轻旱	中旱	重旱	极旱
站点数	86	0	0	0	0
站日数	2642	20	4	0	0
面积(平方公里)	180000	0	0	0	0
面积率(%)	100	0	0	0	0

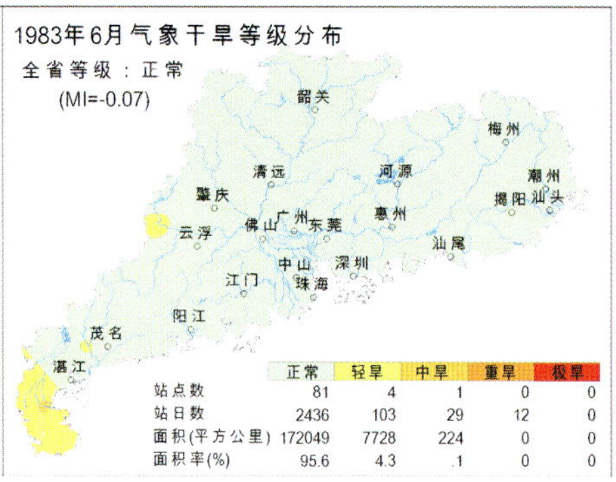

	正常	轻旱	中旱	重旱	极旱
站点数	81	4	1	0	0
站日数	2436	103	29	12	0
面积(平方公里)	172049	7728	224	0	0
面积率(%)	95.6	4.3	.1	0	0

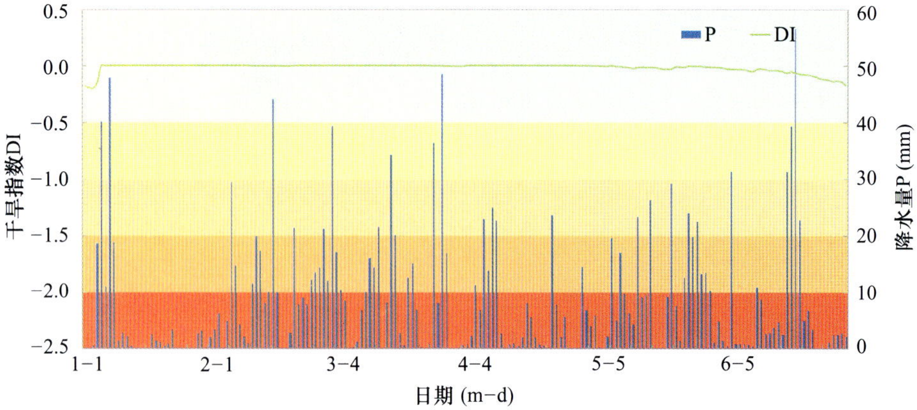

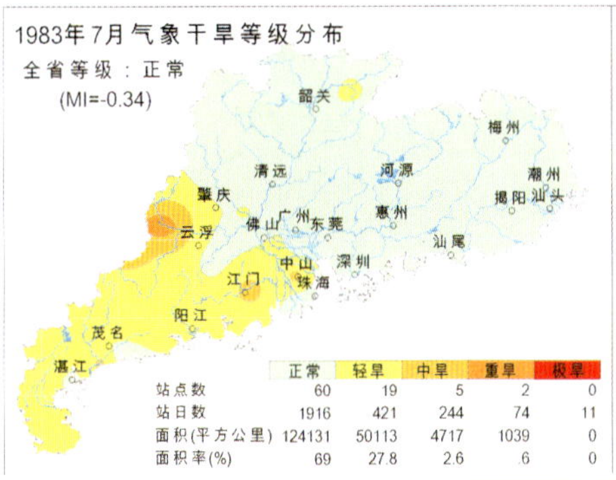

	正常	轻旱	中旱	重旱	极旱
站点数	60	19	5	2	0
站日数	1916	421	244	74	11
面积(平方公里)	124131	50113	4717	1039	0
面积率(%)	69	27.8	2.6	6	0

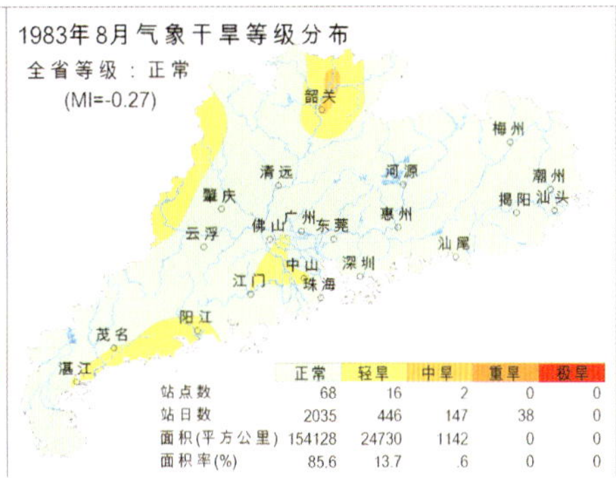

	正常	轻旱	中旱	重旱	极旱
站点数	68	16	2	0	0
站日数	2035	446	147	38	0
面积(平方公里)	154128	24730	1142	0	0
面积率(%)	85.6	13.7	.6	0	0

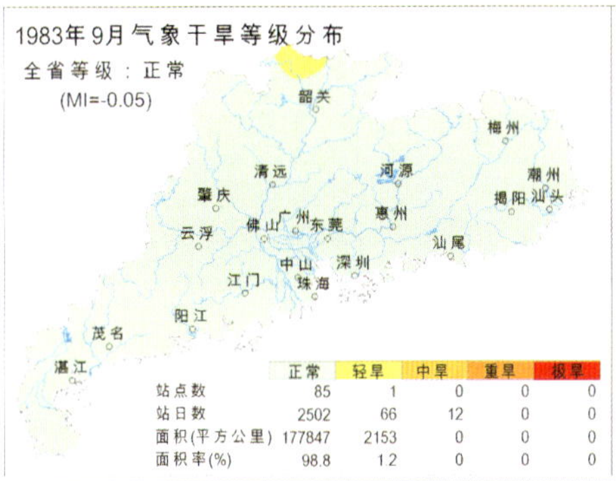

	正常	轻旱	中旱	重旱	极旱
站点数	85	1	0	0	0
站日数	2502	66	12	0	0
面积(平方公里)	177847	2153	0	0	0
面积率(%)	98.8	1.2	0	0	0

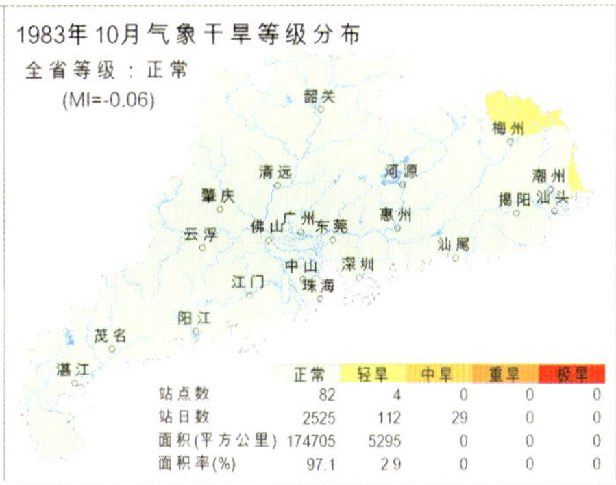

	正常	轻旱	中旱	重旱	极旱
站点数	82	4	0	0	0
站日数	2525	112	29	0	0
面积(平方公里)	174705	5295	0	0	0
面积率(%)	97.1	2.9	0	0	0

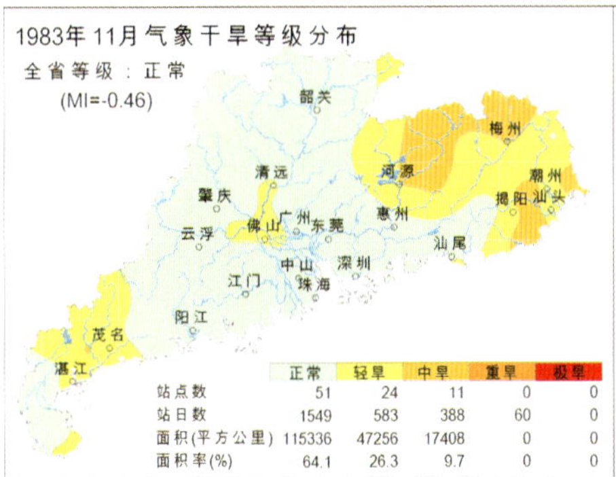

	正常	轻旱	中旱	重旱	极旱
站点数	51	24	11	0	0
站日数	1549	583	388	60	0
面积(平方公里)	115336	47256	17408	0	0
面积率(%)	64.1	26.3	9.7	0	0

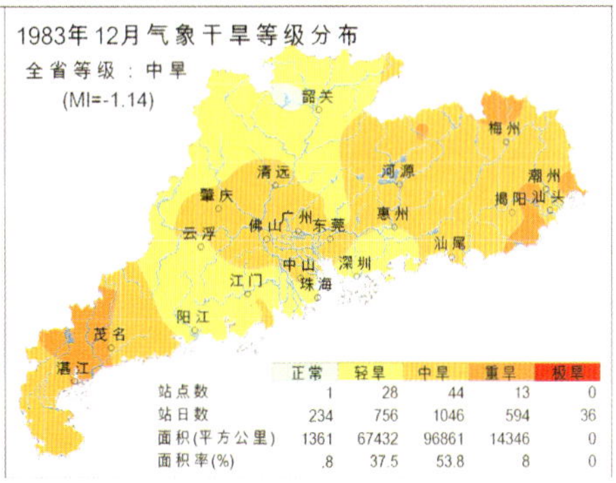

	正常	轻旱	中旱	重旱	极旱
站点数	1	28	44	13	0
站日数	234	756	1046	594	36
面积(平方公里)	1361	67432	96861	14346	0
面积率(%)	.8	37.5	53.8	8	0

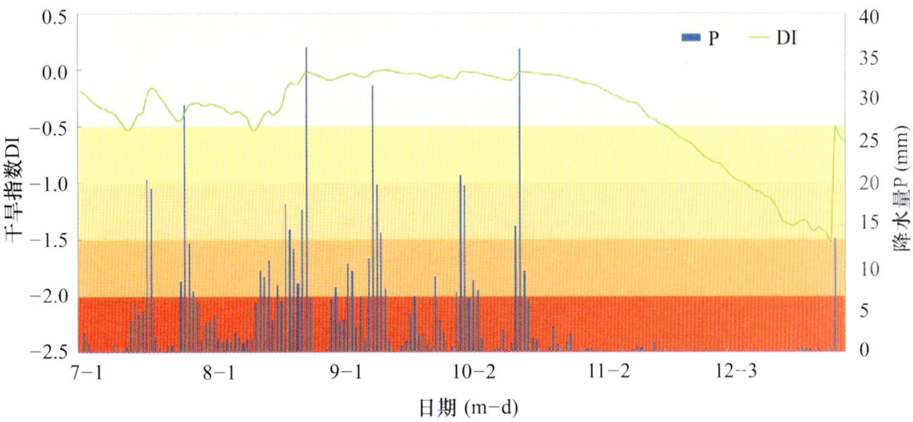

1984 年逐月气象干旱等级分布图

1984年 1月 气 象 干 旱 等 级 分 布

全 省 等 级 ： 轻 旱

(MI=-0.73)

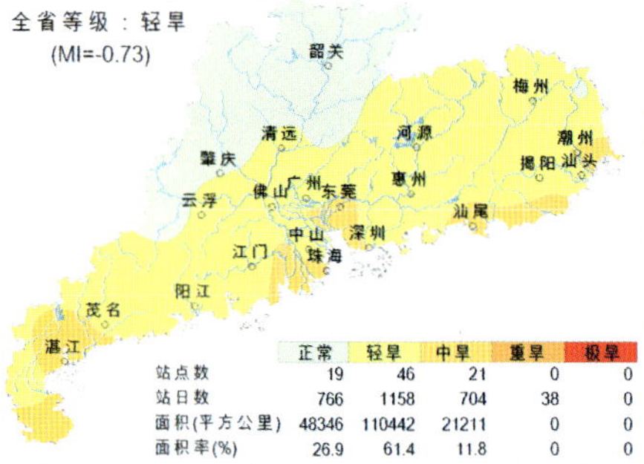

	正常	轻旱	中旱	重旱	极旱
站点数	19	46	21	0	0
站日数	766	1158	704	38	0
面积(平方公里)	48346	110442	21211	0	0
面积率(%)	26.9	61.4	11.8	0	0

1984年 2月 气 象 干 旱 等 级 分 布

全 省 等 级 ： 轻 旱

(MI=-0.67)

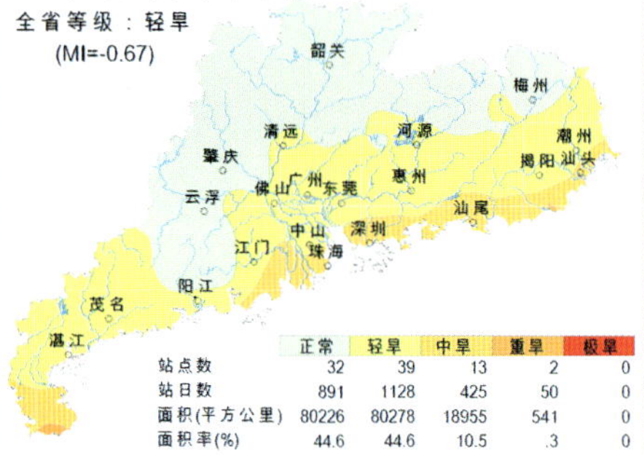

	正常	轻旱	中旱	重旱	极旱
站点数	32	39	13	2	0
站日数	891	1128	425	50	0
面积(平方公里)	80226	80278	18955	541	0
面积率(%)	44.6	44.6	10.5	.3	0

1984年 3月 气 象 干 旱 等 级 分 布

全 省 等 级 ： 正 常

(MI=-0.37)

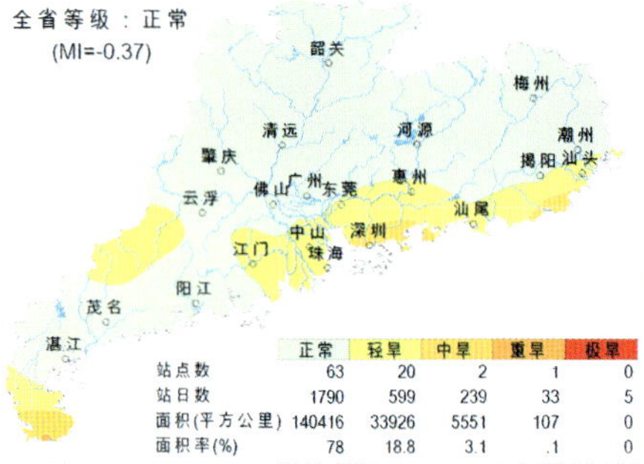

	正常	轻旱	中旱	重旱	极旱
站点数	63	20	2	1	0
站日数	1790	599	239	33	5
面积(平方公里)	140416	33926	5551	107	0
面积率(%)	78	18.8	3.1	.1	0

1984年 4月 气 象 干 旱 等 级 分 布

全 省 等 级 ： 正 常

(MI=-0.11)

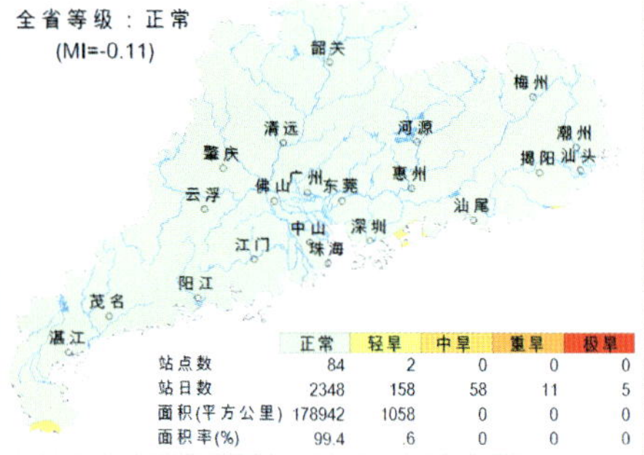

	正常	轻旱	中旱	重旱	极旱
站点数	84	2	0	0	0
站日数	2348	158	58	11	5
面积(平方公里)	178942	1058	0	0	0
面积率(%)	99.4	.6	0	0	0

1984年 5月 气 象 干 旱 等 级 分 布

全 省 等 级 ： 正 常

(MI=-0.01)

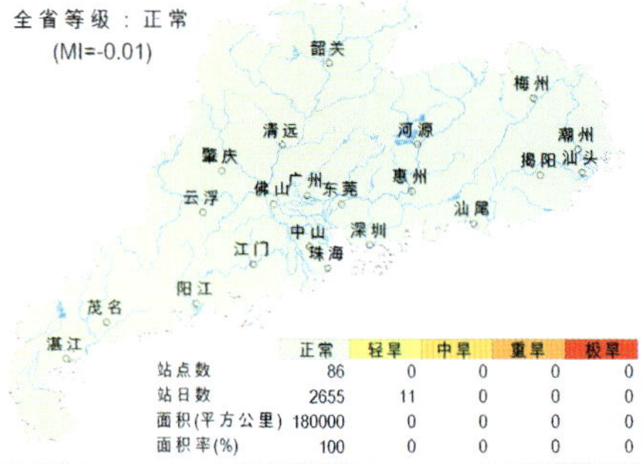

	正常	轻旱	中旱	重旱	极旱
站点数	86	0	0	0	0
站日数	2655	11	0	0	0
面积(平方公里)	180000	0	0	0	0
面积率(%)	100	0	0	0	0

1984年 6月 气 象 干 旱 等 级 分 布

全 省 等 级 ： 正 常

(MI=-0.01)

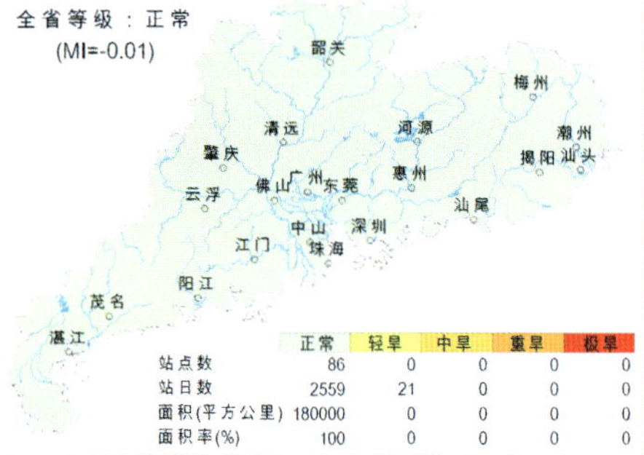

	正常	轻旱	中旱	重旱	极旱
站点数	86	0	0	0	0
站日数	2559	21	0	0	0
面积(平方公里)	180000	0	0	0	0
面积率(%)	100	0	0	0	0

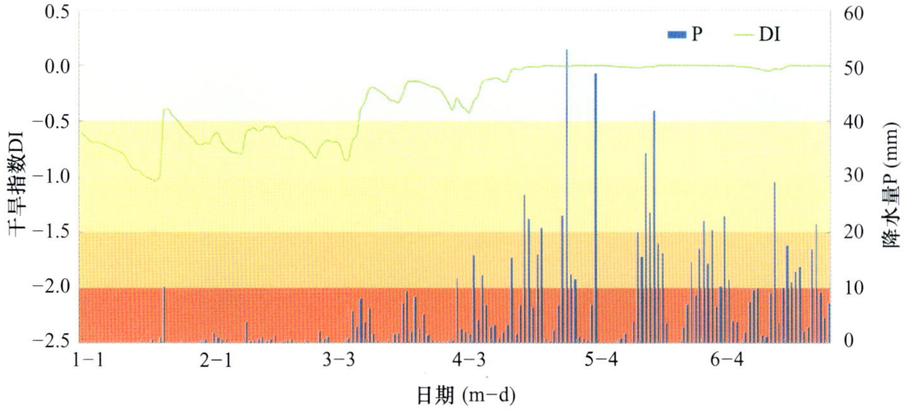

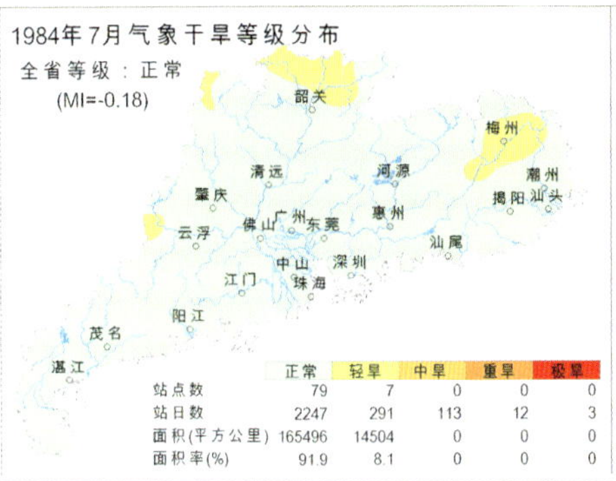

1984年7月气象干旱等级分布

全省等级：正常

(MI=-0.18)

	正常	轻旱	中旱	重旱	极旱
站点数	79	7	0	0	0
站日数	2247	291	113	12	3
面积(平方公里)	165496	14504	0	0	0
面积率(%)	91.9	8.1	0	0	0

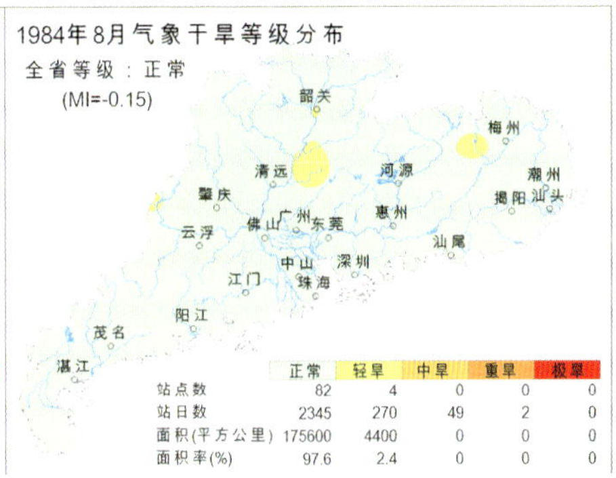

1984年8月气象干旱等级分布

全省等级：正常

(MI=-0.15)

	正常	轻旱	中旱	重旱	极旱
站点数	82	4	0	0	0
站日数	2345	270	49	2	0
面积(平方公里)	175600	4400	0	0	0
面积率(%)	97.6	2.4	0	0	0

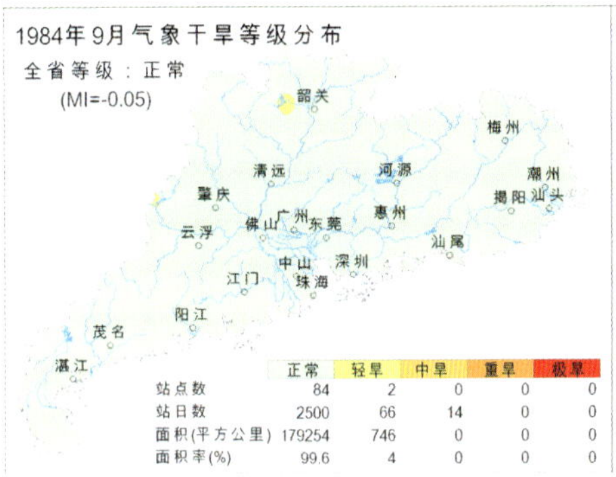

1984年9月气象干旱等级分布

全省等级：正常

(MI=-0.05)

	正常	轻旱	中旱	重旱	极旱
站点数	84	2	0	0	0
站日数	2500	66	14	0	0
面积(平方公里)	179254	746	0	0	0
面积率(%)	99.6	4	0	0	0

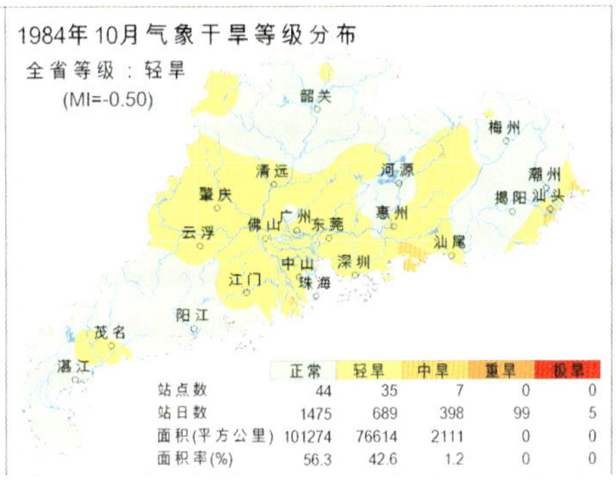

1984年10月气象干旱等级分布

全省等级：轻旱

(MI=-0.50)

	正常	轻旱	中旱	重旱	极旱
站点数	44	35	7	0	0
站日数	1475	689	398	99	5
面积(平方公里)	101274	76614	2111	0	0
面积率(%)	56.3	42.6	1.2	0	0

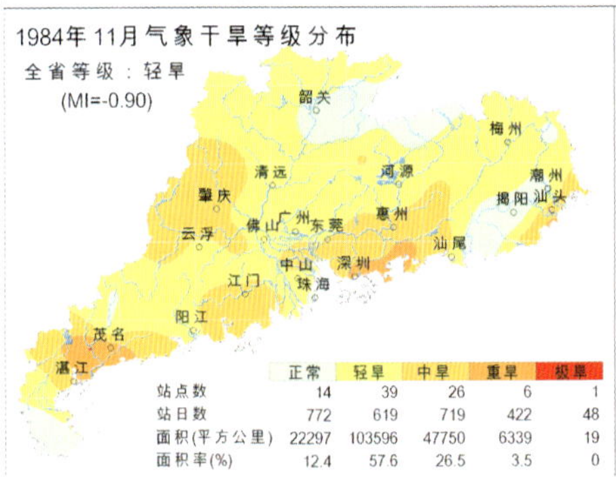

1984年11月气象干旱等级分布

全省等级：轻旱

(MI=-0.90)

	正常	轻旱	中旱	重旱	极旱
站点数	14	39	26	6	1
站日数	772	619	719	422	48
面积(平方公里)	22297	103596	47750	6339	19
面积率(%)	12.4	57.6	26.5	3.5	0

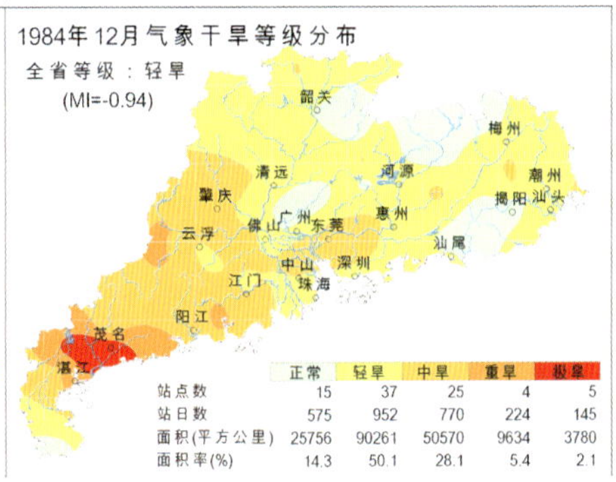

1984年12月气象干旱等级分布

全省等级：轻旱

(MI=-0.94)

	正常	轻旱	中旱	重旱	极旱
站点数	15	37	25	4	5
站日数	575	952	770	224	145
面积(平方公里)	25756	90261	50570	9634	3780
面积率(%)	14.3	50.1	28.1	5.4	2.1

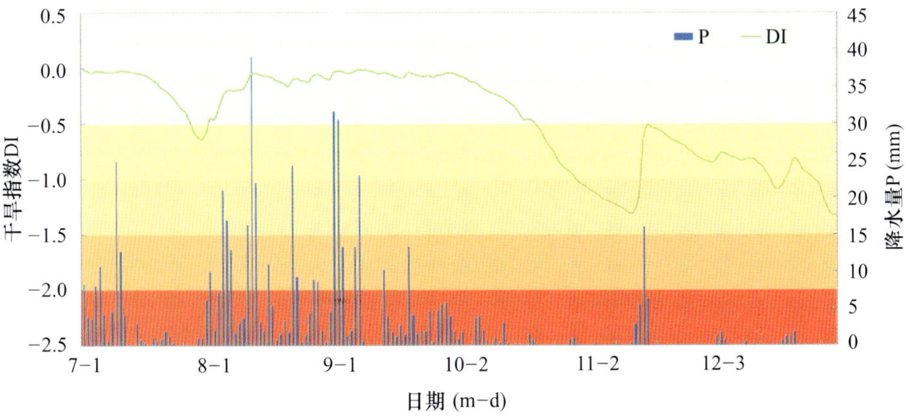

1985 年逐月气象干旱等级分布图

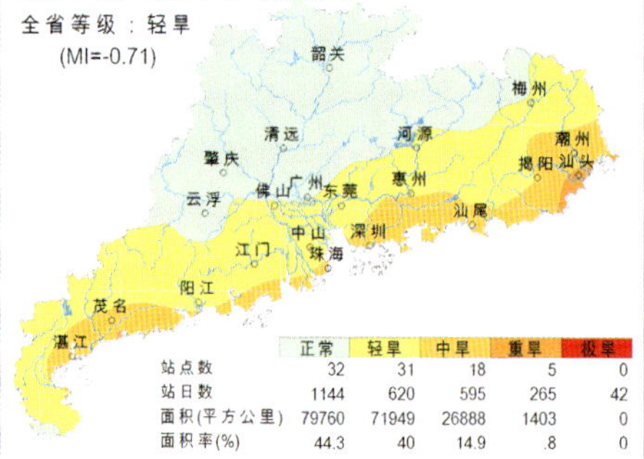

1985年 1月气象干旱等级分布

全省等级：轻旱

(MI=-0.71)

	正常	轻旱	中旱	重旱	极旱
站点数	32	31	18	5	0
站日数	1144	620	595	265	42
面积(平方公里)	79760	71949	26888	1403	0
面积率(%)	44.3	40	14.9	.8	0

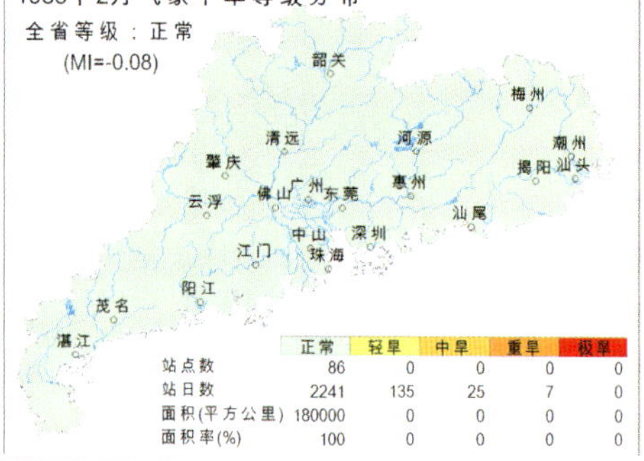

1985年 2月气象干旱等级分布

全省等级：正常

(MI=-0.08)

	正常	轻旱	中旱	重旱	极旱
站点数	86	0	0	0	0
站日数	2241	135	25	7	0
面积(平方公里)	180000	0	0	0	0
面积率(%)	100	0	0	0	0

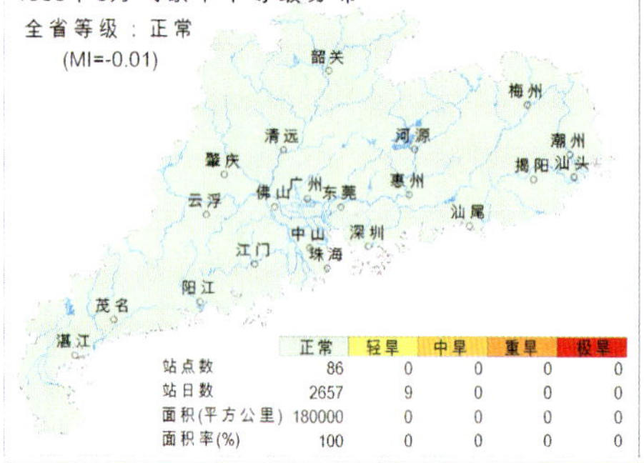

1985年 3月气象干旱等级分布

全省等级：正常

(MI=-0.01)

	正常	轻旱	中旱	重旱	极旱
站点数	86	0	0	0	0
站日数	2657	9	0	0	0
面积(平方公里)	180000	0	0	0	0
面积率(%)	100	0	0	0	0

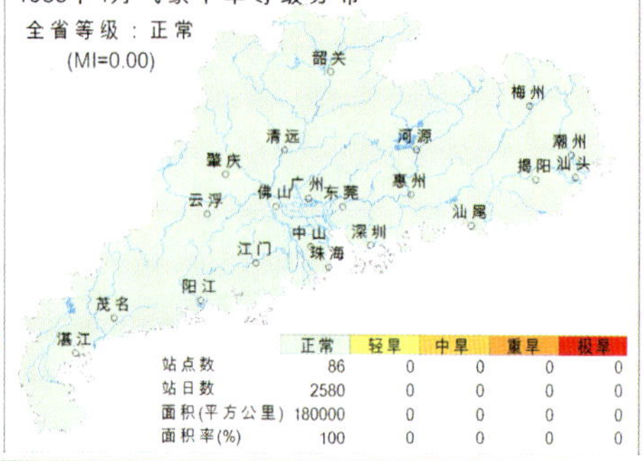

1985年 4月气象干旱等级分布

全省等级：正常

(MI=0.00)

	正常	轻旱	中旱	重旱	极旱
站点数	86	0	0	0	0
站日数	2580	0	0	0	0
面积(平方公里)	180000	0	0	0	0
面积率(%)	100	0	0	0	0

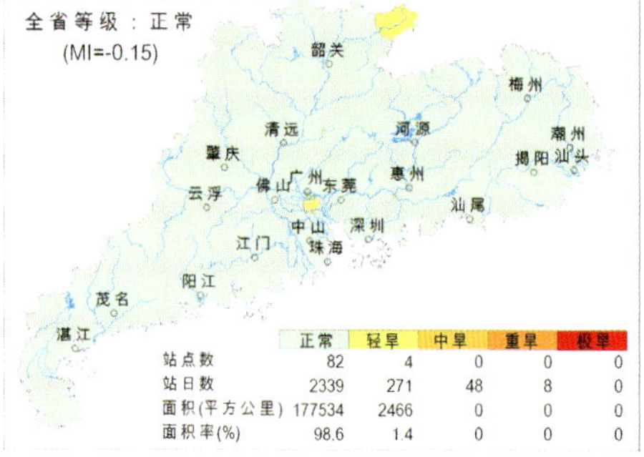

1985年 5月气象干旱等级分布

全省等级：正常

(MI=-0.15)

	正常	轻旱	中旱	重旱	极旱
站点数	82	4	0	0	0
站日数	2339	271	48	8	0
面积(平方公里)	177534	2466	0	0	0
面积率(%)	98.6	1.4	0	0	0

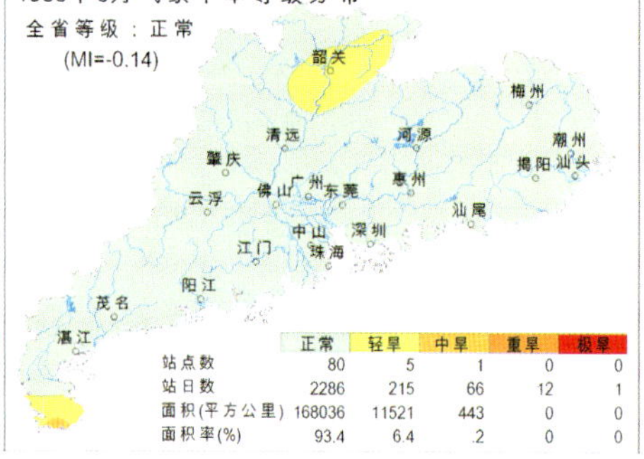

1985年 6月气象干旱等级分布

全省等级：正常

(MI=-0.14)

	正常	轻旱	中旱	重旱	极旱
站点数	80	5	1	0	0
站日数	2286	215	66	12	1
面积(平方公里)	168036	11521	443	0	0
面积率(%)	93.4	6.4	.2	0	0

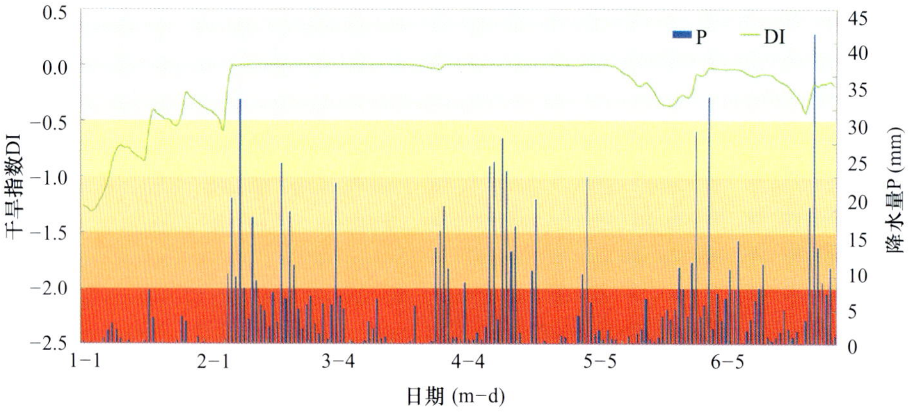

1985年7月气象干旱等级分布

全省等级：正常

(MI=-0.21)

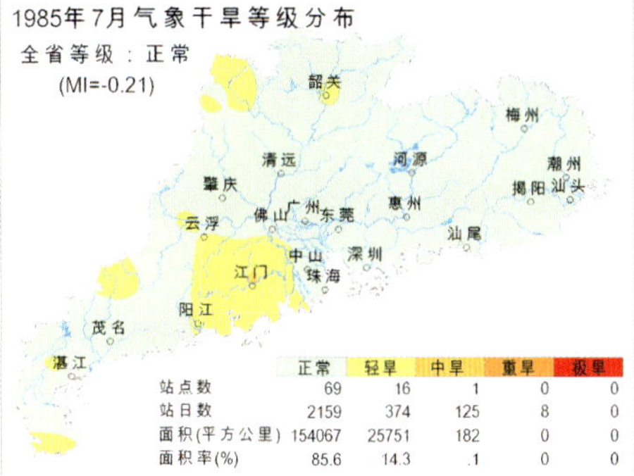

	正常	轻旱	中旱	重旱	极旱
站点数	69	16	1	0	0
站日数	2159	374	125	8	0
面积(平方公里)	154067	25751	182	0	0
面积率(%)	85.6	14.3	.1	0	0

1985年8月气象干旱等级分布

全省等级：正常

(MI=-0.14)

	正常	轻旱	中旱	重旱	极旱
站点数	83	3	0	0	0
站日数	2372	254	35	5	0
面积(平方公里)	179450	550	0	0	0
面积率(%)	99.7	.3	0	0	0

1985年9月气象干旱等级分布

全省等级：正常

(MI=-0.01)

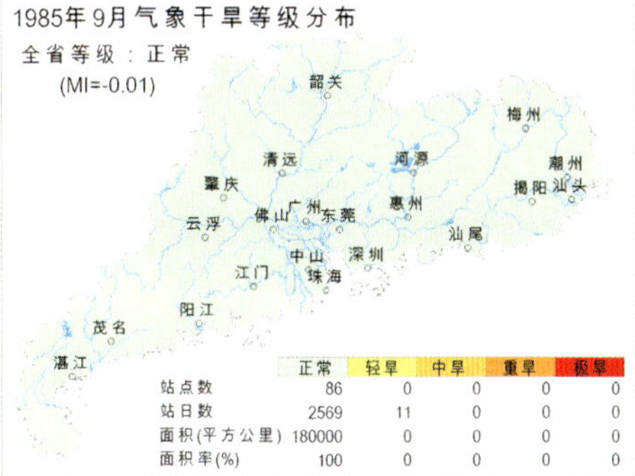

	正常	轻旱	中旱	重旱	极旱
站点数	86	0	0	0	0
站日数	2569	11	0	0	0
面积(平方公里)	180000	0	0	0	0
面积率(%)	100	0	0	0	0

1985年10月气象干旱等级分布

全省等级：正常

(MI=-0.17)

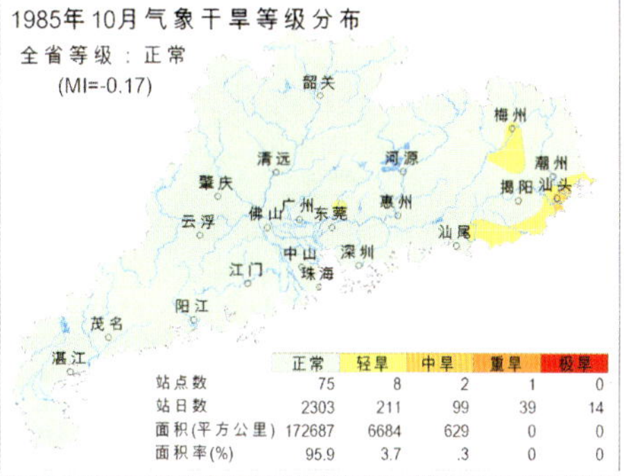

	正常	轻旱	中旱	重旱	极旱
站点数	75	8	2	1	0
站日数	2303	211	99	39	14
面积(平方公里)	172687	6684	629	0	0
面积率(%)	95.9	3.7	.3	0	0

1985年11月气象干旱等级分布

全省等级：轻旱

(MI=-0.65)

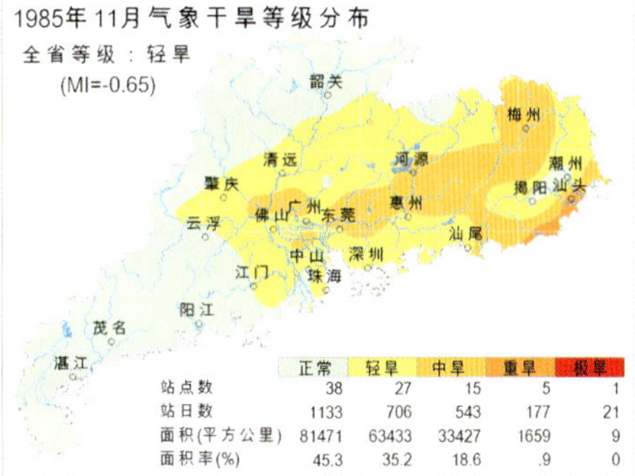

	正常	轻旱	中旱	重旱	极旱
站点数	38	27	15	5	1
站日数	1133	706	543	177	21
面积(平方公里)	81471	63433	33427	1659	9
面积率(%)	45.3	35.2	18.6	.9	0

1985年12月气象干旱等级分布

全省等级：轻旱

(MI=-0.84)

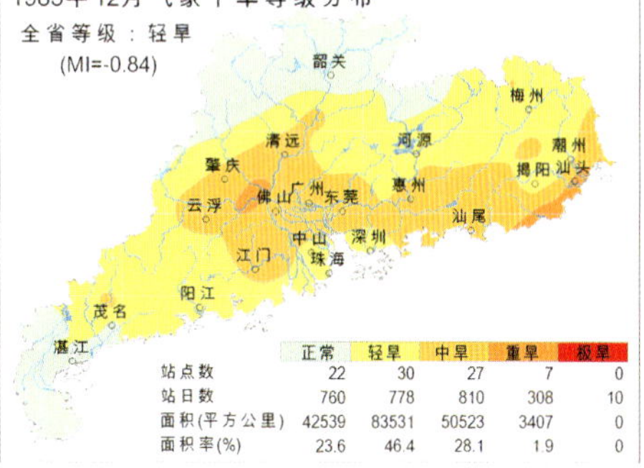

	正常	轻旱	中旱	重旱	极旱
站点数	22	30	27	7	0
站日数	760	778	810	308	10
面积(平方公里)	42539	83531	50523	3407	0
面积率(%)	23.6	46.4	28.1	1.9	0

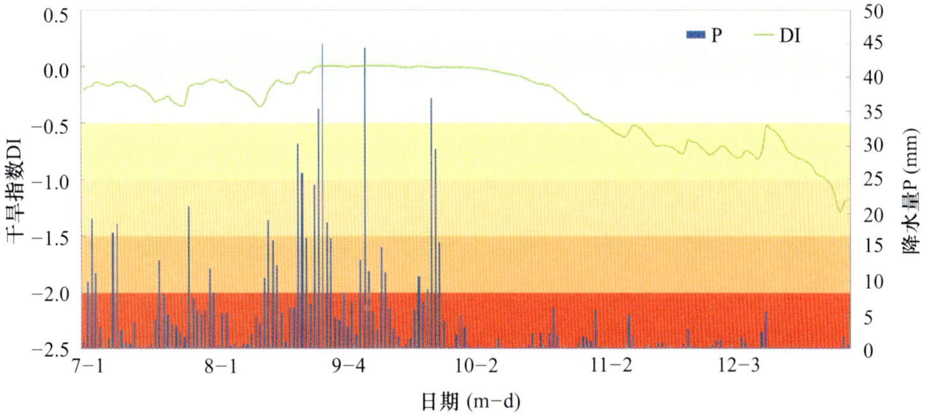

1986 年逐月气象干旱等级分布图

1986年 1月气象干旱等级分布

全省等级：中旱

(MI=-1.36)

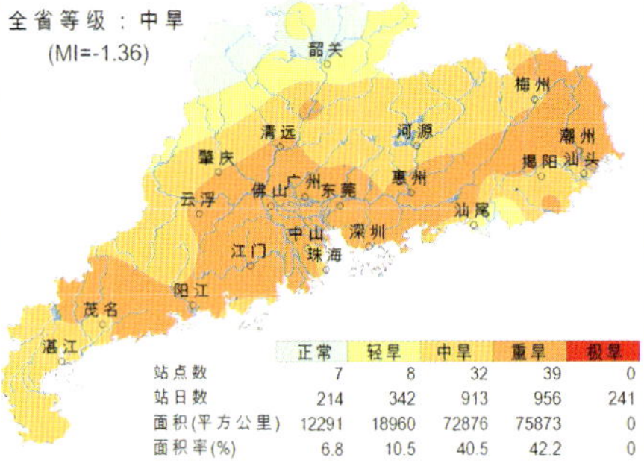

	正常	轻旱	中旱	重旱	极旱
站点数	7	8	32	39	0
站日数	214	342	913	956	241
面积(平方公里)	12291	18960	72876	75873	0
面积率(%)	6.8	10.5	40.5	42.2	0

1986年 2月气象干旱等级分布

全省等级：正常

(MI=-0.38)

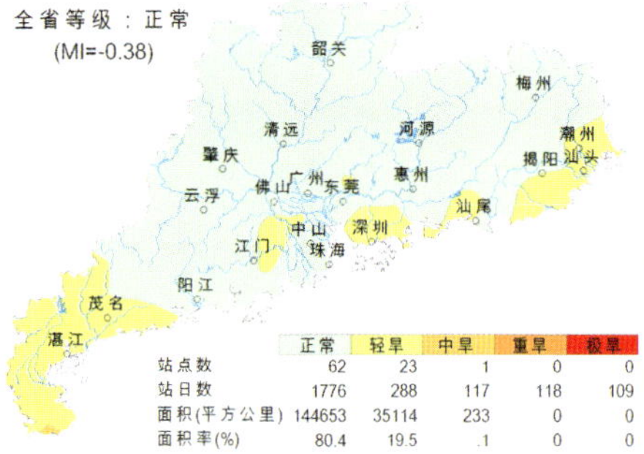

	正常	轻旱	中旱	重旱	极旱
站点数	62	23	1	0	0
站日数	1776	288	117	118	109
面积(平方公里)	144653	35114	233	0	0
面积率(%)	80.4	19.5	.1	0	0

1986年 3月气象干旱等级分布

全省等级：正常

(MI=-0.12)

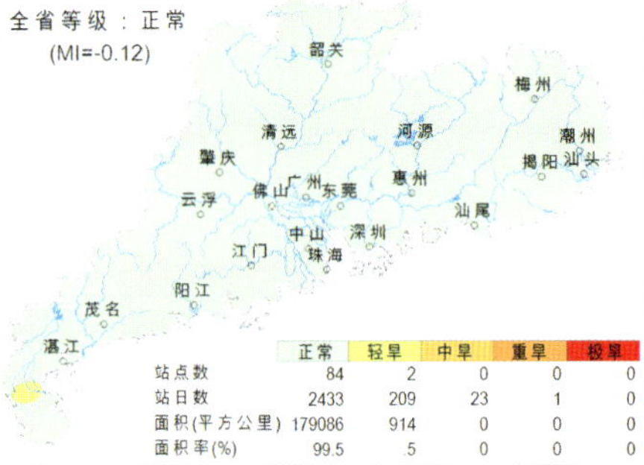

	正常	轻旱	中旱	重旱	极旱
站点数	84	2	0	0	0
站日数	2433	209	23	1	0
面积(平方公里)	179086	914	0	0	0
面积率(%)	99.5	.5	0	0	0

1986年 4月气象干旱等级分布

全省等级：正常

(MI=-0.15)

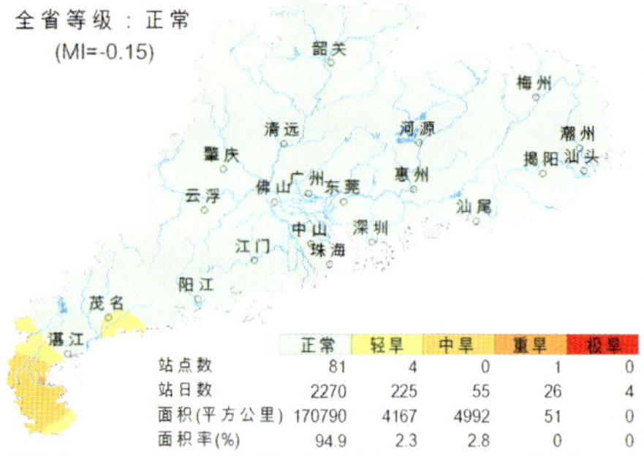

	正常	轻旱	中旱	重旱	极旱
站点数	81	4	0	1	0
站日数	2270	225	55	26	4
面积(平方公里)	170790	4167	4992	51	0
面积率(%)	94.9	2.3	2.8	0	0

1986年 5月气象干旱等级分布

全省等级：正常

(MI=-0.04)

	正常	轻旱	中旱	重旱	极旱
站点数	84	2	0	0	0
站日数	2592	60	7	6	1
面积(平方公里)	174305	5695	0	0	0
面积率(%)	96.8	3.2	0	0	0

1986年 6月气象干旱等级分布

全省等级：正常

(MI=-0.01)

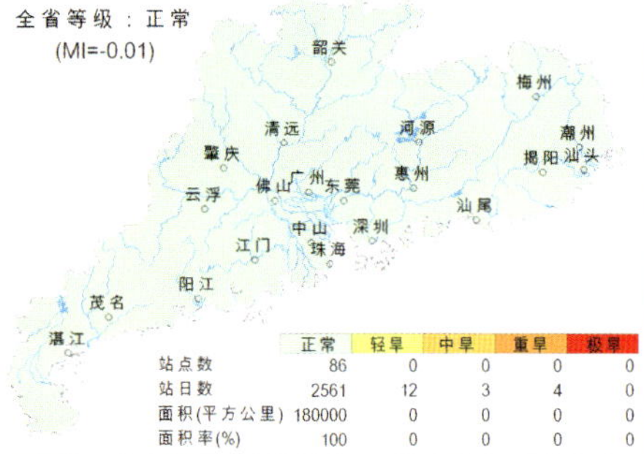

	正常	轻旱	中旱	重旱	极旱
站点数	86	0	0	0	0
站日数	2561	12	3	4	0
面积(平方公里)	180000	0	0	0	0
面积率(%)	100	0	0	0	0

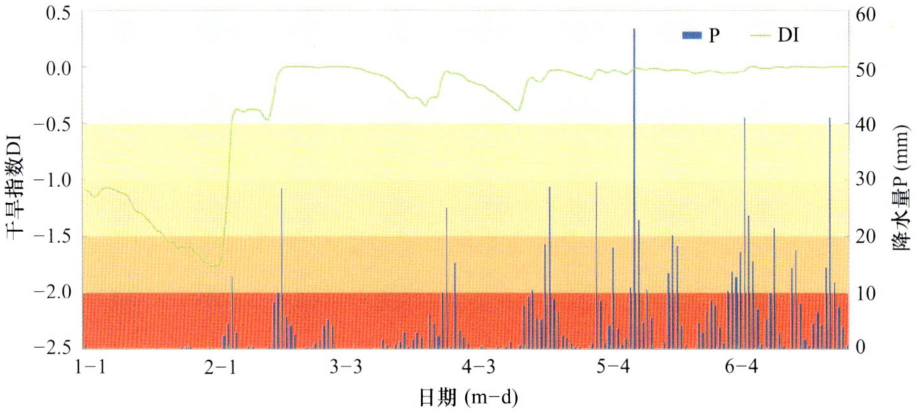

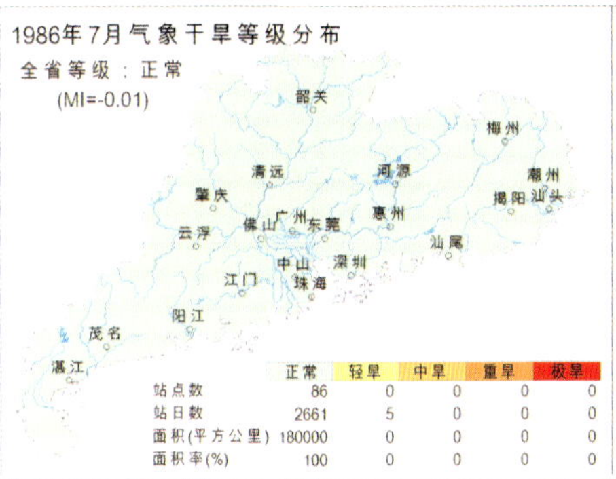

	正常	轻旱	中旱	重旱	极旱
站点数	86	0	0	0	0
站日数	2661	5	0	0	0
面积(平方公里)	180000	0	0	0	0
面积率(%)	100	0	0	0	0

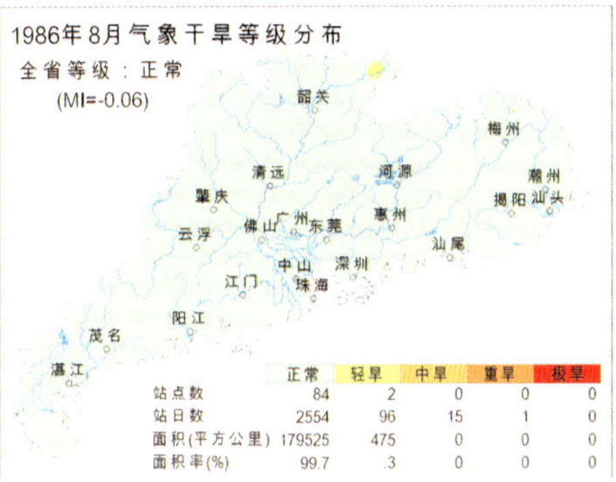

	正常	轻旱	中旱	重旱	极旱
站点数	84	2	0	0	0
站日数	2554	96	15	1	0
面积(平方公里)	179525	475	0	0	0
面积率(%)	99.7	.3	0	0	0

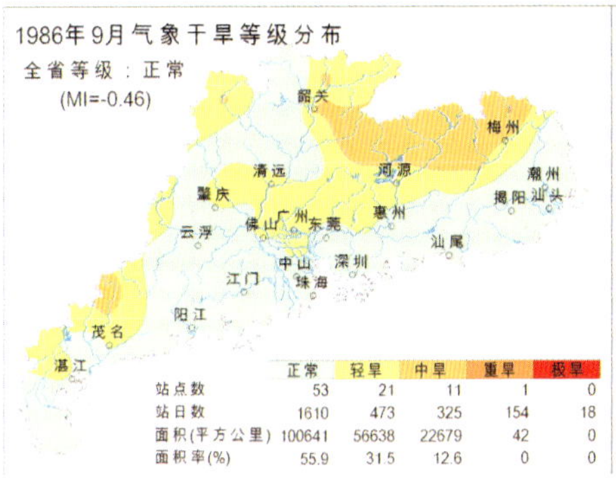

	正常	轻旱	中旱	重旱	极旱
站点数	53	21	11	1	0
站日数	1610	473	325	154	18
面积(平方公里)	100641	56638	22679	42	0
面积率(%)	55.9	31.5	12.6	0	0

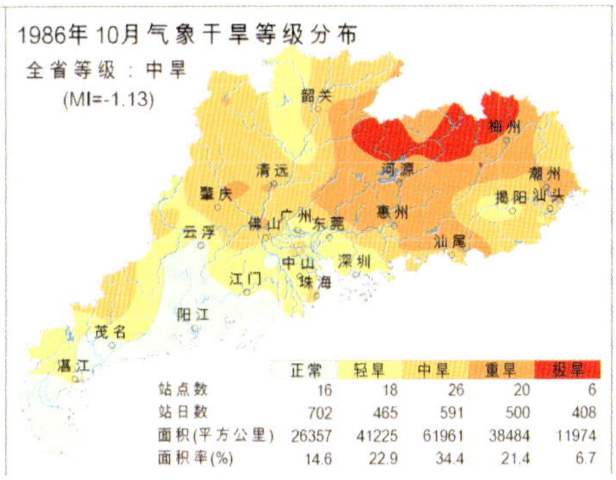

	正常	轻旱	中旱	重旱	极旱
站点数	16	18	26	20	6
站日数	702	465	591	500	408
面积(平方公里)	26357	41225	61961	38484	11974
面积率(%)	14.6	22.9	34.4	21.4	6.7

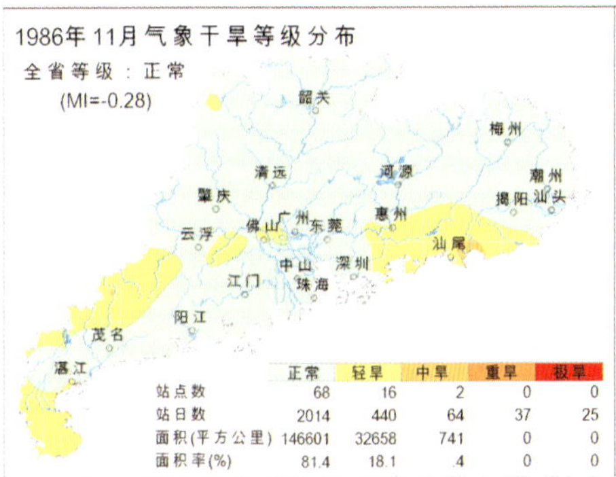

	正常	轻旱	中旱	重旱	极旱
站点数	68	16	2	0	0
站日数	2014	440	64	37	25
面积(平方公里)	146601	32658	741	0	0
面积率(%)	81.4	18.1	.4	0	0

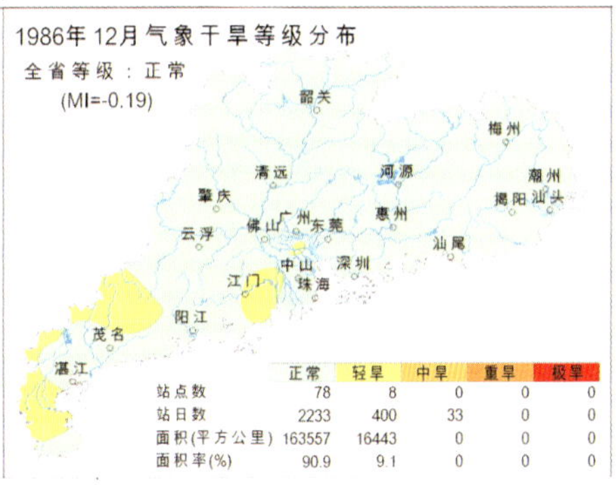

	正常	轻旱	中旱	重旱	极旱
站点数	78	8	0	0	0
站日数	2233	400	33	0	0
面积(平方公里)	163557	16443	0	0	0
面积率(%)	90.9	9.1	0	0	0

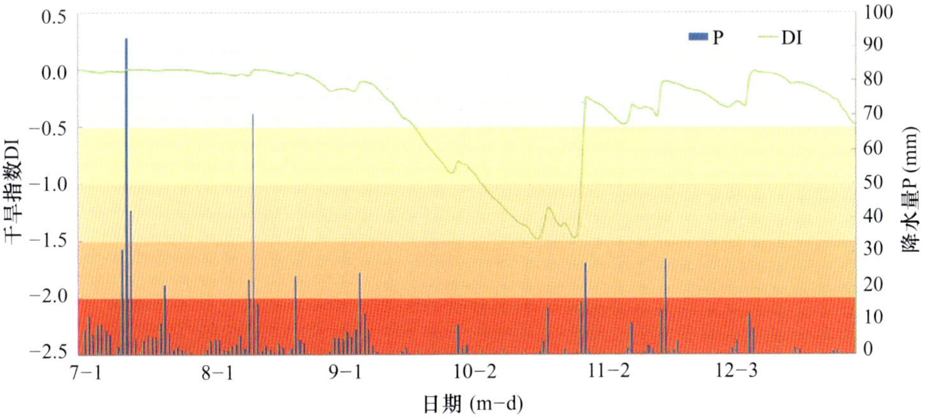

1987 年逐月气象干旱等级分布图

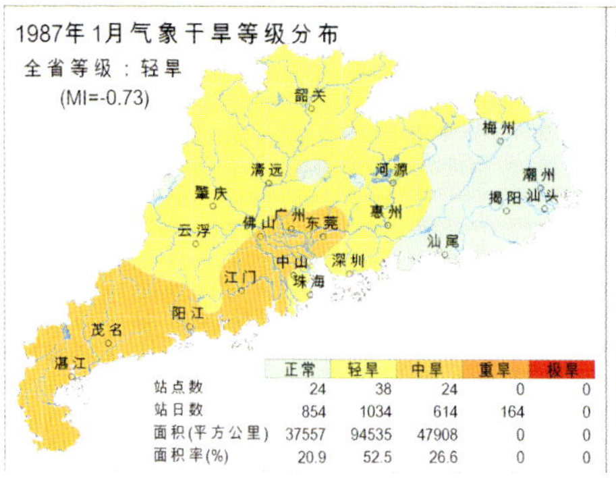

	正常	轻旱	中旱	重旱	极旱
站点数	24	38	24	0	0
站日数	854	1034	614	164	0
面积(平方公里)	37557	94535	47908	0	0
面积率(%)	20.9	52.5	26.6	0	0

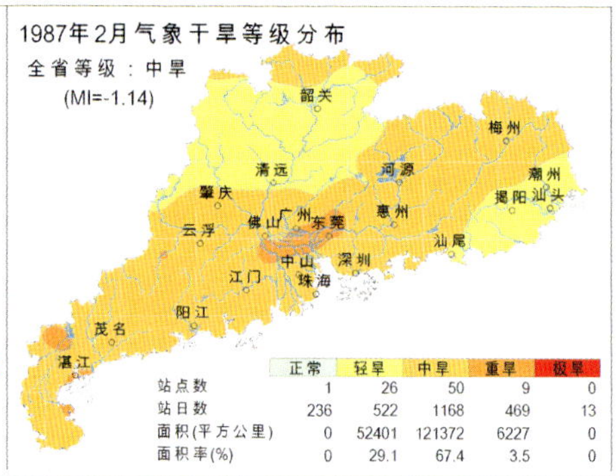

	正常	轻旱	中旱	重旱	极旱
站点数	1	26	50	9	0
站日数	236	522	1168	469	13
面积(平方公里)	0	52401	121372	6227	0
面积率(%)	0	29.1	67.4	3.5	0

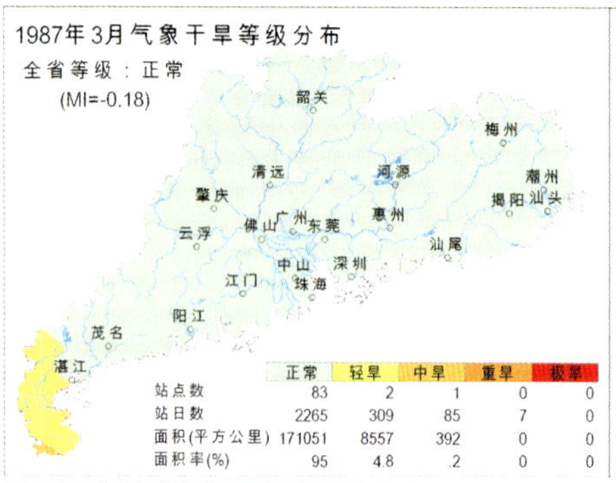

	正常	轻旱	中旱	重旱	极旱
站点数	83	2	1	0	0
站日数	2265	309	85	7	0
面积(平方公里)	171051	8557	392	0	0
面积率(%)	95	4.8	.2	0	0

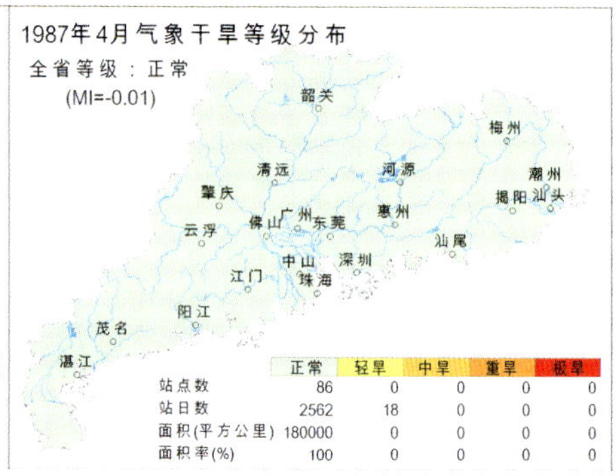

	正常	轻旱	中旱	重旱	极旱
站点数	86	0	0	0	0
站日数	2562	18	0	0	0
面积(平方公里)	180000	0	0	0	0
面积率(%)	100	0	0	0	0

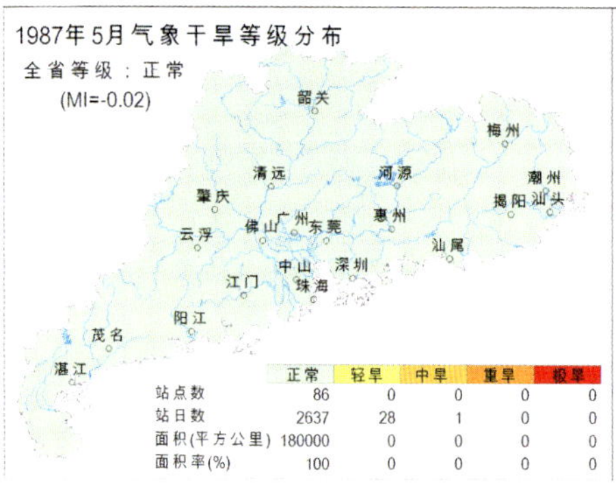

	正常	轻旱	中旱	重旱	极旱
站点数	86	0	0	0	0
站日数	2637	28	1	0	0
面积(平方公里)	180000	0	0	0	0
面积率(%)	100	0	0	0	0

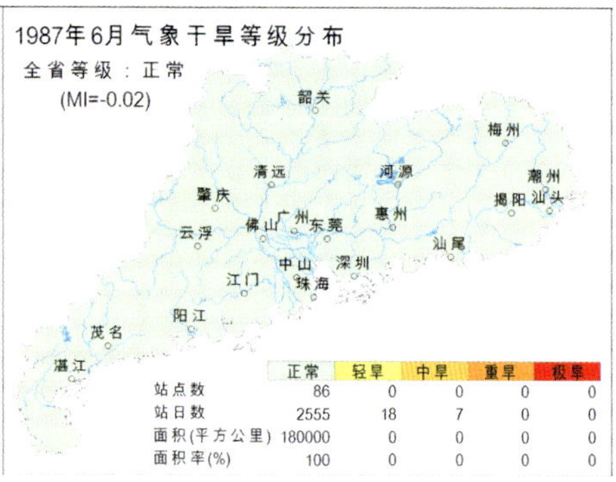

	正常	轻旱	中旱	重旱	极旱
站点数	86	0	0	0	0
站日数	2555	18	7	0	0
面积(平方公里)	180000	0	0	0	0
面积率(%)	100	0	0	0	0

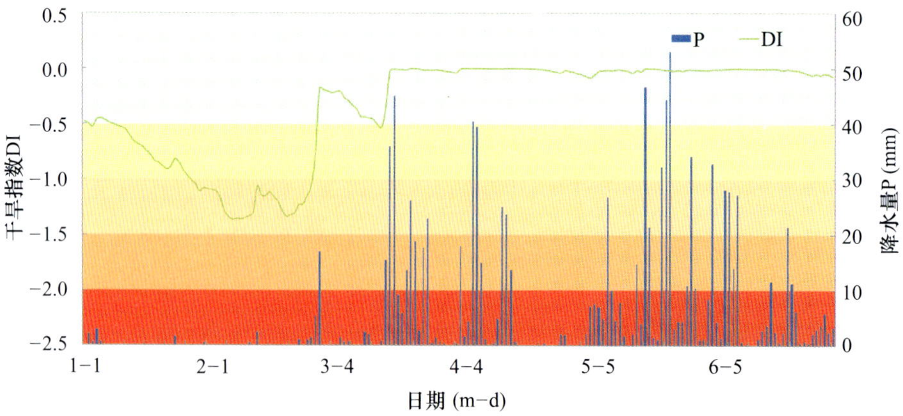

1987年7月气象干旱等级分布

全省等级：正常
(MI=-0.12)

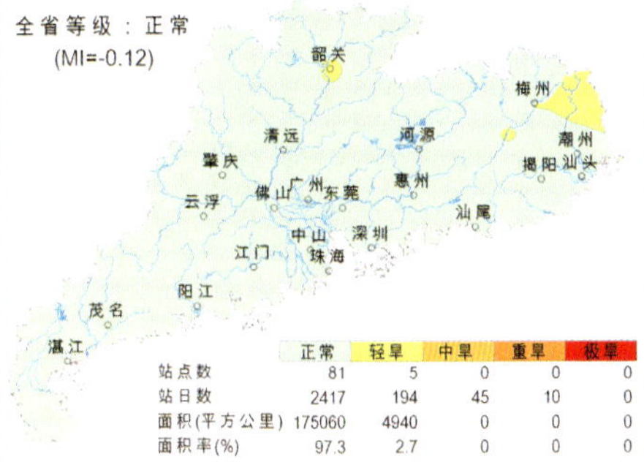

	正常	轻旱	中旱	重旱	极旱
站点数	81	5	0	0	0
站日数	2417	194	45	10	0
面积(平方公里)	175060	4940	0	0	0
面积率(%)	97.3	2.7	0	0	0

1987年8月气象干旱等级分布

全省等级：正常
(MI=-0.03)

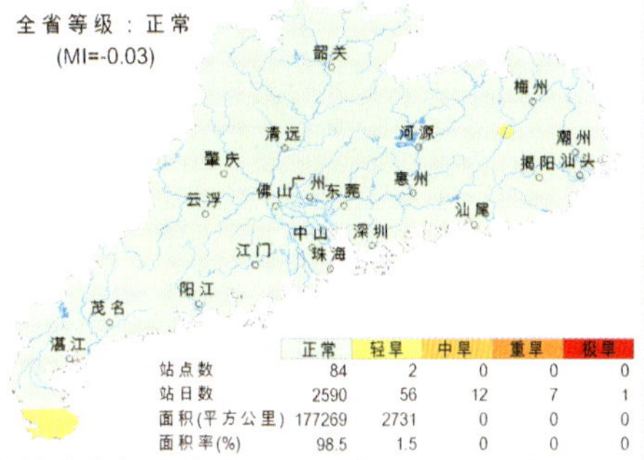

	正常	轻旱	中旱	重旱	极旱
站点数	84	2	0	0	0
站日数	2590	56	12	7	1
面积(平方公里)	177269	2731	0	0	0
面积率(%)	98.5	1.5	0	0	0

1987年9月气象干旱等级分布

全省等级：正常
(MI=-0.32)

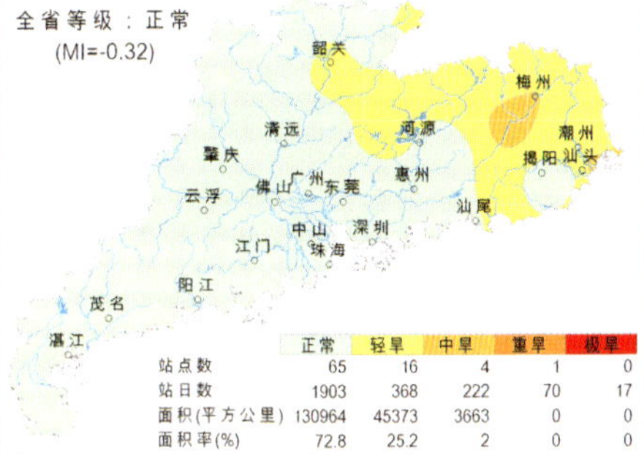

	正常	轻旱	中旱	重旱	极旱
站点数	65	16	4	1	0
站日数	1903	368	222	70	17
面积(平方公里)	130964	45373	3663	0	0
面积率(%)	72.8	25.2	2	0	0

1987年10月气象干旱等级分布

全省等级：正常
(MI=-0.33)

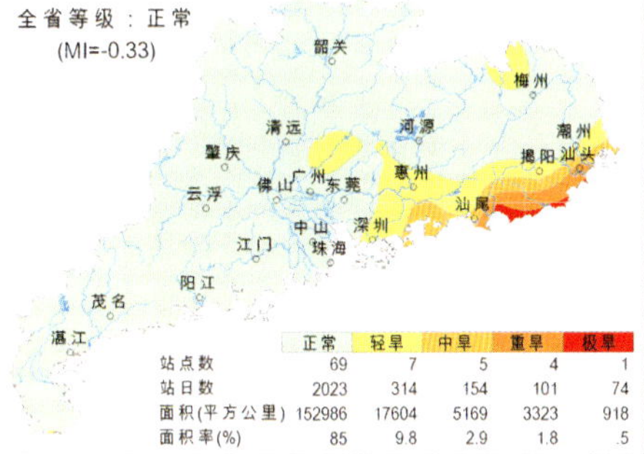

	正常	轻旱	中旱	重旱	极旱
站点数	69	7	5	4	1
站日数	2023	314	154	101	74
面积(平方公里)	152986	17604	5169	3323	918
面积率(%)	85	9.8	2.9	1.8	.5

1987年11月气象干旱等级分布

全省等级：轻旱
(MI=-0.56)

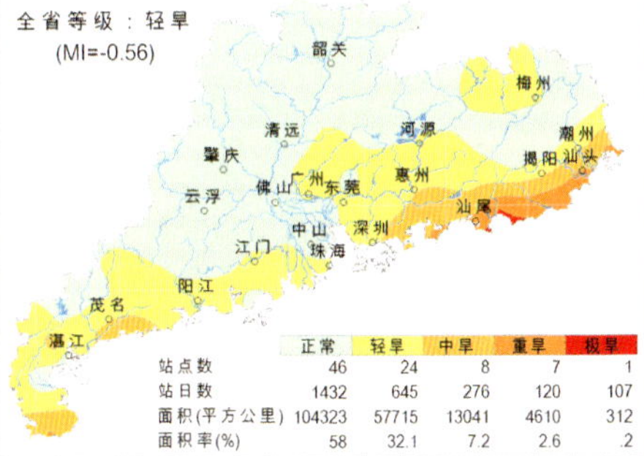

	正常	轻旱	中旱	重旱	极旱
站点数	46	24	8	7	1
站日数	1432	645	276	120	107
面积(平方公里)	104323	57715	13041	4610	312
面积率(%)	58	32.1	7.2	2.6	.2

1987年12月气象干旱等级分布

全省等级：正常
(MI=-0.37)

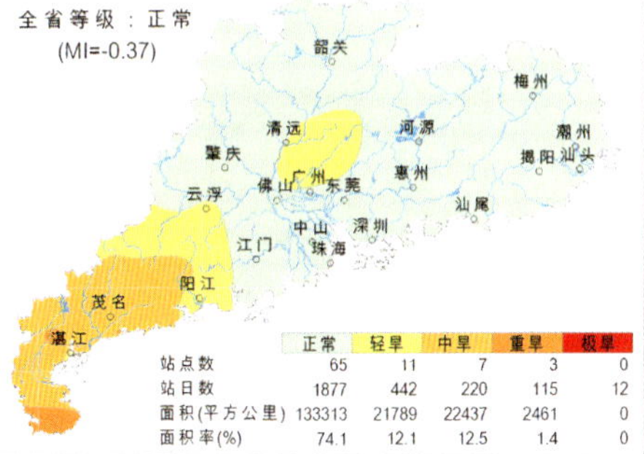

	正常	轻旱	中旱	重旱	极旱
站点数	65	11	7	3	0
站日数	1877	442	220	115	12
面积(平方公里)	133313	21789	22437	2461	0
面积率(%)	74.1	12.1	12.5	1.4	0

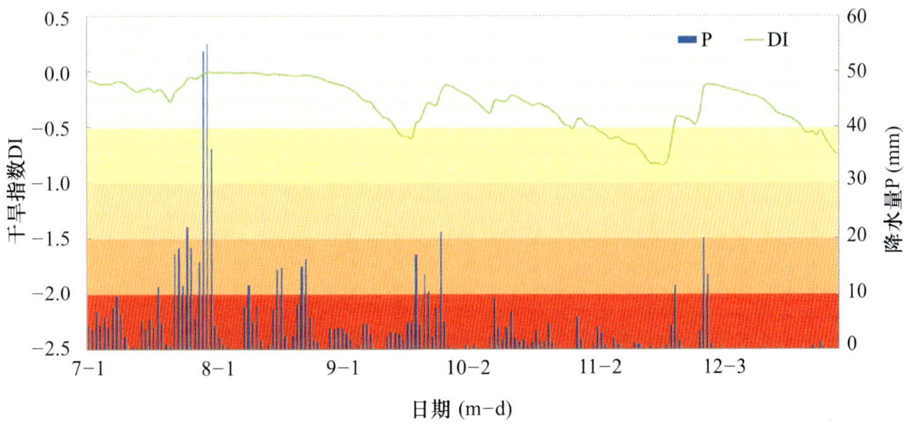

1988 年逐月气象干旱等级分布图

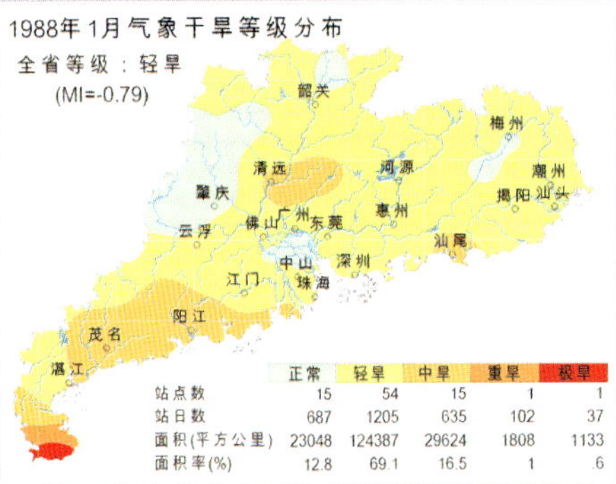

	正常	轻旱	中旱	重旱	极旱
站点数	15	54	15	1	1
站日数	687	1205	635	102	37
面积(平方公里)	23048	124387	29624	1808	1133
面积率(%)	12.8	69.1	16.5	1	6

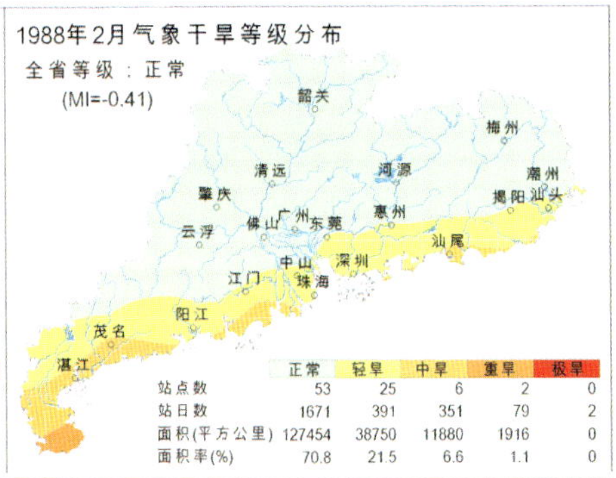

	正常	轻旱	中旱	重旱	极旱
站点数	53	25	6	2	0
站日数	1671	391	351	79	2
面积(平方公里)	127454	38750	11880	1916	0
面积率(%)	70.8	21.5	6.6	1.1	0

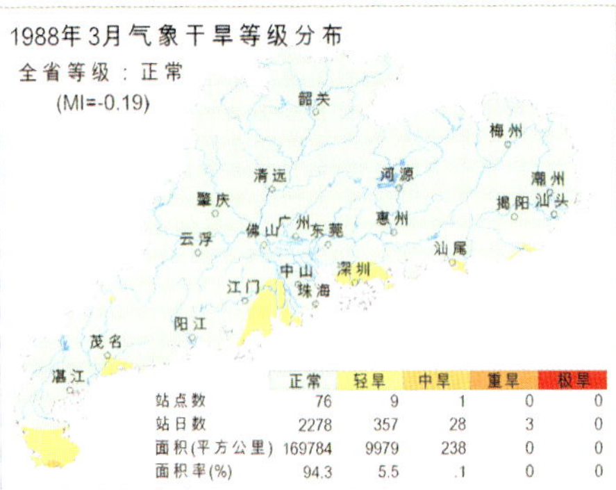

	正常	轻旱	中旱	重旱	极旱
站点数	76	9	1	0	0
站日数	2278	357	28	3	0
面积(平方公里)	169784	9979	238	0	0
面积率(%)	94.3	5.5	.1	0	0

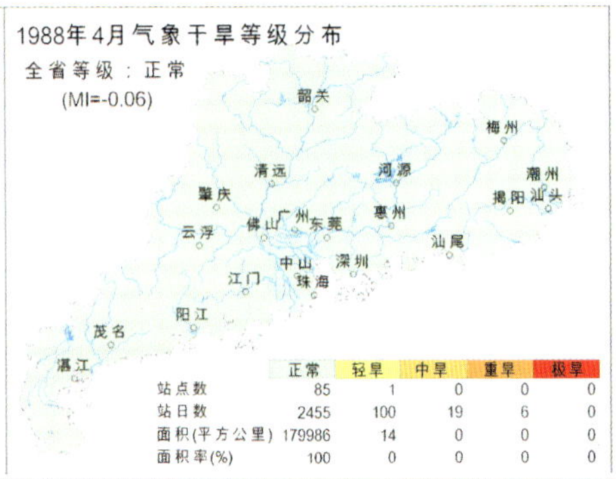

	正常	轻旱	中旱	重旱	极旱
站点数	85	1	0	0	0
站日数	2455	100	19	6	0
面积(平方公里)	179986	14	0	0	0
面积率(%)	100	0	0	0	0

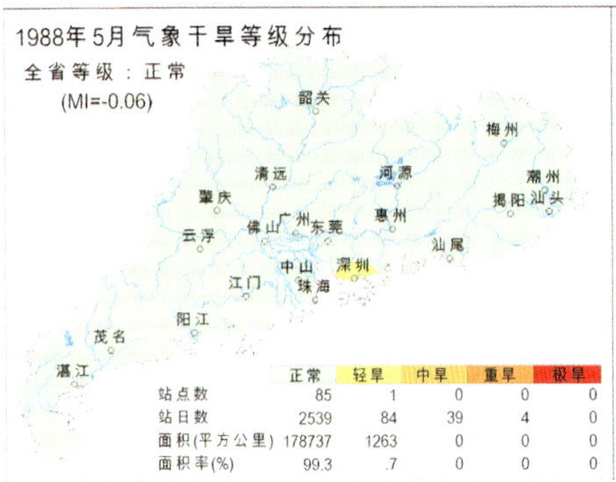

	正常	轻旱	中旱	重旱	极旱
站点数	85	1	0	0	0
站日数	2539	84	39	4	0
面积(平方公里)	178737	1263	0	0	0
面积率(%)	99.3	.7	0	0	0

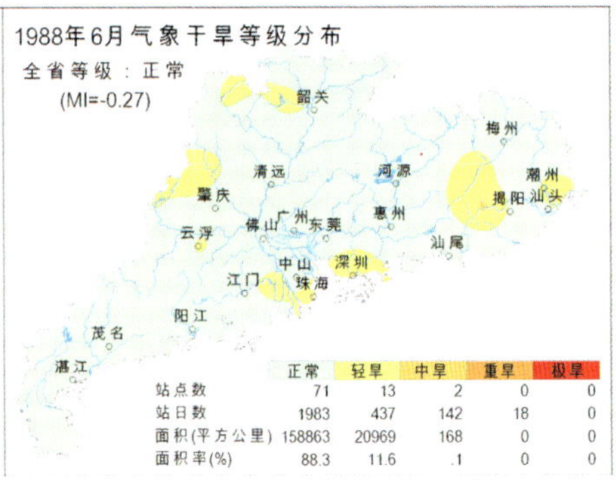

	正常	轻旱	中旱	重旱	极旱
站点数	71	13	2	0	0
站日数	1983	437	142	18	0
面积(平方公里)	158863	20969	168	0	0
面积率(%)	88.3	11.6	.1	0	0

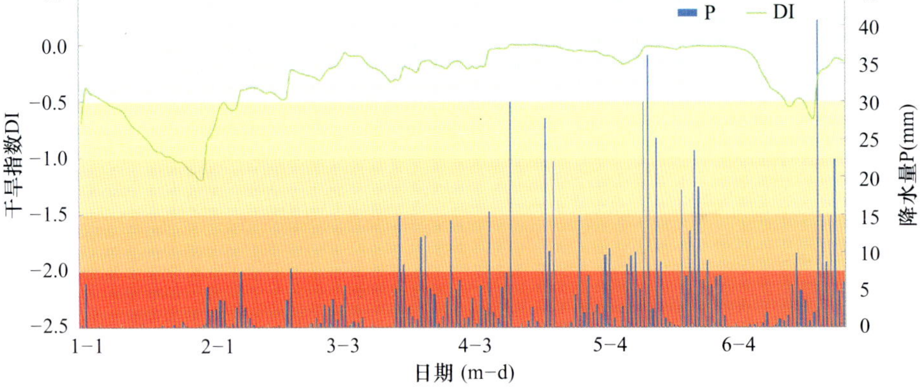

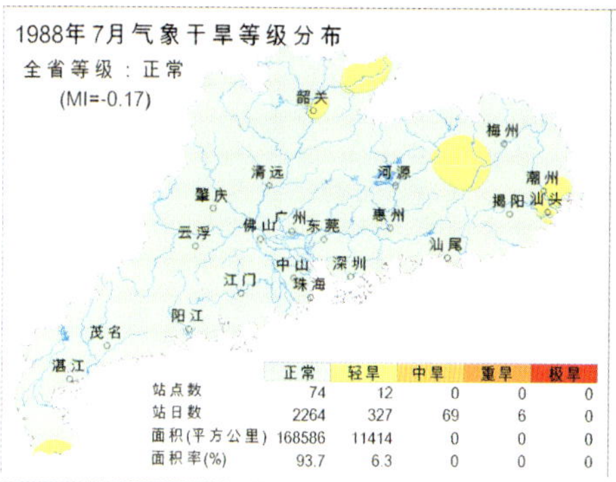

	正常	轻旱	中旱	重旱	极旱
站点数	74	12	0	0	0
站日数	2264	327	69	6	0
面积(平方公里)	168586	11414	0	0	0
面积率(%)	93.7	6.3	0	0	0

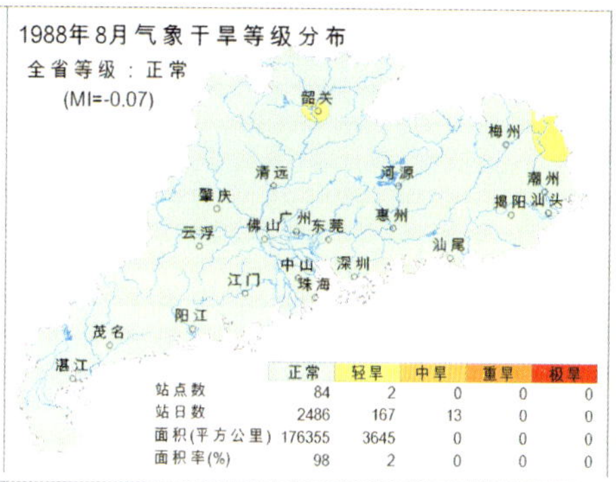

	正常	轻旱	中旱	重旱	极旱
站点数	84	2	0	0	0
站日数	2486	167	13	0	0
面积(平方公里)	176355	3645	0	0	0
面积率(%)	98	2	0	0	0

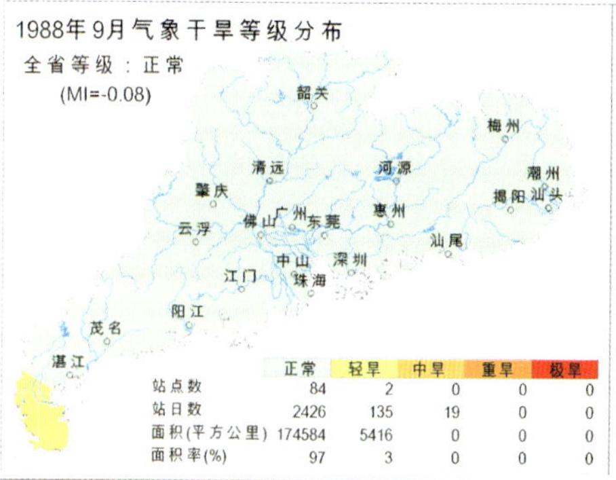

	正常	轻旱	中旱	重旱	极旱
站点数	84	2	0	0	0
站日数	2426	135	19	0	0
面积(平方公里)	174584	5416	0	0	0
面积率(%)	97	3	0	0	0

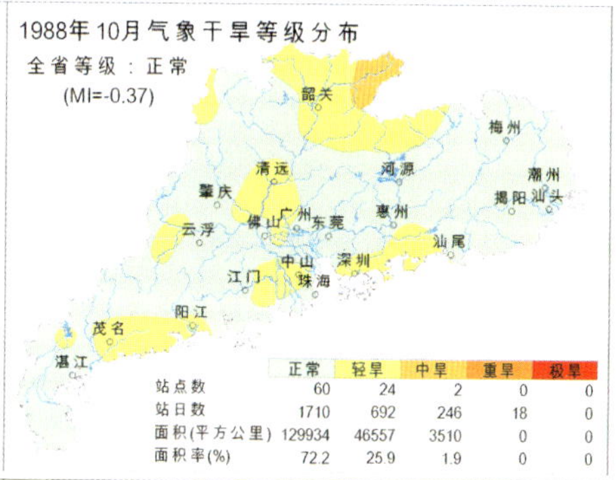

	正常	轻旱	中旱	重旱	极旱
站点数	60	24	2	0	0
站日数	1710	692	246	18	0
面积(平方公里)	129934	46557	3510	0	0
面积率(%)	72.2	25.9	1.9	0	0

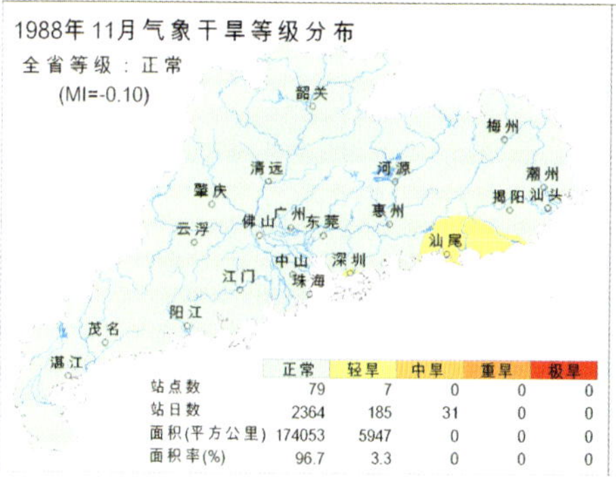

	正常	轻旱	中旱	重旱	极旱
站点数	79	7	0	0	0
站日数	2364	185	31	0	0
面积(平方公里)	174053	5947	0	0	0
面积率(%)	96.7	3.3	0	0	0

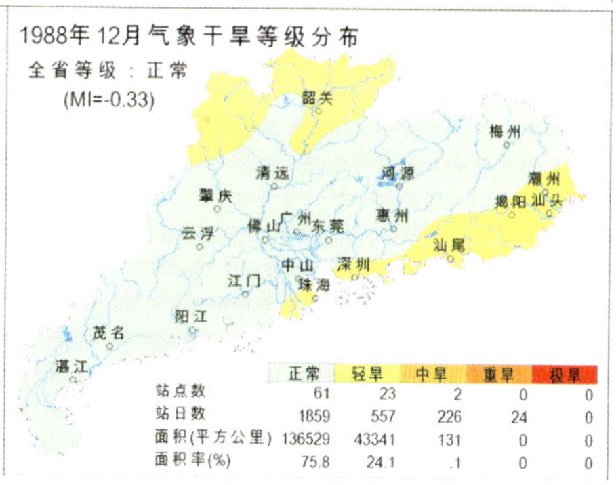

	正常	轻旱	中旱	重旱	极旱
站点数	61	23	2	0	0
站日数	1859	557	226	24	0
面积(平方公里)	136529	43341	131	0	0
面积率(%)	75.8	24.1	.1	0	0

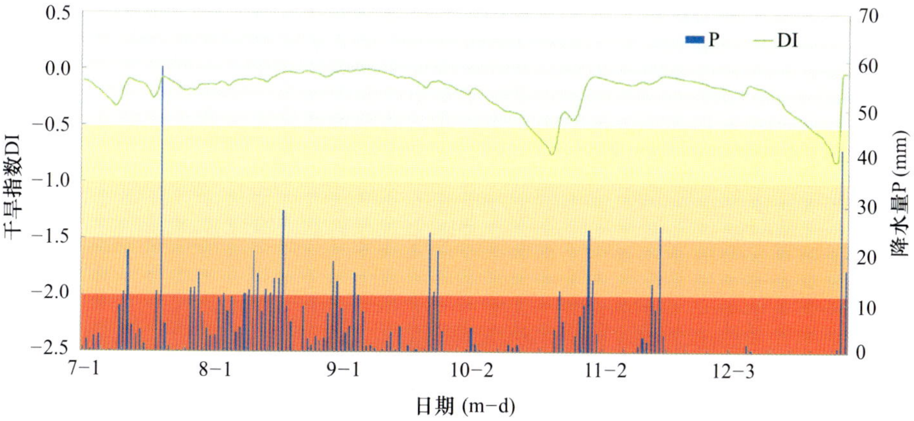

1989 年逐月气象干旱等级分布图

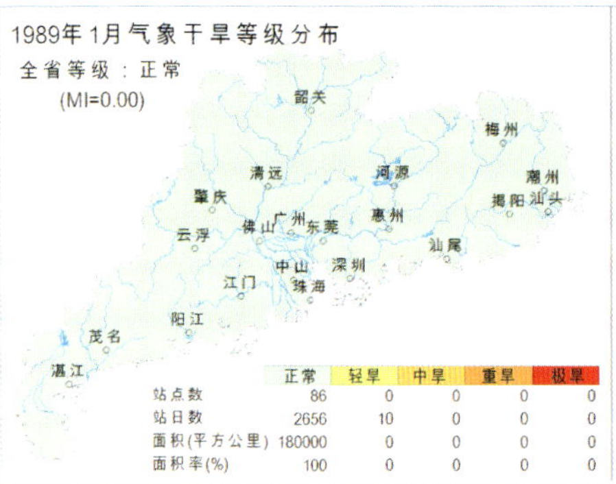

	正常	轻旱	中旱	重旱	极旱
站点数	86	0	0	0	0
站日数	2656	10	0	0	0
面积(平方公里)	180000	0	0	0	0
面积率(%)	100	0	0	0	0

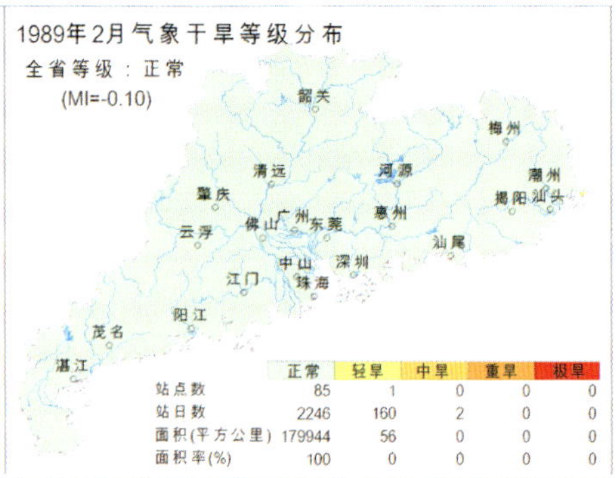

	正常	轻旱	中旱	重旱	极旱
站点数	85	1	0	0	0
站日数	2246	160	2	0	0
面积(平方公里)	179944	56	0	0	0
面积率(%)	100	0	0	0	0

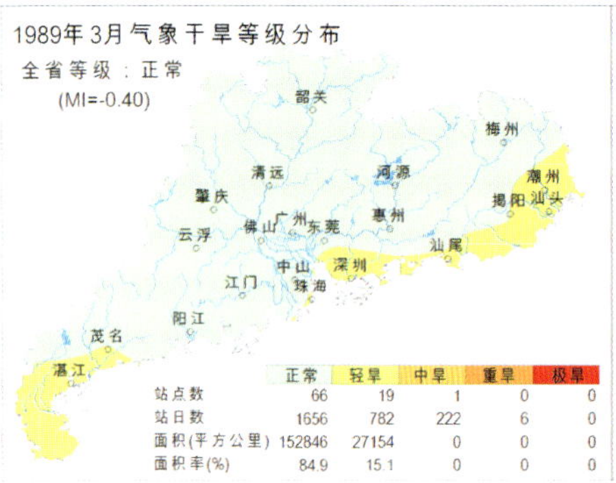

	正常	轻旱	中旱	重旱	极旱
站点数	66	19	1	0	0
站日数	1656	782	222	6	0
面积(平方公里)	152846	27154	0	0	0
面积率(%)	84.9	15.1	0	0	0

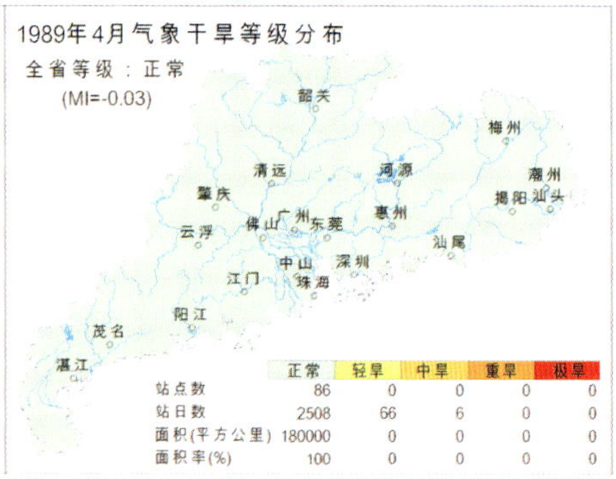

	正常	轻旱	中旱	重旱	极旱
站点数	86	0	0	0	0
站日数	2508	66	6	0	0
面积(平方公里)	180000	0	0	0	0
面积率(%)	100	0	0	0	0

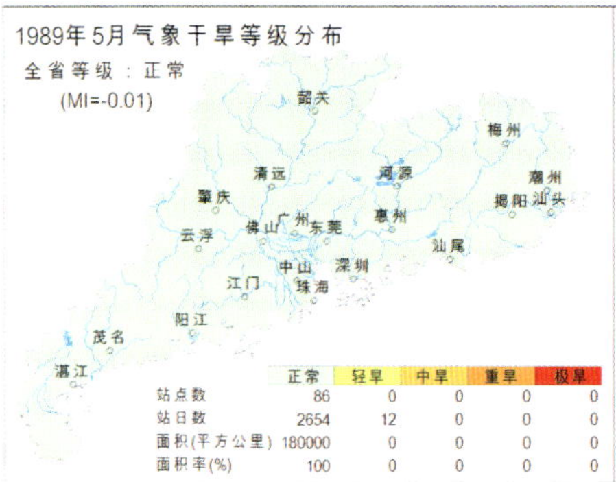

	正常	轻旱	中旱	重旱	极旱
站点数	86	0	0	0	0
站日数	2654	12	0	0	0
面积(平方公里)	180000	0	0	0	0
面积率(%)	100	0	0	0	0

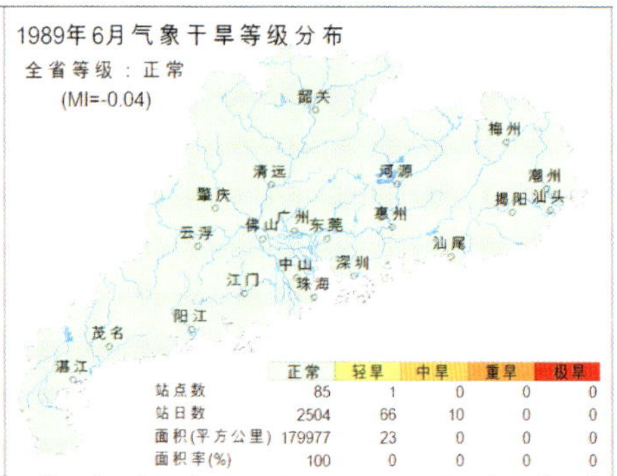

	正常	轻旱	中旱	重旱	极旱
站点数	85	1	0	0	0
站日数	2504	66	10	0	0
面积(平方公里)	179977	23	0	0	0
面积率(%)	100	0	0	0	0

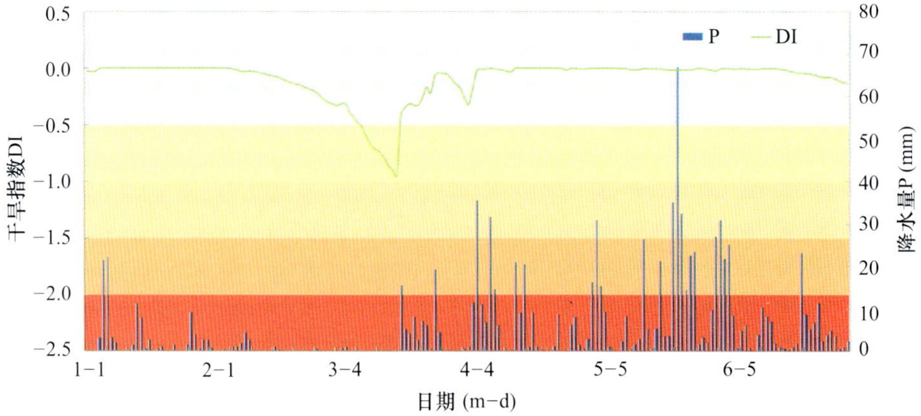

1989年7月气象干旱等级分布

全省等级：正常

(MI=-0.29)

	正常	轻旱	中旱	重旱	极旱
站点数	69	15	2	0	0
站日数	1954	525	178	9	0
面积(平方公里)	154454	25084	461	0	0
面积率(%)	85.8	13.9	.3	0	0

1989年8月气象干旱等级分布

全省等级：正常

(MI=-0.44)

	正常	轻旱	中旱	重旱	极旱
站点数	51	29	6	0	0
站日数	1581	759	268	57	1
面积(平方公里)	110769	64077	5155	0	0
面积率(%)	61.5	35.6	2.9	0	0

1989年9月气象干旱等级分布

全省等级：正常

(MI=-0.40)

	正常	轻旱	中旱	重旱	极旱
站点数	59	19	5	2	1
站日数	1716	517	225	75	47
面积(平方公里)	130395	29652	16220	3733	0
面积率(%)	72.4	16.5	9	2.1	0

1989年10月气象干旱等级分布

全省等级：轻旱

(MI=-0.65)

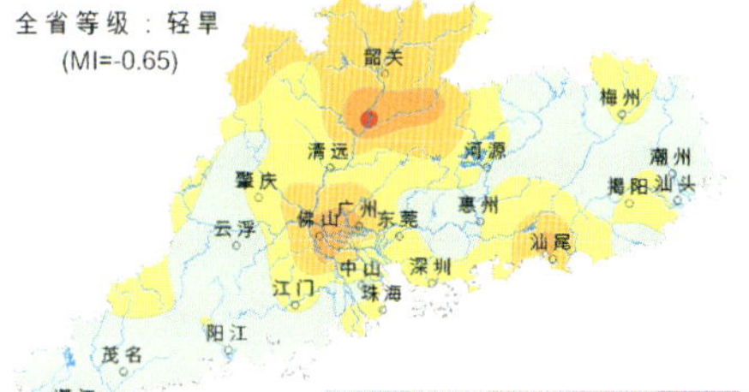

	正常	轻旱	中旱	重旱	极旱
站点数	39	24	16	6	1
站日数	1298	543	573	166	86
面积(平方公里)	81447	55822	35035	7373	322
面积率(%)	45.2	31	19.5	4.1	.2

1989年11月气象干旱等级分布

全省等级：中旱

(MI=-1.27)

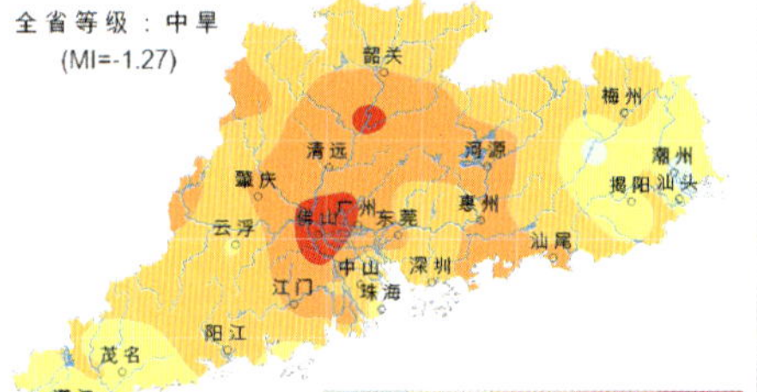

	正常	轻旱	中旱	重旱	极旱
站点数	10	14	34	21	7
站日数	303	418	892	753	214
面积(平方公里)	8991	29769	85148	50845	5248
面积率(%)	5	16.5	47.3	28.2	2.9

1989年12月气象干旱等级分布

全省等级：中旱

(MI=-1.39)

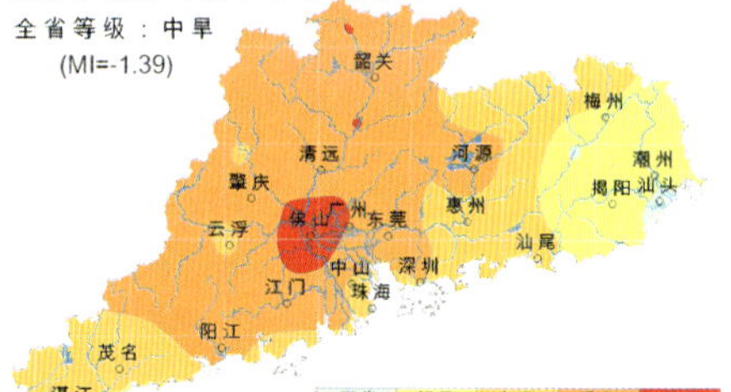

	正常	轻旱	中旱	重旱	极旱
站点数	5	16	22	36	7
站日数	319	515	550	691	591
面积(平方公里)	3626	29163	45872	95495	5845
面积率(%)	2	16.2	25.5	53.1	3.2

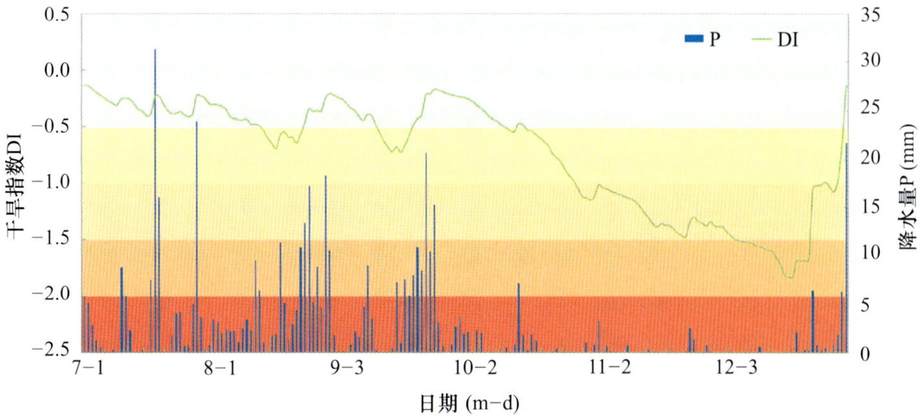

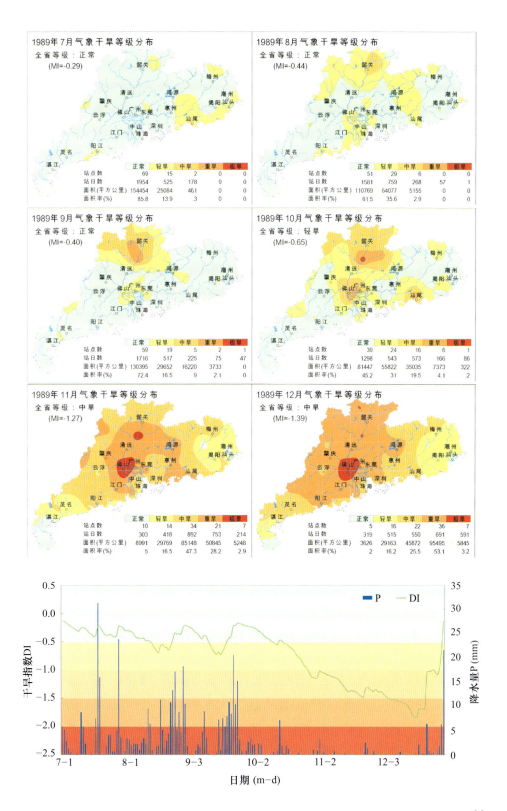

1990 年逐月气象干旱等级分布图

1990年1月气象干旱等级分布

全省等级：正常

(MI=-0.04)

	正常	轻旱	中旱	重旱	极旱
站点数	85	1	0	0	0
站日数	2609	57	0	0	0
面积(平方公里)	178835	1165	0	0	0
面积率(%)	99.4	.6	0	0	0

1990年2月气象干旱等级分布

全省等级：正常

(MI=-0.07)

	正常	轻旱	中旱	重旱	极旱
站点数	84	2	0	0	0
站日数	2276	117	15	0	0
面积(平方公里)	173633	6367	0	0	0
面积率(%)	96.5	3.5	0	0	0

1990年3月气象干旱等级分布

全省等级：正常

(MI=0.00)

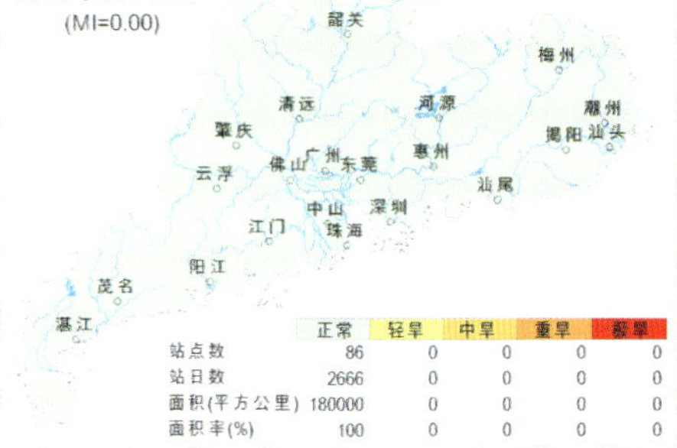

	正常	轻旱	中旱	重旱	极旱
站点数	86	0	0	0	0
站日数	2666	0	0	0	0
面积(平方公里)	180000	0	0	0	0
面积率(%)	100	0	0	0	0

1990年4月气象干旱等级分布

全省等级：正常

(MI=-0.01)

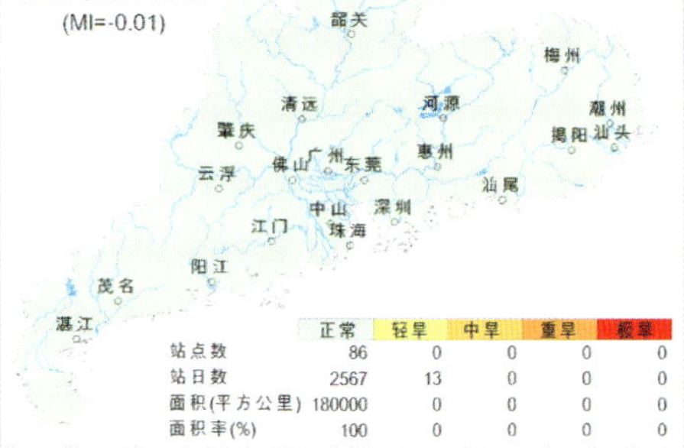

	正常	轻旱	中旱	重旱	极旱
站点数	86	0	0	0	0
站日数	2567	13	0	0	0
面积(平方公里)	180000	0	0	0	0
面积率(%)	100	0	0	0	0

1990年5月气象干旱等级分布

全省等级：正常

(MI=-0.08)

	正常	轻旱	中旱	重旱	极旱
站点数	84	2	0	0	0
站日数	2459	180	27	0	0
面积(平方公里)	177987	2013	0	0	0
面积率(%)	98.9	1.1	0	0	0

1990年6月气象干旱等级分布

全省等级：正常

(MI=-0.10)

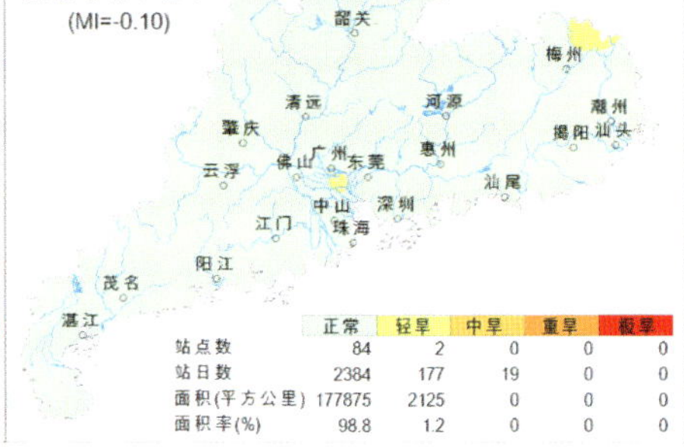

	正常	轻旱	中旱	重旱	极旱
站点数	84	2	0	0	0
站日数	2384	177	19	0	0
面积(平方公里)	177875	2125	0	0	0
面积率(%)	98.8	1.2	0	0	0

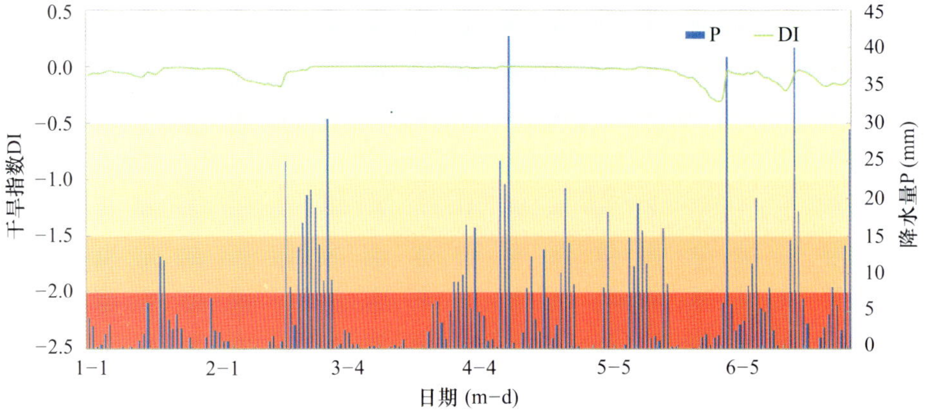

1990年7月气象干旱等级分布

全省等级：正常

(MI=-0.16)

	正常	轻旱	中旱	重旱	极旱
站点数	78	8	0	0	0
站日数	2334	256	63	13	0
面积(平方公里)	170585	9415	0	0	0
面积率(%)	94.8	5.2	0	0	0

1990年8月气象干旱等级分布

全省等级：正常

(MI=-0.46)

	正常	轻旱	中旱	重旱	极旱
站点数	45	32	9	0	0
站日数	1709	395	335	188	39
面积(平方公里)	86416	88238	5346	0	0
面积率(%)	48	49	3	0	0

1990年9月气象干旱等级分布

全省等级：正常

(MI=-0.47)

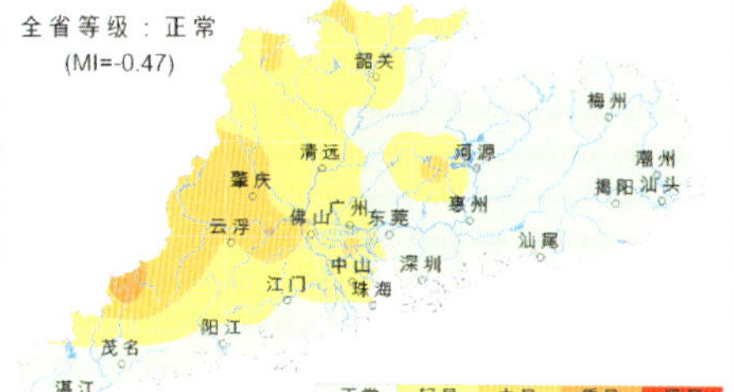

	正常	轻旱	中旱	重旱	极旱
站点数	53	18	13	2	0
站日数	1731	228	314	207	100
面积(平方公里)	95080	60558	22954	1408	0
面积率(%)	52.8	33.6	12.8	.8	0

1990年10月气象干旱等级分布

全省等级：正常

(MI=-0.34)

	正常	轻旱	中旱	重旱	极旱
站点数	64	17	2	3	0
站日数	1853	527	204	73	9
面积(平方公里)	130213	37841	10958	988	0
面积率(%)	72.3	21	6.1	.5	0

1990年11月气象干旱等级分布

全省等级：正常

(MI=-0.25)

	正常	轻旱	中旱	重旱	极旱
站点数	70	14	2	0	0
站日数	2004	379	180	14	3
面积(平方公里)	158295	20144	1561	0	0
面积率(%)	87.9	11.2	.9	0	0

1990年12月气象干旱等级分布

全省等级：轻旱

(MI=-0.54)

	正常	轻旱	中旱	重旱	极旱
站点数	51	16	14	5	0
站日数	1477	521	462	190	16
面积(平方公里)	110274	32919	34359	2447	0
面积率(%)	61.3	18.3	19.1	1.4	0

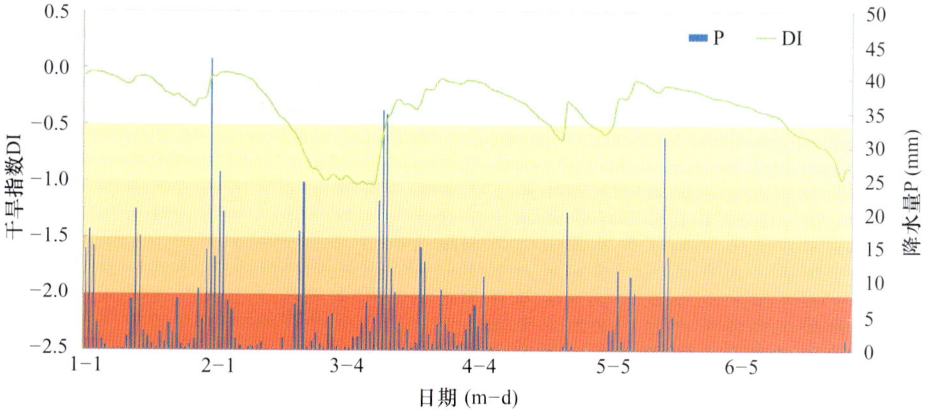

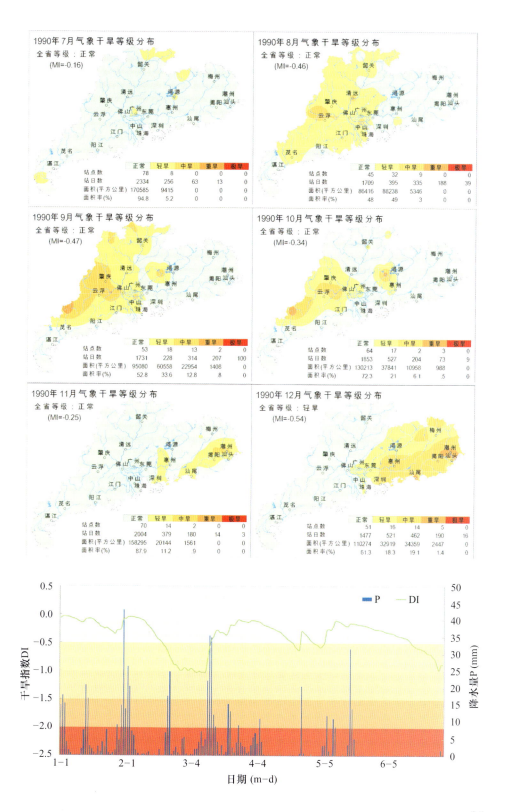

1991 年逐月气象干旱等级分布图

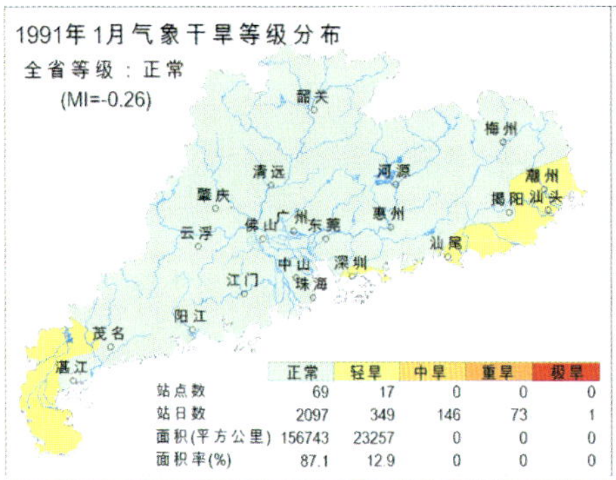

	正常	轻旱	中旱	重旱	极旱
站点数	69	17	0	0	0
站日数	2097	349	146	73	1
面积(平方公里)	156743	23257	0	0	0
面积率(%)	87.1	12.9	0	0	0

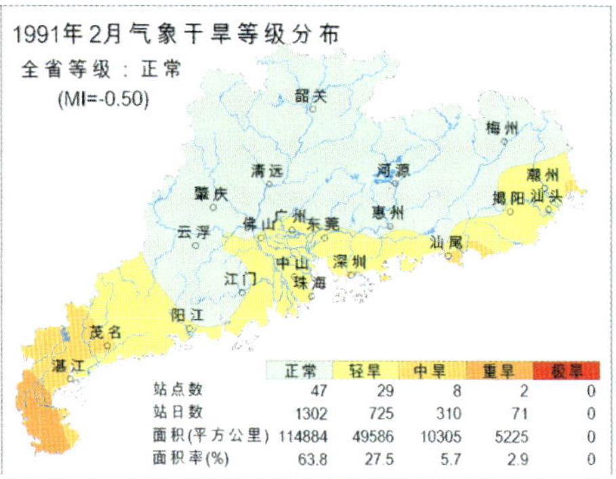

	正常	轻旱	中旱	重旱	极旱
站点数	47	29	8	2	0
站日数	1302	725	310	71	0
面积(平方公里)	114884	49586	10305	5225	0
面积率(%)	63.8	27.5	5.7	2.9	0

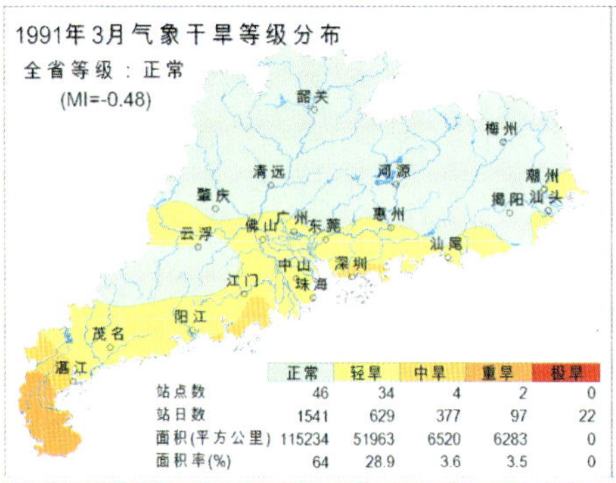

	正常	轻旱	中旱	重旱	极旱
站点数	46	34	4	2	0
站日数	1541	629	377	97	22
面积(平方公里)	115234	51963	6520	6283	0
面积率(%)	64	28.9	3.6	3.5	0

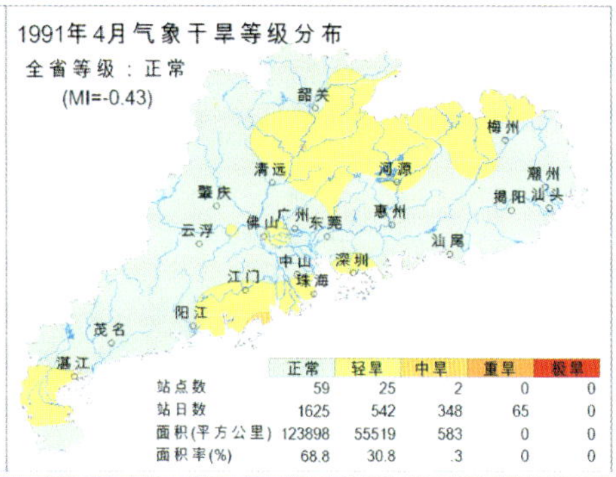

	正常	轻旱	中旱	重旱	极旱
站点数	59	25	2	0	0
站日数	1625	542	348	65	0
面积(平方公里)	123898	55519	583	0	0
面积率(%)	68.8	30.8	.3	0	0

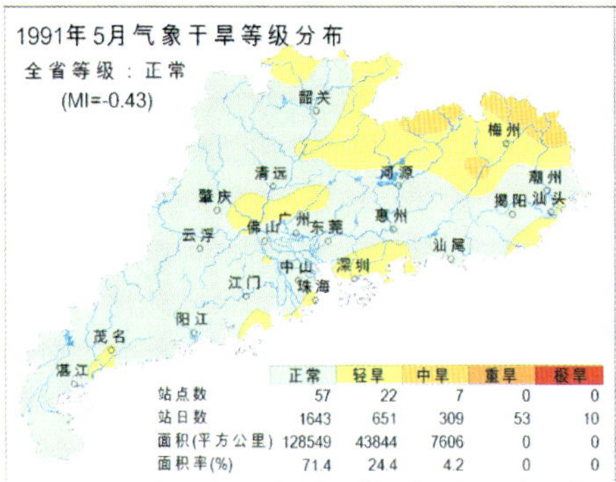

	正常	轻旱	中旱	重旱	极旱
站点数	57	22	7	0	0
站日数	1643	651	309	53	10
面积(平方公里)	128549	43844	7606	0	0
面积率(%)	71.4	24.4	4.2	0	0

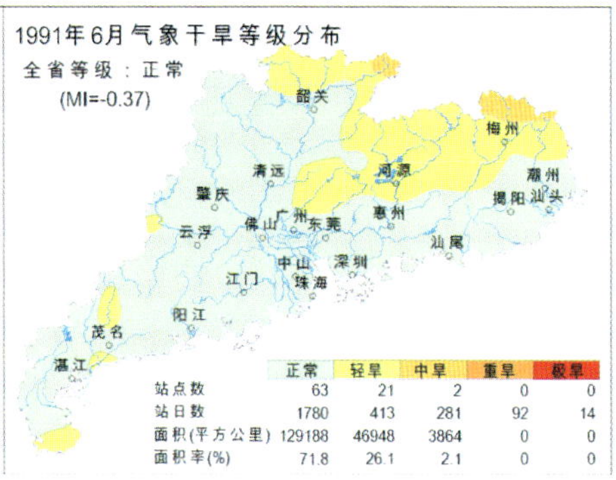

	正常	轻旱	中旱	重旱	极旱
站点数	63	21	2	0	0
站日数	1780	413	281	92	14
面积(平方公里)	129188	46948	3864	0	0
面积率(%)	71.8	26.1	2.1	0	0

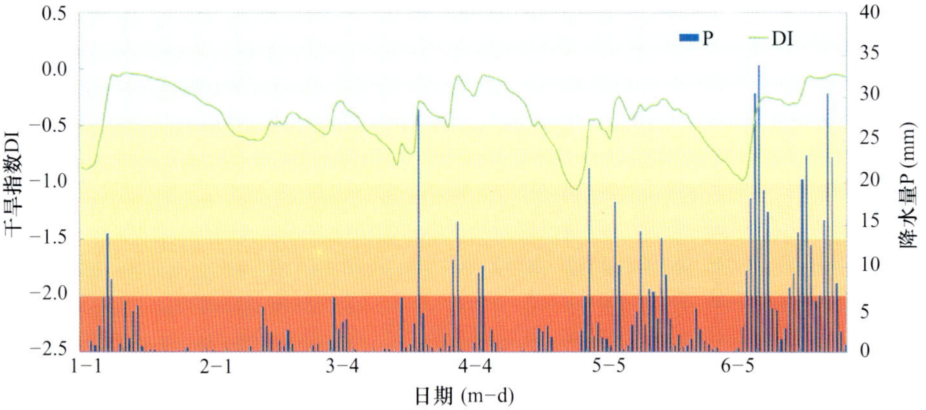

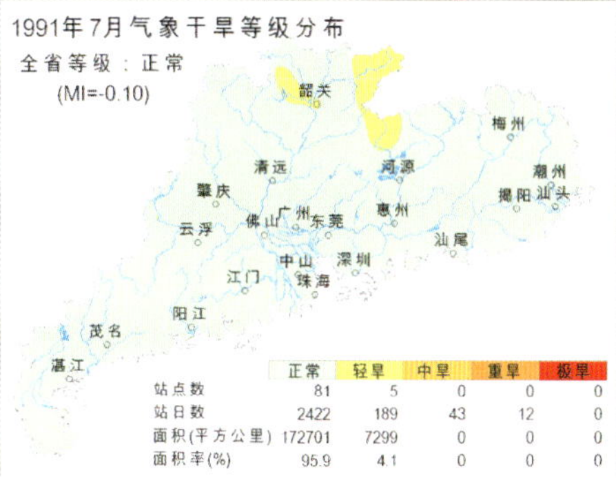

	正常	轻旱	中旱	重旱	极旱
站点数	81	5	0	0	0
站日数	2422	189	43	12	0
面积(平方公里)	172701	7299	0	0	0
面积率(%)	95.9	4.1	0	0	0

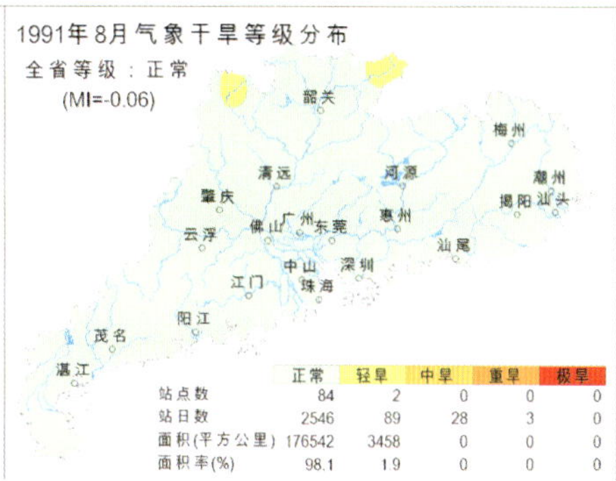

	正常	轻旱	中旱	重旱	极旱
站点数	84	2	0	0	0
站日数	2546	89	28	3	0
面积(平方公里)	176542	3458	0	0	0
面积率(%)	98.1	1.9	0	0	0

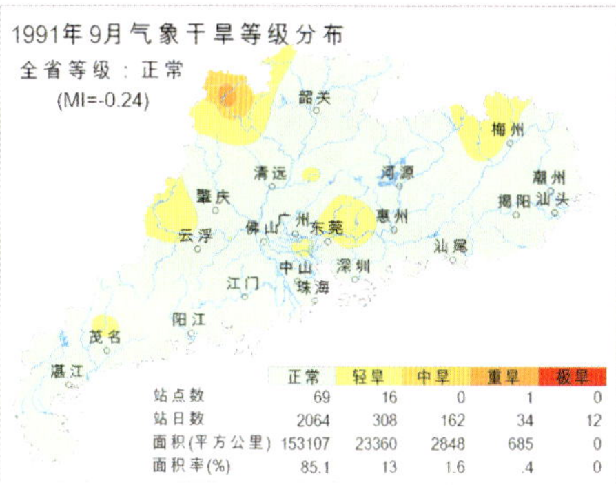

	正常	轻旱	中旱	重旱	极旱
站点数	69	16	0	1	0
站日数	2064	308	162	34	12
面积(平方公里)	153107	23360	2848	685	0
面积率(%)	85.1	13	1.6	.4	0

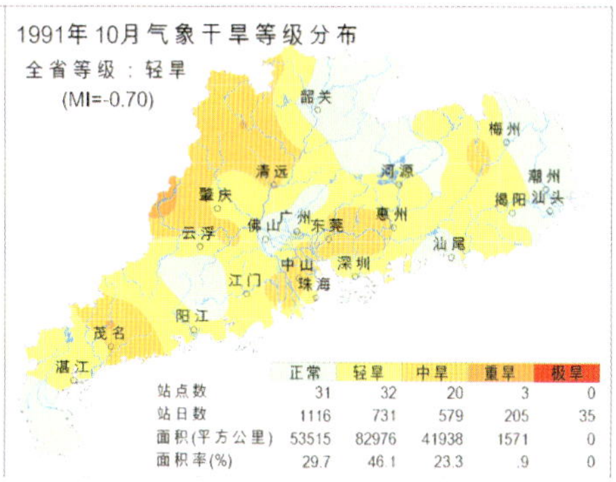

	正常	轻旱	中旱	重旱	极旱
站点数	31	32	20	3	0
站日数	1116	731	579	205	35
面积(平方公里)	53515	82976	41938	1571	0
面积率(%)	29.7	46.1	23.3	.9	0

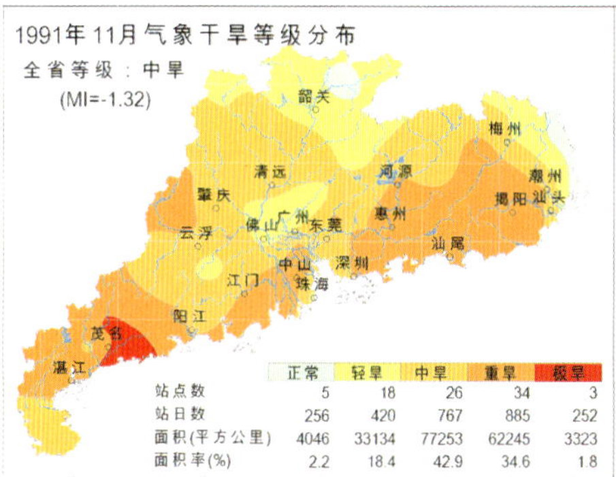

	正常	轻旱	中旱	重旱	极旱
站点数	5	18	26	34	3
站日数	256	420	767	885	252
面积(平方公里)	4046	33134	77253	62245	3323
面积率(%)	2.2	18.4	42.9	34.6	1.8

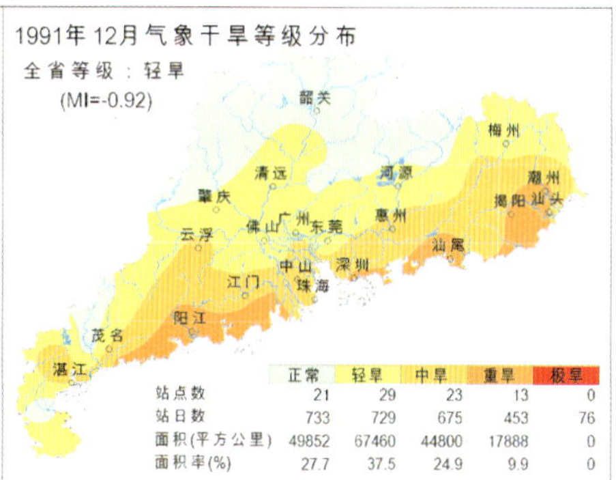

	正常	轻旱	中旱	重旱	极旱
站点数	21	29	23	13	0
站日数	733	729	675	453	76
面积(平方公里)	49852	67460	44800	17888	0
面积率(%)	27.7	37.5	24.9	9.9	0

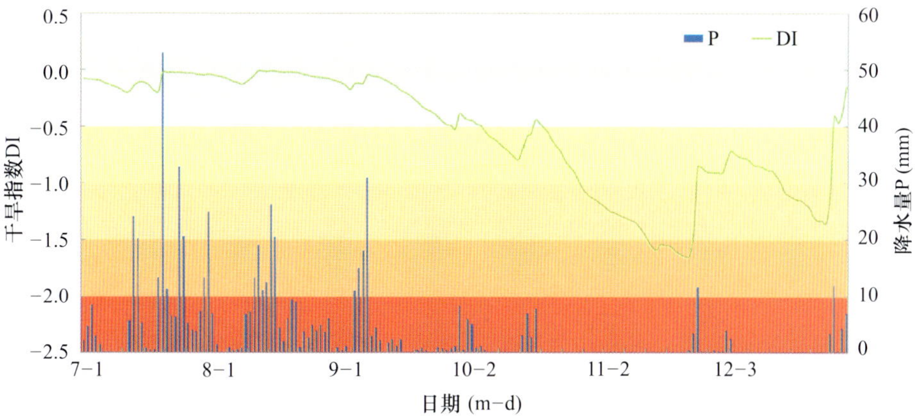

1992 年逐月气象干旱等级分布图

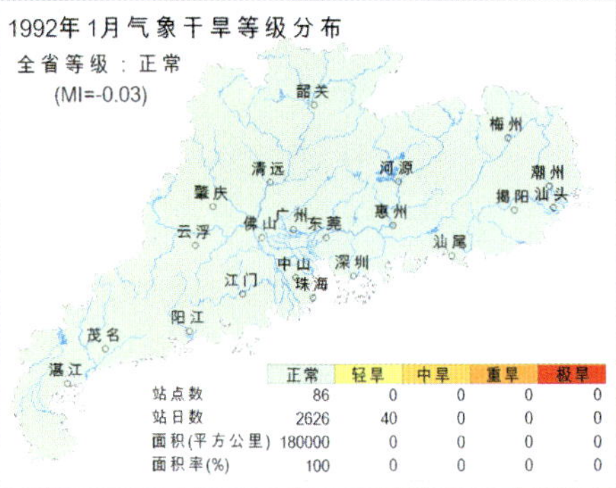

	正常	轻旱	中旱	重旱	极旱
站点数	86	0	0	0	0
站日数	2626	40	0	0	0
面积(平方公里)	180000	0	0	0	0
面积率(%)	100	0	0	0	0

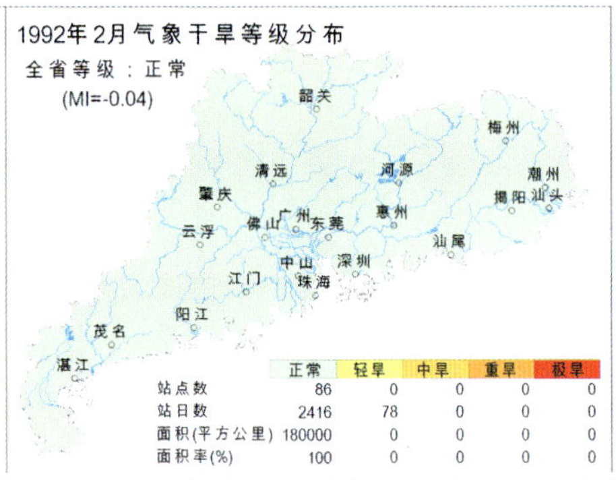

	正常	轻旱	中旱	重旱	极旱
站点数	86	0	0	0	0
站日数	2416	78	0	0	0
面积(平方公里)	180000	0	0	0	0
面积率(%)	100	0	0	0	0

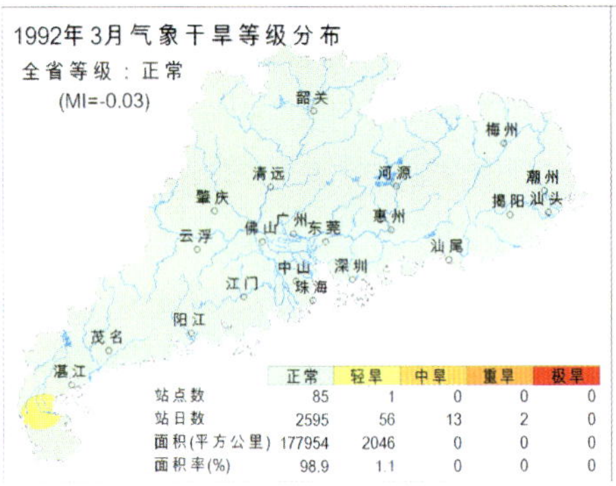

	正常	轻旱	中旱	重旱	极旱
站点数	85	1	0	0	0
站日数	2595	56	13	2	0
面积(平方公里)	177954	2046	0	0	0
面积率(%)	98.9	1.1	0	0	0

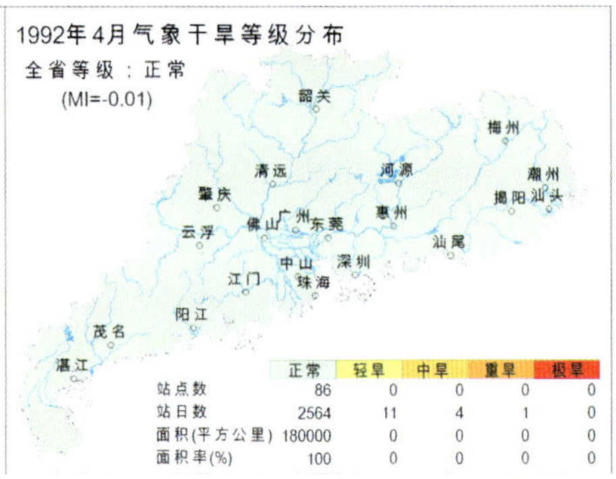

	正常	轻旱	中旱	重旱	极旱
站点数	86	0	0	0	0
站日数	2564	11	4	1	0
面积(平方公里)	180000	0	0	0	0
面积率(%)	100	0	0	0	0

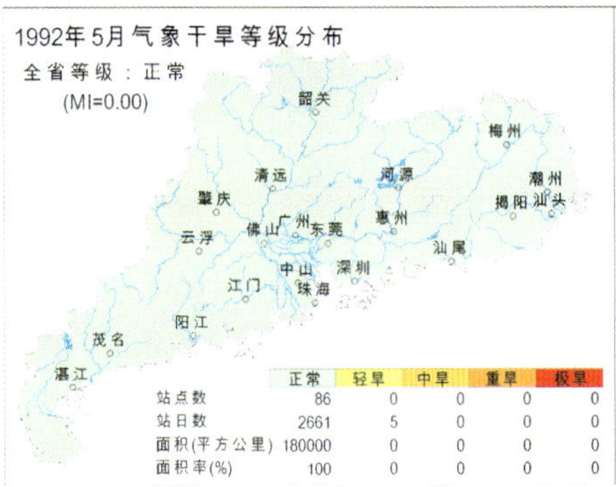

	正常	轻旱	中旱	重旱	极旱
站点数	86	0	0	0	0
站日数	2661	5	0	0	0
面积(平方公里)	180000	0	0	0	0
面积率(%)	100	0	0	0	0

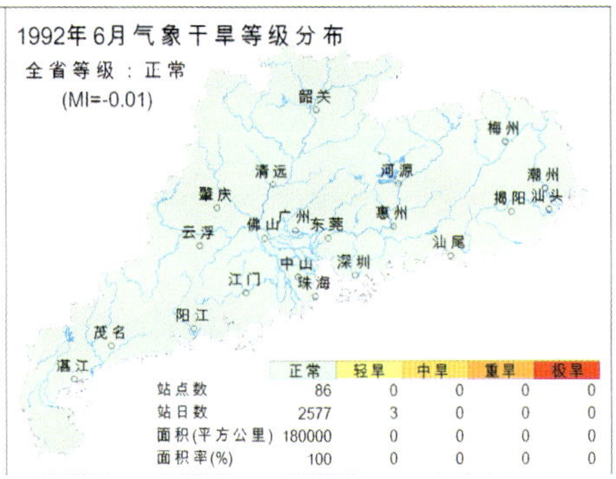

	正常	轻旱	中旱	重旱	极旱
站点数	86	0	0	0	0
站日数	2577	3	0	0	0
面积(平方公里)	180000	0	0	0	0
面积率(%)	100	0	0	0	0

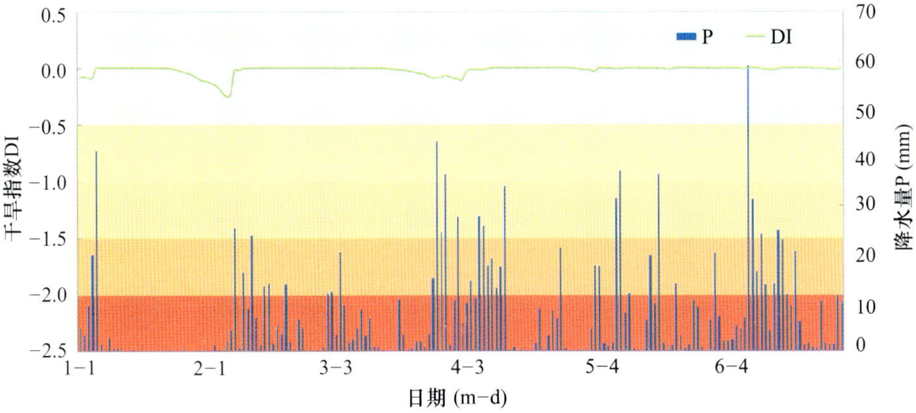

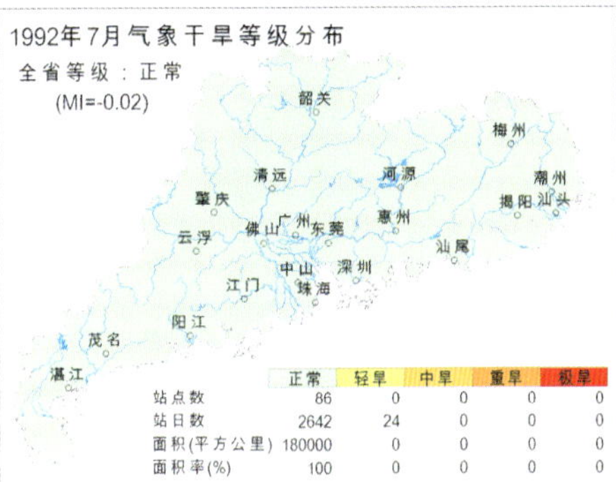

	正常	轻旱	中旱	重旱	极旱
站点数	86	0	0	0	0
站日数	2642	24	0	0	0
面积(平方公里)	180000	0	0	0	0
面积率(%)	100	0	0	0	0

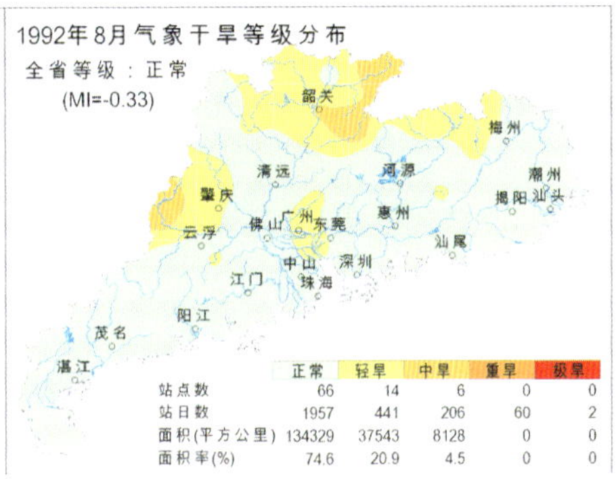

	正常	轻旱	中旱	重旱	极旱
站点数	66	14	6	0	0
站日数	1957	441	206	60	2
面积(平方公里)	134329	37543	8128	0	0
面积率(%)	74.6	20.9	4.5	0	0

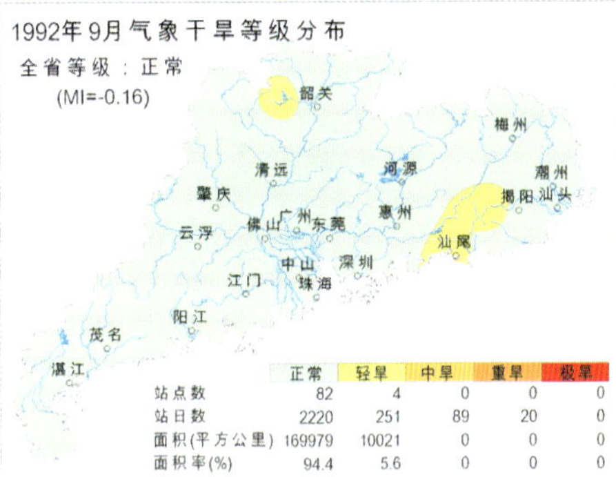

	正常	轻旱	中旱	重旱	极旱
站点数	82	4	0	0	0
站日数	2220	251	89	20	0
面积(平方公里)	169979	10021	0	0	0
面积率(%)	94.4	5.6	0	0	0

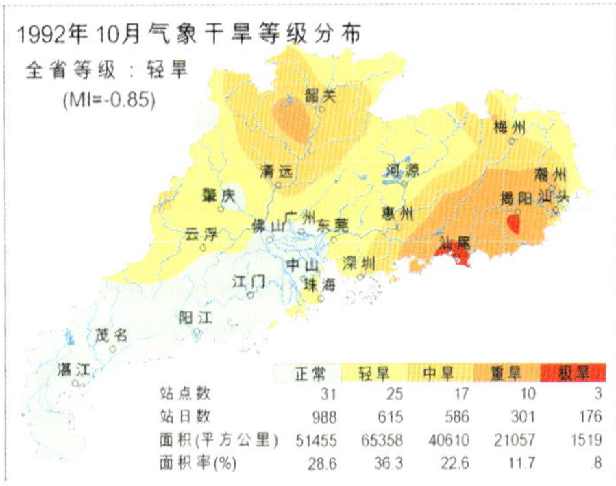

	正常	轻旱	中旱	重旱	极旱
站点数	31	25	17	10	3
站日数	988	615	586	301	176
面积(平方公里)	51455	65358	40610	21057	1519
面积率(%)	28.6	36.3	22.6	11.7	8

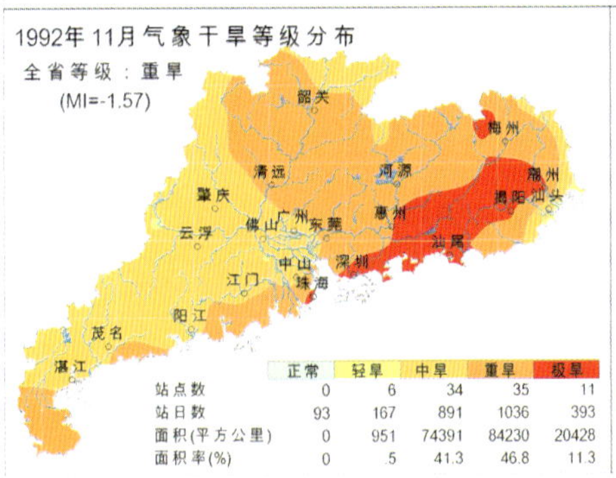

	正常	轻旱	中旱	重旱	极旱
站点数	0	6	34	35	11
站日数	93	167	891	1036	393
面积(平方公里)	0	951	74391	84230	20428
面积率(%)	0	.5	41.3	46.8	11.3

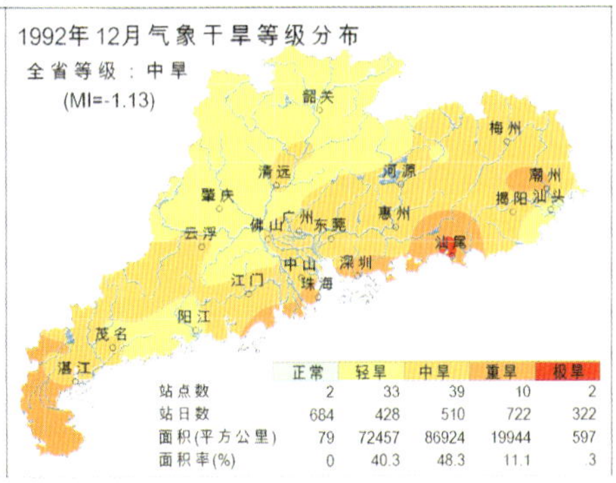

	正常	轻旱	中旱	重旱	极旱
站点数	2	33	39	10	2
站日数	684	428	510	722	322
面积(平方公里)	79	72457	86924	19944	597
面积率(%)	0	40.3	48.3	11.1	3

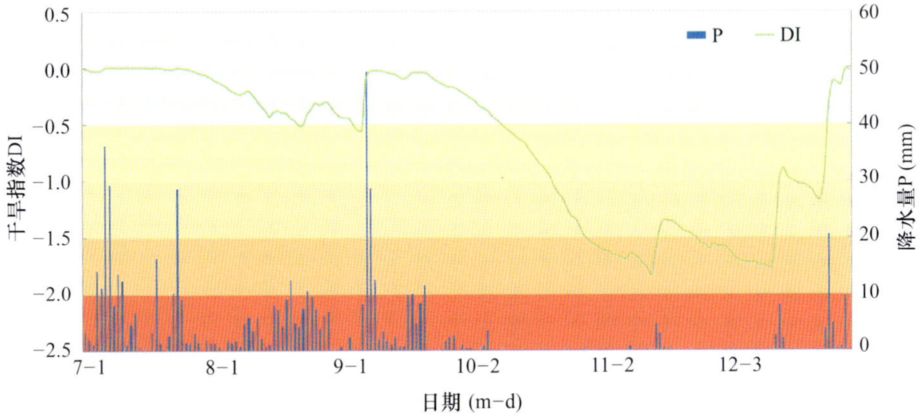

1993 年逐月气象干旱等级分布图

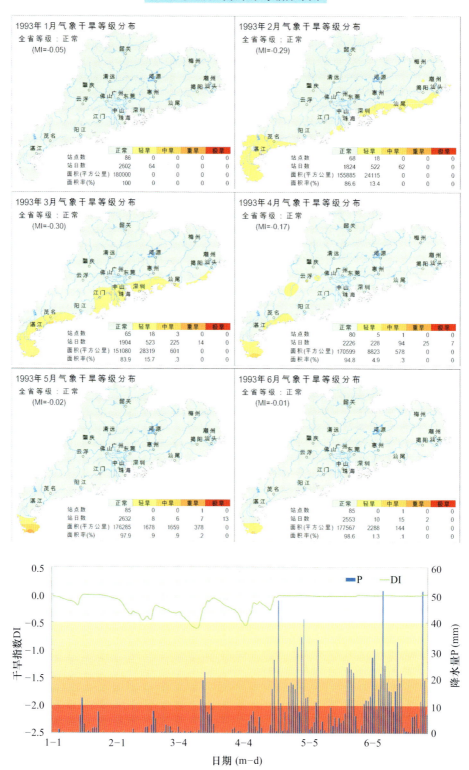

1993年1月气象干旱等级分布

全省等级：正常

(MI=-0.05)

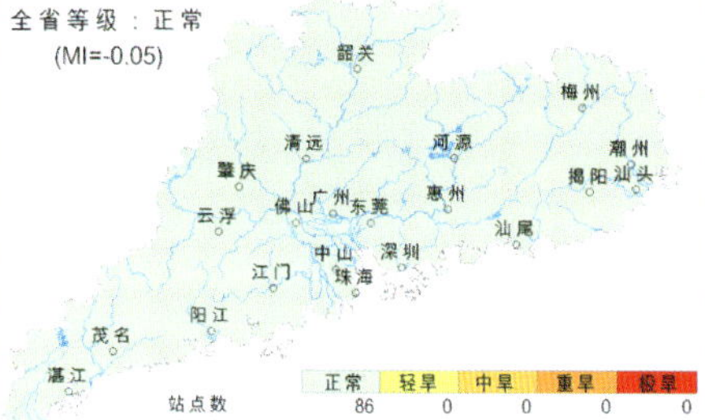

	正常	轻旱	中旱	重旱	极旱
站点数	86	0	0	0	0
站日数	2602	64	0	0	0
面积(平方公里)	180000	0	0	0	0
面积率(%)	100	0	0	0	0

1993年2月气象干旱等级分布

全省等级：正常

(MI=-0.29)

	正常	轻旱	中旱	重旱	极旱
站点数	68	18	0	0	0
站日数	1824	522	62	0	0
面积(平方公里)	155885	24115	0	0	0
面积率(%)	86.6	13.4	0	0	0

1993年3月气象干旱等级分布

全省等级：正常

(MI=-0.30)

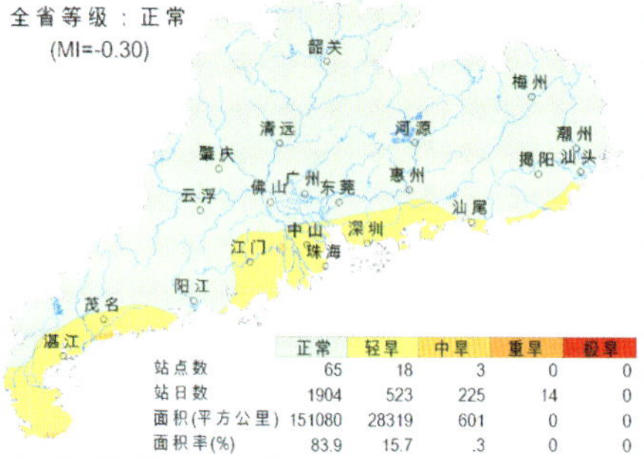

	正常	轻旱	中旱	重旱	极旱
站点数	65	18	3	0	0
站日数	1904	523	225	14	0
面积(平方公里)	151080	28319	601	0	0
面积率(%)	83.9	15.7	.3	0	0

1993年4月气象干旱等级分布

全省等级：正常

(MI=-0.17)

	正常	轻旱	中旱	重旱	极旱
站点数	80	5	1	0	0
站日数	2226	228	94	25	7
面积(平方公里)	170599	8823	578	0	0
面积率(%)	94.8	4.9	.3	0	0

1993年5月气象干旱等级分布

全省等级：正常

(MI=-0.02)

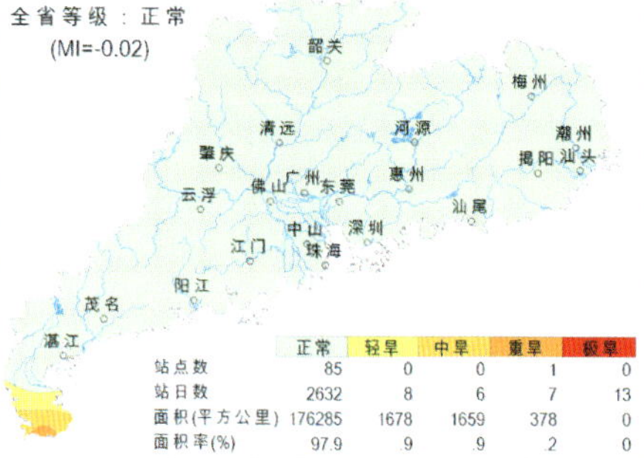

	正常	轻旱	中旱	重旱	极旱
站点数	85	0	0	1	0
站日数	2632	8	6	7	13
面积(平方公里)	176285	1678	1659	378	0
面积率(%)	97.9	.9	.9	.2	0

1993年6月气象干旱等级分布

全省等级：正常

(MI=-0.01)

	正常	轻旱	中旱	重旱	极旱
站点数	85	0	1	0	0
站日数	2553	10	15	2	0
面积(平方公里)	177567	2288	144	0	0
面积率(%)	98.6	1.3	.1	0	0

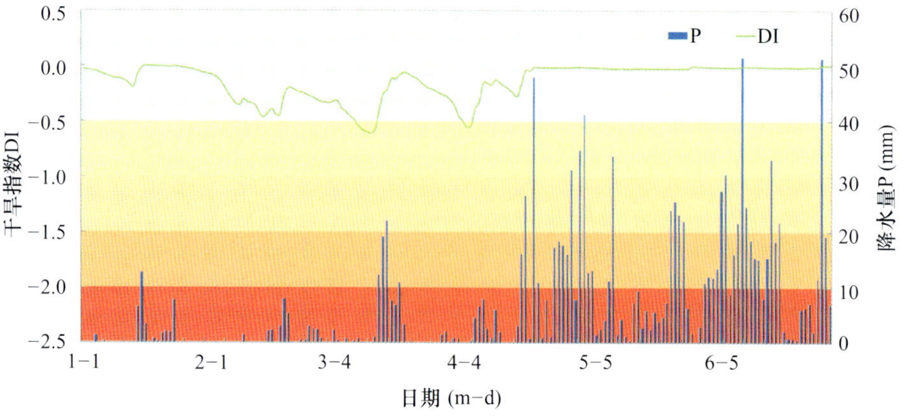

1993年7月气象干旱等级分布
全省等级：正常
(MI=-0.03)

	正常	轻旱	中旱	重旱	极旱
站点数	86	0	0	0	0
站日数	2614	52	0	0	0
面积(平方公里)	180000	0	0	0	0
面积率(%)	100	0	0	0	0

1993年8月气象干旱等级分布
全省等级：正常
(MI=-0.09)

	正常	轻旱	中旱	重旱	极旱
站点数	83	3	0	0	0
站日数	2489	162	15	0	0
面积(平方公里)	178881	1119	0	0	0
面积率(%)	99.4	.6	0	0	0

1993年9月气象干旱等级分布
全省等级：正常
(MI=-0.16)

	正常	轻旱	中旱	重旱	极旱
站点数	80	6	0	0	0
站日数	2212	271	90	7	0
面积(平方公里)	172105	7895	0	0	0
面积率(%)	95.6	4.4	0	0	0

1993年10月气象干旱等级分布
全省等级：正常
(MI=-0.06)

	正常	轻旱	中旱	重旱	极旱
站点数	82	4	0	0	0
站日数	2517	119	30	0	0
面积(平方公里)	177488	2512	0	0	0
面积率(%)	98.6	1.4	0	0	0

1993年11月气象干旱等级分布
全省等级：正常
(MI=-0.11)

	正常	轻旱	中旱	重旱	极旱
站点数	80	5	1	0	0
站日数	2330	177	60	13	0
面积(平方公里)	163860	16122	19	0	0
面积率(%)	91	9	0	0	0

1993年12月气象干旱等级分布
全省等级：正常
(MI=-0.20)

	正常	轻旱	中旱	重旱	极旱
站点数	76	9	1	0	0
站日数	2245	332	85	4	0
面积(平方公里)	159451	20321	228	0	0
面积率(%)	88.6	11.3	.1	0	0

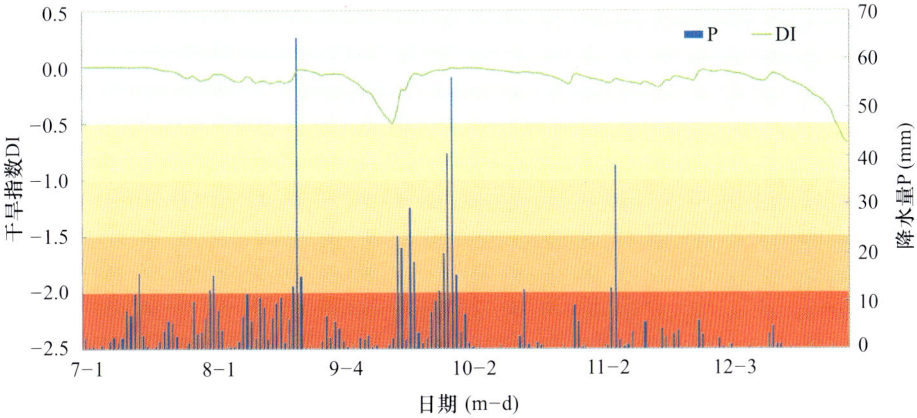

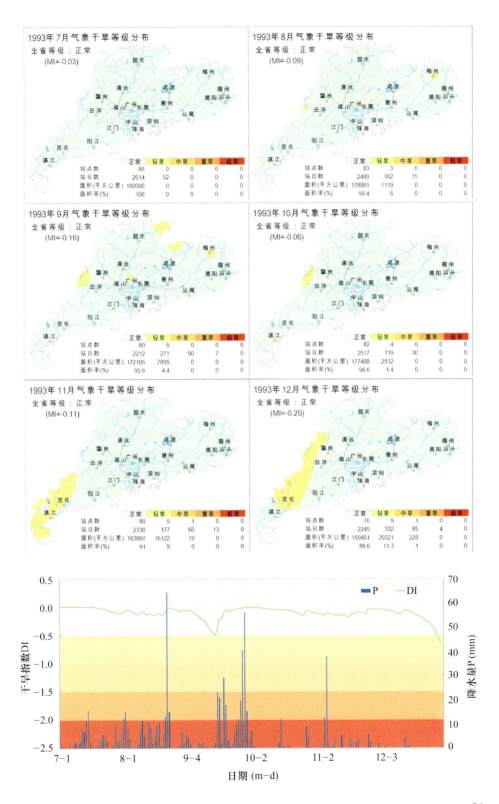

1994 年逐月气象干旱等级分布图

1994年 1月气象干旱等级分布

全省等级：轻旱

(MI=-0.93)

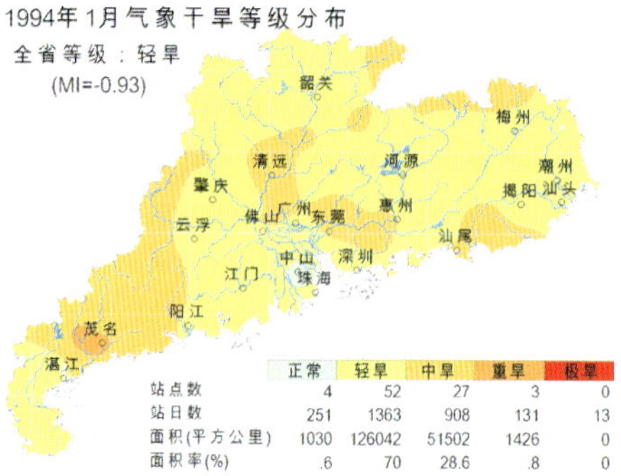

	正常	轻旱	中旱	重旱	极旱
站点数	4	52	27	3	0
站日数	251	1363	908	131	13
面积(平方公里)	1030	126042	51502	1426	0
面积率(%)	.6	70	28.6	.8	0

1994年 2月气象干旱等级分布

全省等级：轻旱

(MI=-0.68)

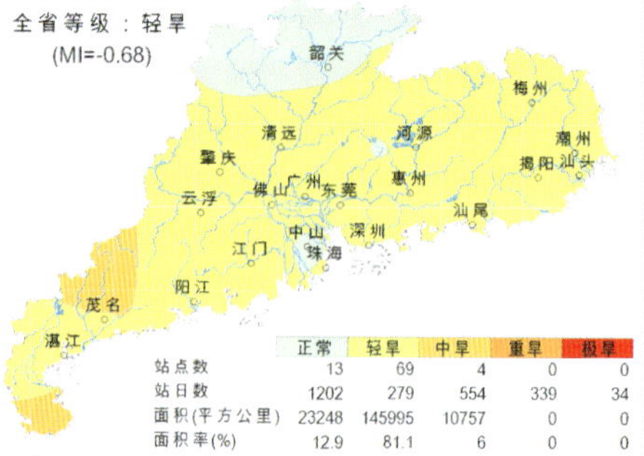

	正常	轻旱	中旱	重旱	极旱
站点数	13	69	4	0	0
站日数	1202	279	554	339	34
面积(平方公里)	23248	145995	10757	0	0
面积率(%)	12.9	81.1	6	0	0

1994年 3月气象干旱等级分布

全省等级：正常

(MI=-0.09)

	正常	轻旱	中旱	重旱	极旱
站点数	83	2	1	0	0
站日数	2480	163	21	2	0
面积(平方公里)	174332	5290	378	0	0
面积率(%)	96.9	2.9	.2	0	0

1994年 4月气象干旱等级分布

全省等级：正常

(MI=-0.21)

	正常	轻旱	中旱	重旱	极旱
站点数	78	7	0	1	0
站日数	2172	326	58	18	6
面积(平方公里)	166493	9746	2657	1105	0
面积率(%)	92.5	5.4	1.5	.6	0

1994年 5月气象干旱等级分布

全省等级：正常

(MI=-0.19)

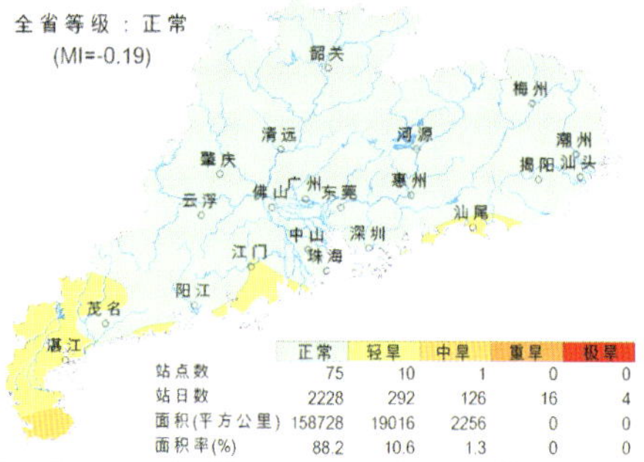

	正常	轻旱	中旱	重旱	极旱
站点数	75	10	1	0	0
站日数	2228	292	126	16	4
面积(平方公里)	158728	19016	2256	0	0
面积率(%)	88.2	10.6	1.3	0	0

1994年 6月气象干旱等级分布

全省等级：正常

(MI=-0.04)

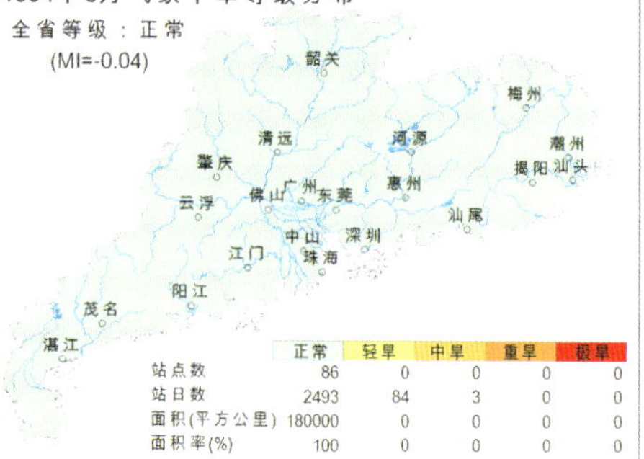

	正常	轻旱	中旱	重旱	极旱
站点数	86	0	0	0	0
站日数	2493	84	3	0	0
面积(平方公里)	180000	0	0	0	0
面积率(%)	100	0	0	0	0

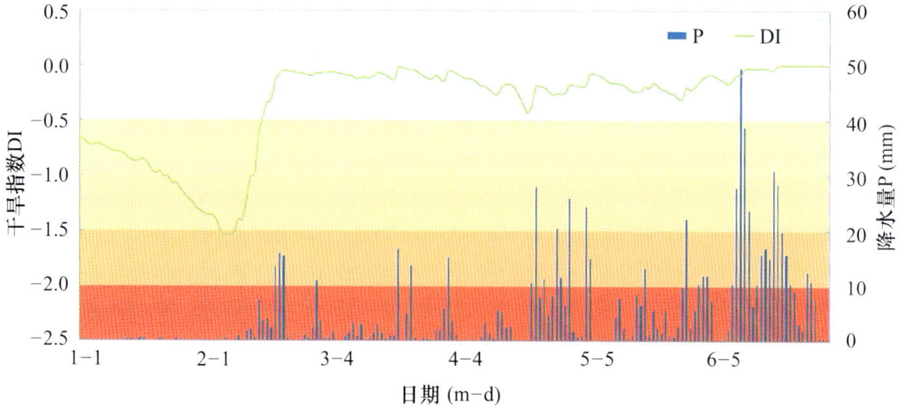

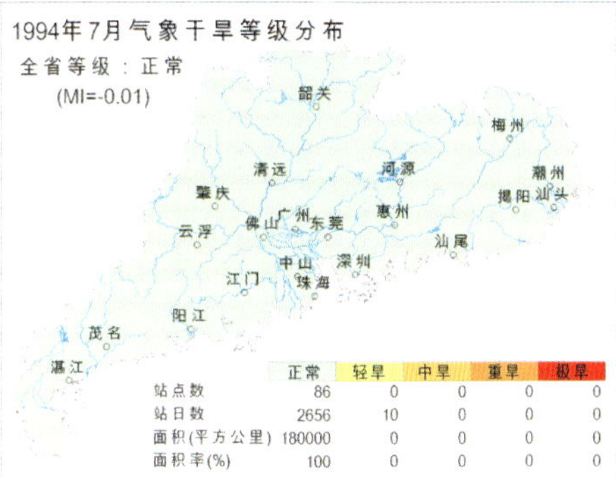

	正常	轻旱	中旱	重旱	极旱
站点数	86	0	0	0	0
站日数	2656	10	0	0	0
面积(平方公里)	180000	0	0	0	0
面积率(%)	100	0	0	0	0

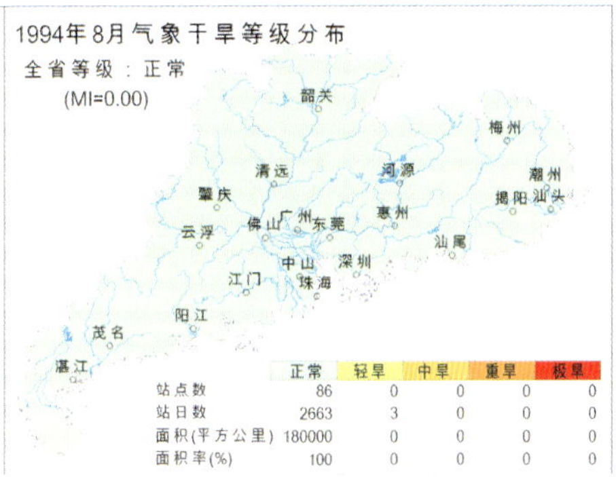

	正常	轻旱	中旱	重旱	极旱
站点数	86	0	0	0	0
站日数	2663	3	0	0	0
面积(平方公里)	180000	0	0	0	0
面积率(%)	100	0	0	0	0

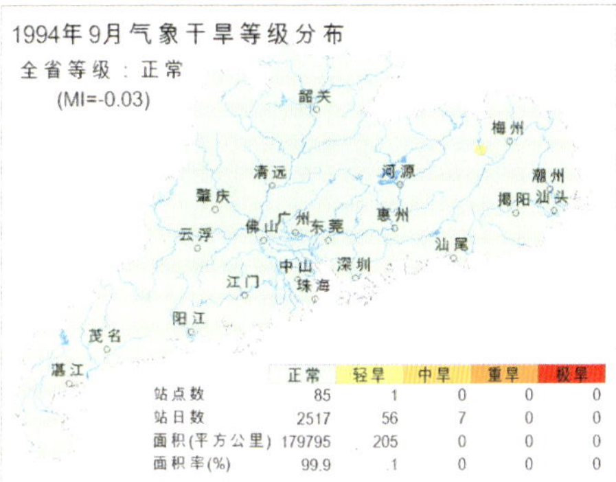

	正常	轻旱	中旱	重旱	极旱
站点数	85	1	0	0	0
站日数	2517	56	7	0	0
面积(平方公里)	179795	205	0	0	0
面积率(%)	99.9	.1	0	0	0

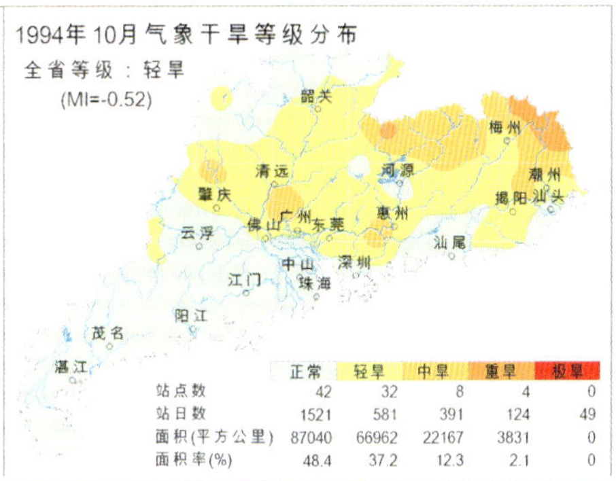

	正常	轻旱	中旱	重旱	极旱
站点数	42	32	8	4	0
站日数	1521	581	391	124	49
面积(平方公里)	87040	66962	22167	3831	0
面积率(%)	48.4	37.2	12.3	2.1	0

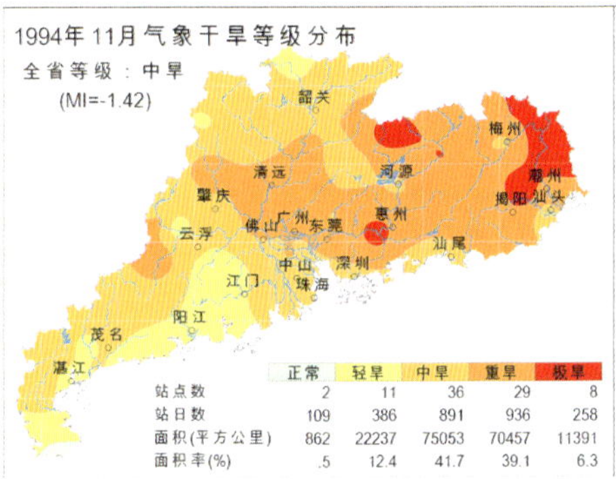

	正常	轻旱	中旱	重旱	极旱
站点数	2	11	36	29	8
站日数	109	386	891	936	258
面积(平方公里)	862	22237	75053	70457	11391
面积率(%)	.5	12.4	41.7	39.1	6.3

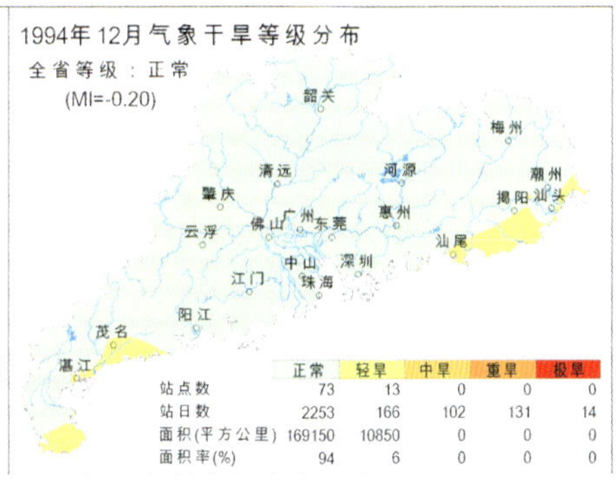

	正常	轻旱	中旱	重旱	极旱
站点数	73	13	0	0	0
站日数	2253	166	102	131	14
面积(平方公里)	169150	10850	0	0	0
面积率(%)	94	6	0	0	0

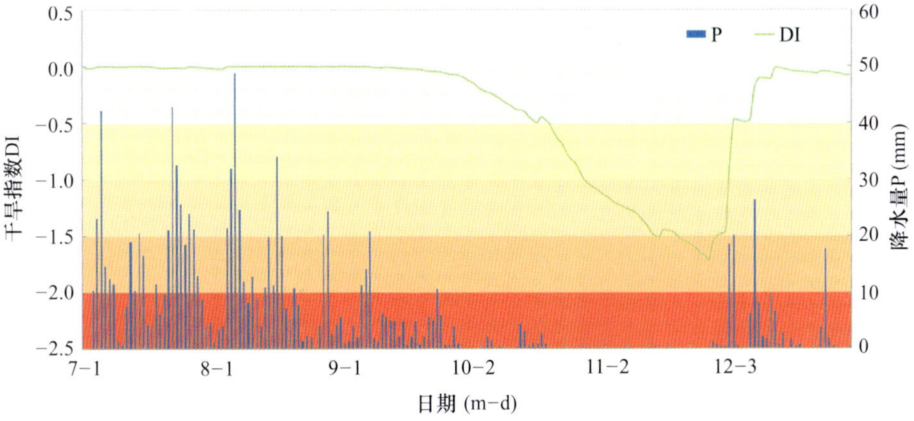

1995 年逐月气象干旱等级分布图

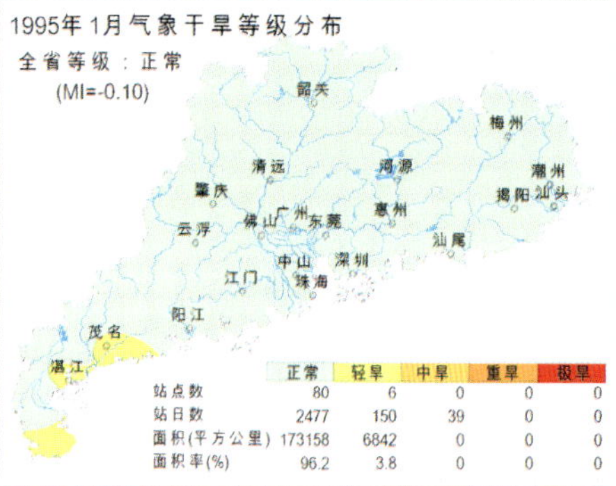

	正常	轻旱	中旱	重旱	极旱
站点数	80	6	0	0	0
站日数	2477	150	39	0	0
面积(平方公里)	173158	6842	0	0	0
面积率(%)	96.2	3.8	0	0	0

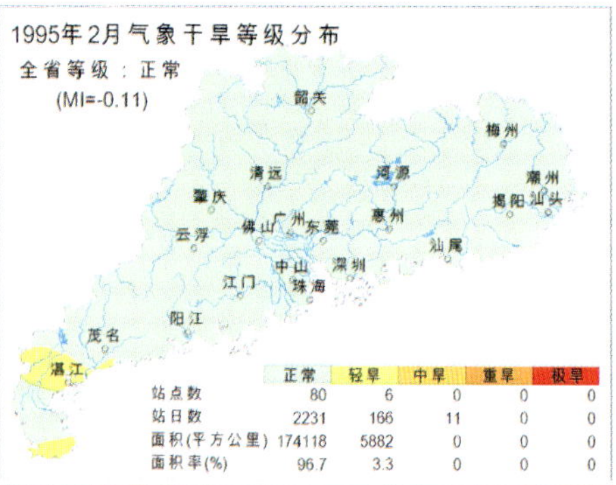

	正常	轻旱	中旱	重旱	极旱
站点数	80	6	0	0	0
站日数	2231	166	11	0	0
面积(平方公里)	174118	5882	0	0	0
面积率(%)	96.7	3.3	0	0	0

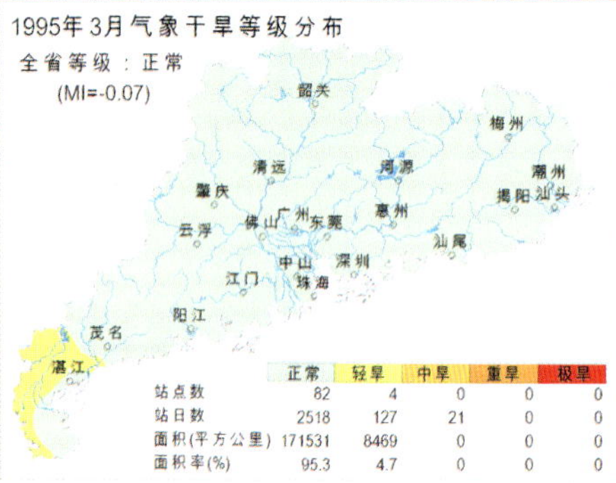

	正常	轻旱	中旱	重旱	极旱
站点数	82	4	0	0	0
站日数	2518	127	21	0	0
面积(平方公里)	171531	8469	0	0	0
面积率(%)	95.3	4.7	0	0	0

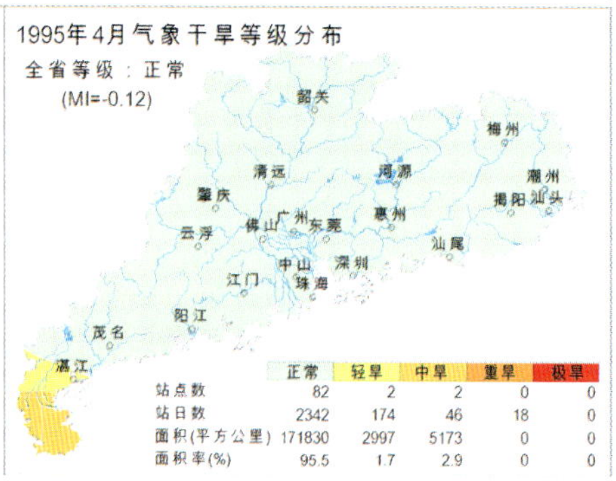

	正常	轻旱	中旱	重旱	极旱
站点数	82	2	2	0	0
站日数	2342	174	46	18	0
面积(平方公里)	171830	2997	5173	0	0
面积率(%)	95.5	1.7	2.9	0	0

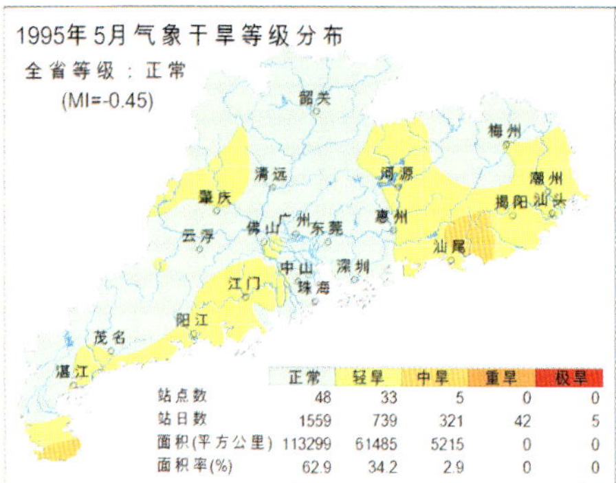

	正常	轻旱	中旱	重旱	极旱
站点数	48	33	5	0	0
站日数	1559	739	321	42	5
面积(平方公里)	113299	61485	5215	0	0
面积率(%)	62.9	34.2	2.9	0	0

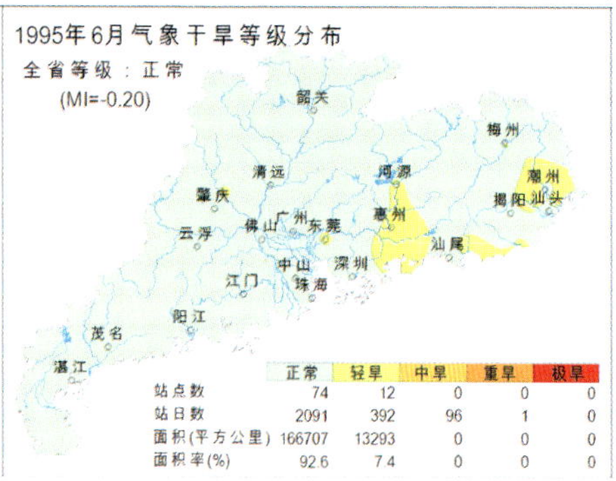

	正常	轻旱	中旱	重旱	极旱
站点数	74	12	0	0	0
站日数	2091	392	96	1	0
面积(平方公里)	166707	13293	0	0	0
面积率(%)	92.6	7.4	0	0	0

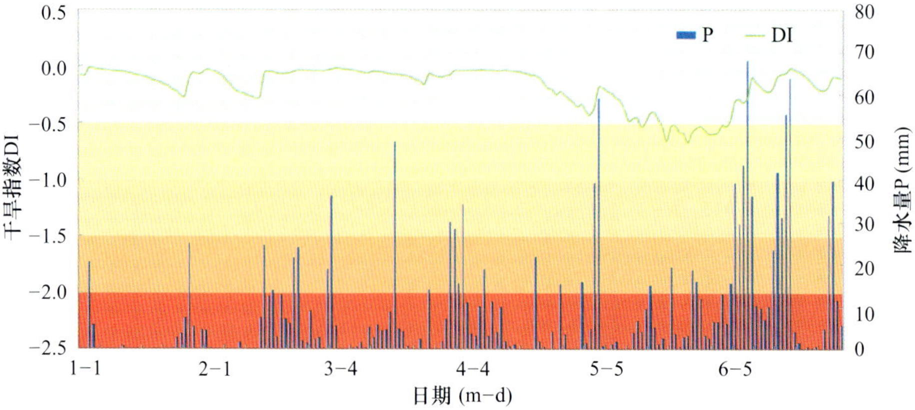

	正常	轻旱	中旱	重旱	极旱
站点数	85	1	0	0	0
站日数	2618	35	13	0	0
面积(平方公里)	178397	1603	0	0	0
面积率(%)	99.1	.9	0	0	0

	正常	轻旱	中旱	重旱	极旱
站点数	86	0	0	0	0
站日数	2666	0	0	0	0
面积(平方公里)	180000	0	0	0	0
面积率(%)	100	0	0	0	0

	正常	轻旱	中旱	重旱	极旱
站点数	77	7	2	0	0
站日数	2298	150	89	43	0
面积(平方公里)	155689	24045	266	0	0
面积率(%)	86.5	13.4	.1	0	0

	正常	轻旱	中旱	重旱	极旱
站点数	78	7	1	0	0
站日数	2396	156	79	35	0
面积(平方公里)	168092	11219	690	0	0
面积率(%)	93.4	6.2	.4	0	0

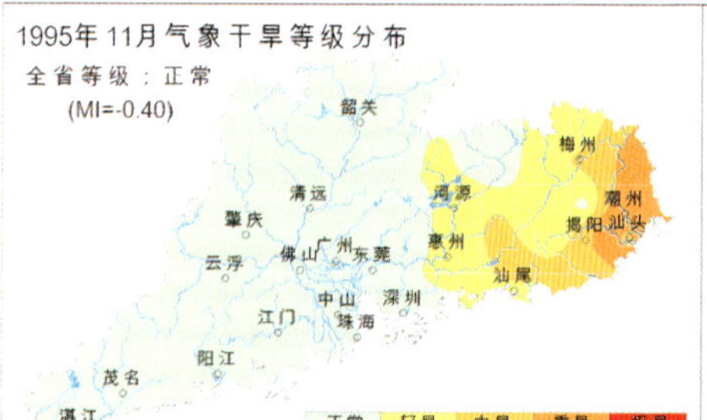

	正常	轻旱	中旱	重旱	极旱
站点数	62	10	7	7	0
站日数	1817	339	195	211	18
面积(平方公里)	132367	28268	11992	7373	0
面积率(%)	73.5	15.7	6.7	4.1	0

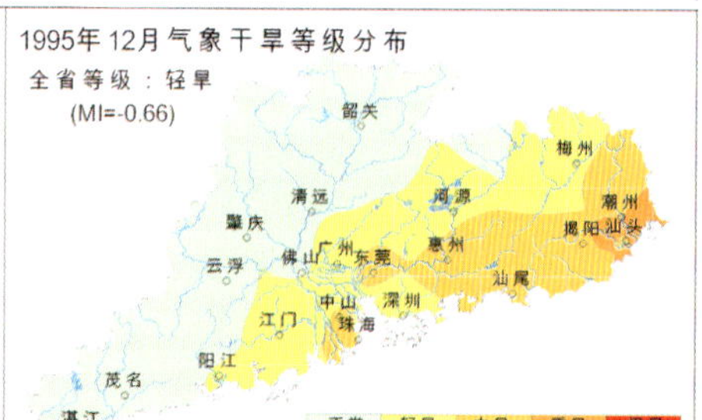

	正常	轻旱	中旱	重旱	极旱
站点数	38	25	17	6	0
站日数	1151	749	550	178	38
面积(平方公里)	95243	48873	32393	3491	0
面积率(%)	52.9	27.2	18	1.9	0

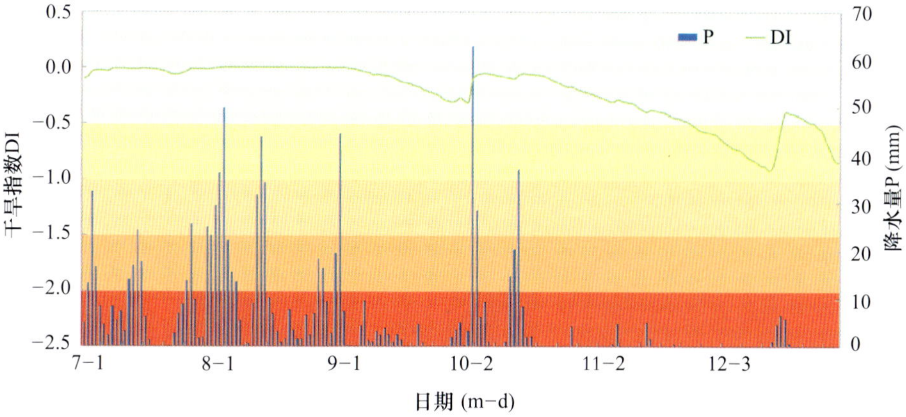

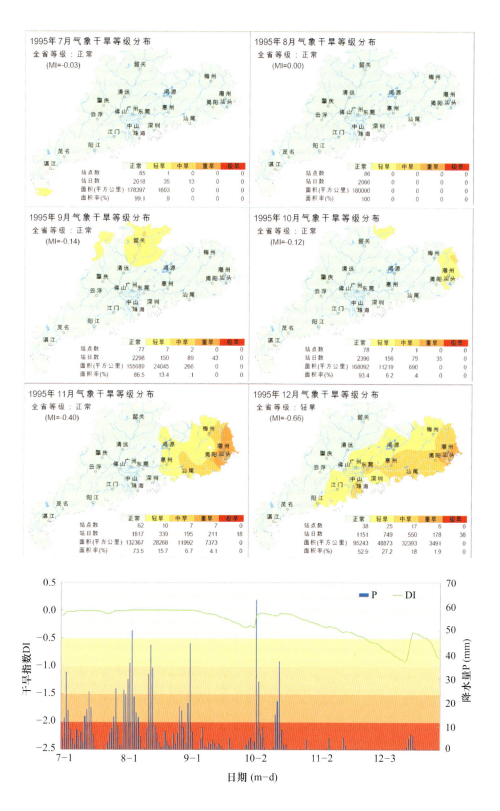

1996 年逐月气象干旱等级分布图

1996年 1月气象干旱等级分布

全省等级：轻旱

(MI=-0.90)

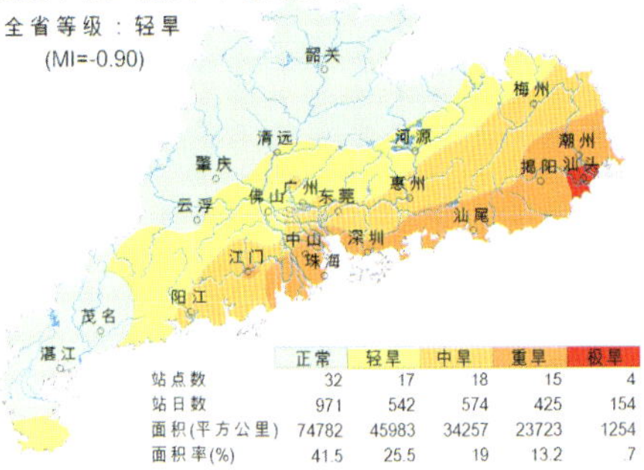

	正常	轻旱	中旱	重旱	极旱
站点数	32	17	18	15	4
站日数	971	542	574	425	154
面积(平方公里)	74782	45983	34257	23723	1254
面积率(%)	41.5	25.5	19	13.2	.7

1996年 2月气象干旱等级分布

全省等级：轻旱

(MI=-0.68)

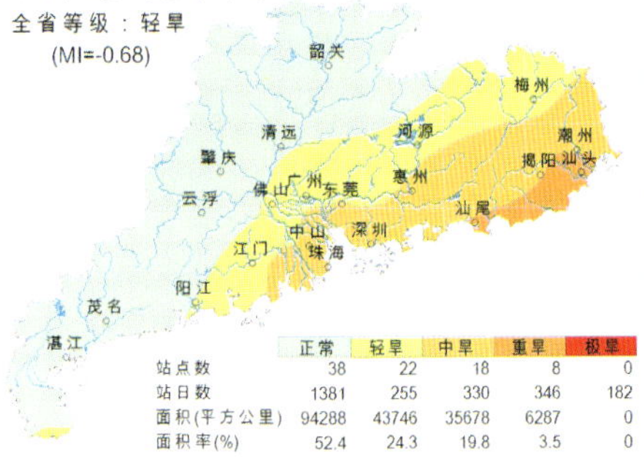

	正常	轻旱	中旱	重旱	极旱
站点数	38	22	18	8	0
站日数	1381	255	330	346	182
面积(平方公里)	94288	43746	35678	6287	0
面积率(%)	52.4	24.3	19.8	3.5	0

1996年 3月气象干旱等级分布

全省等级：正常

(MI=-0.11)

	正常	轻旱	中旱	重旱	极旱
站点数	78	8	0	0	0
站日数	2410	213	43	0	0
面积(平方公里)	173200	6800	0	0	0
面积率(%)	96.2	3.8	0	0	0

1996年 4月气象干旱等级分布

全省等级：正常

(MI=-0.01)

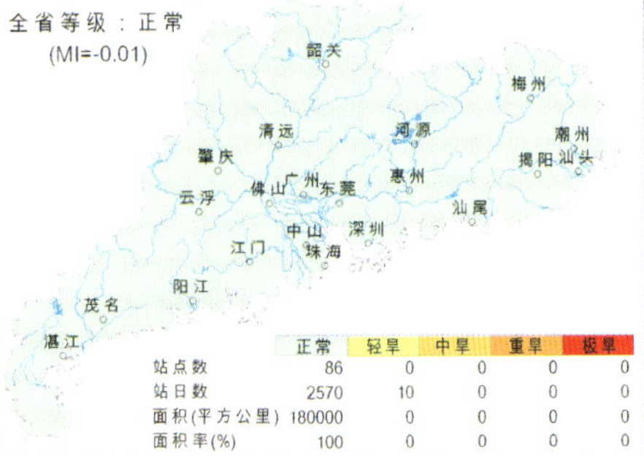

	正常	轻旱	中旱	重旱	极旱
站点数	86	0	0	0	0
站日数	2570	10	0	0	0
面积(平方公里)	180000	0	0	0	0
面积率(%)	100	0	0	0	0

1996年 5月气象干旱等级分布

全省等级：正常

(MI=-0.08)

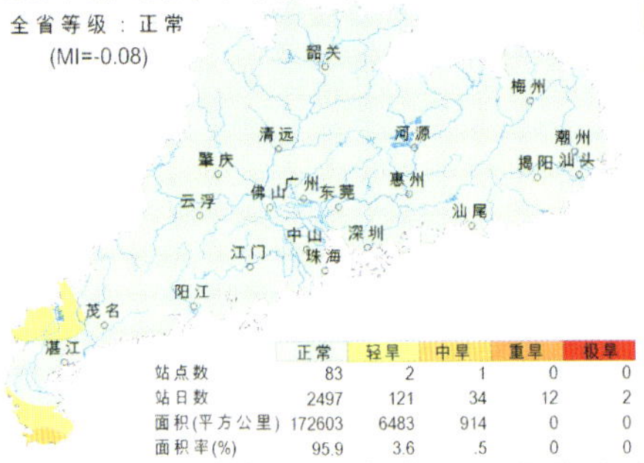

	正常	轻旱	中旱	重旱	极旱
站点数	83	2	1	0	0
站日数	2497	121	34	12	2
面积(平方公里)	172603	6483	914	0	0
面积率(%)	95.9	3.6	.5	0	0

1996年 6月气象干旱等级分布

全省等级：正常

(MI=-0.12)

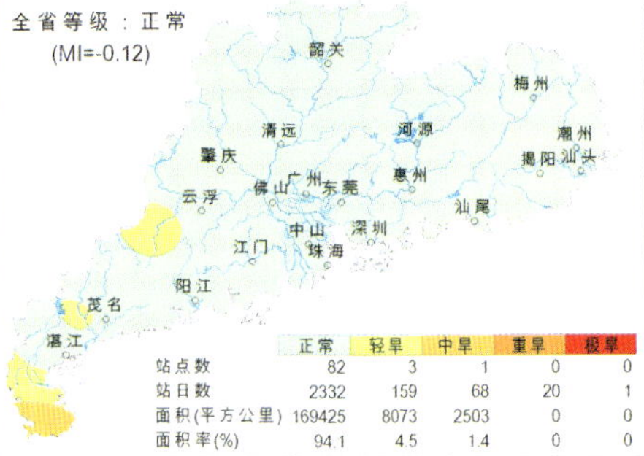

	正常	轻旱	中旱	重旱	极旱
站点数	82	3	1	0	0
站日数	2332	159	68	20	1
面积(平方公里)	169425	8073	2503	0	0
面积率(%)	94.1	4.5	1.4	0	0

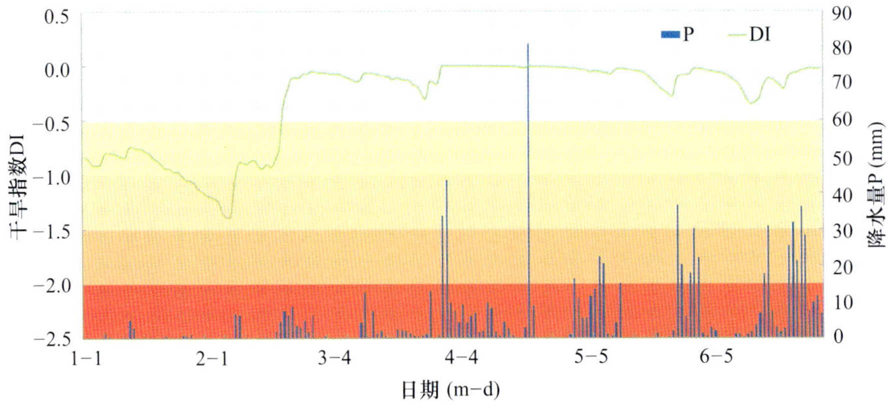

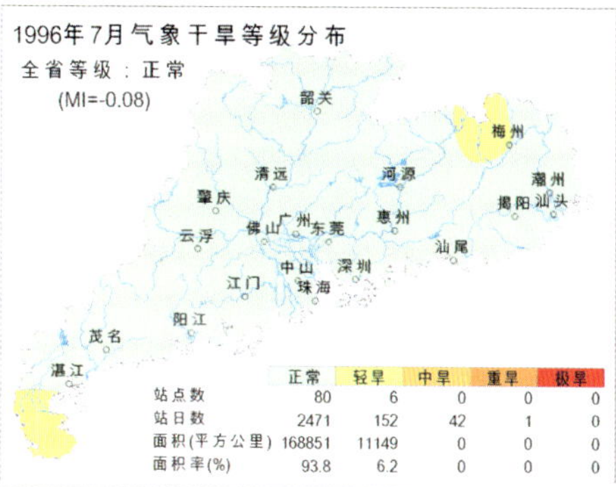

	正常	轻旱	中旱	重旱	极旱
站点数	80	6	0	0	0
站日数	2471	152	42	1	0
面积(平方公里)	168851	11149	0	0	0
面积率(%)	93.8	6.2	0	0	0

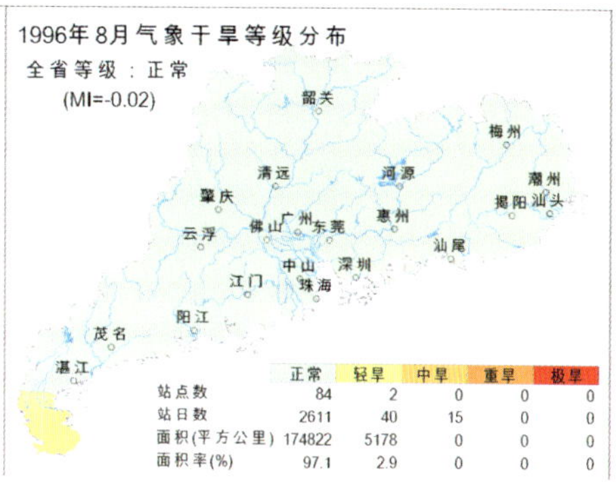

	正常	轻旱	中旱	重旱	极旱
站点数	84	2	0	0	0
站日数	2611	40	15	0	0
面积(平方公里)	174822	5178	0	0	0
面积率(%)	97.1	2.9	0	0	0

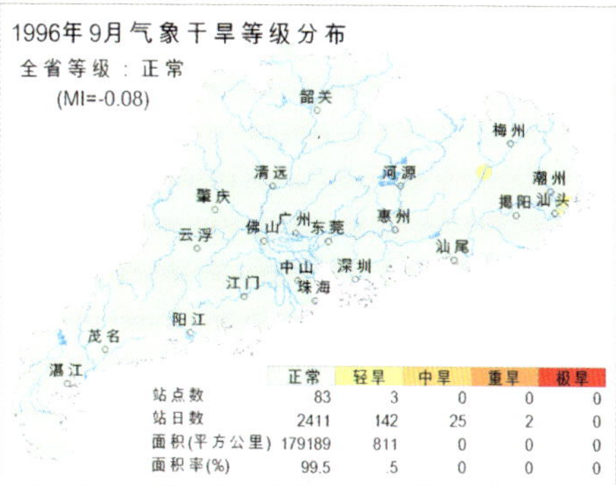

	正常	轻旱	中旱	重旱	极旱
站点数	83	3	0	0	0
站日数	2411	142	25	2	0
面积(平方公里)	179189	811	0	0	0
面积率(%)	99.5	.5	0	0	0

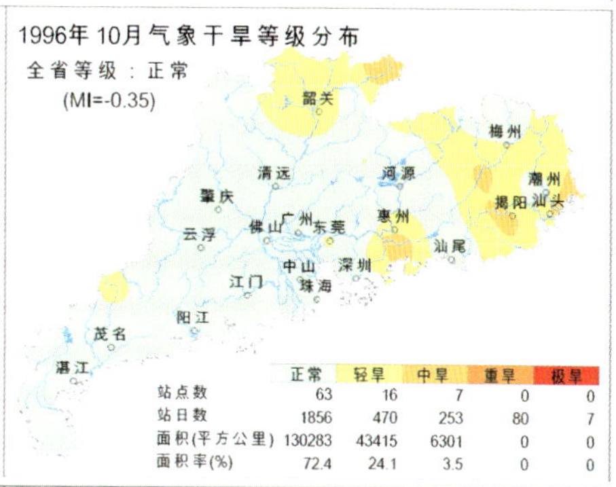

	正常	轻旱	中旱	重旱	极旱
站点数	63	16	7	0	0
站日数	1856	470	253	80	7
面积(平方公里)	130283	43415	6301	0	0
面积率(%)	72.4	24.1	3.5	0	0

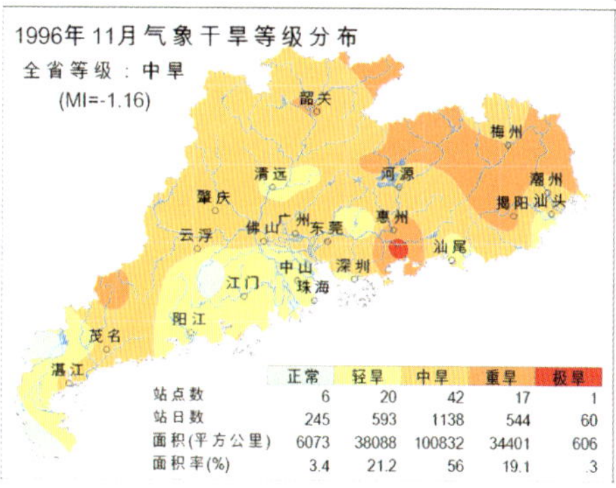

	正常	轻旱	中旱	重旱	极旱
站点数	6	20	42	17	1
站日数	245	593	1138	544	60
面积(平方公里)	6073	38088	100832	34401	606
面积率(%)	3.4	21.2	56	19.1	.3

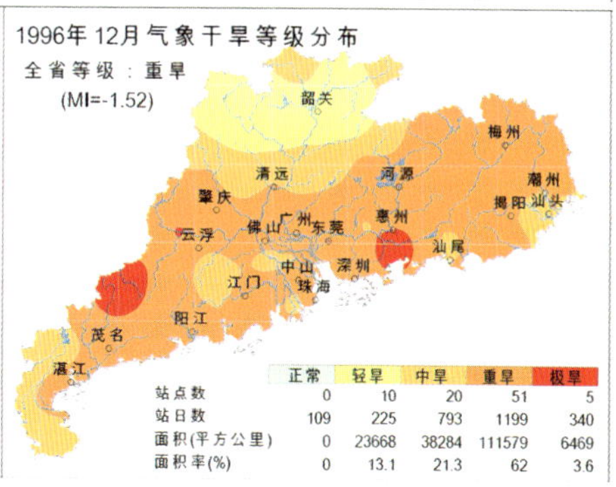

	正常	轻旱	中旱	重旱	极旱
站点数	0	10	20	51	5
站日数	109	225	793	1199	340
面积(平方公里)	0	23668	38284	111579	6469
面积率(%)	0	13.1	21.3	62	3.6

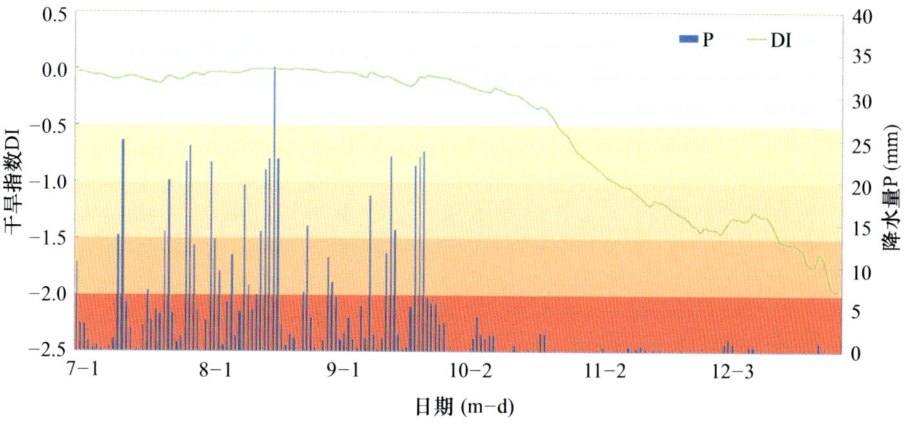

1997 年逐月气象干旱等级分布图

1997年 1月 气象干旱等级分布

全省等级：轻旱

(MI=-0.68)

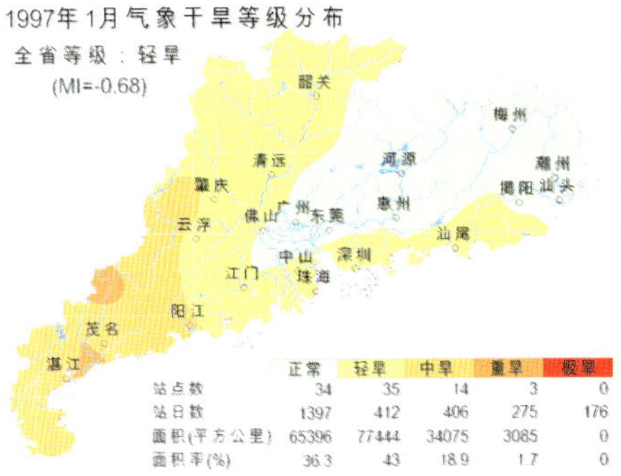

	正常	轻旱	中旱	重旱	极旱
站点数	34	35	14	3	0
站日数	1397	412	406	275	176
面积(平方公里)	65396	77444	34075	3085	0
面积率(%)	36.3	43	18.9	1.7	0

1997年 2月 气象干旱等级分布

全省等级：正常

(MI=0.00)

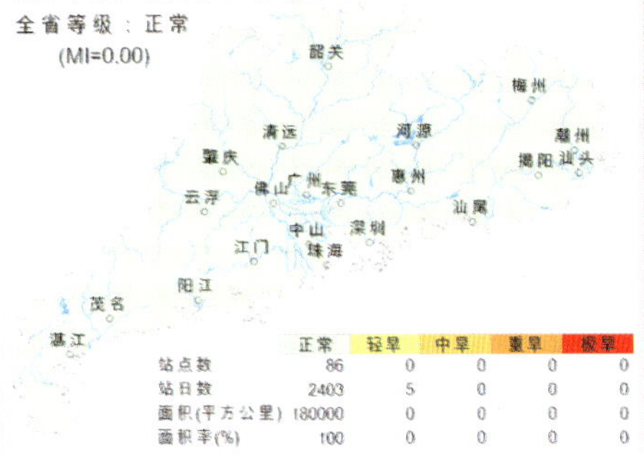

	正常	轻旱	中旱	重旱	极旱
站点数	86	0	0	0	0
站日数	2403	5	0	0	0
面积(平方公里)	180000	0	0	0	0
面积率(%)	100	0	0	0	0

1997年 3月 气象干旱等级分布

全省等级：正常

(MI=-0.01)

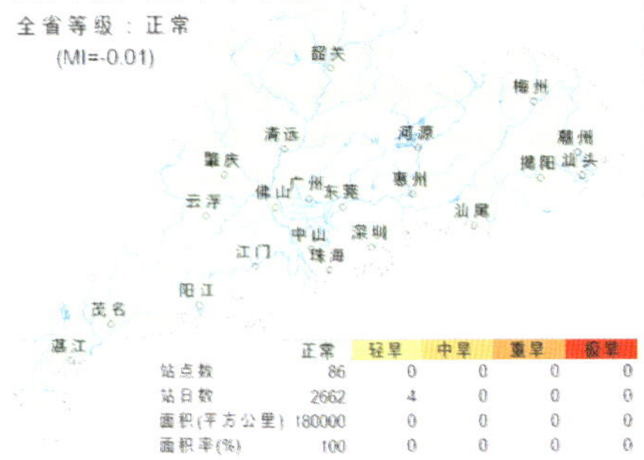

	正常	轻旱	中旱	重旱	极旱
站点数	86	0	0	0	0
站日数	2662	4	0	0	0
面积(平方公里)	180000	0	0	0	0
面积率(%)	100	0	0	0	0

1997年 4月 气象干旱等级分布

全省等级：正常

(MI=-0.01)

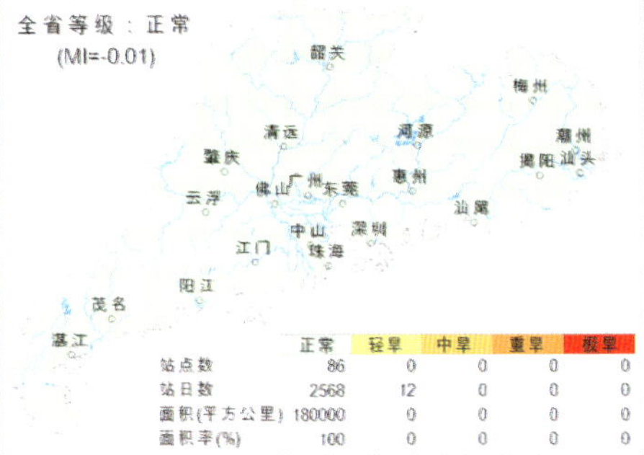

	正常	轻旱	中旱	重旱	极旱
站点数	86	0	0	0	0
站日数	2568	12	0	0	0
面积(平方公里)	180000	0	0	0	0
面积率(%)	100	0	0	0	0

1997年 5月 气象干旱等级分布

全省等级：正常

(MI=0.00)

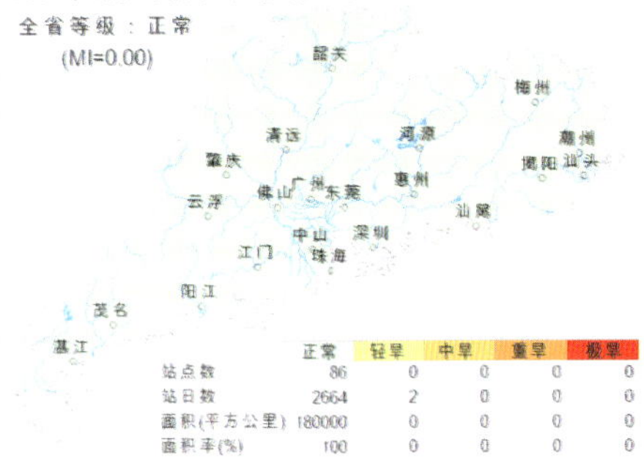

	正常	轻旱	中旱	重旱	极旱
站点数	86	0	0	0	0
站日数	2664	2	0	0	0
面积(平方公里)	180000	0	0	0	0
面积率(%)	100	0	0	0	0

1997年 6月 气象干旱等级分布

全省等级：正常

(MI=-0.02)

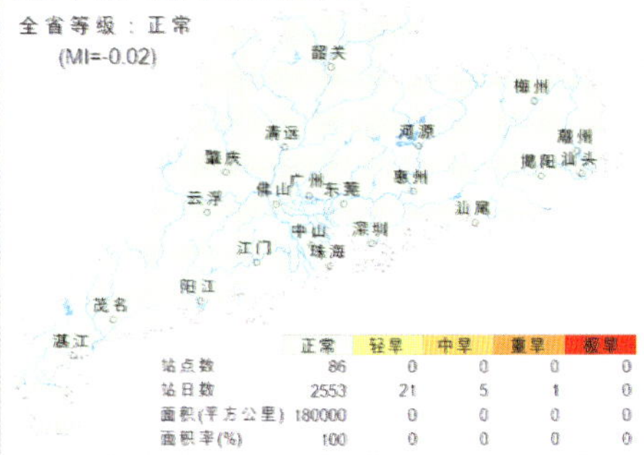

	正常	轻旱	中旱	重旱	极旱
站点数	86	0	0	0	0
站日数	2553	21	5	1	0
面积(平方公里)	180000	0	0	0	0
面积率(%)	100	0	0	0	0

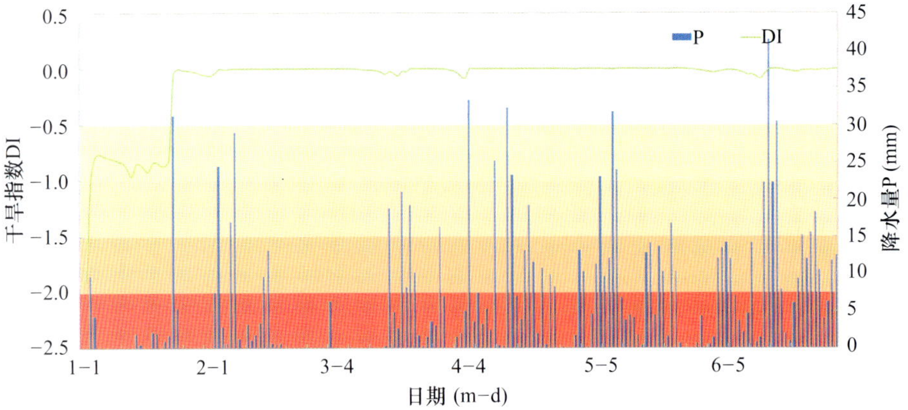

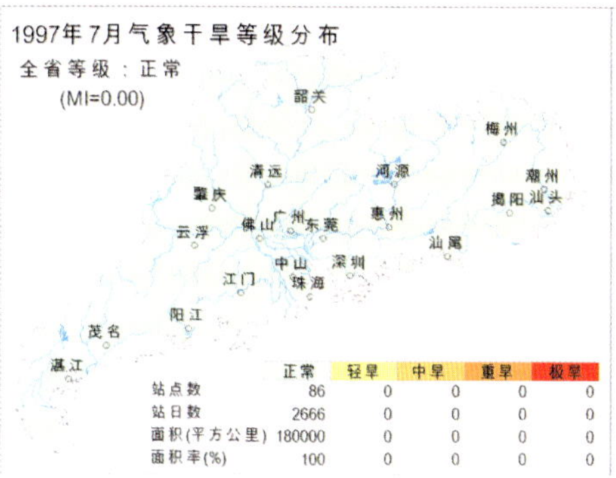

	正常	轻旱	中旱	重旱	极旱
站点数	86	0	0	0	0
站日数	2666	0	0	0	0
面积(平方公里)	180000	0	0	0	0
面积率(%)	100	0	0	0	0

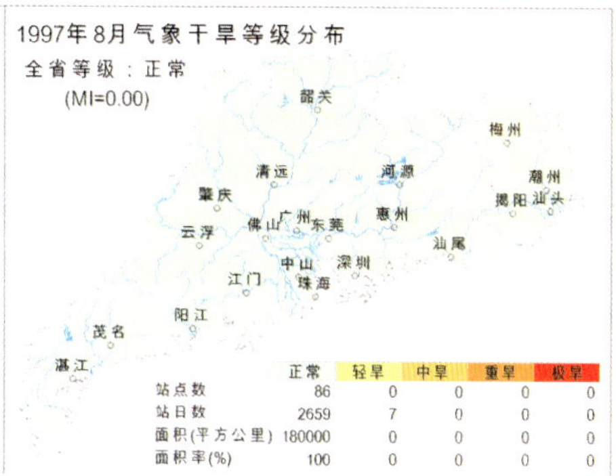

	正常	轻旱	中旱	重旱	极旱
站点数	86	0	0	0	0
站日数	2659	7	0	0	0
面积(平方公里)	180000	0	0	0	0
面积率(%)	100	0	0	0	0

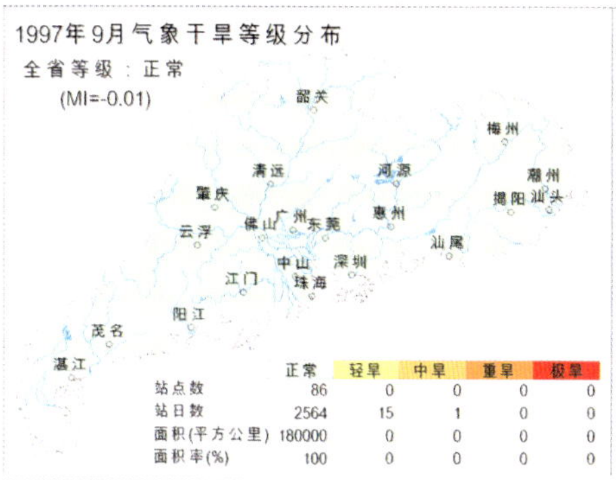

	正常	轻旱	中旱	重旱	极旱
站点数	86	0	0	0	0
站日数	2564	15	1	0	0
面积(平方公里)	180000	0	0	0	0
面积率(%)	100	0	0	0	0

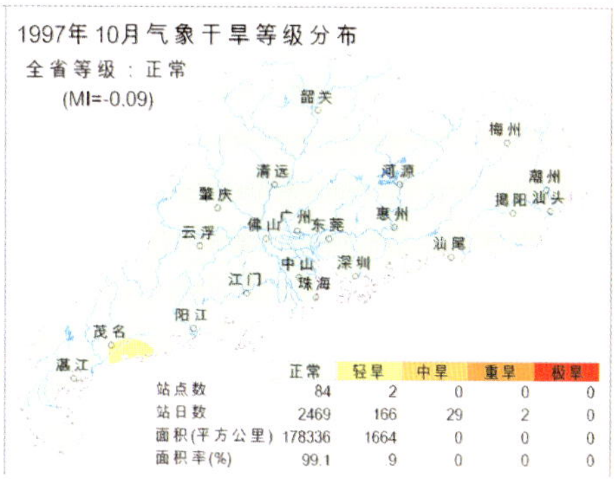

	正常	轻旱	中旱	重旱	极旱
站点数	84	2	0	0	0
站日数	2469	166	29	2	0
面积(平方公里)	178336	1664	0	0	0
面积率(%)	99.1	9	0	0	0

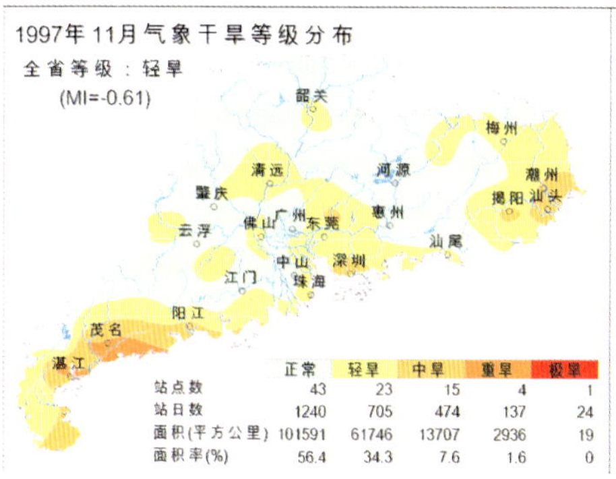

	正常	轻旱	中旱	重旱	极旱
站点数	43	23	15	4	1
站日数	1240	705	474	137	24
面积(平方公里)	101591	61746	13707	2936	19
面积率(%)	56.4	34.3	7.6	1.6	0

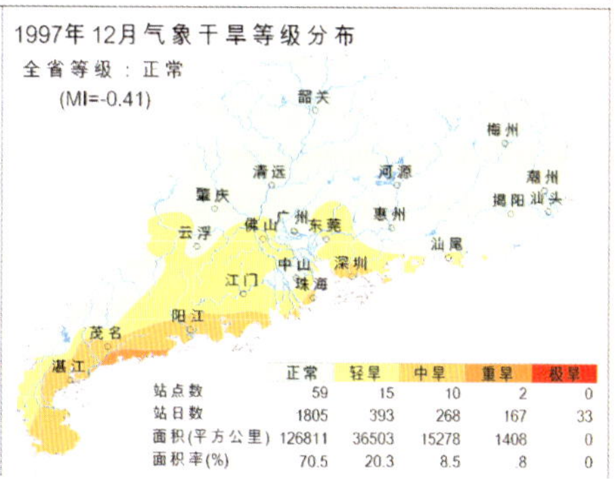

	正常	轻旱	中旱	重旱	极旱
站点数	59	15	10	2	0
站日数	1805	393	268	167	33
面积(平方公里)	126811	36503	15278	1408	0
面积率(%)	70.5	20.3	8.5	8	0

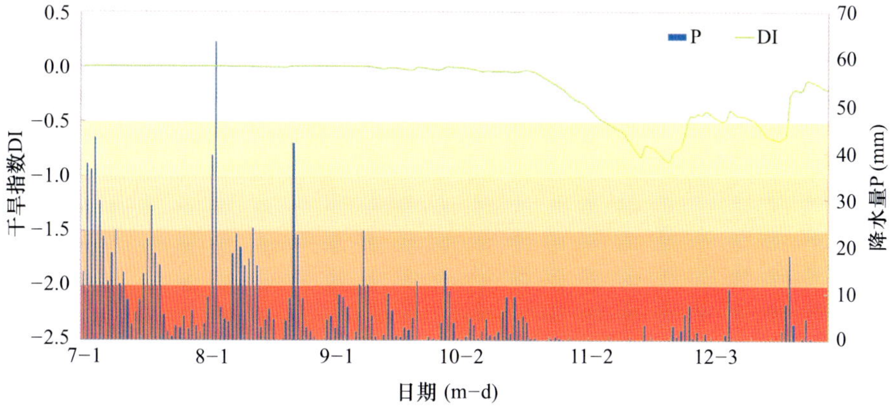

1998 年逐月气象干旱等级分布图

1998年 1月 气象干旱等级分布

全省等级 ： 正常

(MI=-0.15)

	正常	轻旱	中旱	重旱	极旱
站点数	78	7	1	0	0
站日数	2338	199	115	14	0
面积(平方公里)	167882	12118	0	0	0
面积率(%)	93.3	6.7	0	0	0

1998年 2月 气象干旱等级分布

全省等级 ： 正常

(MI=-0.04)

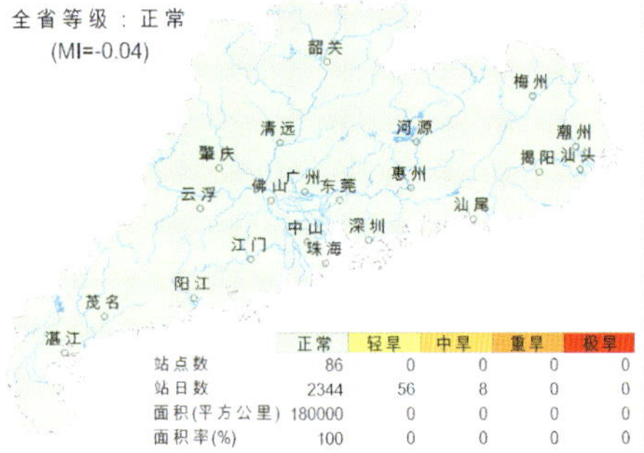

	正常	轻旱	中旱	重旱	极旱
站点数	86	0	0	0	0
站日数	2344	56	8	0	0
面积(平方公里)	180000	0	0	0	0
面积率(%)	100	0	0	0	0

1998年 3月 气象干旱等级分布

全省等级 ： 正常

(MI=-0.11)

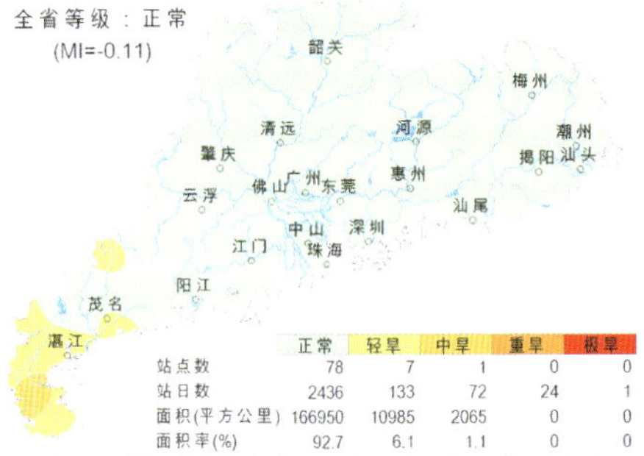

	正常	轻旱	中旱	重旱	极旱
站点数	78	7	1	0	0
站日数	2436	133	72	24	1
面积(平方公里)	166950	10985	2065	0	0
面积率(%)	92.7	6.1	1.1	0	0

1998年 4月 气象干旱等级分布

全省等级 ： 正常

(MI=-0.17)

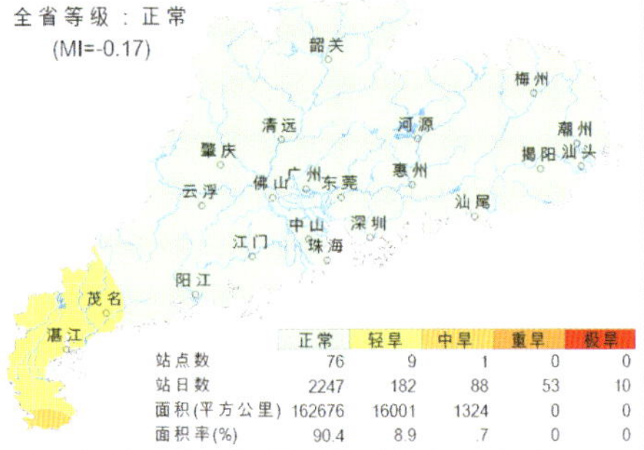

	正常	轻旱	中旱	重旱	极旱
站点数	76	9	1	0	0
站日数	2247	182	88	53	10
面积(平方公里)	162676	16001	1324	0	0
面积率(%)	90.4	8.9	.7	0	0

1998年 5月 气象干旱等级分布

全省等级 ： 正常

(MI=-0.01)

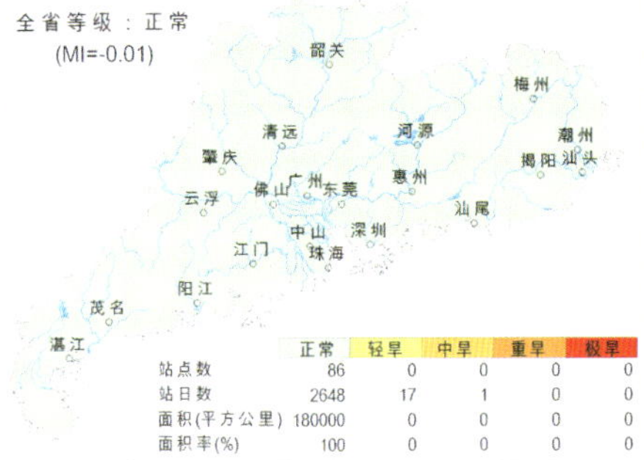

	正常	轻旱	中旱	重旱	极旱
站点数	86	0	0	0	0
站日数	2648	17	1	0	0
面积(平方公里)	180000	0	0	0	0
面积率(%)	100	0	0	0	0

1998年 6月 气象干旱等级分布

全省等级 ： 正常

(MI=-0.01)

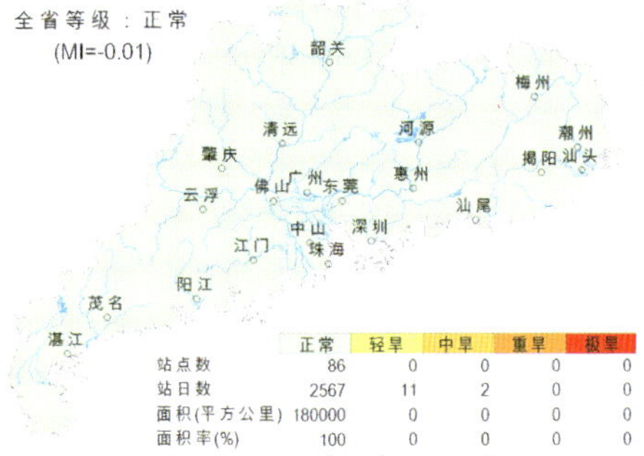

	正常	轻旱	中旱	重旱	极旱
站点数	86	0	0	0	0
站日数	2567	11	2	0	0
面积(平方公里)	180000	0	0	0	0
面积率(%)	100	0	0	0	0

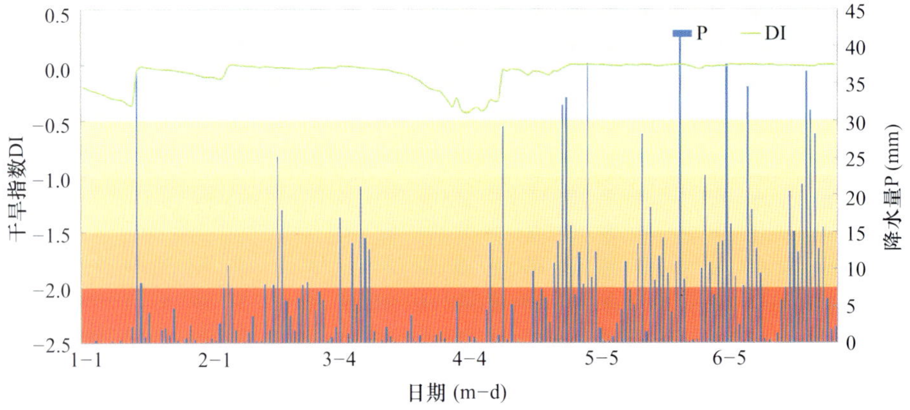

1998年7月气象干旱等级分布

全省等级：正常

(MI=-0.03)

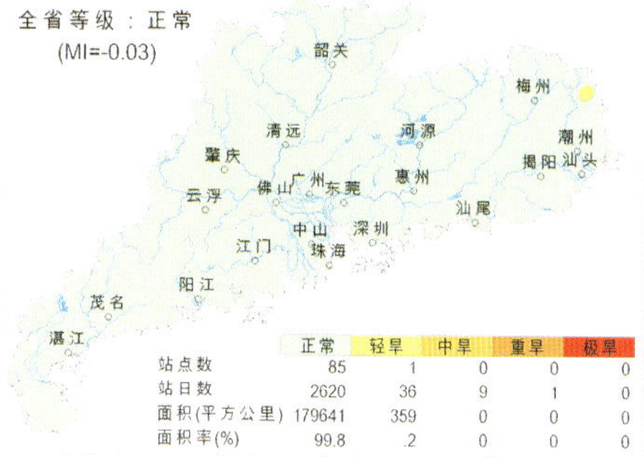

	正常	轻旱	中旱	重旱	极旱
站点数	85	1	0	0	0
站日数	2620	36	9	1	0
面积(平方公里)	179641	359	0	0	0
面积率(%)	99.8	.2	0	0	0

1998年8月气象干旱等级分布

全省等级：正常

(MI=-0.40)

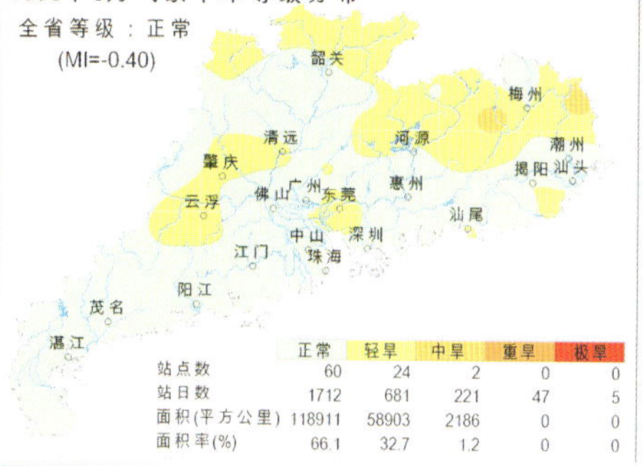

	正常	轻旱	中旱	重旱	极旱
站点数	60	24	2	0	0
站日数	1712	681	221	47	5
面积(平方公里)	118911	58903	2186	0	0
面积率(%)	66.1	32.7	1.2	0	0

1998年9月气象干旱等级分布

全省等级：正常

(MI=-0.23)

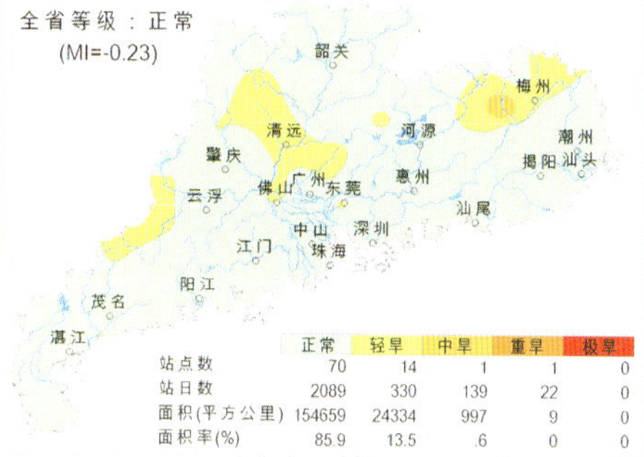

	正常	轻旱	中旱	重旱	极旱
站点数	70	14	1	1	0
站日数	2089	330	139	22	0
面积(平方公里)	154659	24334	997	9	0
面积率(%)	85.9	13.5	.6	0	0

1998年10月气象干旱等级分布

全省等级：轻旱

(MI=-0.74)

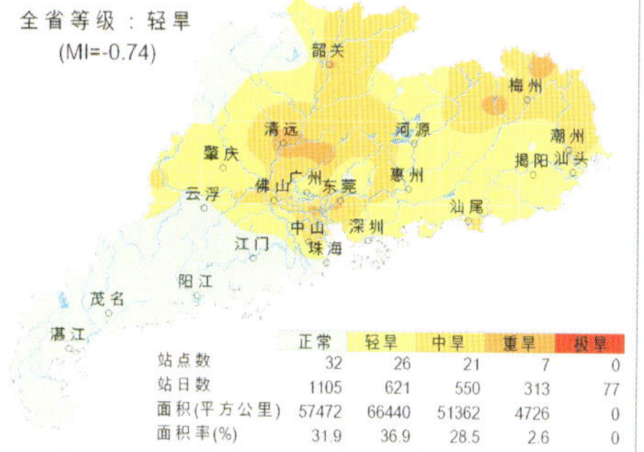

	正常	轻旱	中旱	重旱	极旱
站点数	32	26	21	7	0
站日数	1105	621	550	313	77
面积(平方公里)	57472	66440	51362	4726	0
面积率(%)	31.9	36.9	28.5	2.6	0

1998年11月气象干旱等级分布

全省等级：轻旱

(MI=-0.93)

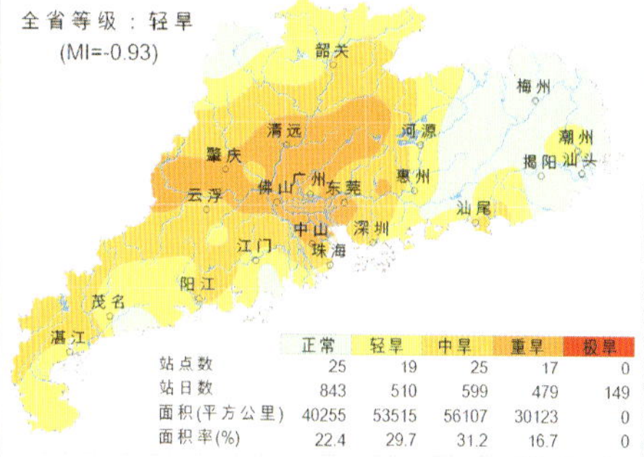

	正常	轻旱	中旱	重旱	极旱
站点数	25	19	25	17	0
站日数	843	510	599	479	149
面积(平方公里)	40255	53515	56107	30123	0
面积率(%)	22.4	29.7	31.2	16.7	0

1998年12月气象干旱等级分布

全省等级：正常

(MI=-0.39)

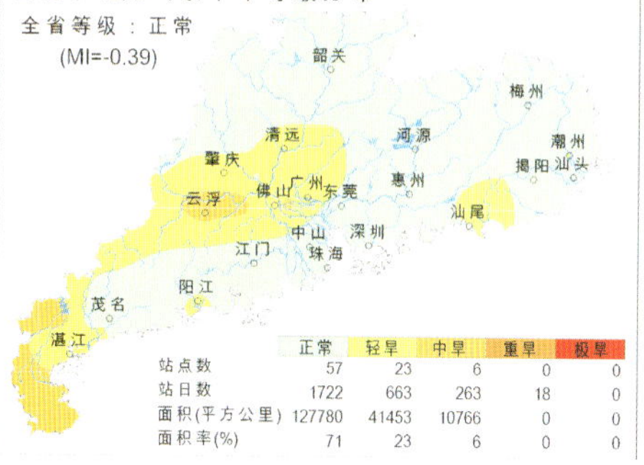

	正常	轻旱	中旱	重旱	极旱
站点数	57	23	6	0	0
站日数	1722	663	263	18	0
面积(平方公里)	127780	41453	10766	0	0
面积率(%)	71	23	6	0	0

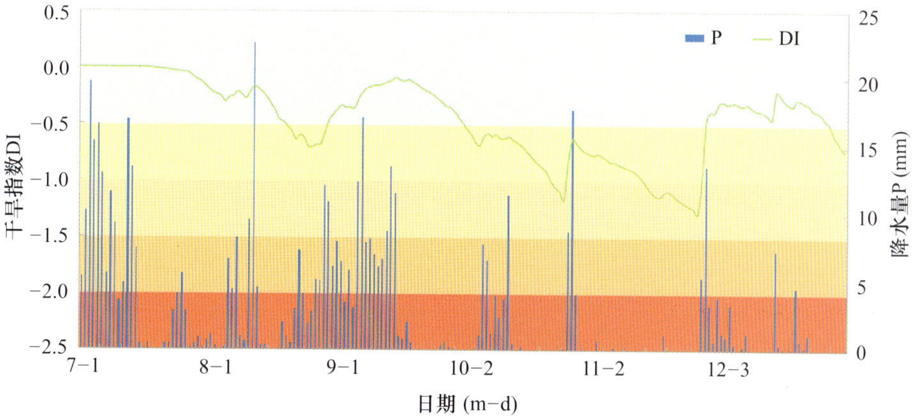

1999 年逐月气象干旱等级分布图

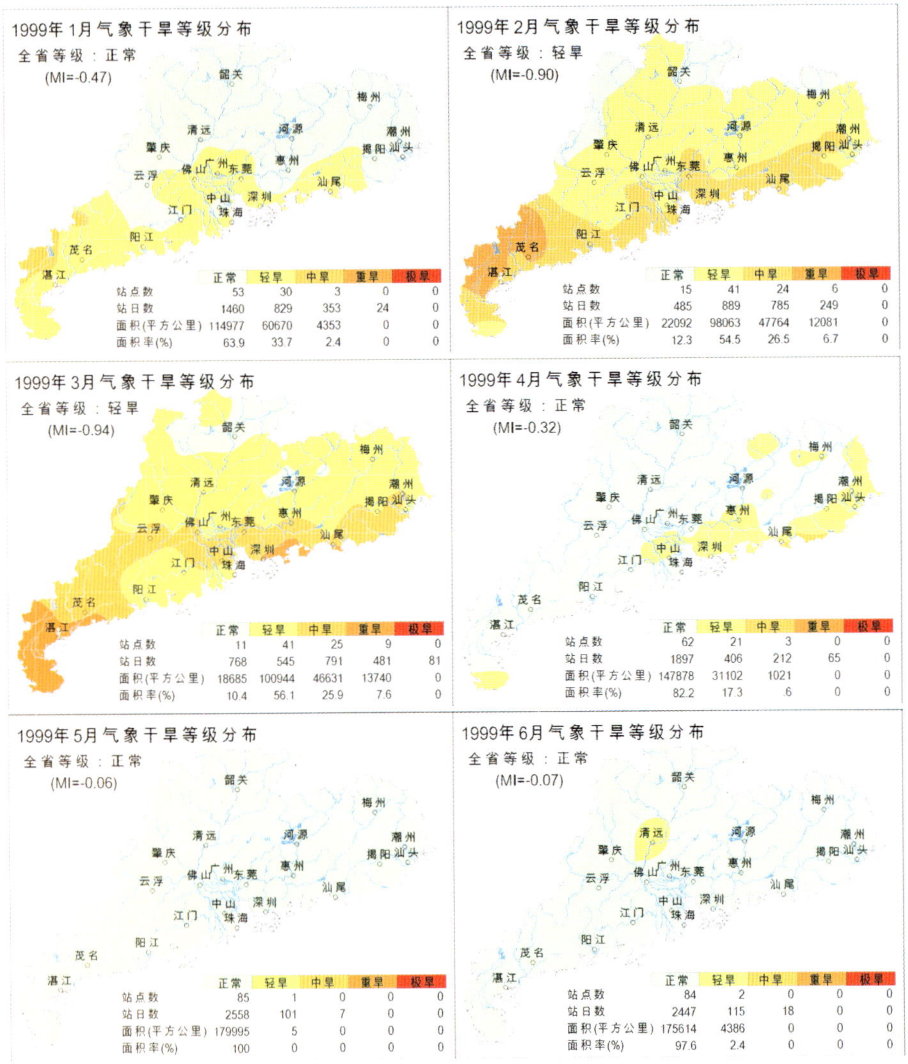

1999年 1月 气 象 干 旱 等 级 分 布
全 省 等 级 ： 正 常
(MI=-0.47)
韶关
梅州
清远
河源
潮州
肇庆
揭阳
汕头
云浮
佛山
广州
东莞
惠州
汕尾
中山
深圳
江门
珠海
阳江
茂名
湛江
	正常	轻旱	中旱	重旱	极旱
站点数	53	30	3	0	0
站日数	1460	829	353	24	0
面积(平方公里)	114977	60670	4353	0	0
面积率(%)	63.9	33.7	2.4	0	0
1999年 2月 气 象 干 旱 等 级 分 布
全 省 等 级 ： 轻 旱
(MI=-0.90)
	正常	轻旱	中旱	重旱	极旱
站点数	15	41	24	6	0
站日数	485	889	785	249	0
面积(平方公里)	22092	98063	47764	12081	0
面积率(%)	12.3	54.5	26.5	6.7	0
1999年 3月 气 象 干 旱 等 级 分 布
全 省 等 级 ： 轻 旱
(MI=-0.94)
	正常	轻旱	中旱	重旱	极旱
站点数	11	41	25	9	0
站日数	768	545	791	481	81
面积(平方公里)	18685	100944	46631	13740	0
面积率(%)	10.4	56.1	25.9	7.6	0
1999年 4月 气 象 干 旱 等 级 分 布
全 省 等 级 ： 正 常
(MI=-0.32)
	正常	轻旱	中旱	重旱	极旱
站点数	62	21	3	0	0
站日数	1897	406	212	65	0
面积(平方公里)	147878	31102	1021	0	0
面积率(%)	82.2	17.3	.6	0	0
1999年 5月 气 象 干 旱 等 级 分 布
全 省 等 级 ： 正 常
(MI=-0.06)
	正常	轻旱	中旱	重旱	极旱
站点数	85	1	0	0	0
站日数	2558	101	7	0	0
面积(平方公里)	179995	5	0	0	0
面积率(%)	100	0	0	0	0
1999年 6月 气 象 干 旱 等 级 分 布
全 省 等 级 ： 正 常
(MI=-0.07)
	正常	轻旱	中旱	重旱	极旱
站点数	84	2	0	0	0
站日数	2447	115	18	0	0
面积(平方公里)	175614	4386	0	0	0
面积率(%)	97.6	2.4	0	0	0

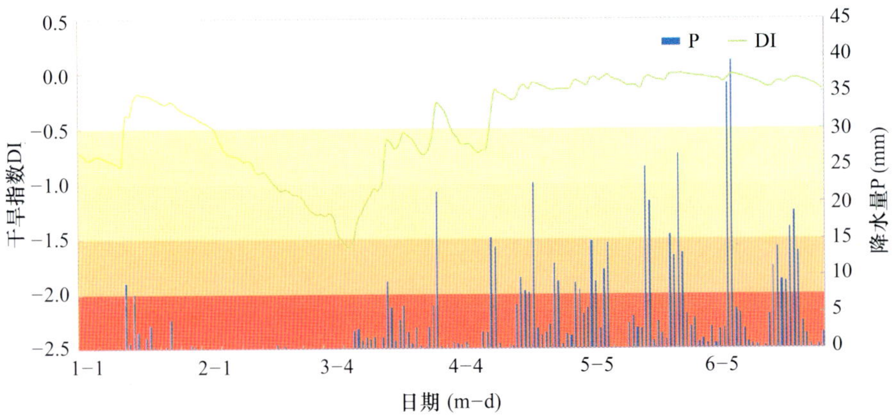

1999年7月气象干旱等级分布

全省等级：正常

(MI=-0.10)

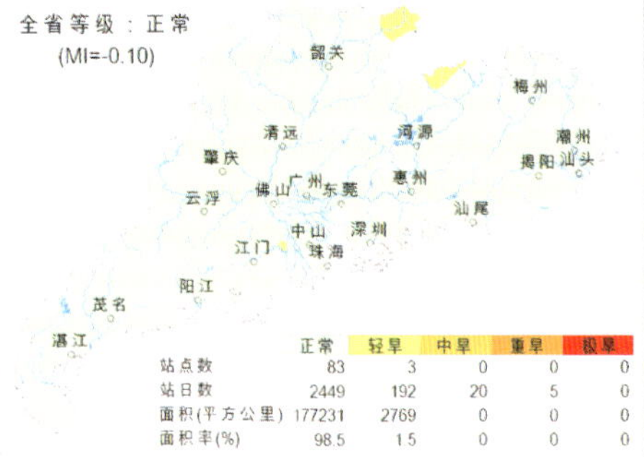

	正常	轻旱	中旱	重旱	极旱
站点数	83	3	0	0	0
站日数	2449	192	20	5	0
面积(平方公里)	177231	2769	0	0	0
面积率(%)	98.5	1.5	0	0	0

1999年8月气象干旱等级分布

全省等级：正常

(MI=-0.04)

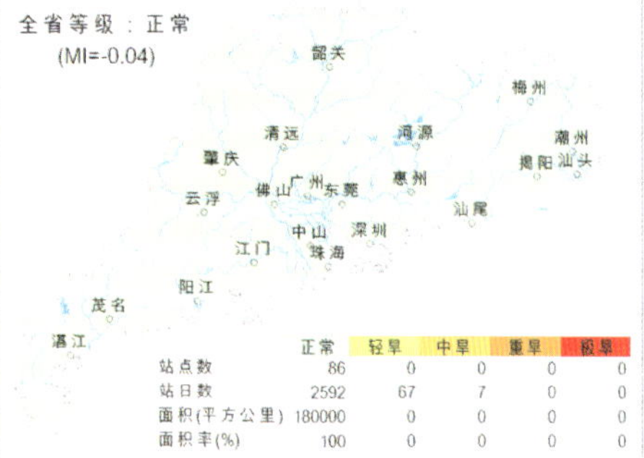

	正常	轻旱	中旱	重旱	极旱
站点数	86	0	0	0	0
站日数	2592	67	7	0	0
面积(平方公里)	180000	0	0	0	0
面积率(%)	100	0	0	0	0

1999年9月气象干旱等级分布

全省等级：正常

(MI=-0.02)

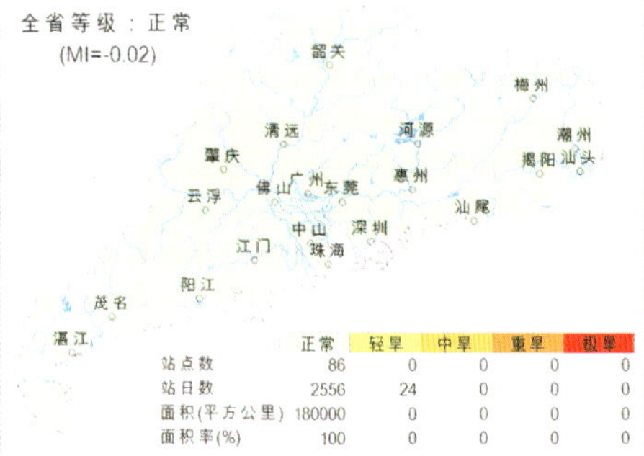

	正常	轻旱	中旱	重旱	极旱
站点数	86	0	0	0	0
站日数	2556	24	0	0	0
面积(平方公里)	180000	0	0	0	0
面积率(%)	100	0	0	0	0

1999年10月气象干旱等级分布

全省等级：正常

(MI=-0.17)

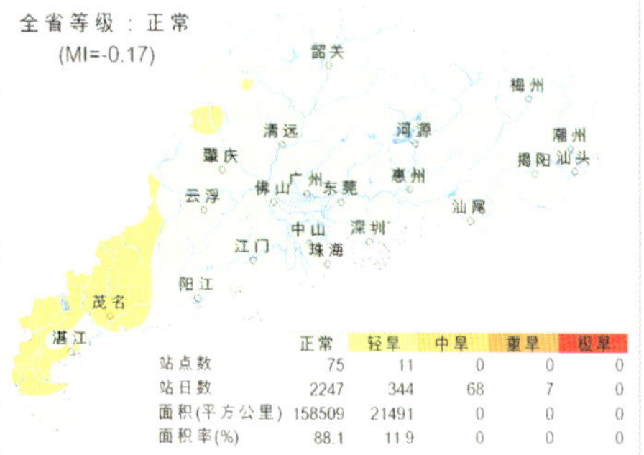

	正常	轻旱	中旱	重旱	极旱
站点数	75	11	0	0	0
站日数	2247	344	68	7	0
面积(平方公里)	158509	21491	0	0	0
面积率(%)	88.1	11.9	0	0	0

1999年11月气象干旱等级分布

全省等级：轻旱

(MI=-0.60)

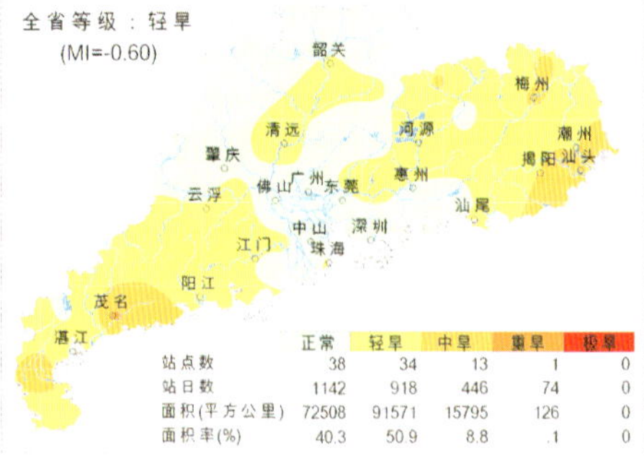

	正常	轻旱	中旱	重旱	极旱
站点数	38	34	13	1	0
站日数	1142	918	446	74	0
面积(平方公里)	72508	91571	15795	126	0
面积率(%)	40.3	50.9	8.8	.1	0

1999年12月气象干旱等级分布

全省等级：轻旱

(MI=-0.54)

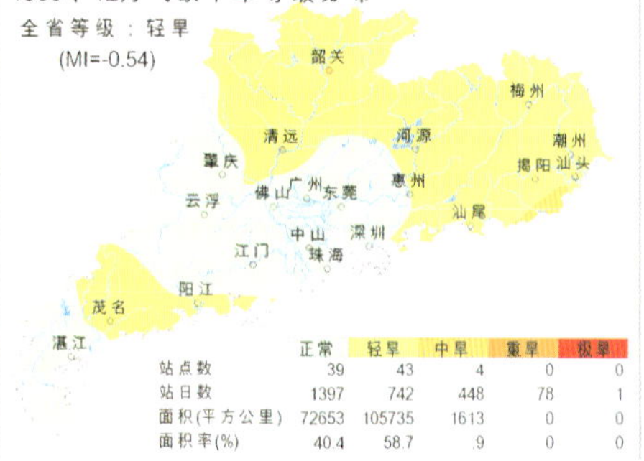

	正常	轻旱	中旱	重旱	极旱
站点数	39	43	4	0	0
站日数	1397	742	448	78	1
面积(平方公里)	72653	105735	1613	0	0
面积率(%)	40.4	58.7	.9	0	0

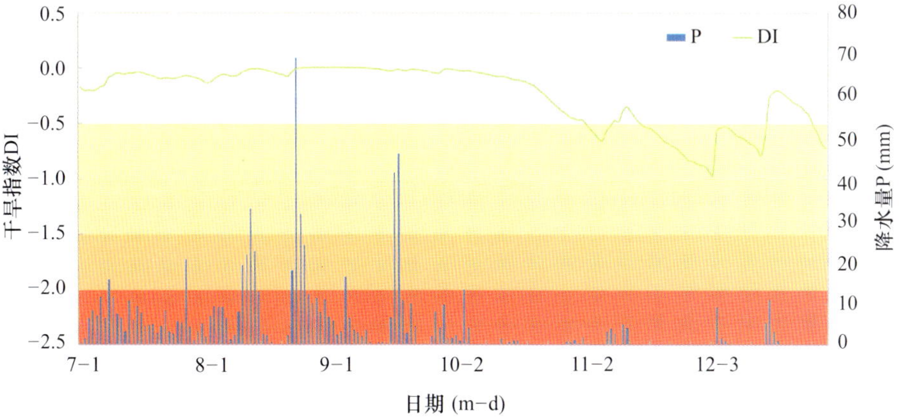

2000年逐月气象干旱等级分布图

2000年1月气象干旱等级分布

全省等级：轻旱

(MI=-0.63)

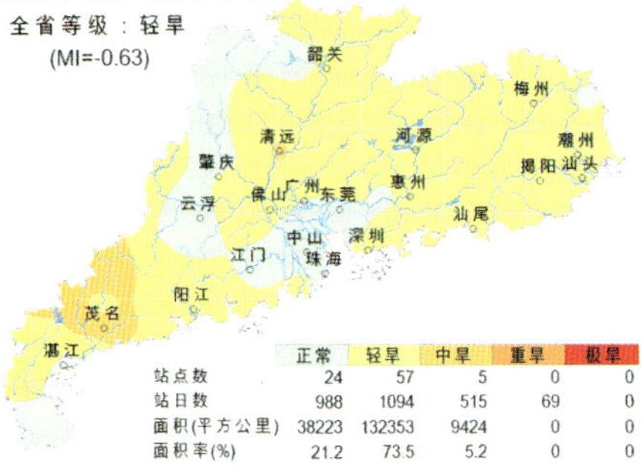

	正常	轻旱	中旱	重旱	极旱
站点数	24	57	5	0	0
站日数	988	1094	515	69	0
面积(平方公里)	38223	132353	9424	0	0
面积率(%)	21.2	73.5	5.2	0	0

2000年2月气象干旱等级分布

全省等级：正常

(MI=-0.42)

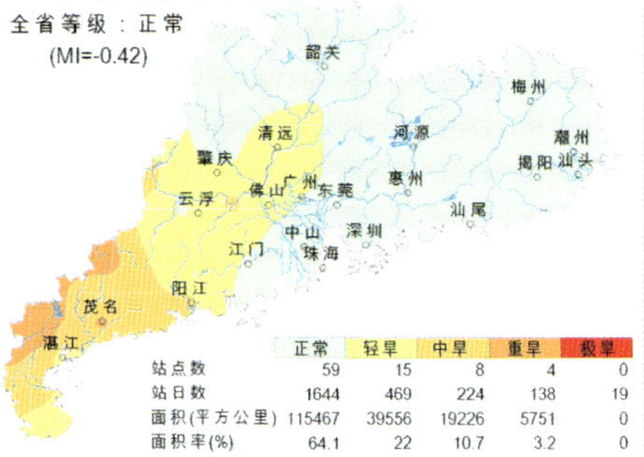

	正常	轻旱	中旱	重旱	极旱
站点数	59	15	8	4	0
站日数	1644	469	224	138	19
面积(平方公里)	115467	39556	19226	5751	0
面积率(%)	64.1	22	10.7	3.2	0

2000年3月气象干旱等级分布

全省等级：正常

(MI=-0.16)

	正常	轻旱	中旱	重旱	极旱
站点数	84	2	0	0	0
站日数	2306	264	86	10	0
面积(平方公里)	179650	350	0	0	0
面积率(%)	99.8	.2	0	0	0

2000年4月气象干旱等级分布

全省等级：正常

(MI=-0.07)

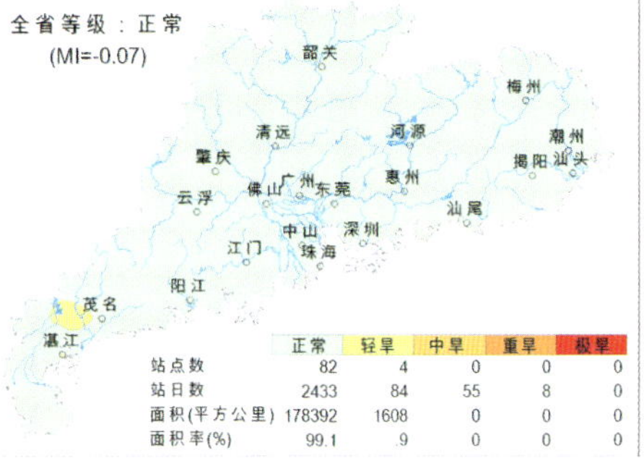

	正常	轻旱	中旱	重旱	极旱
站点数	82	4	0	0	0
站日数	2433	84	55	8	0
面积(平方公里)	178392	1608	0	0	0
面积率(%)	99.1	.9	0	0	0

2000年5月气象干旱等级分布

全省等级：正常

(MI=-0.02)

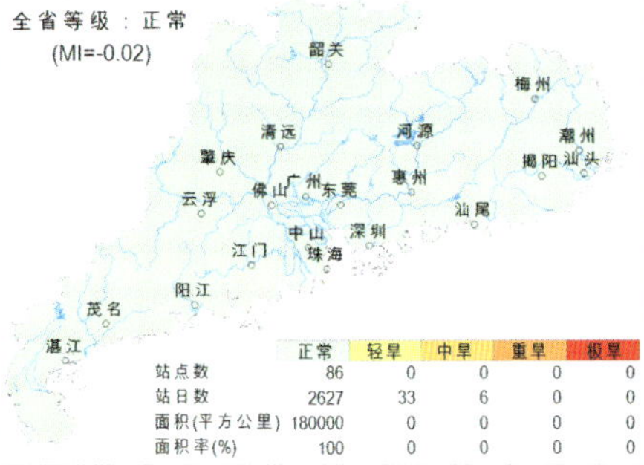

	正常	轻旱	中旱	重旱	极旱
站点数	86	0	0	0	0
站日数	2627	33	6	0	0
面积(平方公里)	180000	0	0	0	0
面积率(%)	100	0	0	0	0

2000年6月气象干旱等级分布

全省等级：正常

(MI=-0.14)

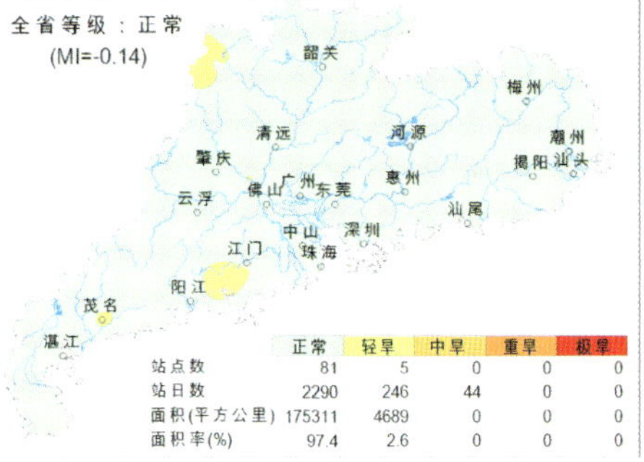

	正常	轻旱	中旱	重旱	极旱
站点数	81	5	0	0	0
站日数	2290	246	44	0	0
面积(平方公里)	175311	4689	0	0	0
面积率(%)	97.4	2.6	0	0	0

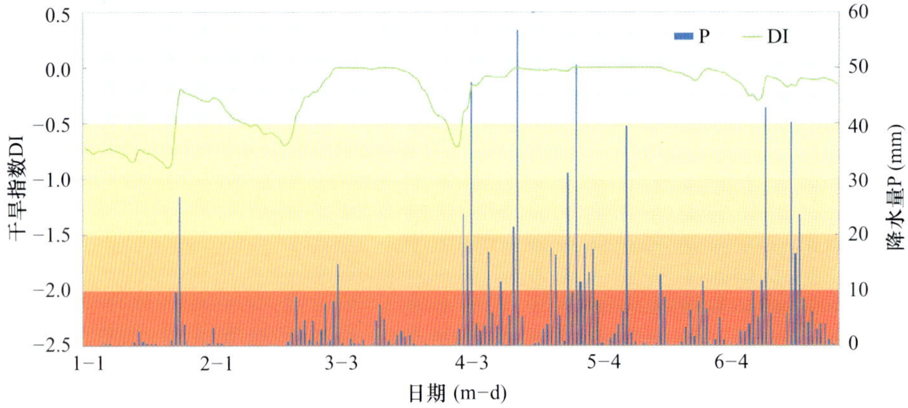

2000年7月气象干旱等级分布

全省等级：正常

(MI=-0.15)

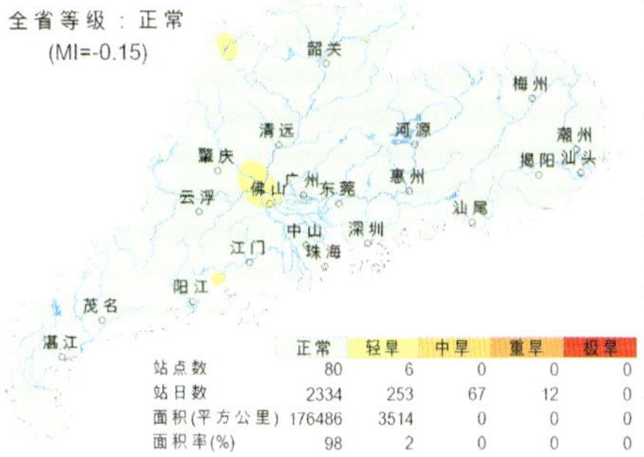

	正常	轻旱	中旱	重旱	极旱
站点数	80	6	0	0	0
站日数	2334	253	67	12	0
面积(平方公里)	176486	3514	0	0	0
面积率(%)	98	2	0	0	0

2000年8月气象干旱等级分布

全省等级：正常

(MI=-0.06)

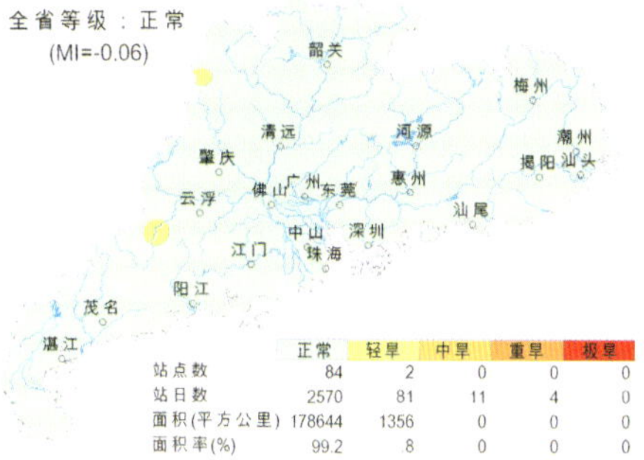

	正常	轻旱	中旱	重旱	极旱
站点数	84	2	0	0	0
站日数	2570	81	11	4	0
面积(平方公里)	178644	1356	0	0	0
面积率(%)	99.2	.8	0	0	0

2000年9月气象干旱等级分布

全省等级：正常

(MI=-0.32)

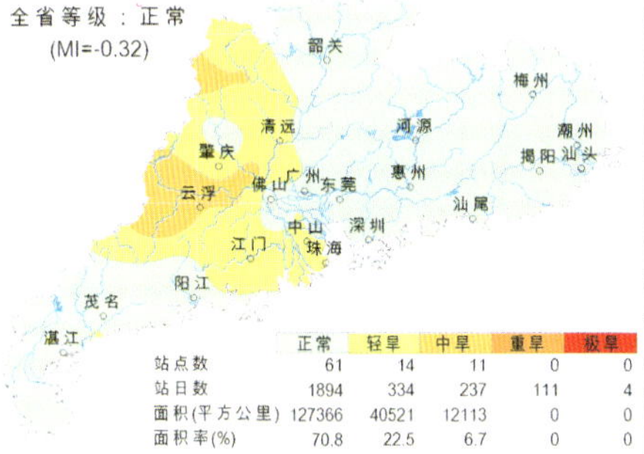

	正常	轻旱	中旱	重旱	极旱
站点数	61	14	11	0	0
站日数	1894	334	237	111	4
面积(平方公里)	127366	40521	12113	0	0
面积率(%)	70.8	22.5	6.7	0	0

2000年10月气象干旱等级分布

全省等级：正常

(MI=-0.36)

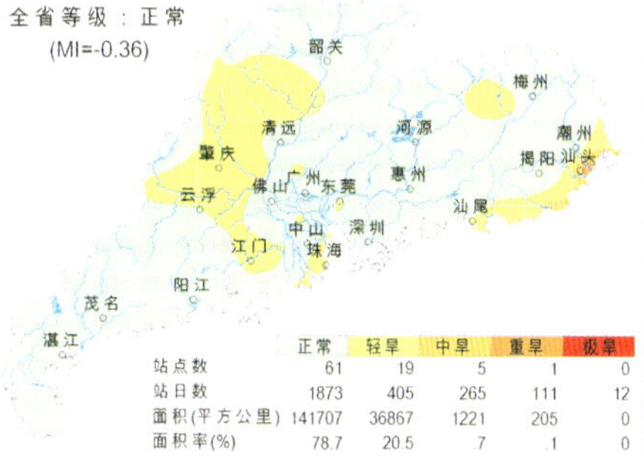

	正常	轻旱	中旱	重旱	极旱
站点数	61	19	5	1	0
站日数	1873	405	265	111	12
面积(平方公里)	141707	36867	1221	205	0
面积率(%)	78.7	20.5	.7	.1	0

2000年11月气象干旱等级分布

全省等级：正常

(MI=-0.08)

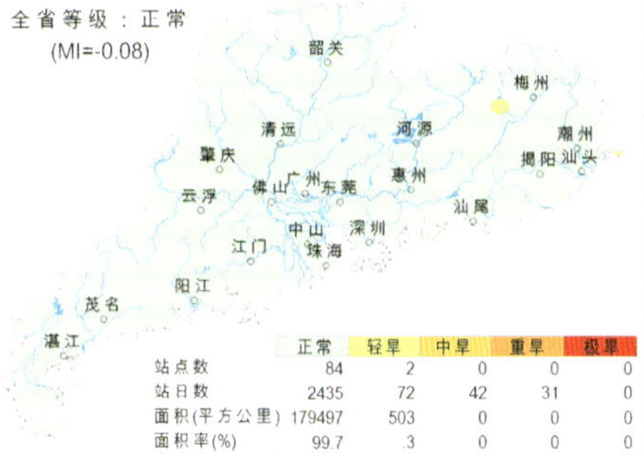

	正常	轻旱	中旱	重旱	极旱
站点数	84	2	0	0	0
站日数	2435	72	42	31	0
面积(平方公里)	179497	503	0	0	0
面积率(%)	99.7	.3	0	0	0

2000年12月气象干旱等级分布

全省等级：正常

(MI=-0.10)

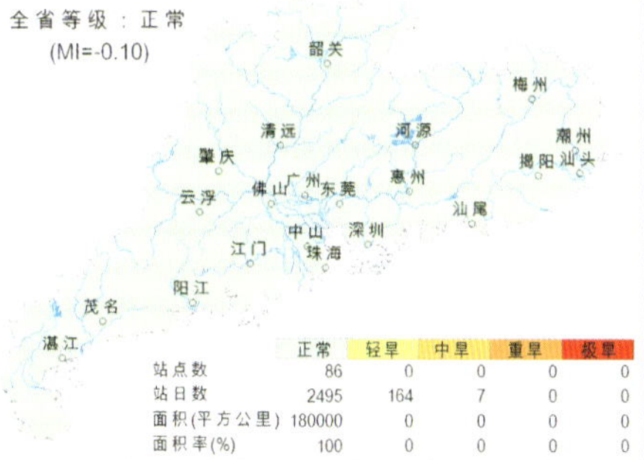

	正常	轻旱	中旱	重旱	极旱
站点数	86	0	0	0	0
站日数	2495	164	7	0	0
面积(平方公里)	180000	0	0	0	0
面积率(%)	100	0	0	0	0

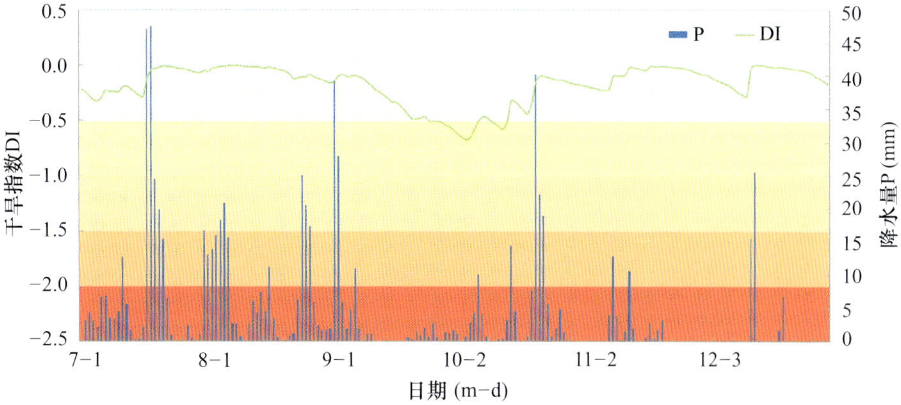

2001 年逐月气象干旱等级分布图

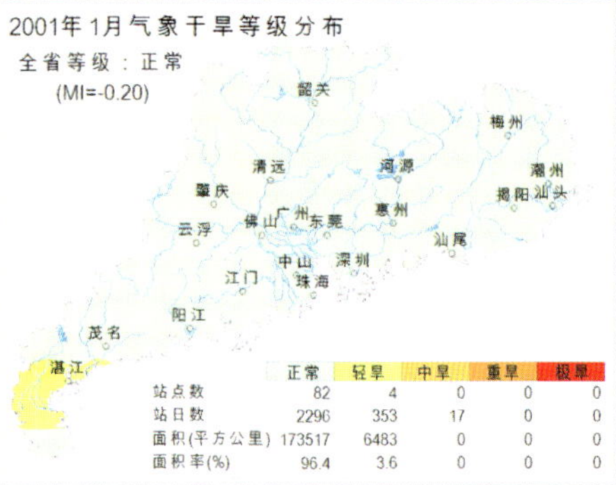

	正常	轻旱	中旱	重旱	极旱
站点数	82	4	0	0	0
站日数	2296	353	17	0	0
面积(平方公里)	173517	6483	0	0	0
面积率(%)	96.4	3.6	0	0	0

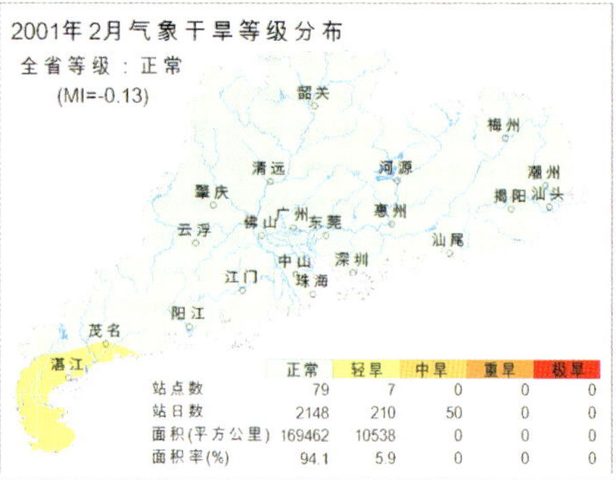

	正常	轻旱	中旱	重旱	极旱
站点数	79	7	0	0	0
站日数	2148	210	50	0	0
面积(平方公里)	169462	10538	0	0	0
面积率(%)	94.1	5.9	0	0	0

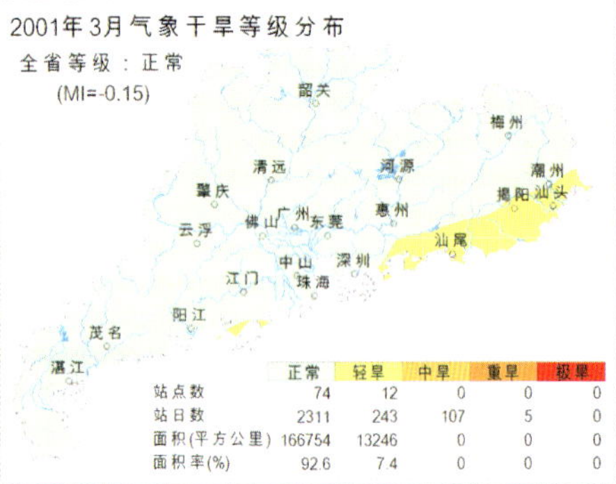

	正常	轻旱	中旱	重旱	极旱
站点数	74	12	0	0	0
站日数	2311	243	107	5	0
面积(平方公里)	166754	13246	0	0	0
面积率(%)	92.6	7.4	0	0	0

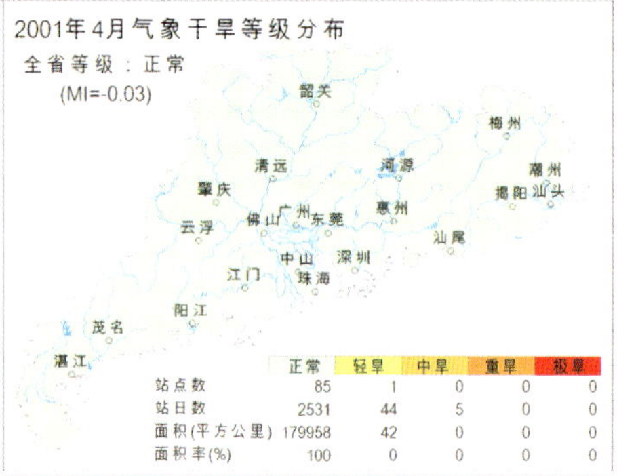

	正常	轻旱	中旱	重旱	极旱
站点数	85	1	0	0	0
站日数	2531	44	5	0	0
面积(平方公里)	179958	42	0	0	0
面积率(%)	100	0	0	0	0

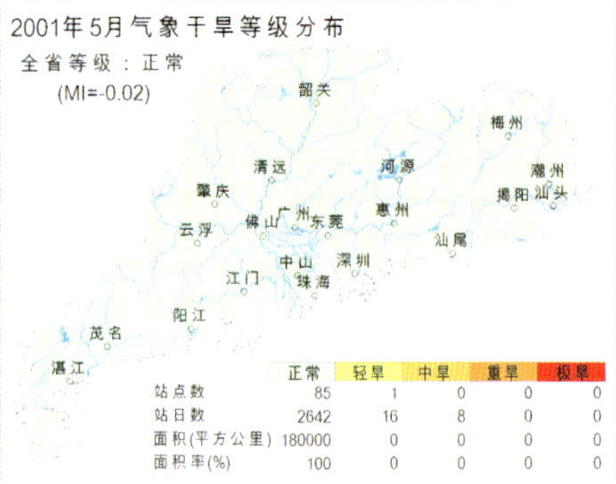

	正常	轻旱	中旱	重旱	极旱
站点数	85	1	0	0	0
站日数	2642	16	8	0	0
面积(平方公里)	180000	0	0	0	0
面积率(%)	100	0	0	0	0

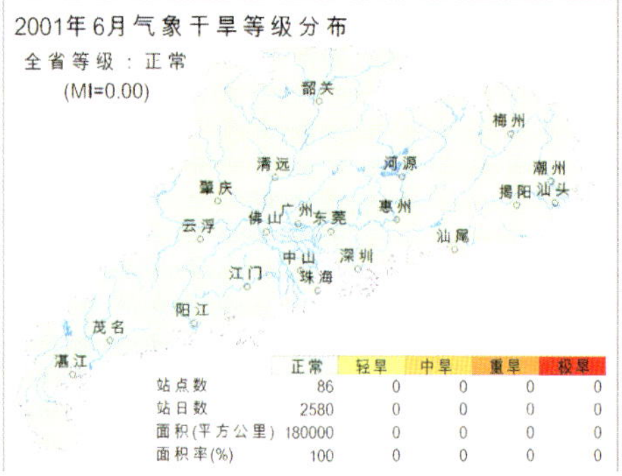

	正常	轻旱	中旱	重旱	极旱
站点数	86	0	0	0	0
站日数	2580	0	0	0	0
面积(平方公里)	180000	0	0	0	0
面积率(%)	100	0	0	0	0

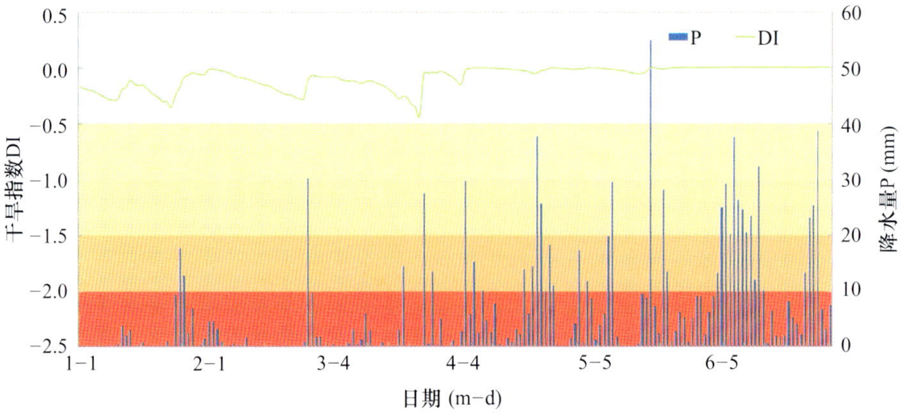

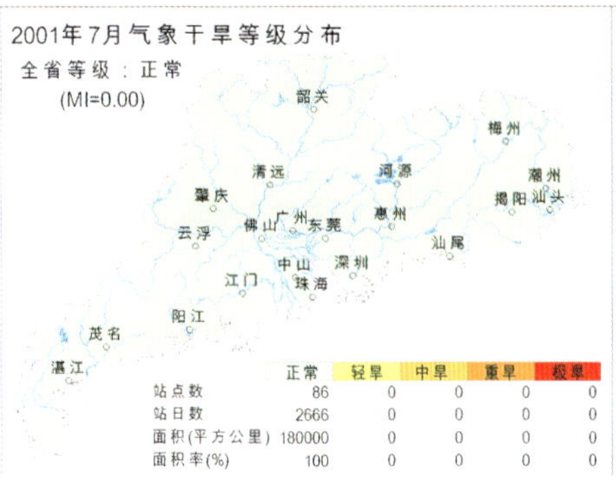

	正常	轻旱	中旱	重旱	极旱
站点数	86	0	0	0	0
站日数	2666	0	0	0	0
面积(平方公里)	180000	0	0	0	0
面积率(%)	100	0	0	0	0

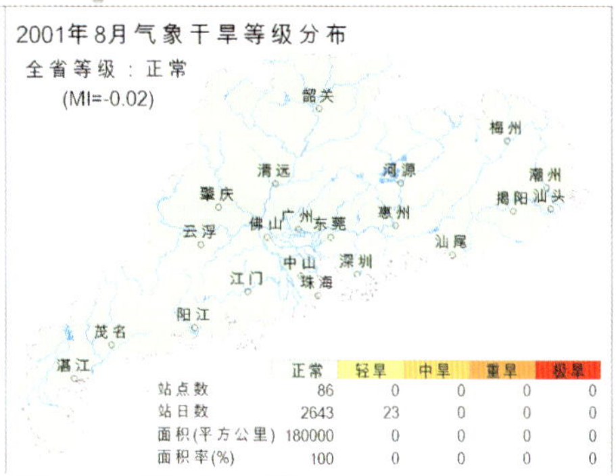

	正常	轻旱	中旱	重旱	极旱
站点数	86	0	0	0	0
站日数	2643	23	0	0	0
面积(平方公里)	180000	0	0	0	0
面积率(%)	100	0	0	0	0

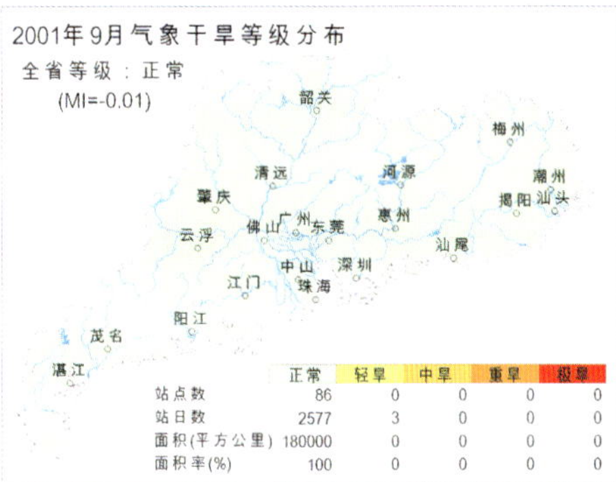

	正常	轻旱	中旱	重旱	极旱
站点数	86	0	0	0	0
站日数	2577	3	0	0	0
面积(平方公里)	180000	0	0	0	0
面积率(%)	100	0	0	0	0

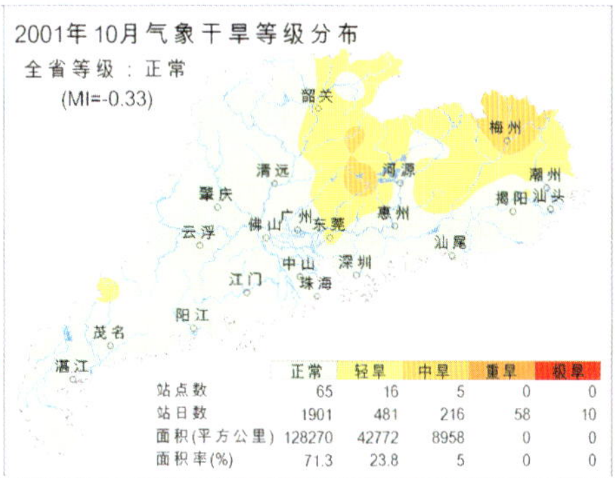

	正常	轻旱	中旱	重旱	极旱
站点数	65	16	5	0	0
站日数	1901	481	216	58	10
面积(平方公里)	128270	42772	8958	0	0
面积率(%)	71.3	23.8	5	0	0

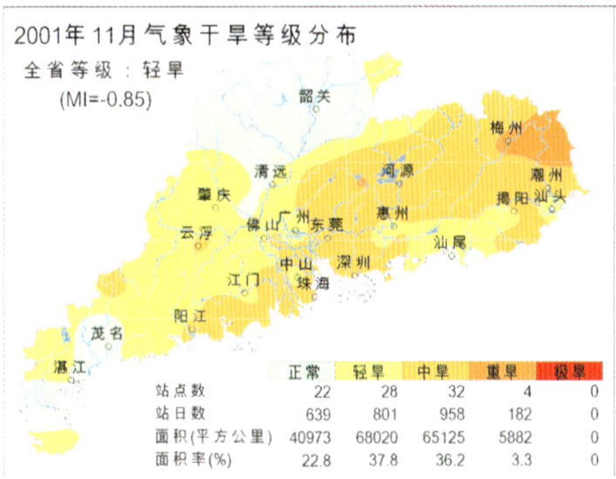

	正常	轻旱	中旱	重旱	极旱
站点数	22	28	32	4	0
站日数	639	801	958	182	0
面积(平方公里)	40973	68020	65125	5882	0
面积率(%)	22.8	37.8	36.2	3.3	0

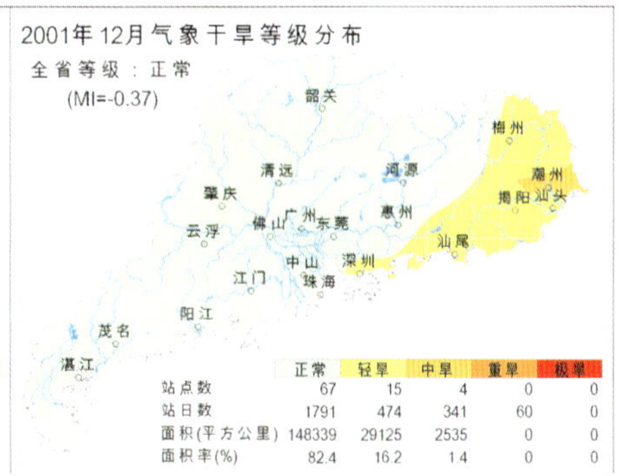

	正常	轻旱	中旱	重旱	极旱
站点数	67	15	4	0	0
站日数	1791	474	341	60	0
面积(平方公里)	148339	29125	2535	0	0
面积率(%)	82.4	16.2	1.4	0	0

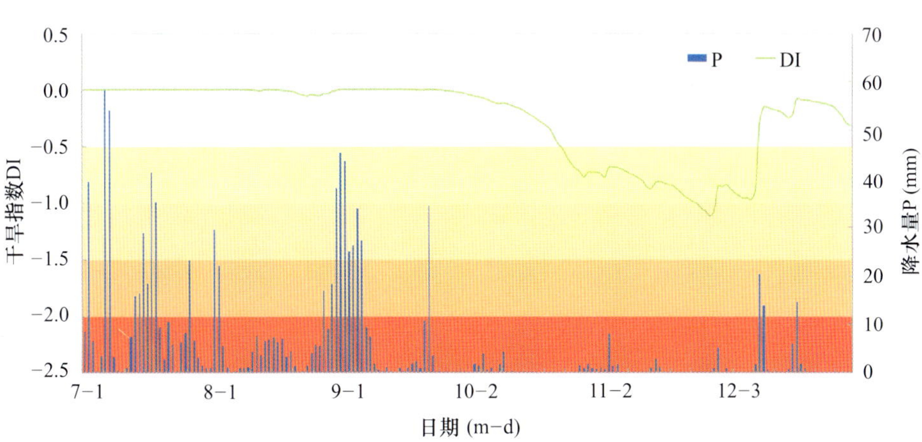

2002 年逐月气象干旱等级分布图

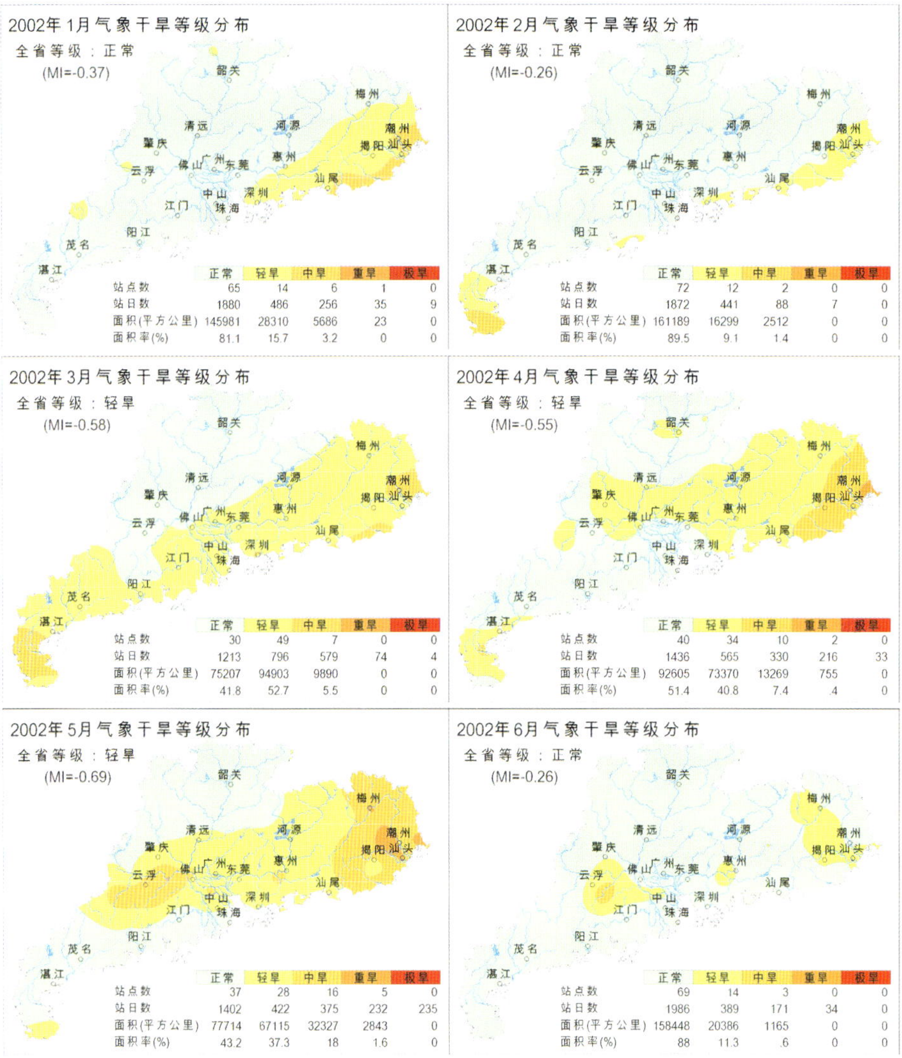

2002年1月

	正常	轻旱	中旱	重旱	极旱
站点数	65	14	6	1	0
站日数	1880	486	256	35	9
面积(平方公里)	145981	28310	5686	23	0
面积率(%)	81.1	15.7	3.2	0	0

2002年2月

	正常	轻旱	中旱	重旱	极旱
站点数	72	12	2	0	0
站日数	1872	441	88	7	0
面积(平方公里)	161189	16299	2512	0	0
面积率(%)	89.5	9.1	1.4	0	0

2002年3月

	正常	轻旱	中旱	重旱	极旱
站点数	30	49	7	0	0
站日数	1213	796	579	74	4
面积(平方公里)	75207	94903	9890	0	0
面积率(%)	41.8	52.7	5.5	0	0

2002年4月

	正常	轻旱	中旱	重旱	极旱
站点数	40	34	10	2	0
站日数	1436	565	330	216	33
面积(平方公里)	92605	73370	13269	755	0
面积率(%)	51.4	40.8	7.4	.4	0

2002年5月

	正常	轻旱	中旱	重旱	极旱
站点数	37	28	16	5	0
站日数	1402	422	375	232	235
面积(平方公里)	77714	67115	32327	2843	0
面积率(%)	43.2	37.3	18	1.6	0

2002年6月

	正常	轻旱	中旱	重旱	极旱
站点数	69	14	3	0	0
站日数	1986	389	171	34	0
面积(平方公里)	158448	20386	1165	0	0
面积率(%)	88	11.3	.6	0	0

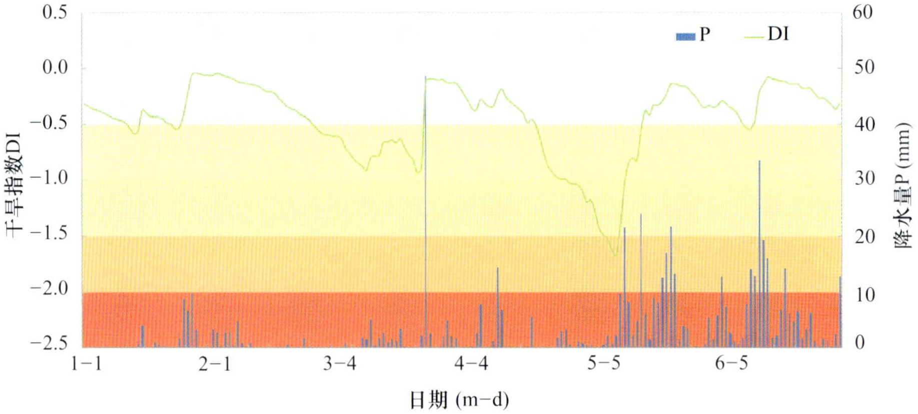

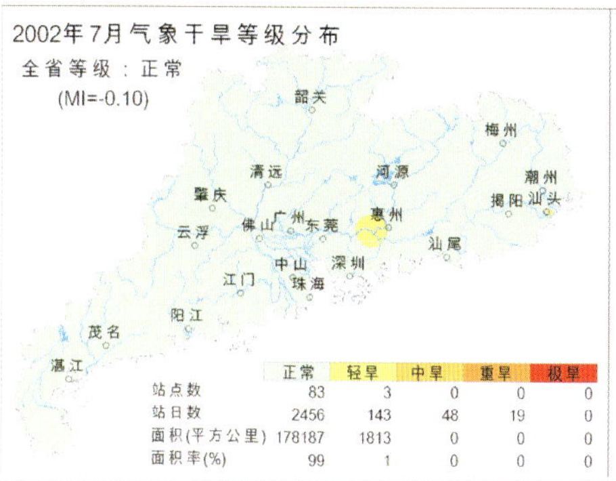

	正常	轻旱	中旱	重旱	极旱
站点数	83	3	0	0	0
站日数	2456	143	48	19	0
面积(平方公里)	178187	1813	0	0	0
面积率(%)	99	1	0	0	0

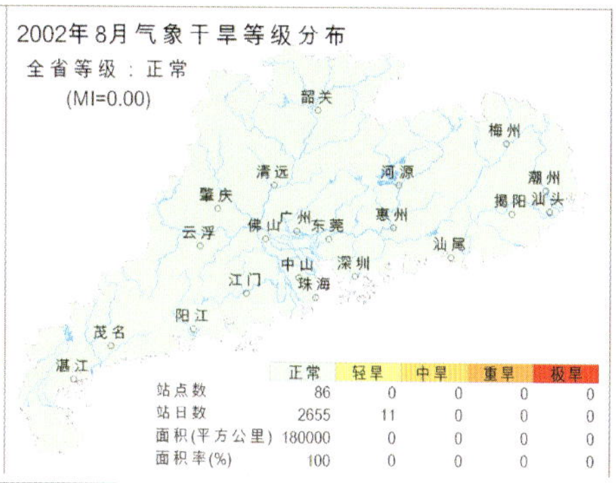

	正常	轻旱	中旱	重旱	极旱
站点数	86	0	0	0	0
站日数	2655	11	0	0	0
面积(平方公里)	180000	0	0	0	0
面积率(%)	100	0	0	0	0

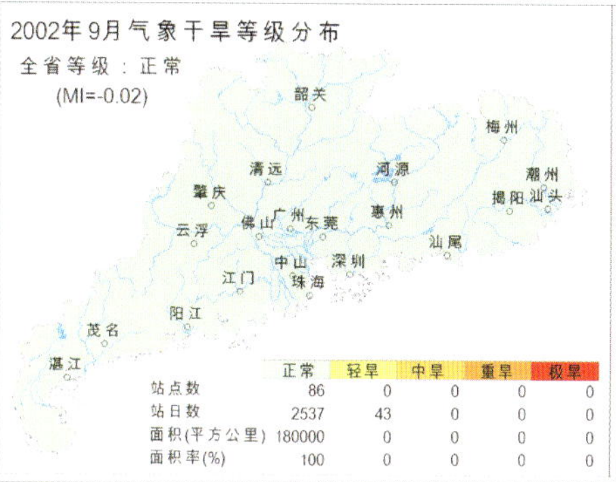

	正常	轻旱	中旱	重旱	极旱
站点数	86	0	0	0	0
站日数	2537	43	0	0	0
面积(平方公里)	180000	0	0	0	0
面积率(%)	100	0	0	0	0

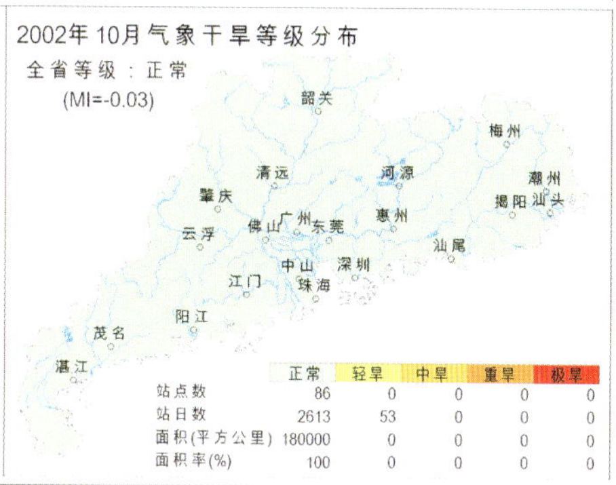

	正常	轻旱	中旱	重旱	极旱
站点数	86	0	0	0	0
站日数	2613	53	0	0	0
面积(平方公里)	180000	0	0	0	0
面积率(%)	100	0	0	0	0

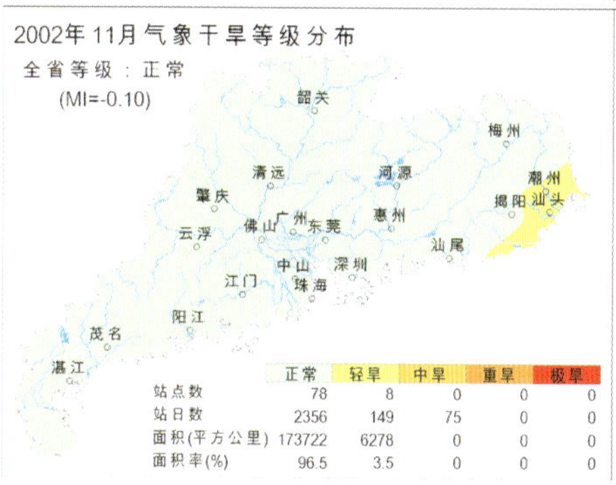

	正常	轻旱	中旱	重旱	极旱
站点数	78	8	0	0	0
站日数	2356	149	75	0	0
面积(平方公里)	173722	6278	0	0	0
面积率(%)	96.5	3.5	0	0	0

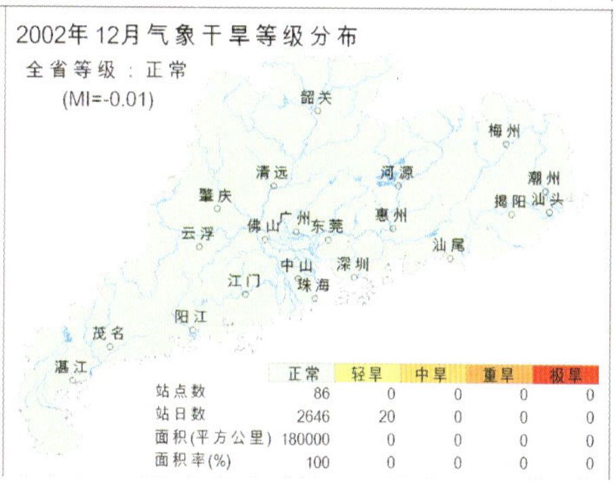

	正常	轻旱	中旱	重旱	极旱
站点数	86	0	0	0	0
站日数	2646	20	0	0	0
面积(平方公里)	180000	0	0	0	0
面积率(%)	100	0	0	0	0

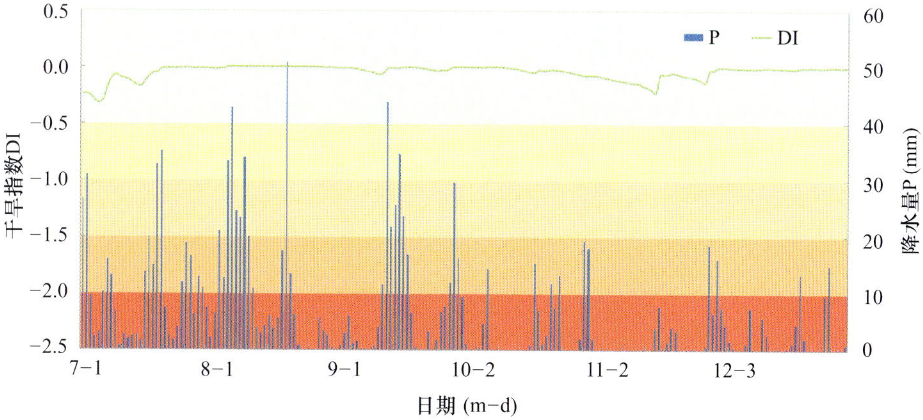

2003 年逐月气象干旱等级分布图

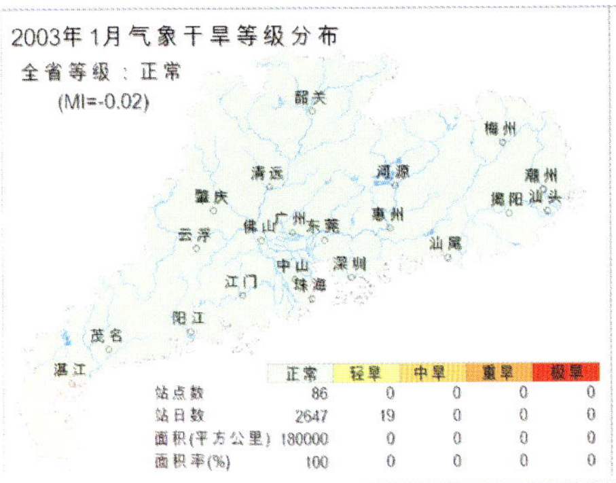

	正常	轻旱	中旱	重旱	极旱
站点数	86	0	0	0	0
站日数	2647	19	0	0	0
面积(平方公里)	180000	0	0	0	0
面积率(%)	100	0	0	0	0

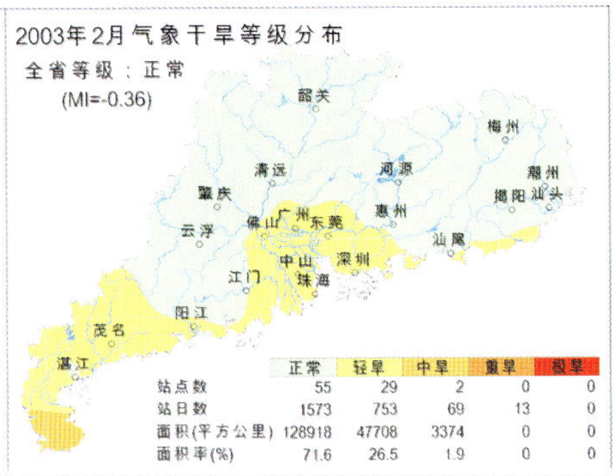

	正常	轻旱	中旱	重旱	极旱
站点数	55	29	2	0	0
站日数	1573	753	69	13	0
面积(平方公里)	128918	47708	3374	0	0
面积率(%)	71.6	26.5	1.9	0	0

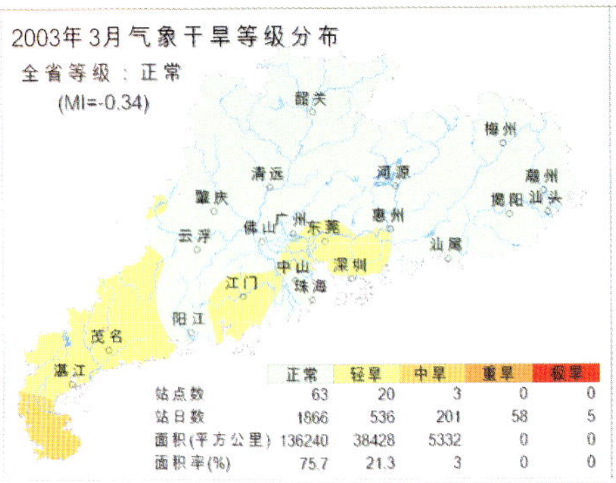

	正常	轻旱	中旱	重旱	极旱
站点数	63	20	3	0	0
站日数	1866	536	201	58	5
面积(平方公里)	136240	38428	5332	0	0
面积率(%)	75.7	21.3	3	0	0

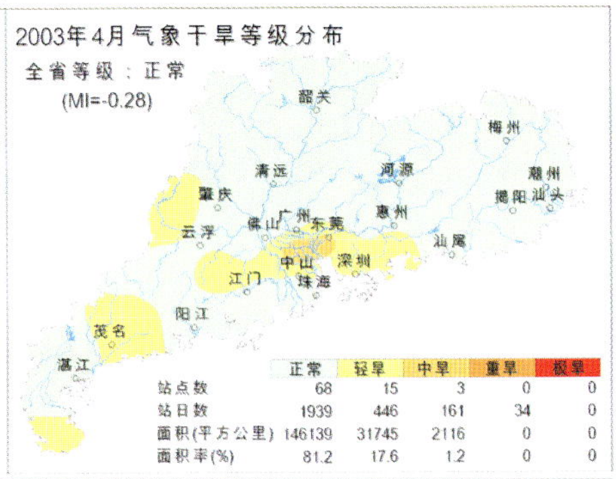

	正常	轻旱	中旱	重旱	极旱
站点数	68	15	3	0	0
站日数	1939	446	161	34	0
面积(平方公里)	146139	31745	2116	0	0
面积率(%)	81.2	17.6	1.2	0	0

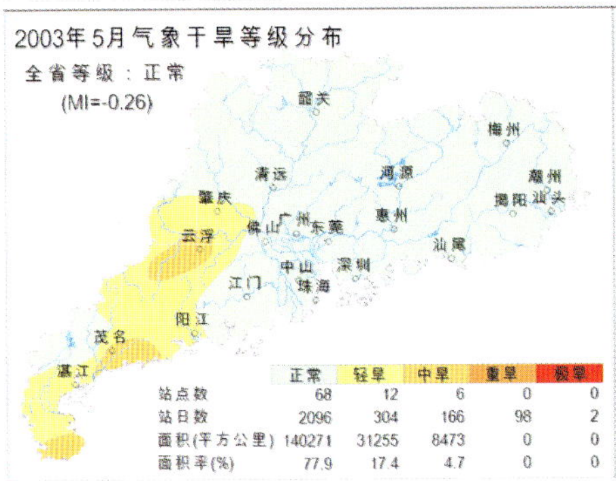

	正常	轻旱	中旱	重旱	极旱
站点数	68	12	6	0	0
站日数	2096	304	166	98	2
面积(平方公里)	140271	31255	8473	0	0
面积率(%)	77.9	17.4	4.7	0	0

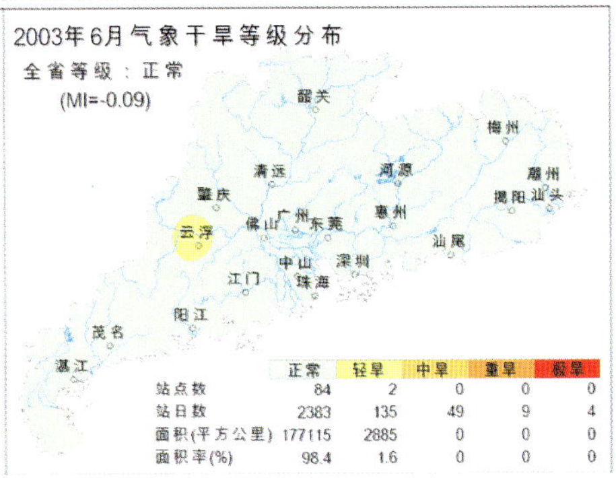

	正常	轻旱	中旱	重旱	极旱
站点数	84	2	0	0	0
站日数	2383	135	49	9	4
面积(平方公里)	177115	2885	0	0	0
面积率(%)	98.4	1.6	0	0	0

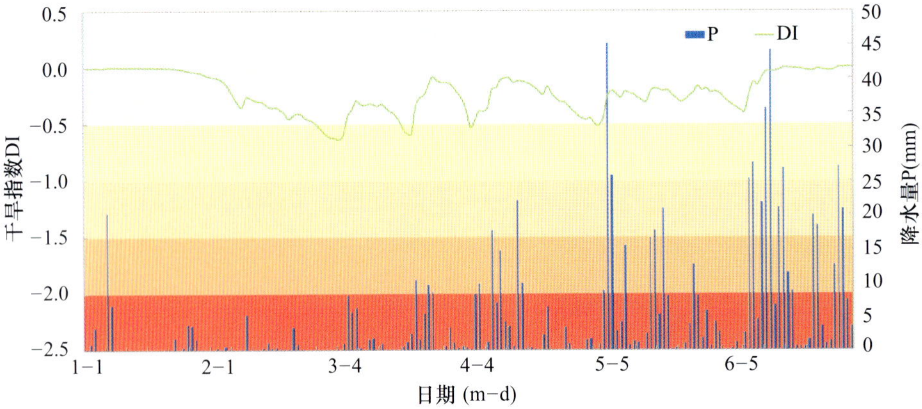

2003年 7月气象干旱等级分布

全省等级：正常

(MI=-0.22)

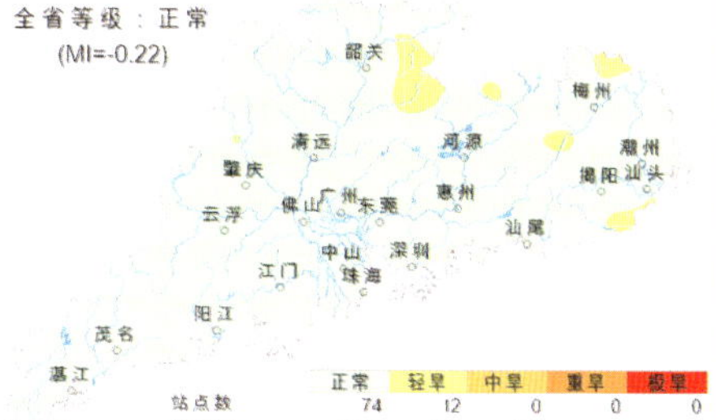

	正常	轻旱	中旱	重旱	极旱
站点数	74	12	0	0	0
站日数	2136	405	120	5	0
面积(平方公里)	173107	6893	0	0	0
面积率(%)	96.2	3.8	0	0	0

2003年 8月气象干旱等级分布

全省等级：正常

(MI=-0.16)

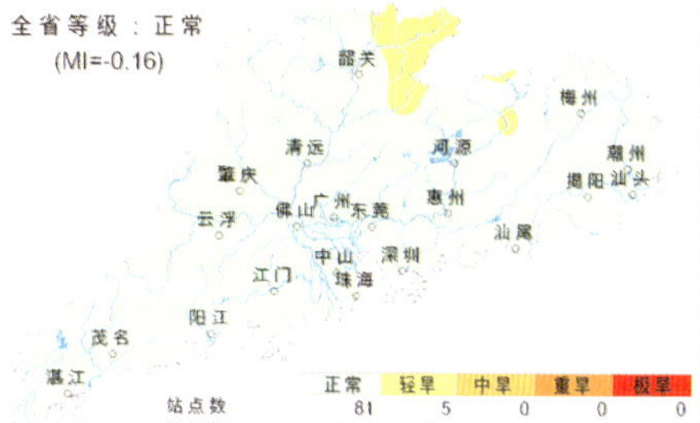

	正常	轻旱	中旱	重旱	极旱
站点数	81	5	0	0	0
站日数	2316	238	90	18	4
面积(平方公里)	171578	8422	0	0	0
面积率(%)	95.3	4.7	0	0	0

2003年 9月气象干旱等级分布

全省等级：正常

(MI=-0.02)

	正常	轻旱	中旱	重旱	极旱
站点数	86	0	0	0	0
站日数	2544	36	0	0	0
面积(平方公里)	180000	0	0	0	0
面积率(%)	100	0	0	0	0

2003年 10月气象干旱等级分布

全省等级：正常

(MI=-0.34)

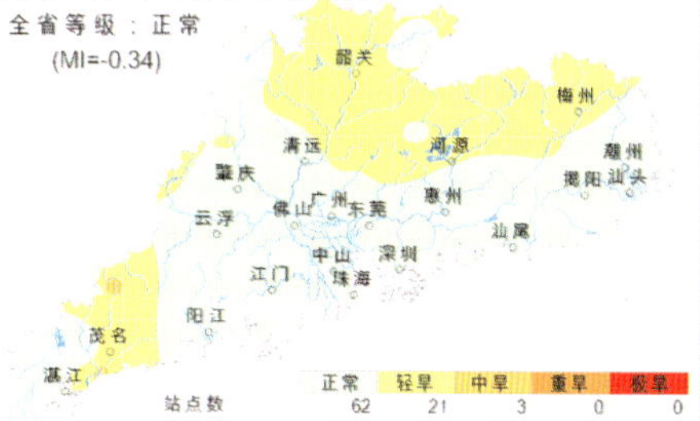

	正常	轻旱	中旱	重旱	极旱
站点数	62	21	3	0	0
站日数	1842	556	229	39	0
面积(平方公里)	116100	63392	508	0	0
面积率(%)	64.5	35.2	.3	0	0

2003年 11月气象干旱等级分布

全省等级：轻旱

(MI=-0.91)

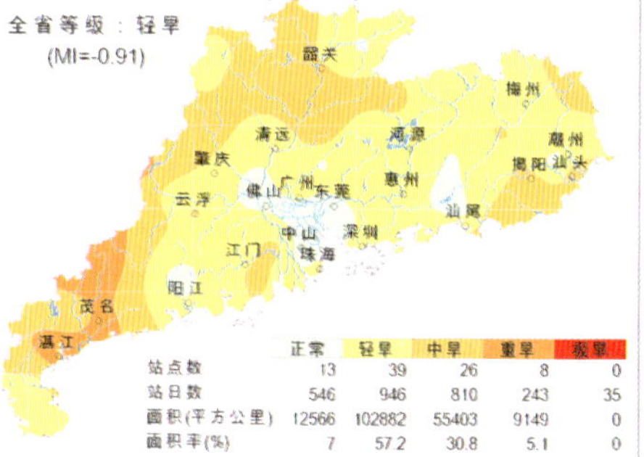

	正常	轻旱	中旱	重旱	极旱
站点数	13	39	26	8	0
站日数	546	946	810	243	35
面积(平方公里)	12566	102882	55403	9149	0
面积率(%)	7	57.2	30.8	5.1	0

2003年 12月气象干旱等级分布

全省等级：中旱

(MI=-1.31)

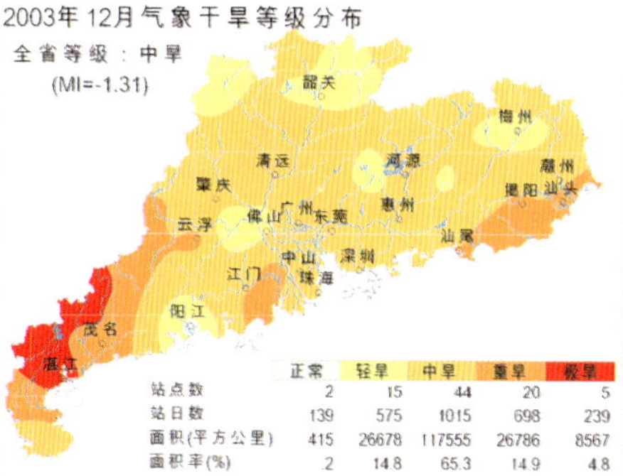

	正常	轻旱	中旱	重旱	极旱
站点数	2	15	44	20	5
站日数	139	575	1015	698	239
面积(平方公里)	415	26678	117555	26786	8567
面积率(%)	.2	14.8	65.3	14.9	4.8

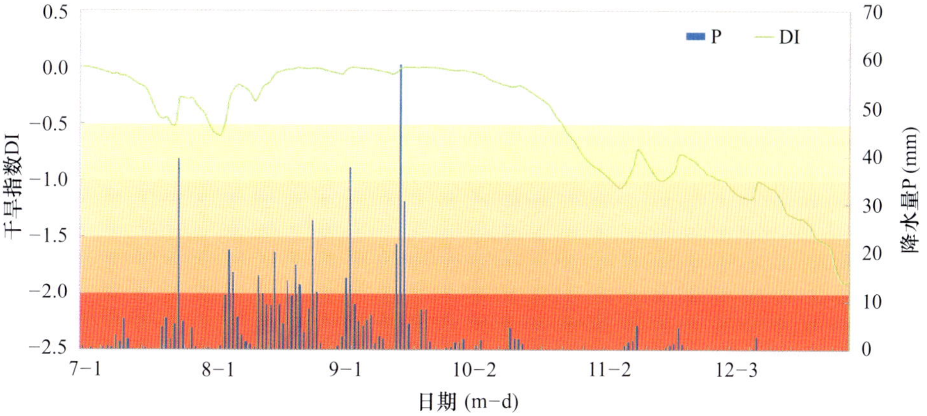

2004 年逐月气象干旱等级分布图

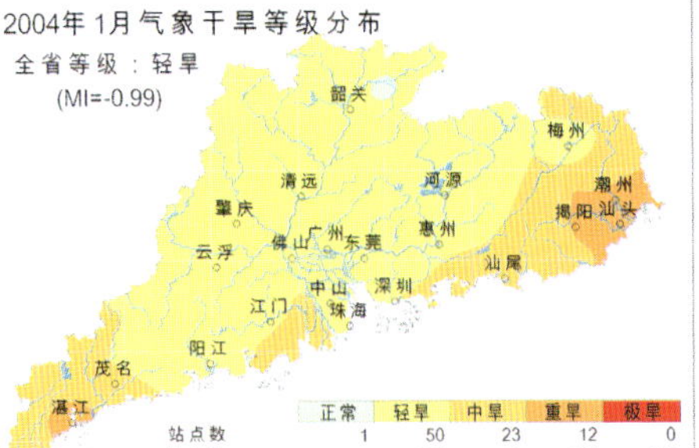

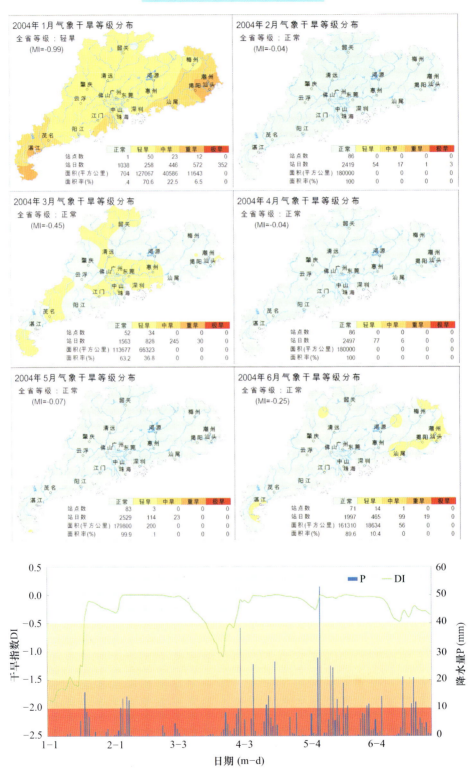

2004年1月气象干旱等级分布

全省等级：轻旱

(MI=-0.99)

	正常	轻旱	中旱	重旱	极旱
站点数	1	50	23	12	0
站日数	1038	258	446	572	352
面积(平方公里)	704	127067	40586	11643	0
面积率(%)	.4	70.6	22.5	6.5	0

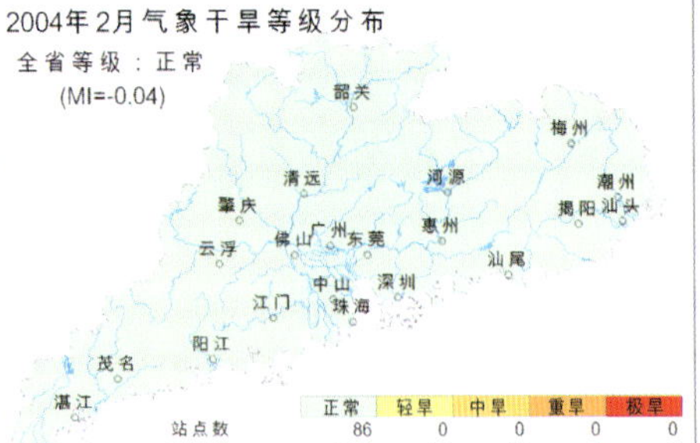

2004年2月气象干旱等级分布

全省等级：正常

(MI=-0.04)

	正常	轻旱	中旱	重旱	极旱
站点数	86	0	0	0	0
站日数	2419	54	17	1	3
面积(平方公里)	180000	0	0	0	0
面积率(%)	100	0	0	0	0

2004年3月气象干旱等级分布

全省等级：正常

(MI=-0.45)

	正常	轻旱	中旱	重旱	极旱
站点数	52	34	0	0	0
站日数	1563	828	245	30	0
面积(平方公里)	113677	66323	0	0	0
面积率(%)	63.2	36.8	0	0	0

2004年4月气象干旱等级分布

全省等级：正常

(MI=-0.04)

	正常	轻旱	中旱	重旱	极旱
站点数	86	0	0	0	0
站日数	2497	77	6	0	0
面积(平方公里)	180000	0	0	0	0
面积率(%)	100	0	0	0	0

2004年5月气象干旱等级分布

全省等级：正常

(MI=-0.07)

	正常	轻旱	中旱	重旱	极旱
站点数	83	3	0	0	0
站日数	2529	114	23	0	0
面积(平方公里)	179800	200	0	0	0
面积率(%)	99.9	.1	0	0	0

2004年6月气象干旱等级分布

全省等级：正常

(MI=-0.25)

	正常	轻旱	中旱	重旱	极旱
站点数	71	14	1	0	0
站日数	1997	465	99	19	0
面积(平方公里)	161310	18634	56	0	0
面积率(%)	89.6	10.4	0	0	0

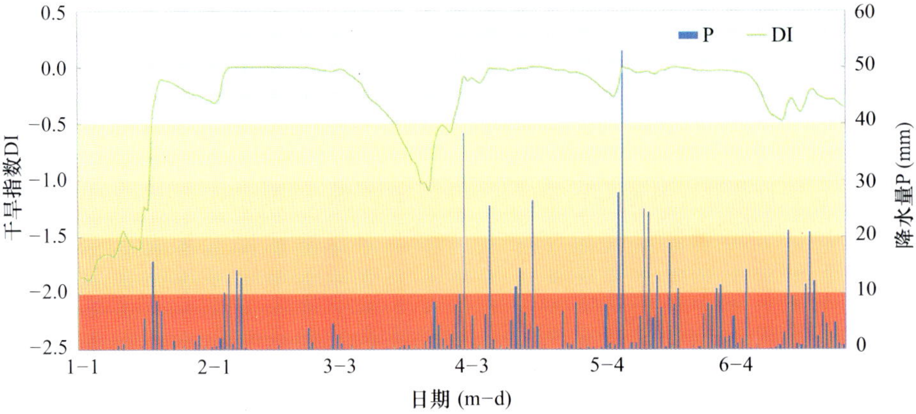

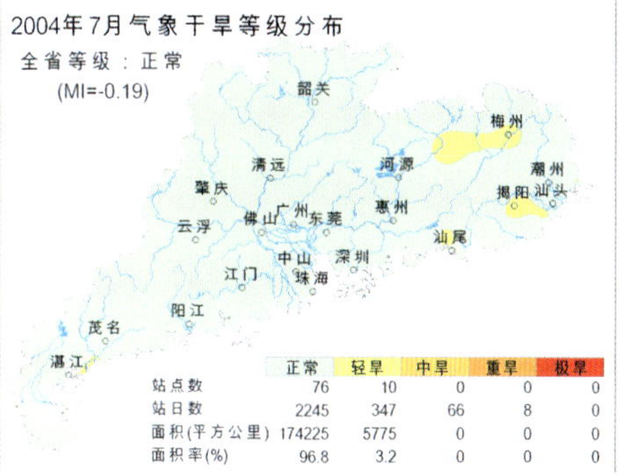

	正常	轻旱	中旱	重旱	极旱
站点数	76	10	0	0	0
站日数	2245	347	66	8	0
面积(平方公里)	174225	5775	0	0	0
面积率(%)	96.8	3.2	0	0	0

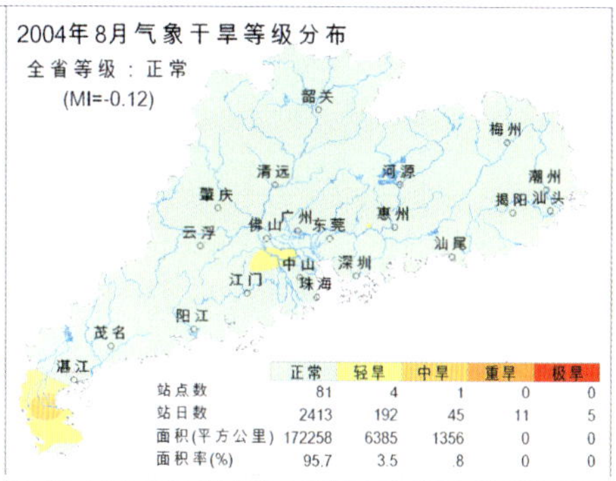

	正常	轻旱	中旱	重旱	极旱
站点数	81	4	1	0	0
站日数	2413	192	45	11	5
面积(平方公里)	172258	6385	1356	0	0
面积率(%)	95.7	3.5	.8	0	0

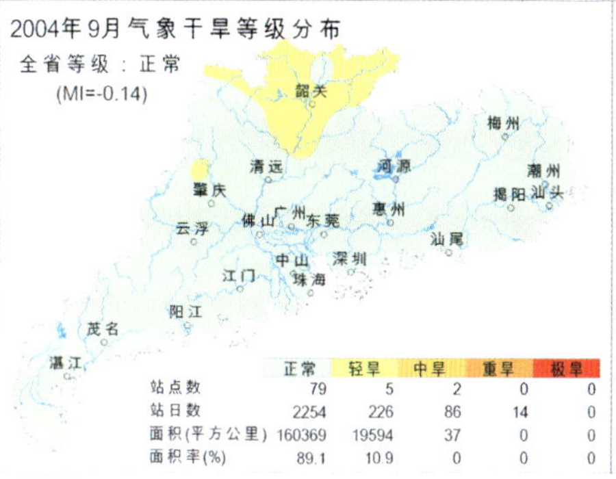

	正常	轻旱	中旱	重旱	极旱
站点数	79	5	2	0	0
站日数	2254	226	86	14	0
面积(平方公里)	160369	19594	37	0	0
面积率(%)	89.1	10.9	0	0	0

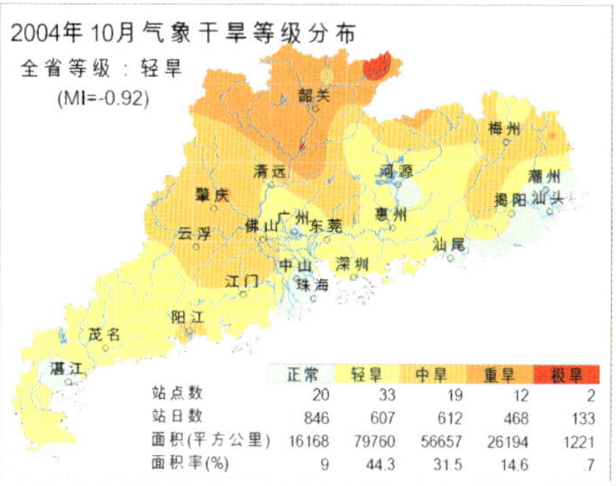

	正常	轻旱	中旱	重旱	极旱
站点数	20	33	19	12	2
站日数	846	607	612	468	133
面积(平方公里)	16168	79760	56657	26194	1221
面积率(%)	9	44.3	31.5	14.6	.7

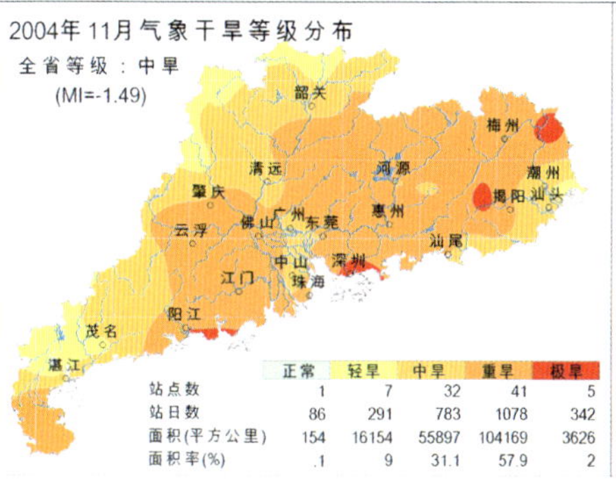

	正常	轻旱	中旱	重旱	极旱
站点数	1	7	32	41	5
站日数	86	291	783	1078	342
面积(平方公里)	154	16154	55897	104169	3626
面积率(%)	.1	9	31.1	57.9	2

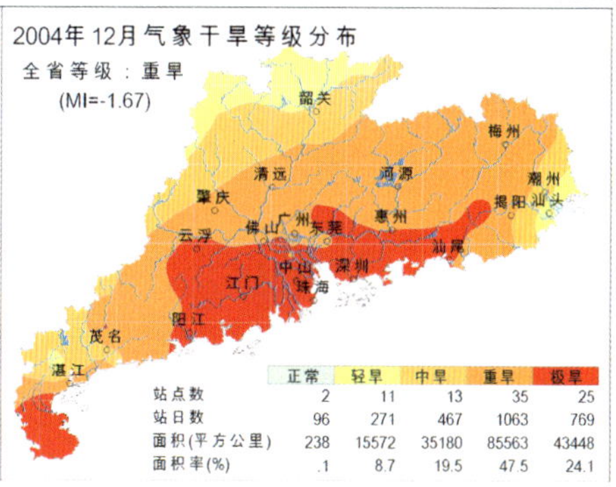

	正常	轻旱	中旱	重旱	极旱
站点数	2	11	13	35	25
站日数	96	271	467	1063	769
面积(平方公里)	238	15572	35180	85563	43448
面积率(%)	.1	8.7	19.5	47.5	24.1

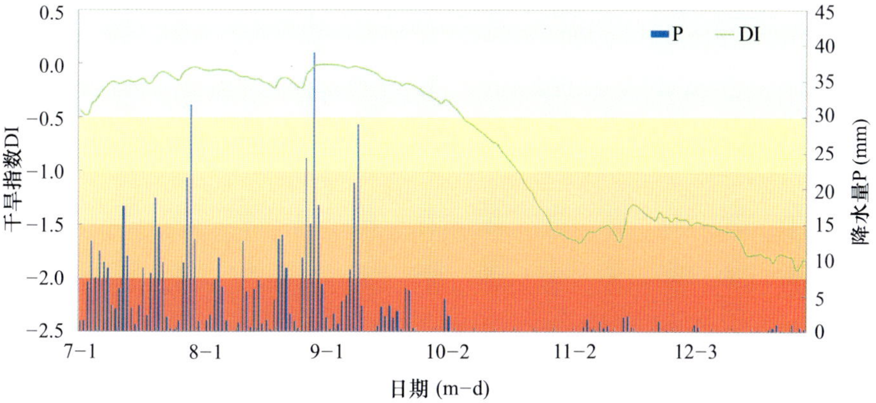

2005 年逐月气象干旱等级分布图

2005年1月气象干旱等级分布

全省等级：中旱

(MI=-1.46)

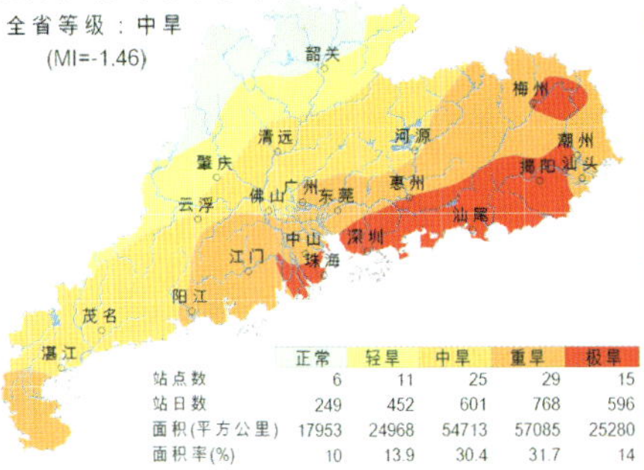

	正常	轻旱	中旱	重旱	极旱
站点数	6	11	25	29	15
站日数	249	452	601	768	596
面积(平方公里)	17953	24968	54713	57085	25280
面积率(%)	10	13.9	30.4	31.7	14

2005年2月气象干旱等级分布

全省等级：轻旱

(MI=-0.98)

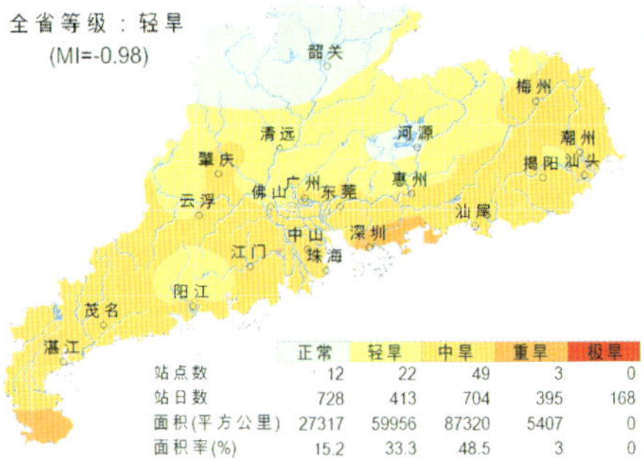

	正常	轻旱	中旱	重旱	极旱
站点数	12	22	49	3	0
站日数	728	413	704	395	168
面积(平方公里)	27317	59956	87320	5407	0
面积率(%)	15.2	33.3	48.5	3	0

2005年3月气象干旱等级分布

全省等级：正常

(MI=-0.11)

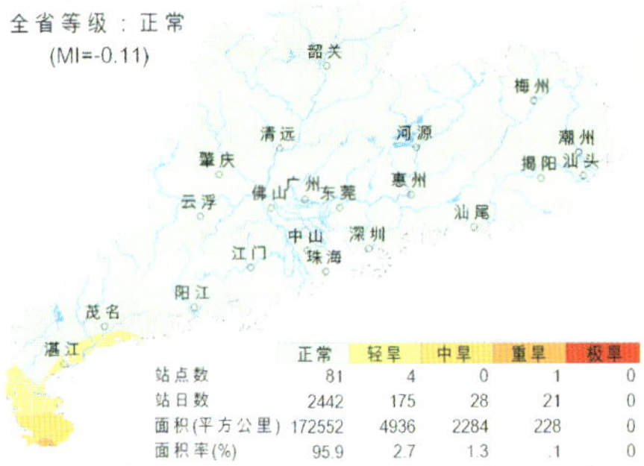

	正常	轻旱	中旱	重旱	极旱
站点数	81	4	0	1	0
站日数	2442	175	28	21	0
面积(平方公里)	172552	4936	2284	228	0
面积率(%)	95.9	2.7	1.3	.1	0

2005年4月气象干旱等级分布

全省等级：正常

(MI=-0.13)

	正常	轻旱	中旱	重旱	极旱
站点数	78	5	2	1	0
站日数	2312	140	107	21	0
面积(平方公里)	166372	6376	7168	84	0
面积率(%)	92.4	3.5	4	0	0

2005年5月气象干旱等级分布

全省等级：正常

(MI=-0.04)

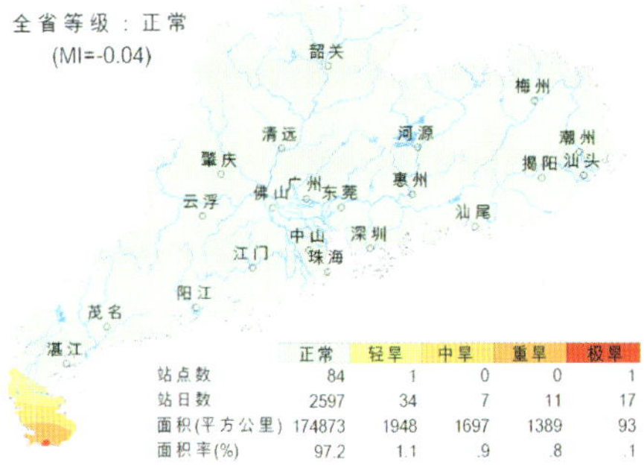

	正常	轻旱	中旱	重旱	极旱
站点数	84	1	0	0	1
站日数	2597	34	7	11	17
面积(平方公里)	174873	1948	1697	1389	93
面积率(%)	97.2	1.1	.9	.8	.1

2005年6月气象干旱等级分布

全省等级：正常

(MI=-0.01)

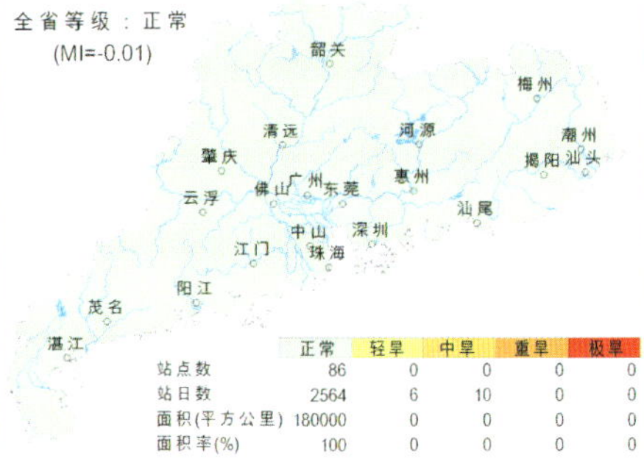

	正常	轻旱	中旱	重旱	极旱
站点数	86	0	0	0	0
站日数	2564	6	10	0	0
面积(平方公里)	180000	0	0	0	0
面积率(%)	100	0	0	0	0

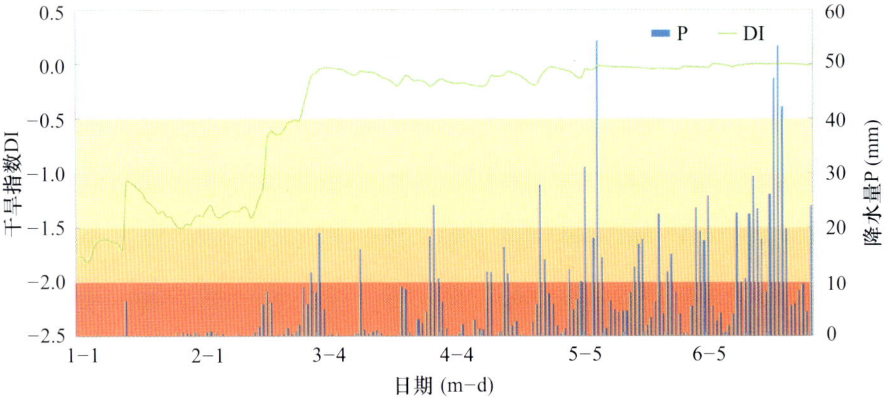

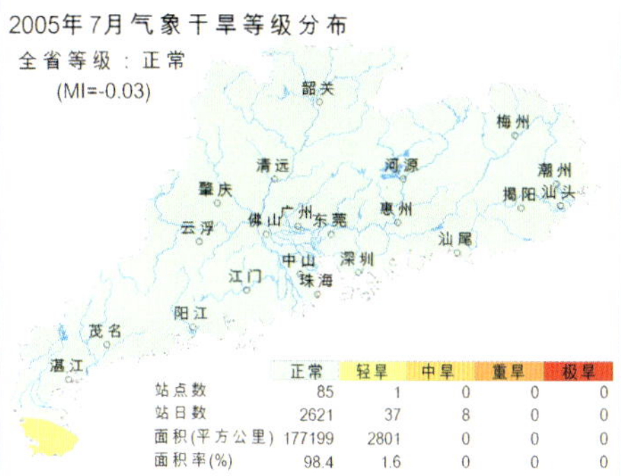

	正常	轻旱	中旱	重旱	极旱
站点数	85	1	0	0	0
站日数	2621	37	8	0	0
面积(平方公里)	177199	2801	0	0	0
面积率(%)	98.4	1.6	0	0	0

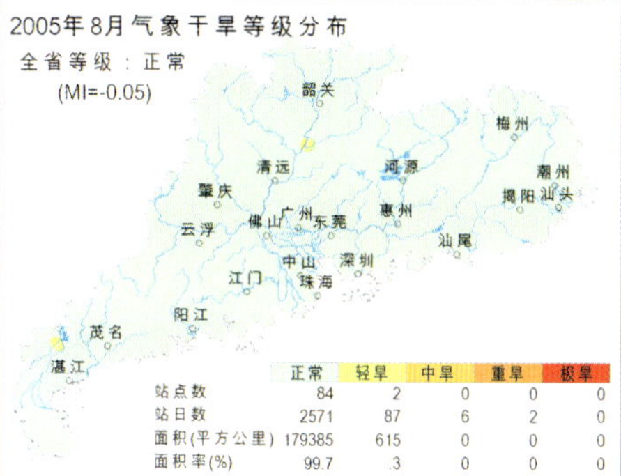

	正常	轻旱	中旱	重旱	极旱
站点数	84	2	0	0	0
站日数	2571	87	6	2	0
面积(平方公里)	179385	615	0	0	0
面积率(%)	99.7	.3	0	0	0

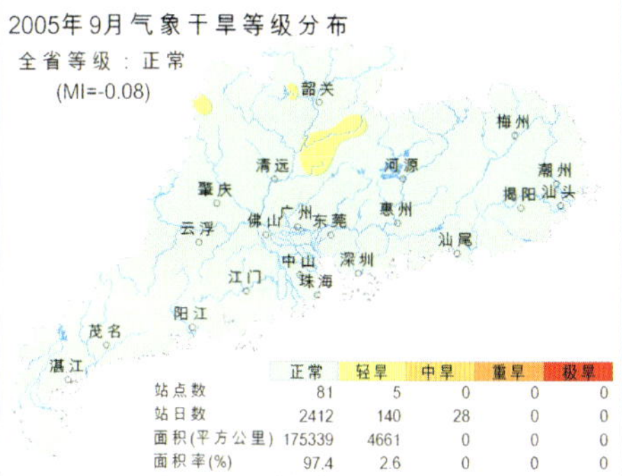

	正常	轻旱	中旱	重旱	极旱
站点数	81	5	0	0	0
站日数	2412	140	28	0	0
面积(平方公里)	175339	4661	0	0	0
面积率(%)	97.4	2.6	0	0	0

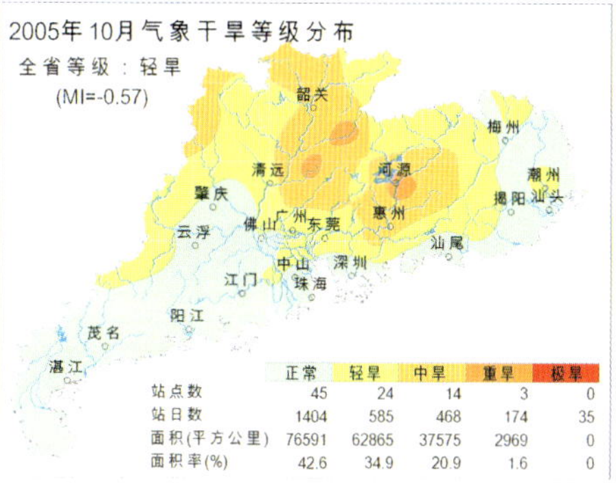

	正常	轻旱	中旱	重旱	极旱
站点数	45	24	14	3	0
站日数	1404	585	468	174	35
面积(平方公里)	76591	62865	37575	2969	0
面积率(%)	42.6	34.9	20.9	1.6	0

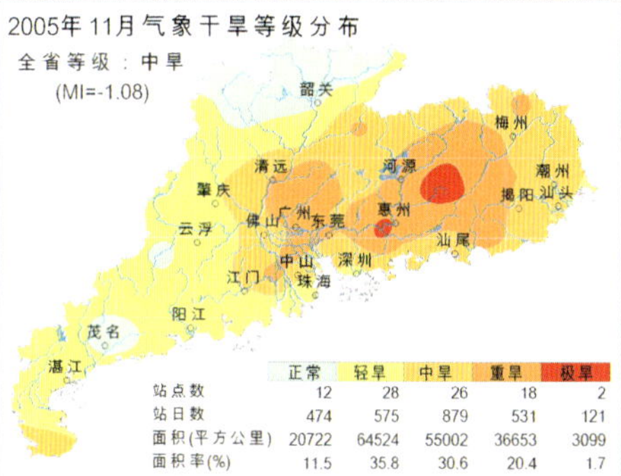

	正常	轻旱	中旱	重旱	极旱
站点数	12	28	26	18	2
站日数	474	575	879	531	121
面积(平方公里)	20722	64524	55002	36653	3099
面积率(%)	11.5	35.8	30.6	20.4	1.7

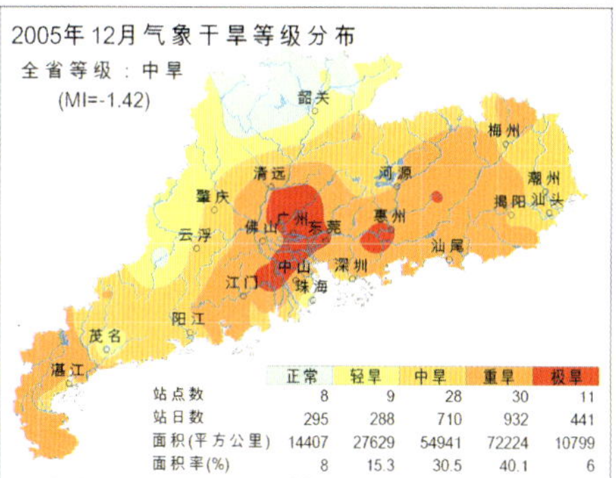

	正常	轻旱	中旱	重旱	极旱
站点数	8	9	28	30	11
站日数	295	288	710	932	441
面积(平方公里)	14407	27629	54941	72224	10799
面积率(%)	8	15.3	30.5	40.1	6

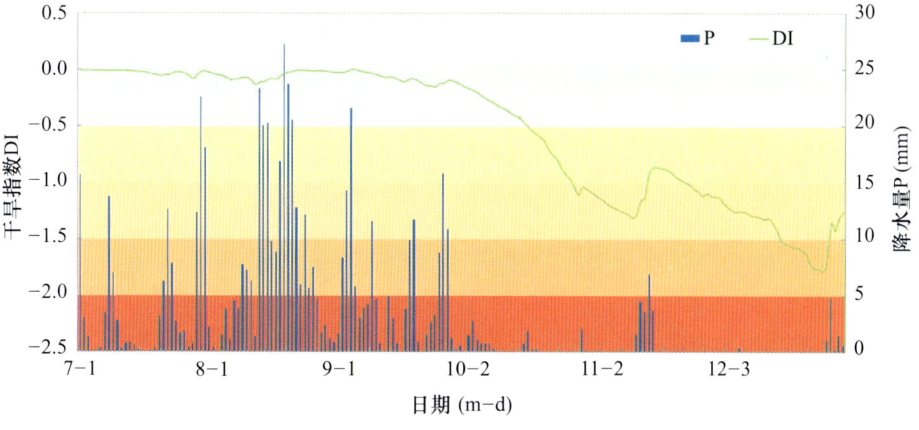

2006 年逐月气象干旱等级分布图

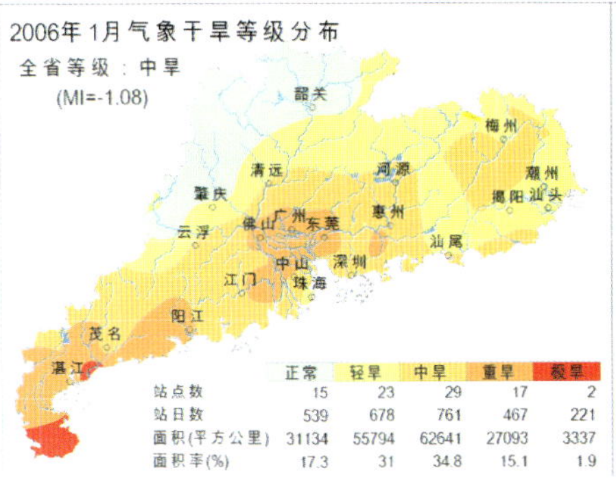

	正常	轻旱	中旱	重旱	极旱
站点数	15	23	29	17	2
站日数	539	678	761	467	221
面积(平方公里)	31134	55794	62641	27093	3337
面积率(%)	17.3	31	34.8	15.1	1.9

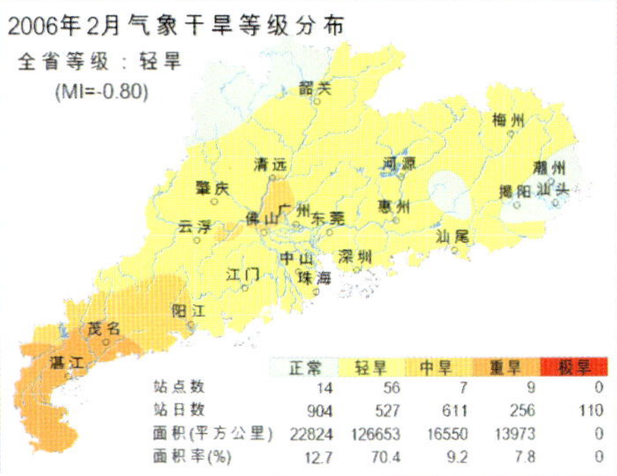

	正常	轻旱	中旱	重旱	极旱
站点数	14	56	7	9	0
站日数	904	527	611	256	110
面积(平方公里)	22824	126653	16550	13973	0
面积率(%)	12.7	70.4	9.2	7.8	0

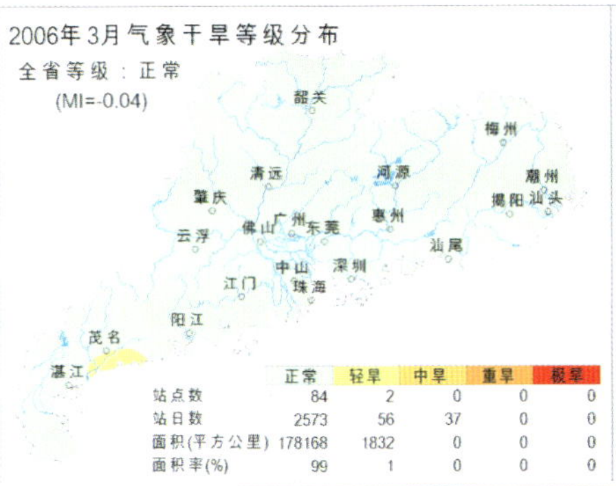

	正常	轻旱	中旱	重旱	极旱
站点数	84	2	0	0	0
站日数	2573	56	37	0	0
面积(平方公里)	178168	1832	0	0	0
面积率(%)	99	1	0	0	0

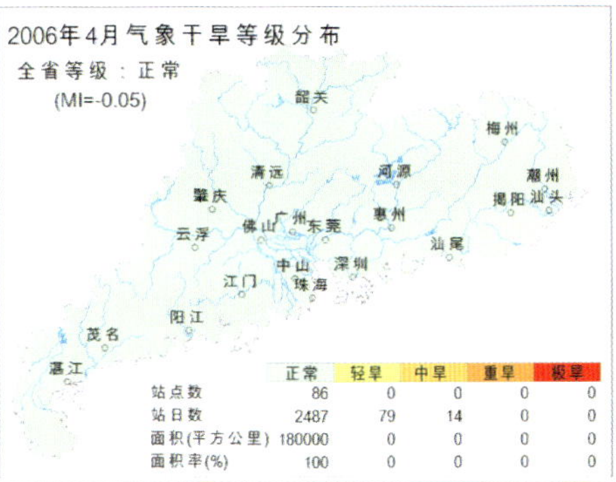

	正常	轻旱	中旱	重旱	极旱
站点数	86	0	0	0	0
站日数	2487	79	14	0	0
面积(平方公里)	180000	0	0	0	0
面积率(%)	100	0	0	0	0

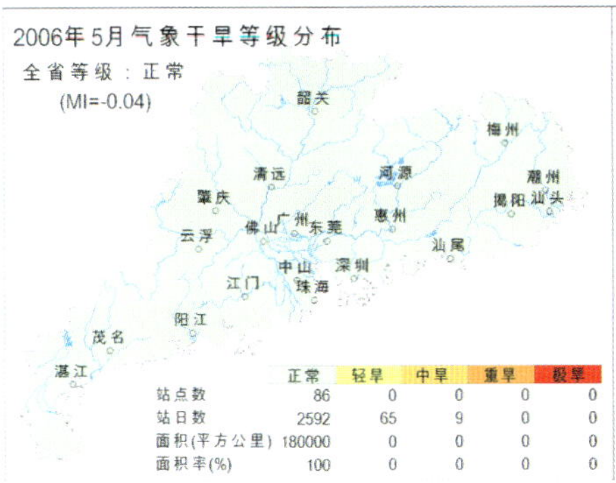

	正常	轻旱	中旱	重旱	极旱
站点数	86	0	0	0	0
站日数	2592	65	9	0	0
面积(平方公里)	180000	0	0	0	0
面积率(%)	100	0	0	0	0

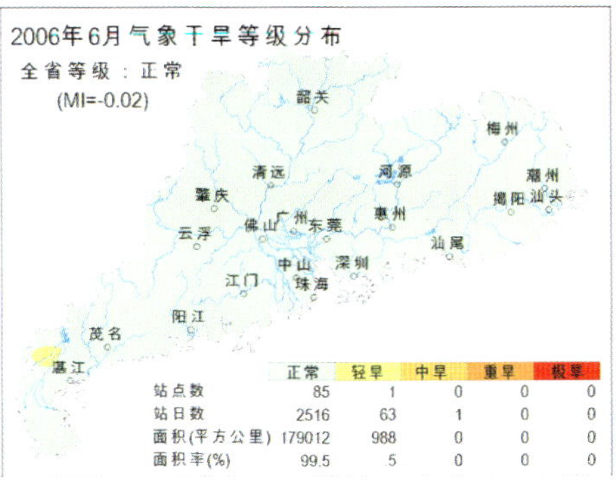

	正常	轻旱	中旱	重旱	极旱
站点数	85	1	0	0	0
站日数	2516	63	1	0	0
面积(平方公里)	179012	988	0	0	0
面积率(%)	99.5	5	0	0	0

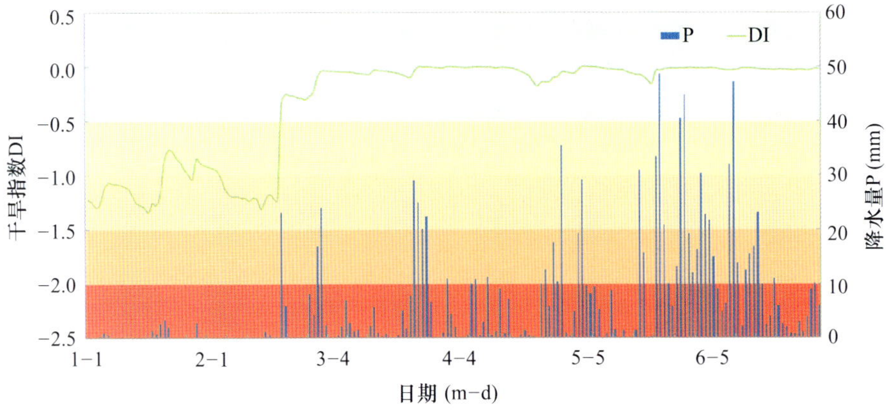

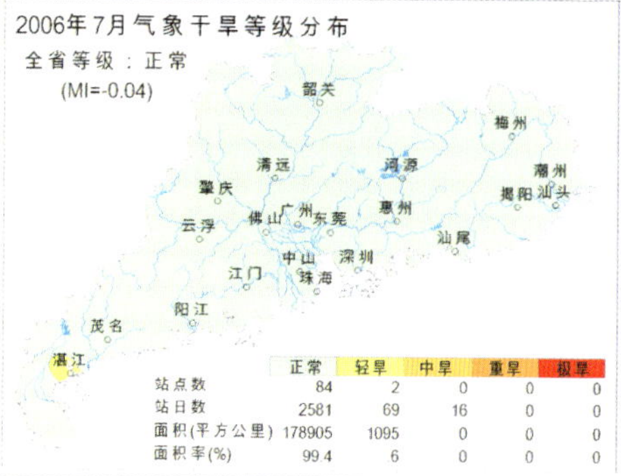

	正常	轻旱	中旱	重旱	极旱
站点数	84	2	0	0	0
站日数	2581	69	16	0	0
面积(平方公里)	178905	1095	0	0	0
面积率(%)	99.4	6	0	0	0

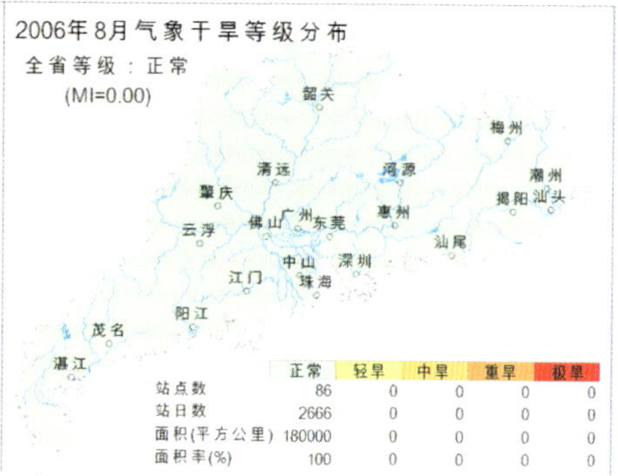

	正常	轻旱	中旱	重旱	极旱
站点数	86	0	0	0	0
站日数	2666	0	0	0	0
面积(平方公里)	180000	0	0	0	0
面积率(%)	100	0	0	0	0

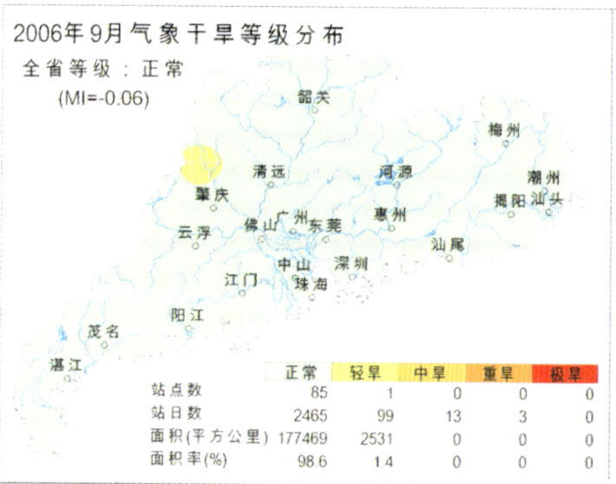

	正常	轻旱	中旱	重旱	极旱
站点数	85	1	0	0	0
站日数	2465	99	13	3	0
面积(平方公里)	177469	2531	0	0	0
面积率(%)	98.6	1.4	0	0	0

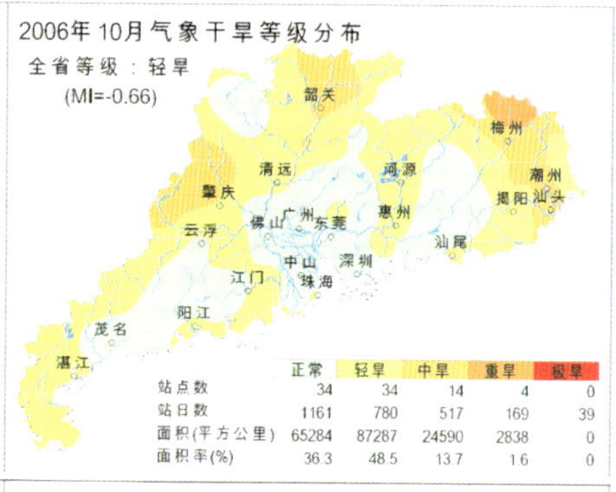

	正常	轻旱	中旱	重旱	极旱
站点数	34	34	14	4	0
站日数	1161	780	517	169	39
面积(平方公里)	65284	87287	24590	2838	0
面积率(%)	36.3	48.5	13.7	1.6	0

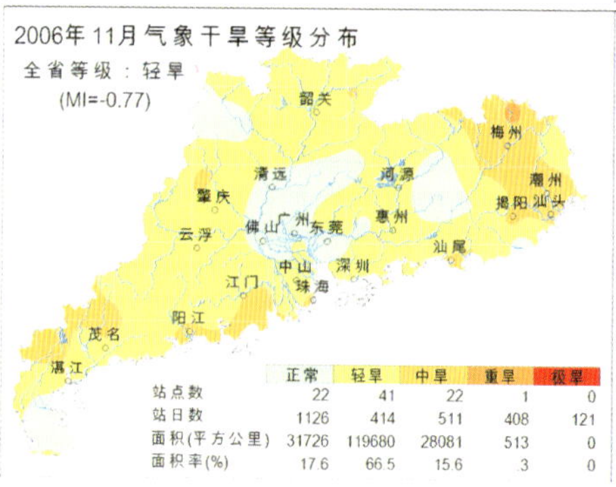

	正常	轻旱	中旱	重旱	极旱
站点数	22	41	22	1	0
站日数	1126	414	511	408	121
面积(平方公里)	31726	119680	28081	513	0
面积率(%)	17.6	66.5	15.6	3	0

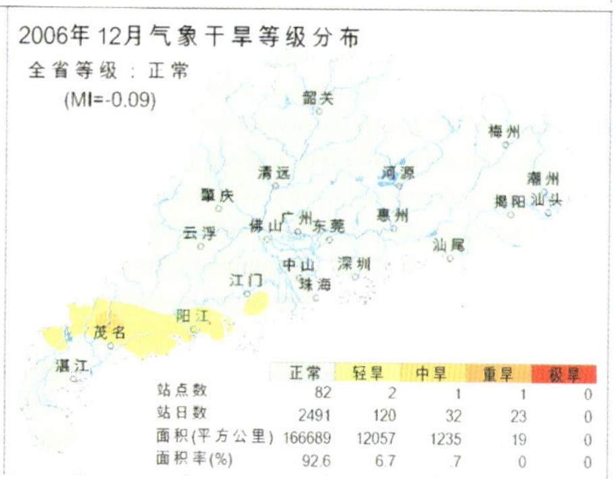

	正常	轻旱	中旱	重旱	极旱
站点数	82	2	1	1	0
站日数	2491	120	32	23	0
面积(平方公里)	166689	12057	1235	19	0
面积率(%)	92.6	6.7	7	0	0

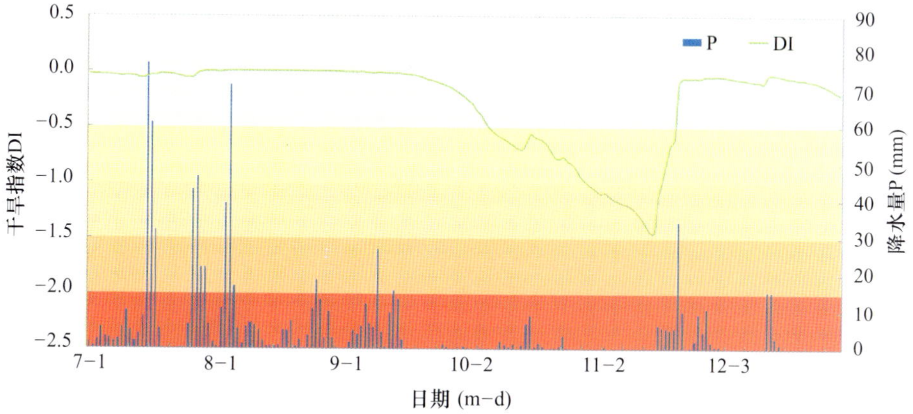

2007 年逐月气象干旱等级分布图

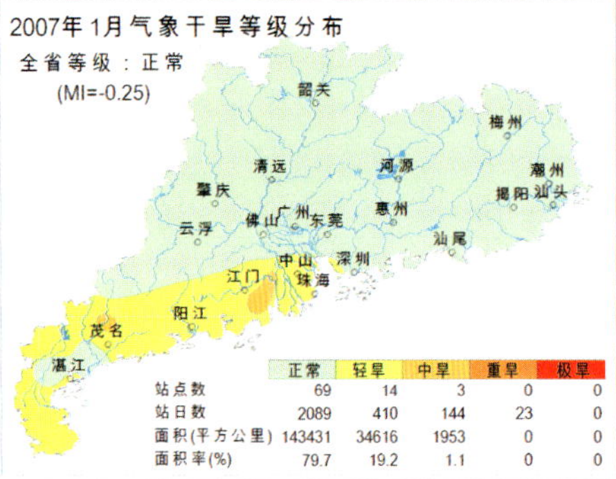

	正常	轻旱	中旱	重旱	极旱
站点数	69	14	3	0	0
站日数	2089	410	144	23	0
面积(平方公里)	143431	34616	1953	0	0
面积率(%)	79.7	19.2	1.1	0	0

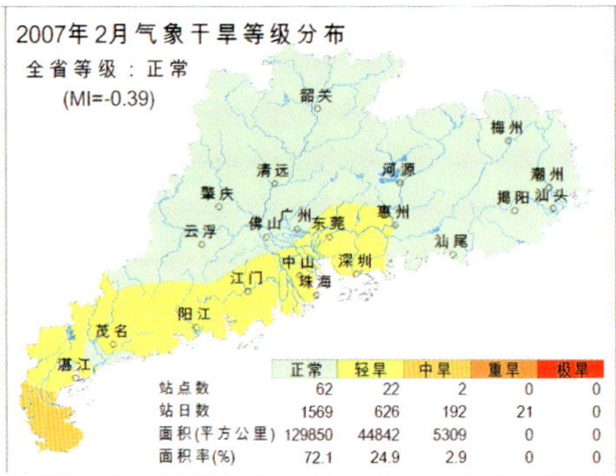

	正常	轻旱	中旱	重旱	极旱
站点数	62	22	2	0	0
站日数	1569	626	192	21	0
面积(平方公里)	129850	44842	5309	0	0
面积率(%)	72.1	24.9	2.9	0	0

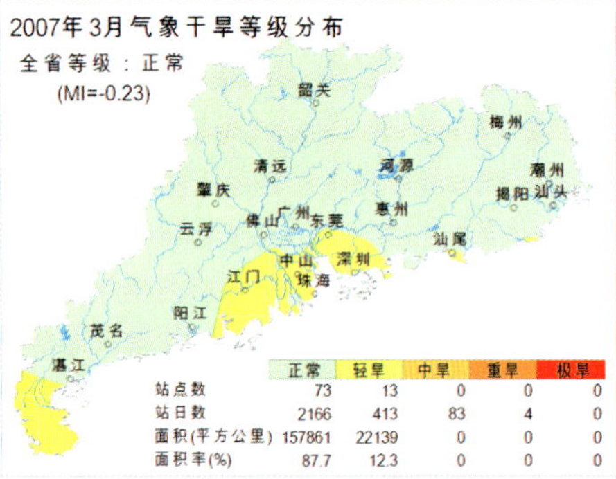

	正常	轻旱	中旱	重旱	极旱
站点数	73	13	0	0	0
站日数	2166	413	83	4	0
面积(平方公里)	157861	22139	0	0	0
面积率(%)	87.7	12.3	0	0	0

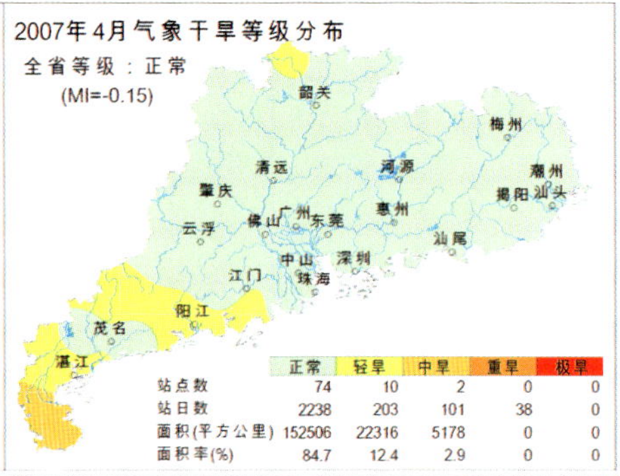

	正常	轻旱	中旱	重旱	极旱
站点数	74	10	2	0	0
站日数	2238	203	101	38	0
面积(平方公里)	152506	22316	5178	0	0
面积率(%)	84.7	12.4	2.9	0	0

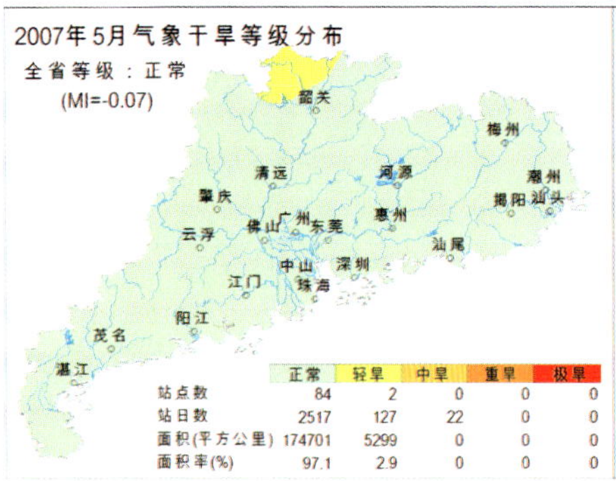

	正常	轻旱	中旱	重旱	极旱
站点数	84	2	0	0	0
站日数	2517	127	22	0	0
面积(平方公里)	174701	5299	0	0	0
面积率(%)	97.1	2.9	0	0	0

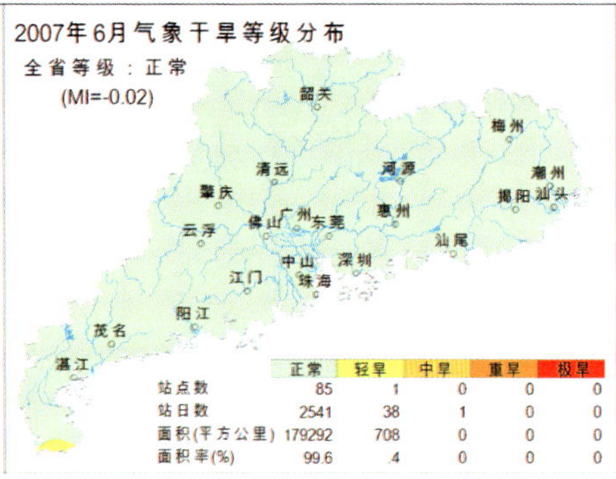

	正常	轻旱	中旱	重旱	极旱
站点数	85	1	0	0	0
站日数	2541	38	1	0	0
面积(平方公里)	179292	708	0	0	0
面积率(%)	99.6	.4	0	0	0

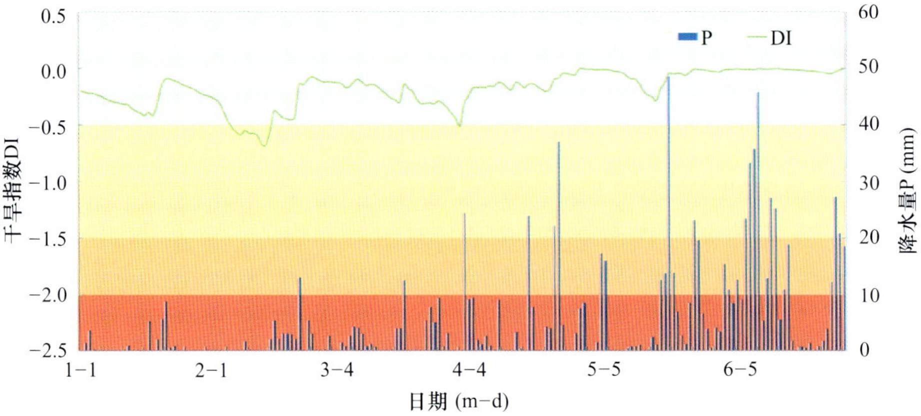

2007年7月气象干旱等级分布

全省等级：正常

(MI=-0.20)

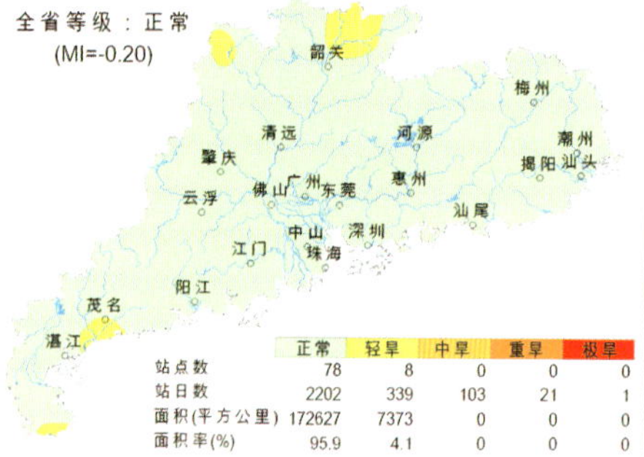

	正常	轻旱	中旱	重旱	极旱
站点数	78	8	0	0	0
站日数	2202	339	103	21	1
面积(平方公里)	172627	7373	0	0	0
面积率(%)	95.9	4.1	0	0	0

2007年8月气象干旱等级分布

全省等级：正常

(MI=-0.26)

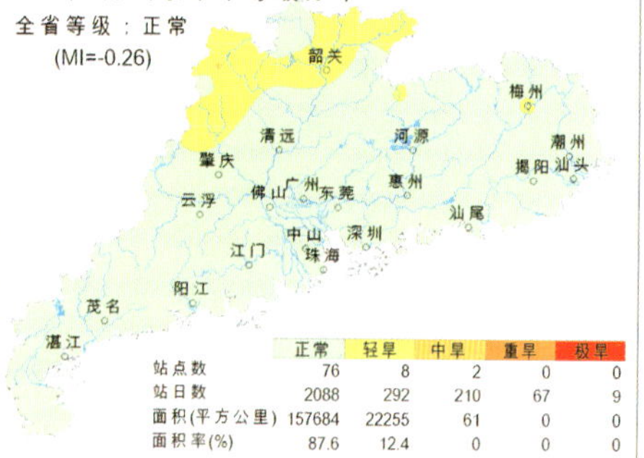

	正常	轻旱	中旱	重旱	极旱
站点数	76	8	2	0	0
站日数	2088	292	210	67	9
面积(平方公里)	157684	22255	61	0	0
面积率(%)	87.6	12.4	0	0	0

2007年9月气象干旱等级分布

全省等级：正常

(MI=-0.05)

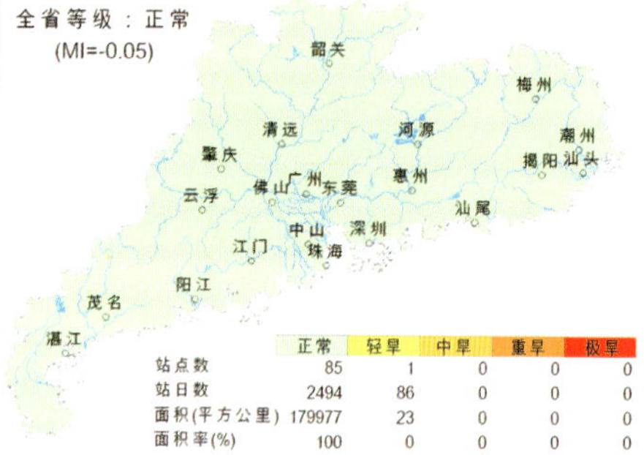

	正常	轻旱	中旱	重旱	极旱
站点数	85	1	0	0	0
站日数	2494	86	0	0	0
面积(平方公里)	179977	23	0	0	0
面积率(%)	100	0	0	0	0

2007年10月气象干旱等级分布

全省等级：正常

(MI=-0.45)

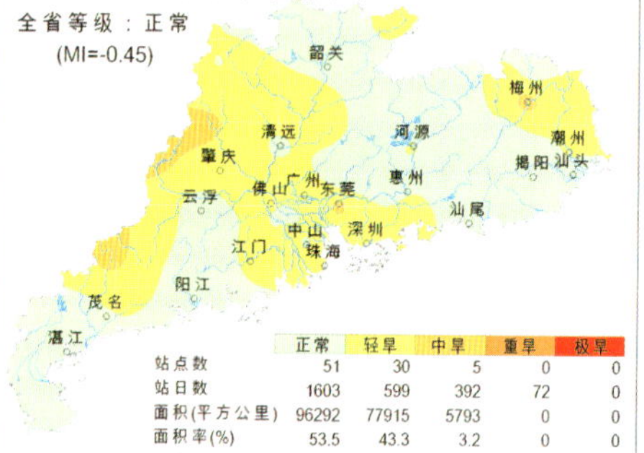

	正常	轻旱	中旱	重旱	极旱
站点数	51	30	5	0	0
站日数	1603	599	392	72	0
面积(平方公里)	96292	77915	5793	0	0
面积率(%)	53.5	43.3	3.2	0	0

2007年11月气象干旱等级分布

全省等级：中旱

(MI=-1.11)

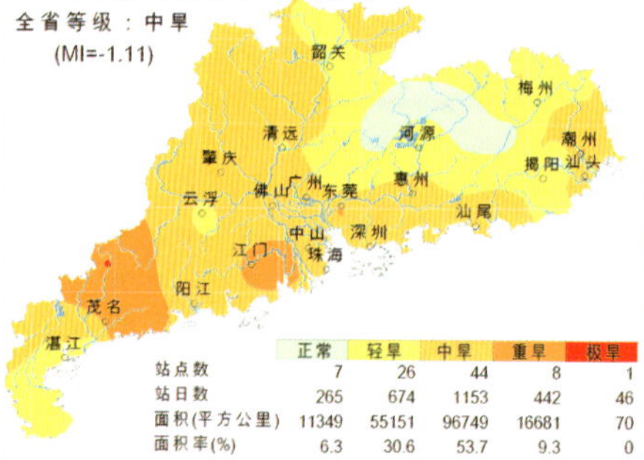

	正常	轻旱	中旱	重旱	极旱
站点数	7	26	44	8	1
站日数	265	674	1153	442	46
面积(平方公里)	11349	55151	96749	16681	70
面积率(%)	6.3	30.6	53.7	9.3	0

2007年12月气象干旱等级分布

全省等级：中旱

(MI=-1.41)

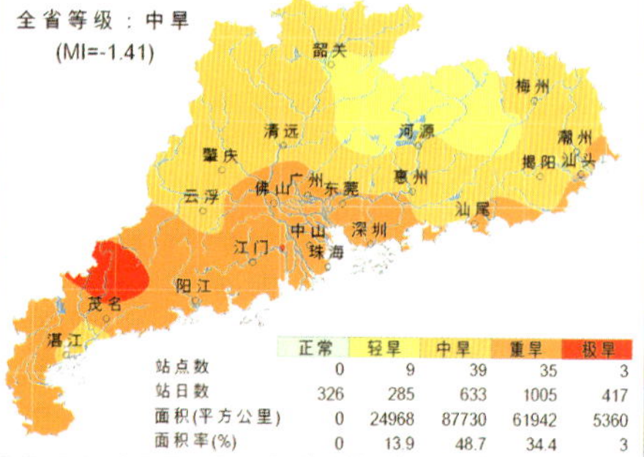

	正常	轻旱	中旱	重旱	极旱
站点数	0	9	39	35	3
站日数	326	285	633	1005	417
面积(平方公里)	0	24968	87730	61942	5360
面积率(%)	0	13.9	48.7	34.4	3

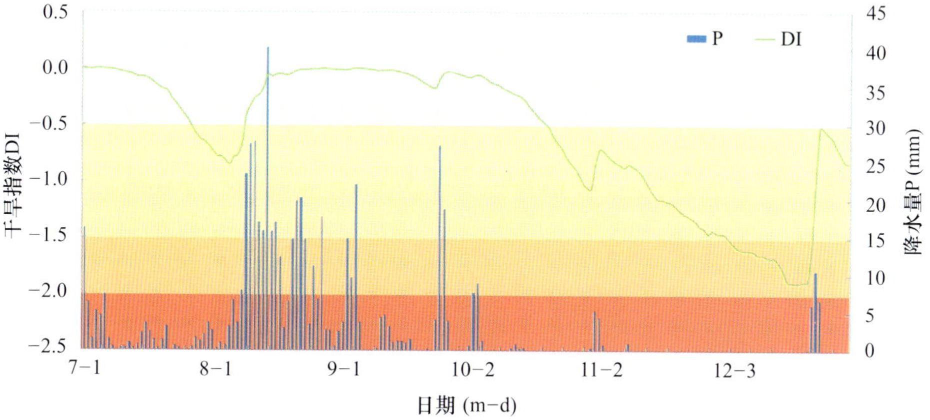

2008 年逐月气象干旱等级分布图

2008年1月气象干旱等级分布

全省等级：轻旱

(MI=-0.79)

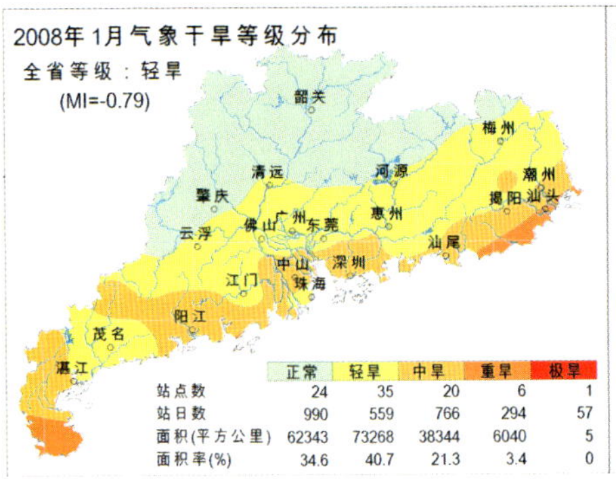

	正常	轻旱	中旱	重旱	极旱
站点数	24	35	20	6	1
站日数	990	559	766	294	57
面积(平方公里)	62343	73268	38344	6040	5
面积率(%)	34.6	40.7	21.3	3.4	0

2008年2月气象干旱等级分布

全省等级：正常

(MI=-0.08)

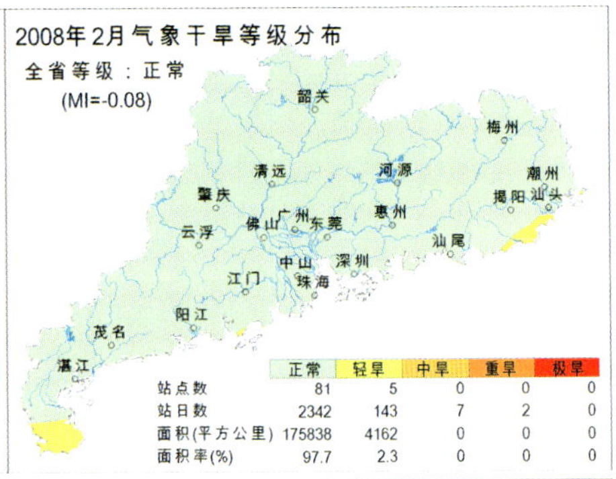

	正常	轻旱	中旱	重旱	极旱
站点数	81	5	0	0	0
站日数	2342	143	7	2	0
面积(平方公里)	175838	4162	0	0	0
面积率(%)	97.7	2.3	0	0	0

2008年3月气象干旱等级分布

全省等级：正常

(MI=-0.25)

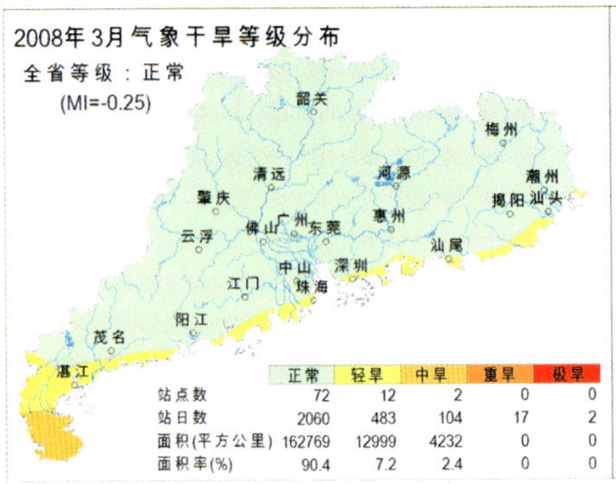

	正常	轻旱	中旱	重旱	极旱
站点数	72	12	2	0	0
站日数	2060	483	104	17	2
面积(平方公里)	162769	12999	4232	0	0
面积率(%)	90.4	7.2	2.4	0	0

2008年4月气象干旱等级分布

全省等级：正常

(MI=-0.12)

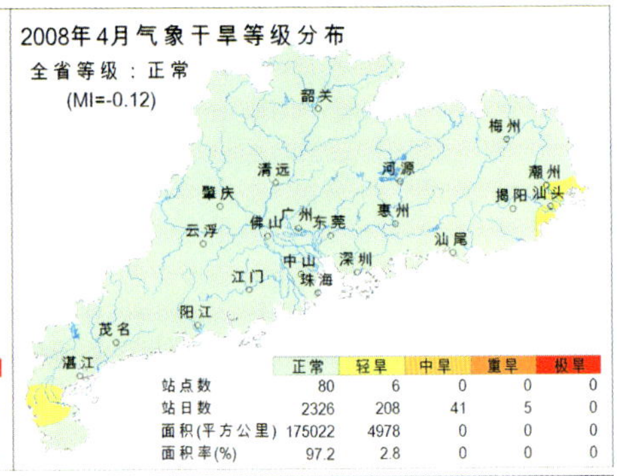

	正常	轻旱	中旱	重旱	极旱
站点数	80	6	0	0	0
站日数	2326	208	41	5	0
面积(平方公里)	175022	4978	0	0	0
面积率(%)	97.2	2.8	0	0	0

2008年5月气象干旱等级分布

全省等级：正常

(MI=-0.11)

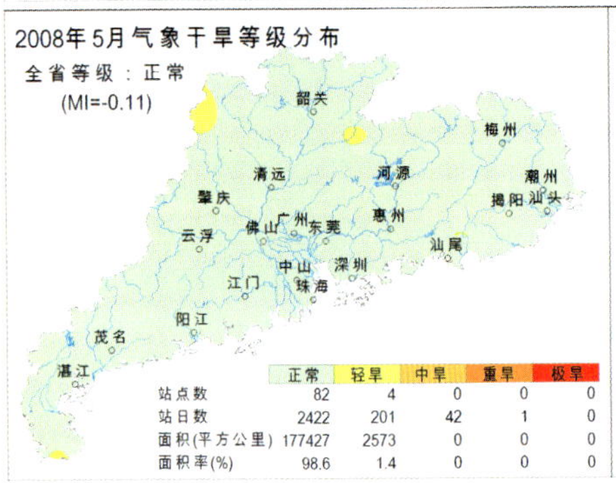

	正常	轻旱	中旱	重旱	极旱
站点数	82	4	0	0	0
站日数	2422	201	42	1	0
面积(平方公里)	177427	2573	0	0	0
面积率(%)	98.6	1.4	0	0	0

2008年6月气象干旱等级分布

全省等级：正常

(MI=-0.02)

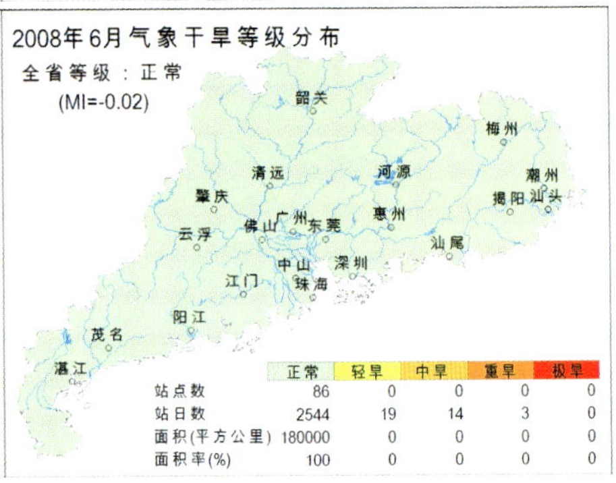

	正常	轻旱	中旱	重旱	极旱
站点数	86	0	0	0	0
站日数	2544	19	14	3	0
面积(平方公里)	180000	0	0	0	0
面积率(%)	100	0	0	0	0

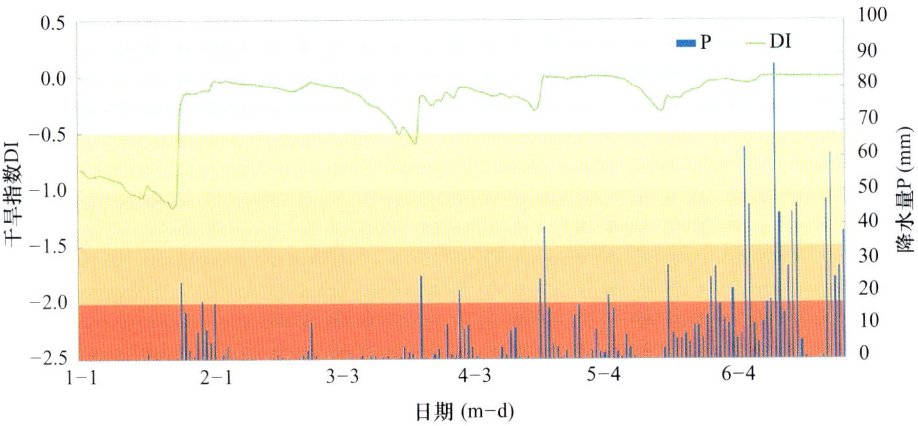

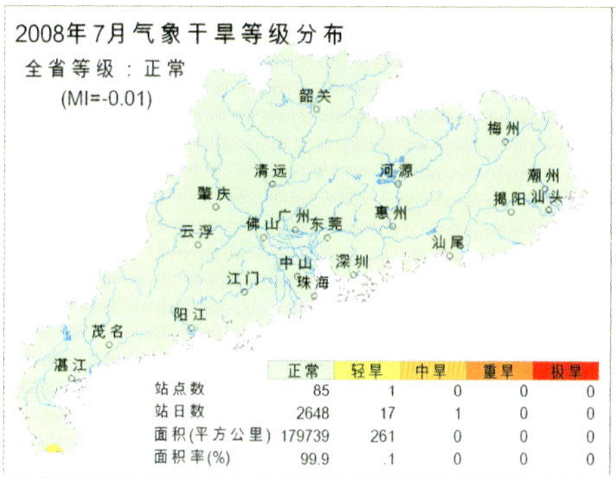
2008年7月气象干旱等级分布
全省等级：正常
(MI=-0.01)
韶关
梅州
清远
河源
潮州
揭阳
汕头
肇庆
广州
惠州
佛山
东莞
云浮
汕尾
中山
深圳
江门
珠海
阳江
茂名
湛江
正常 轻旱 中旱 重旱 极旱
站点数 85 1 0 0 0
站日数 2648 17 1 0 0
面积(平方公里) 179739 261 0 0 0
面积率(%) 99.9 .1 0 0 0

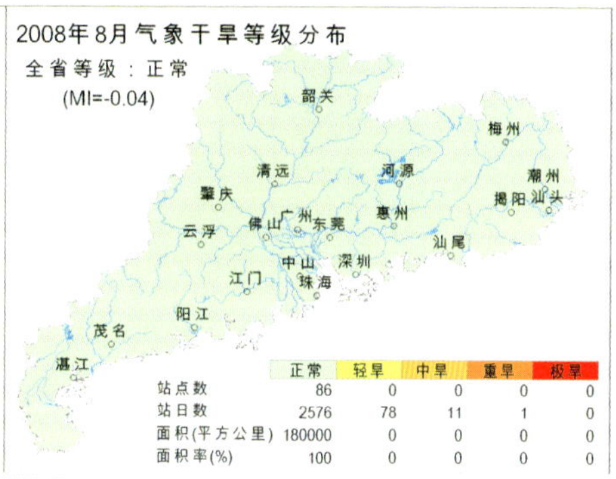
2008年8月气象干旱等级分布
全省等级：正常
(MI=-0.04)
韶关
梅州
清远
河源
潮州
揭阳
汕头
肇庆
广州
惠州
佛山
东莞
云浮
汕尾
中山
深圳
江门
珠海
阳江
茂名
湛江
正常 轻旱 中旱 重旱 极旱
站点数 86 0 0 0 0
站日数 2576 78 11 1 0
面积(平方公里) 180000 0 0 0 0
面积率(%) 100 0 0 0 0

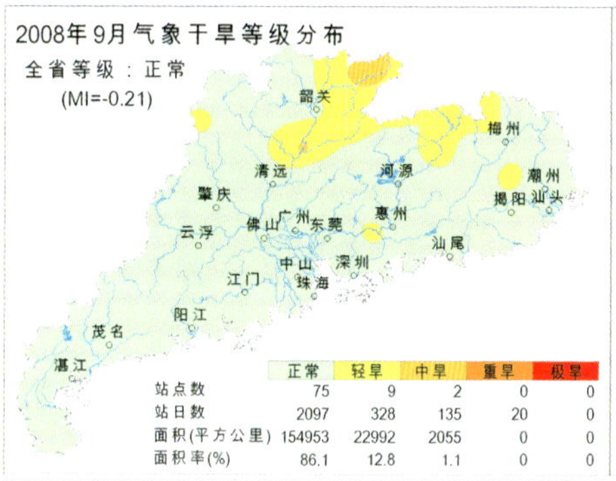
2008年9月气象干旱等级分布
全省等级：正常
(MI=-0.21)
韶关
梅州
清远
河源
潮州
揭阳
汕头
肇庆
广州
惠州
佛山
东莞
云浮
汕尾
中山
深圳
江门
珠海
阳江
茂名
湛江
正常 轻旱 中旱 重旱 极旱
站点数 75 9 2 0 0
站日数 2097 328 135 20 0
面积(平方公里) 154953 22992 2055 0 0
面积率(%) 86.1 12.8 1.1 0 0

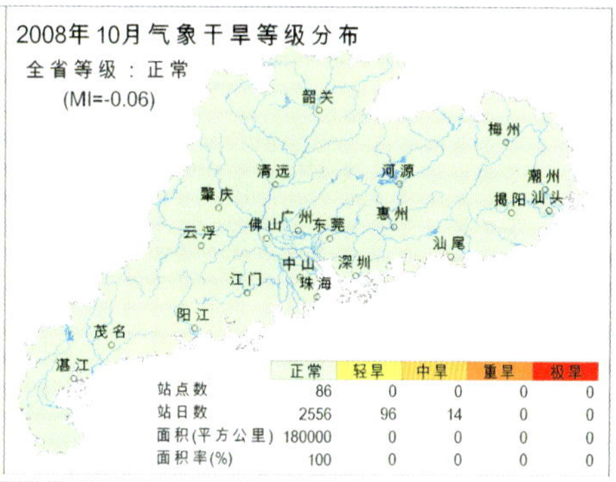
2008年10月气象干旱等级分布
全省等级：正常
(MI=-0.06)
韶关
梅州
清远
河源
潮州
揭阳
汕头
肇庆
广州
惠州
佛山
东莞
云浮
汕尾
中山
深圳
江门
珠海
阳江
茂名
湛江
正常 轻旱 中旱 重旱 极旱
站点数 86 0 0 0 0
站日数 2556 96 14 0 0
面积(平方公里) 180000 0 0 0 0
面积率(%) 100 0 0 0 0

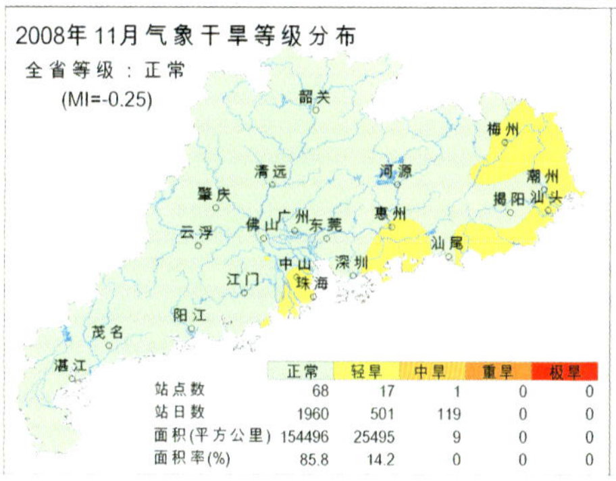
2008年11月气象干旱等级分布
全省等级：正常
(MI=-0.25)
韶关
梅州
清远
河源
潮州
揭阳
汕头
肇庆
广州
惠州
佛山
东莞
云浮
汕尾
中山
深圳
江门
珠海
阳江
茂名
湛江
正常 轻旱 中旱 重旱 极旱
站点数 68 17 1 0 0
站日数 1960 501 119 0 0
面积(平方公里) 154496 25495 9 0 0
面积率(%) 85.8 14.2 0 0 0

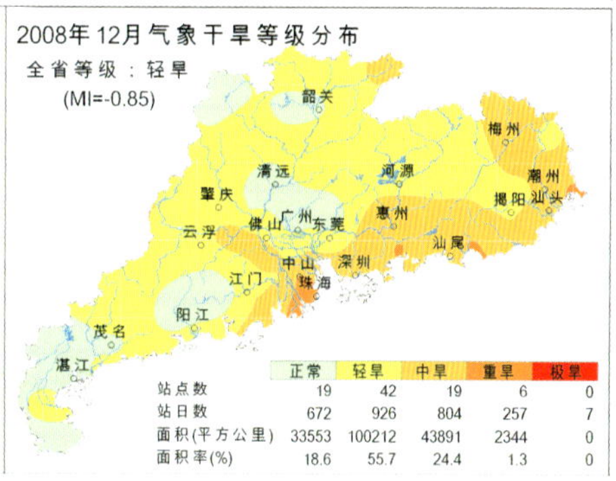
2008年12月气象干旱等级分布
全省等级：轻旱
(MI=-0.85)
韶关
梅州
清远
河源
潮州
揭阳
汕头
肇庆
广州
惠州
佛山
东莞
云浮
汕尾
中山
深圳
江门
珠海
阳江
茂名
湛江
正常 轻旱 中旱 重旱 极旱
站点数 19 42 19 6 0
站日数 672 926 804 257 7
面积(平方公里) 33553 100212 43891 2344 0
面积率(%) 18.6 55.7 24.4 1.3 0

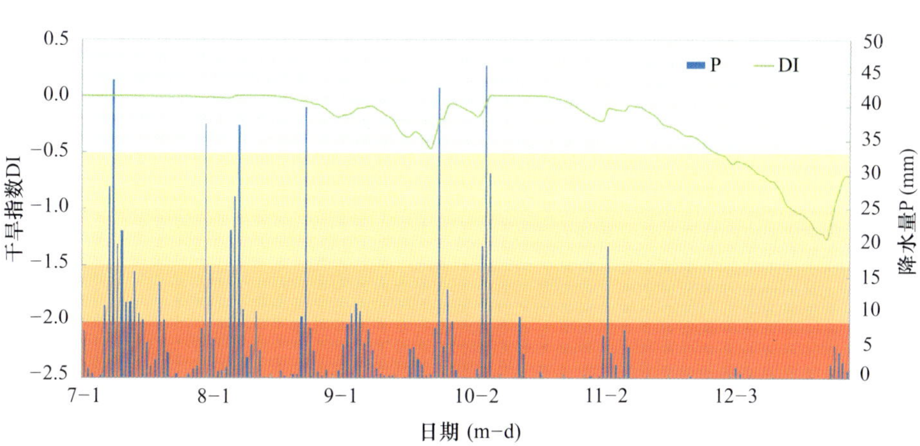
P
DI
干旱指数DI
降水量P (mm)
日期 (m−d)
7−1
8−1
9−1
10−2
11−2
12−3
0.5
0.0
−0.5
−1.0
−1.5
−2.0
−2.5
50
45
40
35
30
25
20
15
10
5
0

2009年逐月气象干旱等级分布图

2009年1月气象干旱等级分布

全省等级：轻旱

(MI=-0.93)

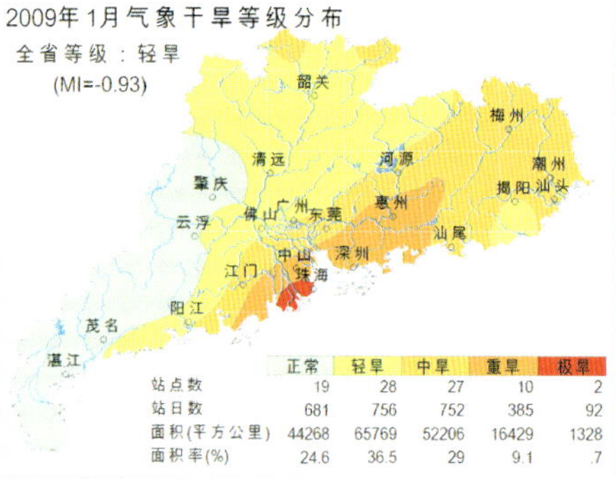

	正常	轻旱	中旱	重旱	极旱
站点数	19	28	27	10	2
站日数	681	756	752	385	92
面积(平方公里)	44268	65769	52206	16429	1328
面积率(%)	24.6	36.5	29	9.1	.7

2009年2月气象干旱等级分布

全省等级：中旱

(MI=-1.13)

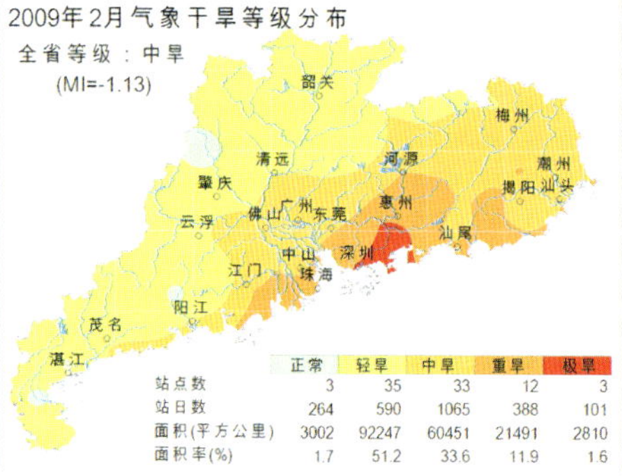

	正常	轻旱	中旱	重旱	极旱
站点数	3	35	33	12	3
站日数	264	590	1065	388	101
面积(平方公里)	3002	92247	60451	21491	2810
面积率(%)	1.7	51.2	33.6	11.9	1.6

2009年3月气象干旱等级分布

全省等级：正常

(MI=-0.21)

	正常	轻旱	中旱	重旱	极旱
站点数	83	3	0	0	0
站日数	2229	183	212	33	9
面积(平方公里)	175717	4283	0	0	0
面积率(%)	97.6	2.4	0	0	0

2009年4月气象干旱等级分布

全省等级：正常

(MI=-0.05)

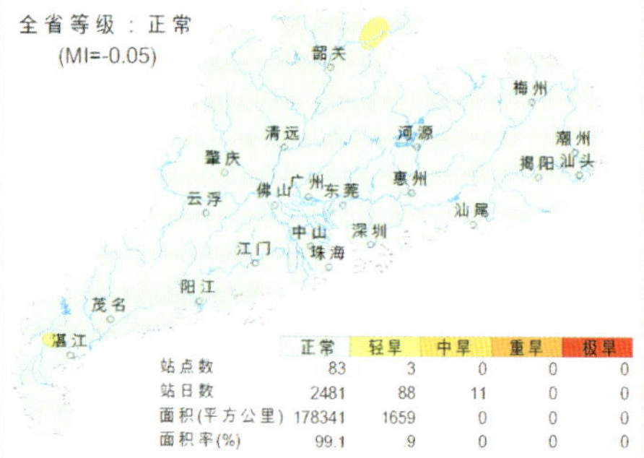

	正常	轻旱	中旱	重旱	极旱
站点数	83	3	0	0	0
站日数	2481	88	11	0	0
面积(平方公里)	178341	1659	0	0	0
面积率(%)	99.1	.9	0	0	0

2009年5月气象干旱等级分布

全省等级：正常

(MI=-0.35)

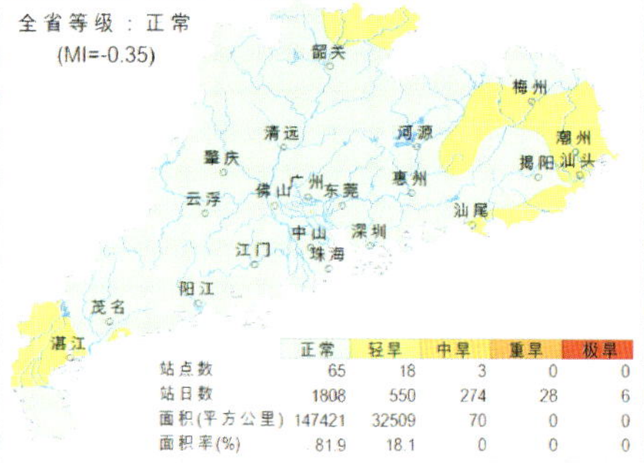

	正常	轻旱	中旱	重旱	极旱
站点数	65	18	3	0	0
站日数	1808	550	274	28	6
面积(平方公里)	147421	32509	70	0	0
面积率(%)	81.9	18.1	0	0	0

2009年6月气象干旱等级分布

全省等级：正常

(MI=-0.04)

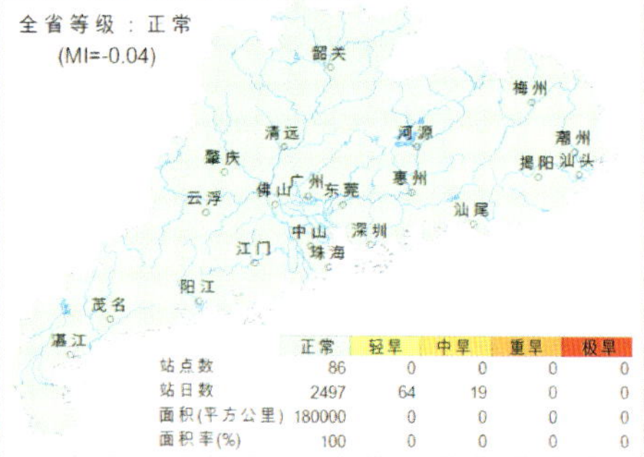

	正常	轻旱	中旱	重旱	极旱
站点数	86	0	0	0	0
站日数	2497	64	19	0	0
面积(平方公里)	180000	0	0	0	0
面积率(%)	100	0	0	0	0

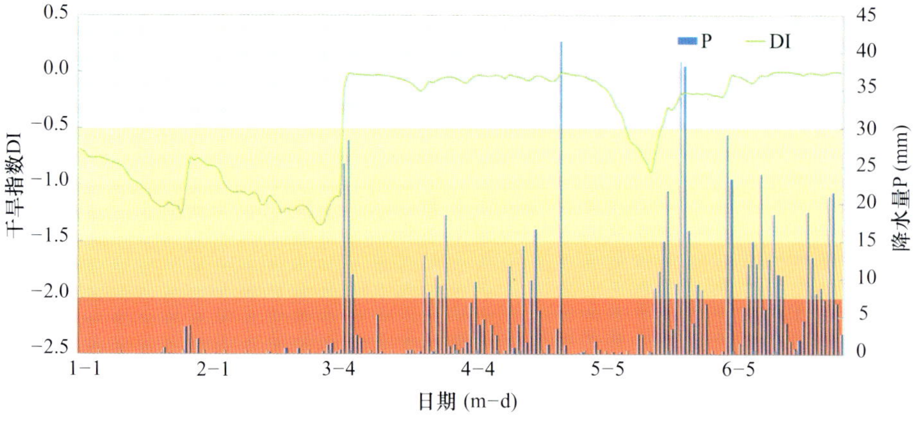

2009年7月气象干旱等级分布

全省等级：正常
(MI=-0.03)

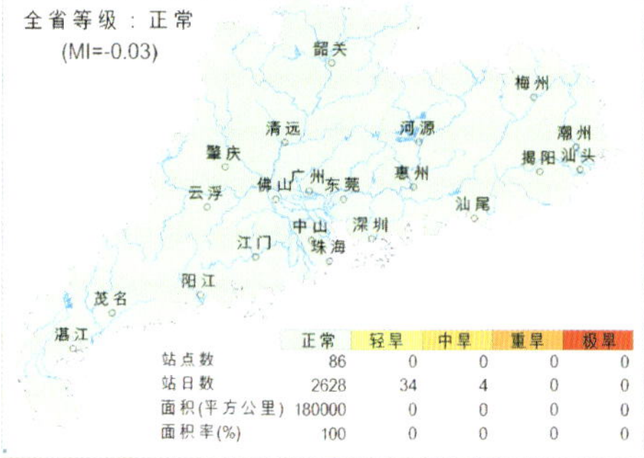

	正常	轻旱	中旱	重旱	极旱
站点数	86	0	0	0	0
站日数	2628	34	4	0	0
面积(平方公里)	180000	0	0	0	0
面积率(%)	100	0	0	0	0

2009年8月气象干旱等级分布

全省等级：正常
(MI=-0.11)

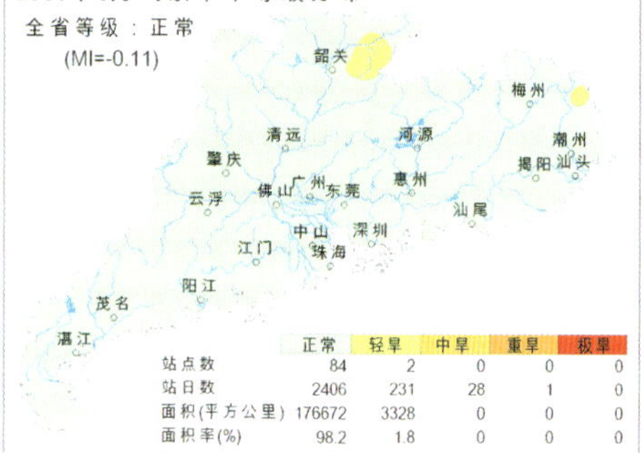

	正常	轻旱	中旱	重旱	极旱
站点数	84	2	0	0	0
站日数	2406	231	28	1	0
面积(平方公里)	176672	3328	0	0	0
面积率(%)	98.2	1.8	0	0	0

2009年9月气象干旱等级分布

全省等级：正常
(MI=-0.46)

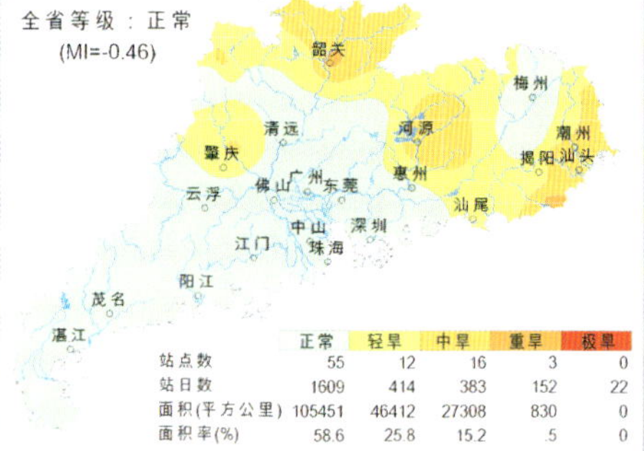

	正常	轻旱	中旱	重旱	极旱
站点数	55	12	16	3	0
站日数	1609	414	383	152	22
面积(平方公里)	105451	46412	27308	830	0
面积率(%)	58.6	25.8	15.2	.5	0

2009年10月气象干旱等级分布

全省等级：轻旱
(MI=-0.83)

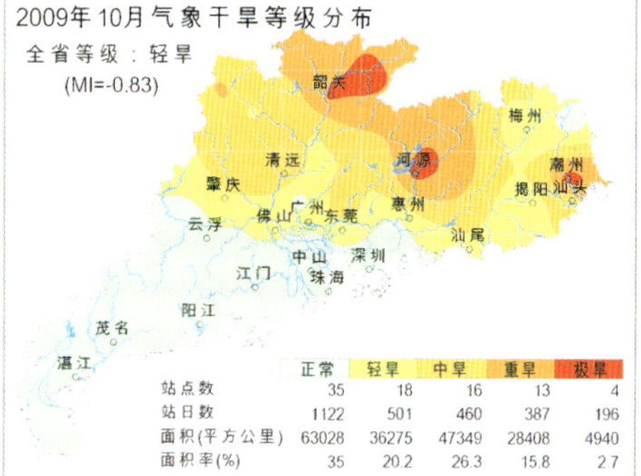

	正常	轻旱	中旱	重旱	极旱
站点数	35	18	16	13	4
站日数	1122	501	460	387	196
面积(平方公里)	63028	36275	47349	28408	4940
面积率(%)	35	20.2	26.3	15.8	2.7

2009年11月气象干旱等级分布

全省等级：轻旱
(MI=-0.63)

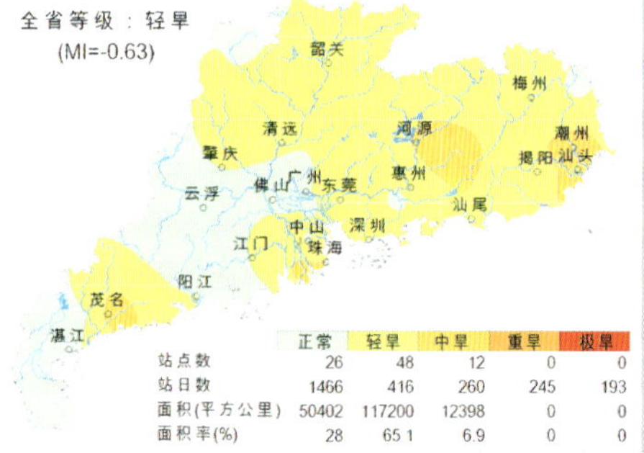

	正常	轻旱	中旱	重旱	极旱
站点数	26	48	12	0	0
站日数	1466	416	260	245	193
面积(平方公里)	50402	117200	12398	0	0
面积率(%)	28	65.1	6.9	0	0

2009年12月气象干旱等级分布

全省等级：正常
(MI=-0.24)

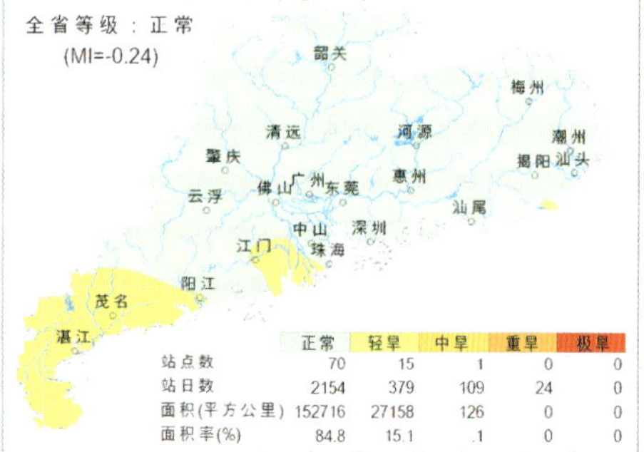

	正常	轻旱	中旱	重旱	极旱
站点数	70	15	1	0	0
站日数	2154	379	109	24	0
面积(平方公里)	152716	27158	126	0	0
面积率(%)	84.8	15.1	.1	0	0

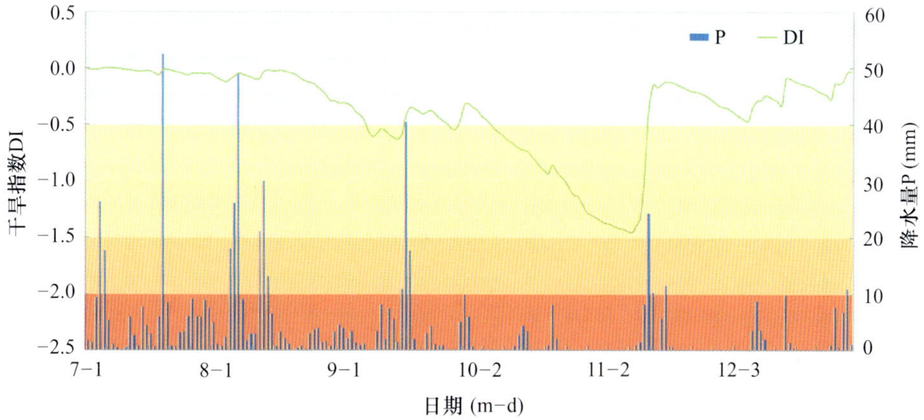

2010 年逐月气象干旱等级分布图

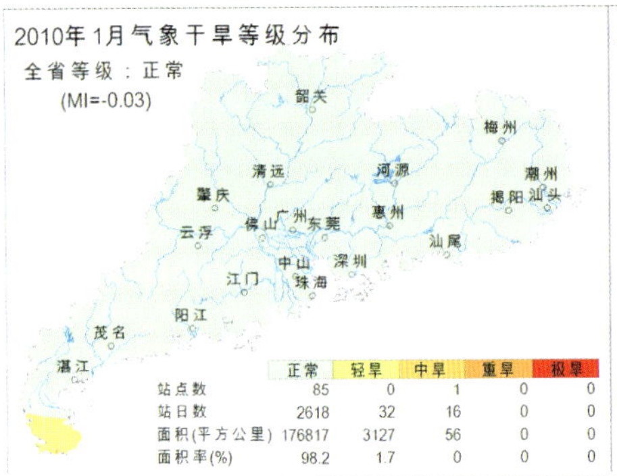

	正常	轻旱	中旱	重旱	极旱
站点数	85	0	1	0	0
站日数	2618	32	16	0	0
面积(平方公里)	176817	3127	56	0	0
面积率(%)	98.2	1.7	0	0	0

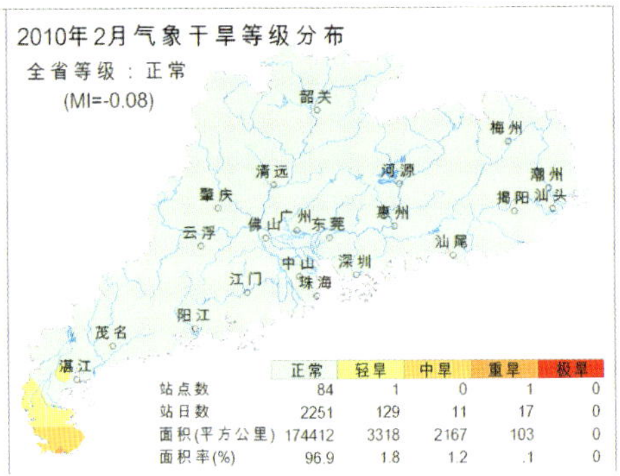

	正常	轻旱	中旱	重旱	极旱
站点数	84	1	0	1	0
站日数	2251	129	11	17	0
面积(平方公里)	174412	3318	2167	103	0
面积率(%)	96.9	1.8	1.2	.1	0

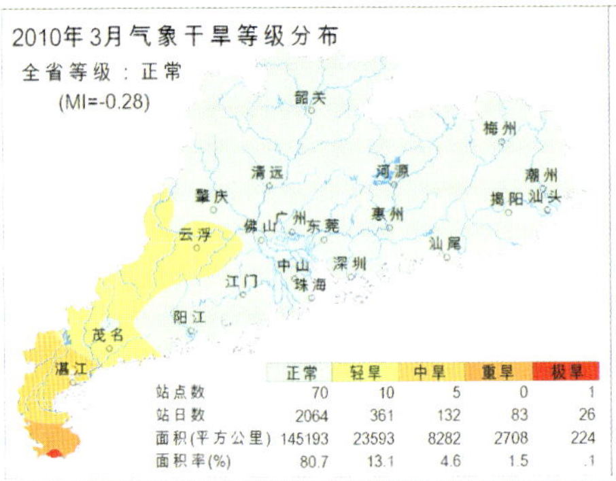

	正常	轻旱	中旱	重旱	极旱
站点数	70	10	5	0	1
站日数	2064	361	132	83	26
面积(平方公里)	145193	23593	8282	2708	224
面积率(%)	80.7	13.1	4.6	1.5	.1

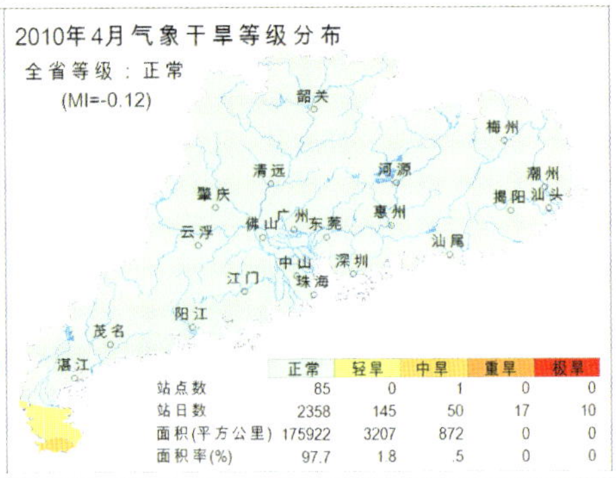

	正常	轻旱	中旱	重旱	极旱
站点数	85	0	1	0	0
站日数	2358	145	50	17	10
面积(平方公里)	175922	3207	872	0	0
面积率(%)	97.7	1.8	.5	0	0

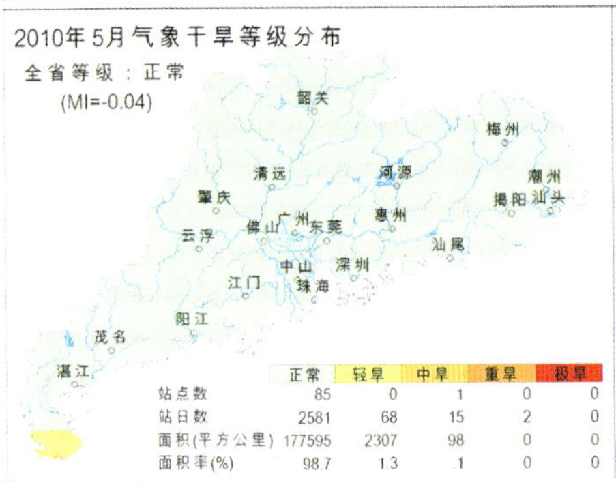

	正常	轻旱	中旱	重旱	极旱
站点数	85	0	1	0	0
站日数	2581	68	15	2	0
面积(平方公里)	177595	2307	98	0	0
面积率(%)	98.7	1.3	.1	0	0

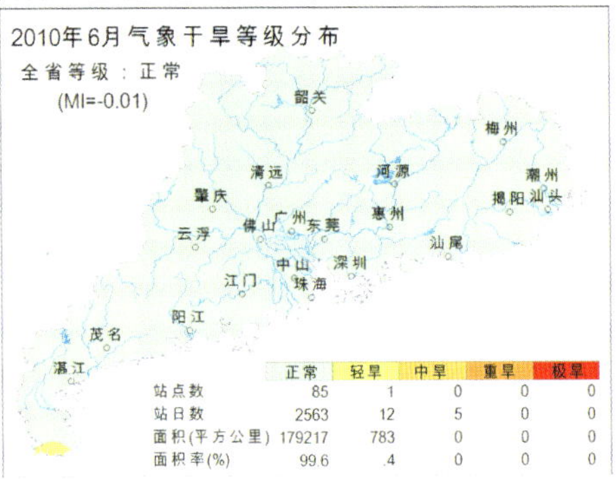

	正常	轻旱	中旱	重旱	极旱
站点数	85	1	0	0	0
站日数	2563	12	5	0	0
面积(平方公里)	179217	783	0	0	0
面积率(%)	99.6	.4	0	0	0

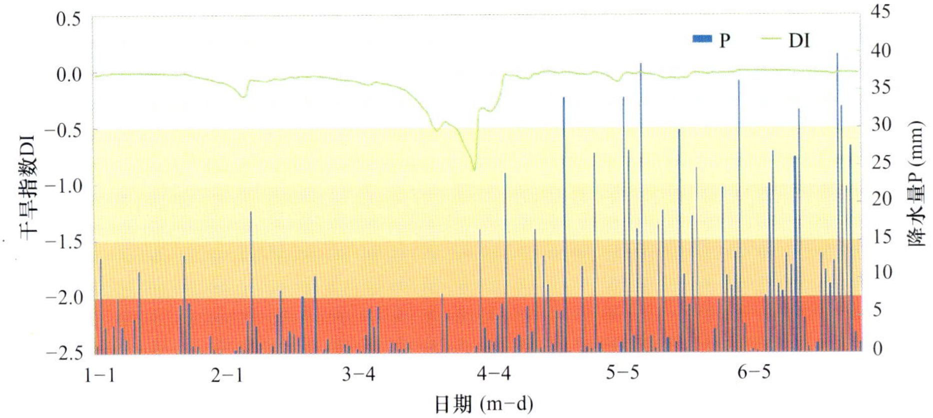

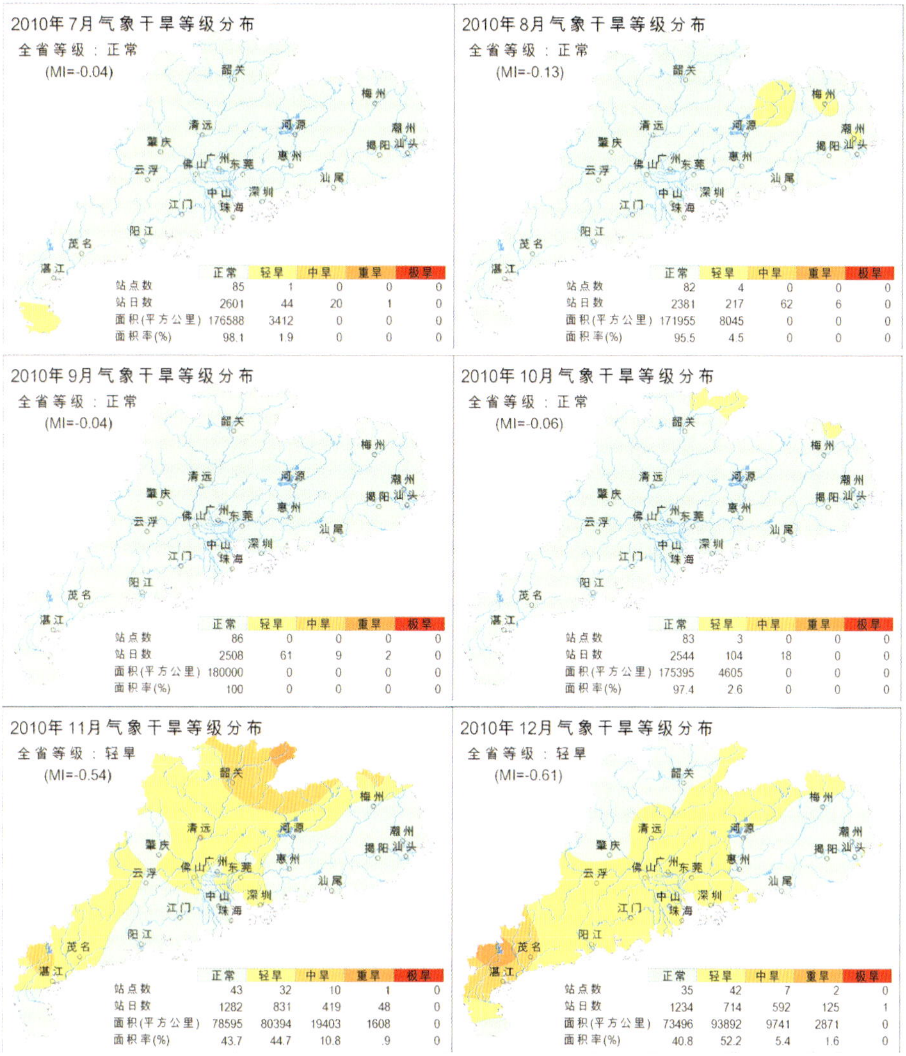
2010年7月气象干旱等级分布
全省等级：正常
(MI=-0.04)
韶关 梅州 清远 河源 潮州 肇庆 揭阳 汕头 惠州 佛山 广州 东莞 云浮 汕尾 中山 深圳 江门 珠海 阳江 茂名 湛江
正常 轻旱 中旱 重旱 极旱
站点数 85 1 0 0 0
站日数 2601 44 20 1 0
面积(平方公里) 176588 3412 0 0 0
面积率(%) 98.1 1.9 0 0 0
2010年8月气象干旱等级分布
全省等级：正常
(MI=-0.13)
正常 轻旱 中旱 重旱 极旱
站点数 82 4 0 0 0
站日数 2381 217 62 6 0
面积(平方公里) 171955 8045 0 0 0
面积率(%) 95.5 4.5 0 0 0
2010年9月气象干旱等级分布
全省等级：正常
(MI=-0.04)
正常 轻旱 中旱 重旱 极旱
站点数 86 0 0 0 0
站日数 2508 61 9 2 0
面积(平方公里) 180000 0 0 0 0
面积率(%) 100 0 0 0 0
2010年10月气象干旱等级分布
全省等级：正常
(MI=-0.06)
正常 轻旱 中旱 重旱 极旱
站点数 83 3 0 0 0
站日数 2544 104 18 0 0
面积(平方公里) 175395 4605 0 0 0
面积率(%) 97.4 2.6 0 0 0
2010年11月气象干旱等级分布
全省等级：轻旱
(MI=-0.54)
正常 轻旱 中旱 重旱 极旱
站点数 43 32 10 1 0
站日数 1282 831 419 48 0
面积(平方公里) 78595 80394 19403 1608 0
面积率(%) 43.7 44.7 10.8 .9 0
2010年12月气象干旱等级分布
全省等级：轻旱
(MI=-0.61)
正常 轻旱 中旱 重旱 极旱
站点数 35 42 7 2 0
站日数 1234 714 592 125 1
面积(平方公里) 73496 93892 9741 2871 0
面积率(%) 40.8 52.2 5.4 1.6 0

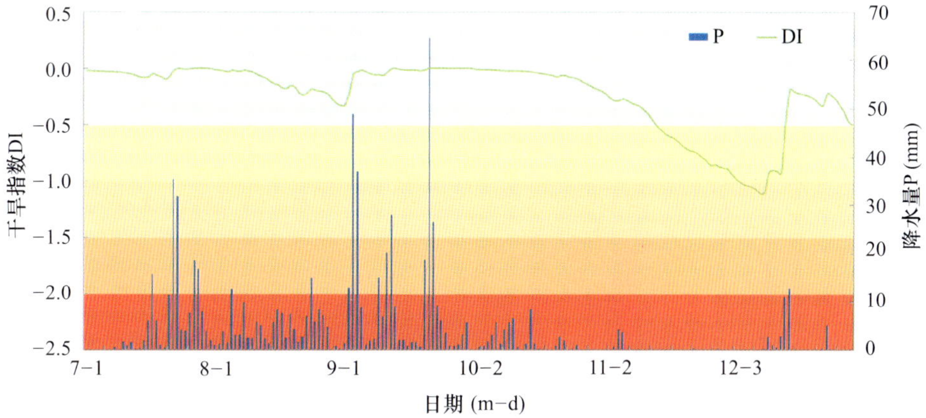
P DI
干旱指数DI
降水量P (mm)
0.5 0.0 −0.5 −1.0 −1.5 −2.0 −2.5
70 60 50 40 30 20 10 0
7−1 8−1 9−1 10−2 11−2 12−3
日期 (m−d)

广东省1981—2010年
旱日频率统计及分布图

近30年（1981—2010）全省平均旱日频率统计（%）

月份	降水量（mm）	轻旱	中旱	重旱	极旱	合计
1	43.3	19.0	14.8	7.3	2.8	43.8
2	77.4	15.4	11.0	4.8	1.1	32.4
3	113.8	11.8	5.1	1.3	0.2	18.4
4	188.8	6.3	2.5	0.8	0.1	9.7
5	259.5	5.7	2.3	0.7	0.4	9.1
6	313.5	5.0	1.5	0.3	0.0	6.8
7	241.0	6.3	1.8	0.3	0.0	8.4
8	249.1	7.1	2.3	0.6	0.1	10.1
9	172.9	7.3	3.5	1.2	0.3	12.3
10	59.1	15.7	10.3	4.5	1.7	32.1
11	39.5	18.3	18.9	11.8	3.1	52.0
12	32.0	18.0	16.1	11.6	4.4	50.2
年合计/平均	1789.9	11.3	7.5	3.8	1.2	23.8

近30年（1981—2010）逐月各等级旱日频率分布图

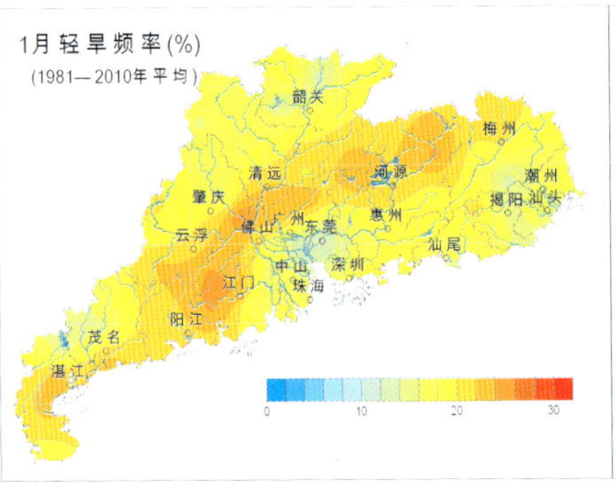

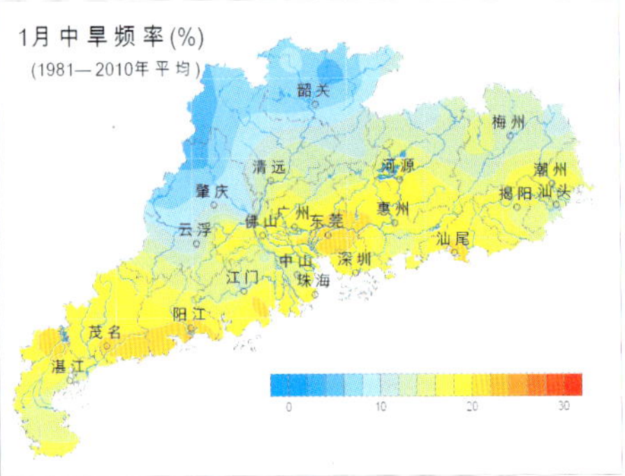

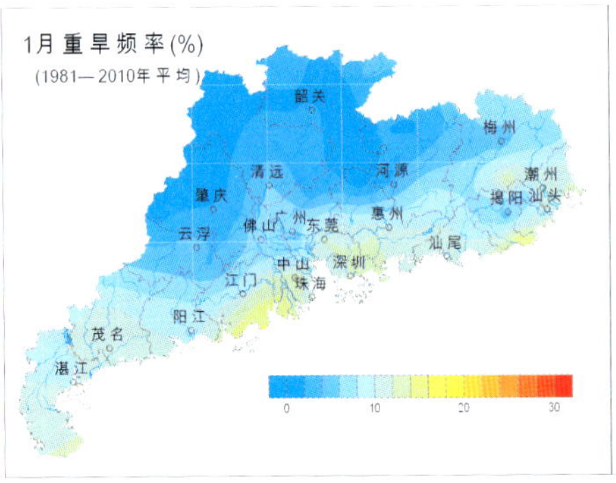

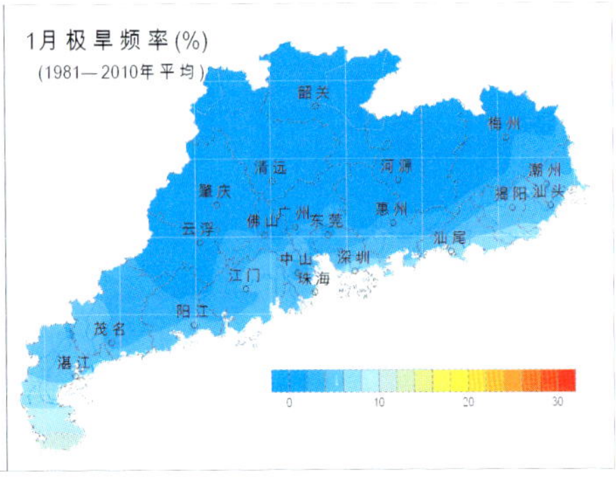

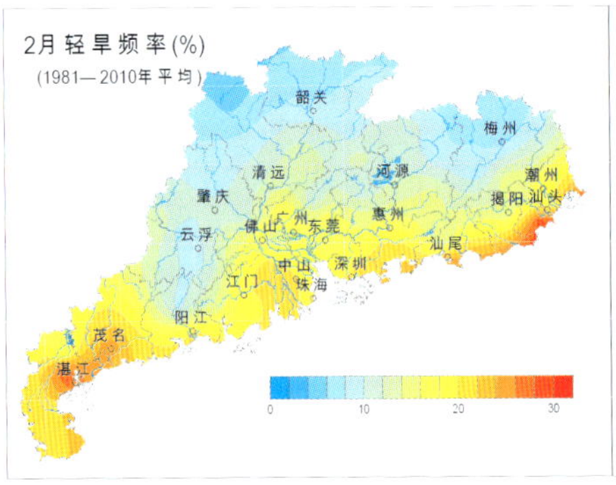

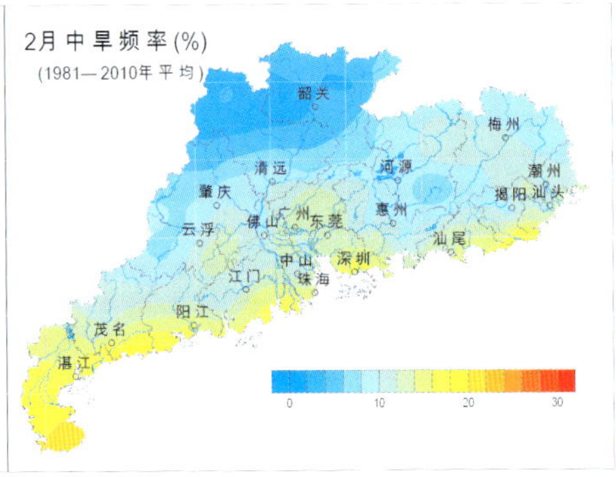

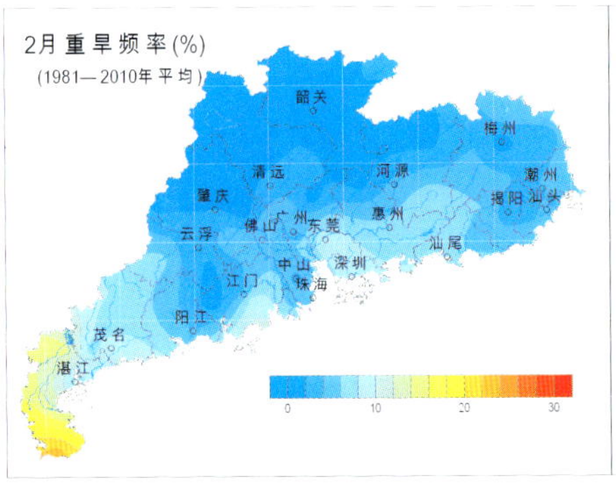

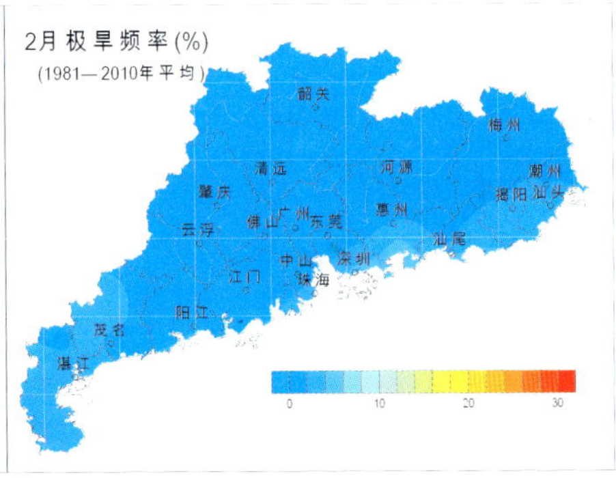

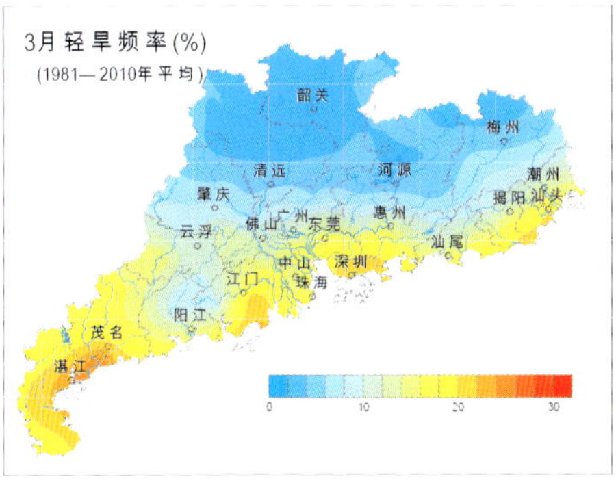
3月轻旱频率(%)
(1981—2010年平均)
韶关
梅州
清远
河源
潮州
肇庆
揭阳
汕头
广州
惠州
佛山
东莞
云浮
汕尾
中山
深圳
江门
珠海
阳江
茂名
湛江
0
10
20
30

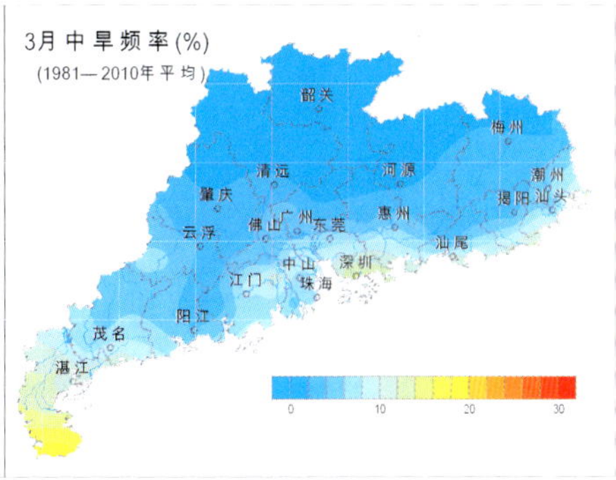
3月中旱频率(%)
(1981—2010年平均)
韶关
梅州
清远
河源
潮州
肇庆
揭阳
汕头
广州
惠州
佛山
东莞
云浮
汕尾
中山
深圳
江门
珠海
阳江
茂名
湛江
0
10
20
30

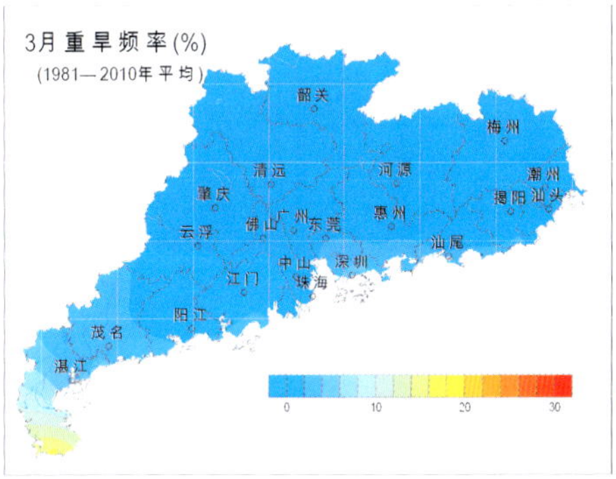
3月重旱频率(%)
(1981—2010年平均)
韶关
梅州
清远
河源
潮州
肇庆
揭阳
汕头
广州
惠州
佛山
东莞
云浮
汕尾
中山
深圳
江门
珠海
阳江
茂名
湛江
0
10
20
30

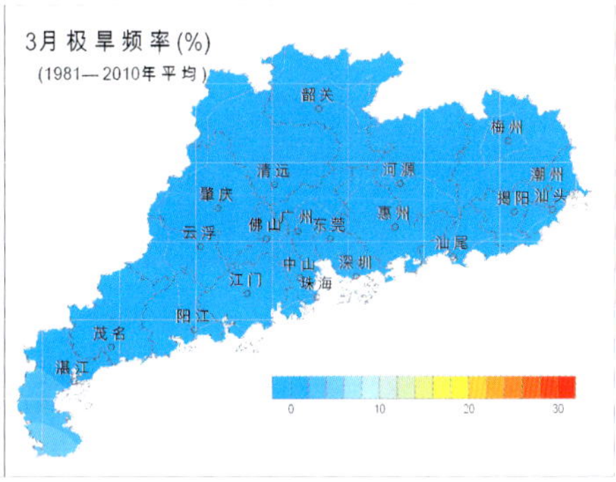
3月极旱频率(%)
(1981—2010年平均)
韶关
梅州
清远
河源
潮州
肇庆
揭阳
汕头
广州
惠州
佛山
东莞
云浮
汕尾
中山
深圳
江门
珠海
阳江
茂名
湛江
0
10
20
30

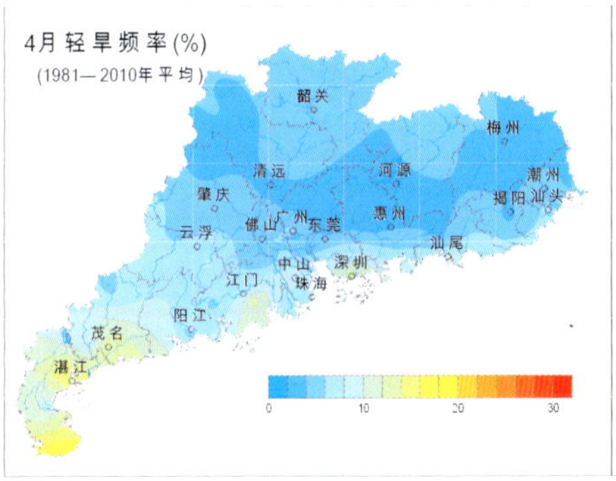
4月轻旱频率(%)
(1981—2010年平均)
韶关
梅州
清远
河源
潮州
肇庆
揭阳
汕头
广州
惠州
佛山
东莞
云浮
汕尾
中山
深圳
江门
珠海
阳江
茂名
湛江
0
10
20
30

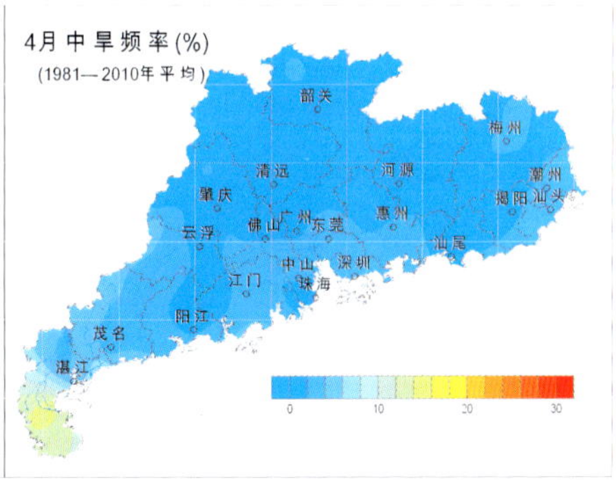
4月中旱频率(%)
(1981—2010年平均)
韶关
梅州
清远
河源
潮州
肇庆
揭阳
汕头
广州
惠州
佛山
东莞
云浮
汕尾
中山
深圳
江门
珠海
阳江
茂名
湛江
0
10
20
30

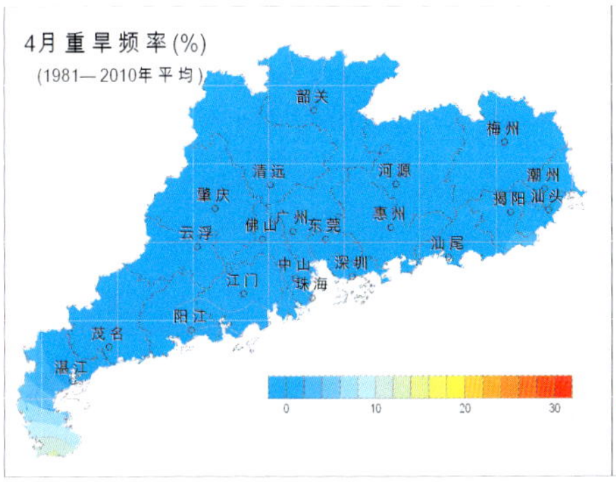
4月重旱频率(%)
(1981—2010年平均)
韶关
梅州
清远
河源
潮州
肇庆
揭阳
汕头
广州
惠州
佛山
东莞
云浮
汕尾
中山
深圳
江门
珠海
阳江
茂名
湛江
0
10
20
30

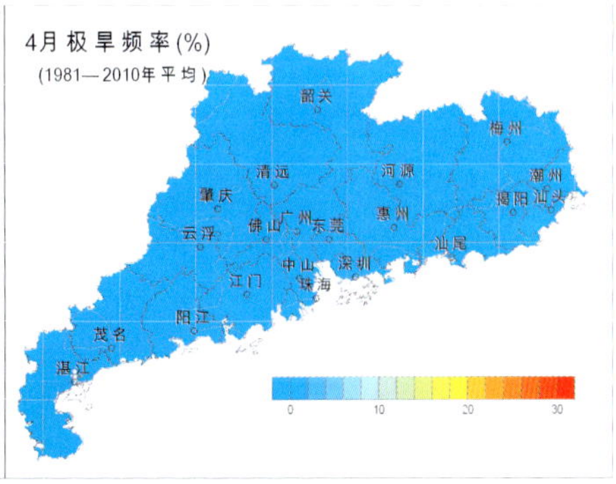
4月极旱频率(%)
(1981—2010年平均)
韶关
梅州
清远
河源
潮州
肇庆
揭阳
汕头
广州
惠州
佛山
东莞
云浮
汕尾
中山
深圳
江门
珠海
阳江
茂名
湛江
0
10
20
30

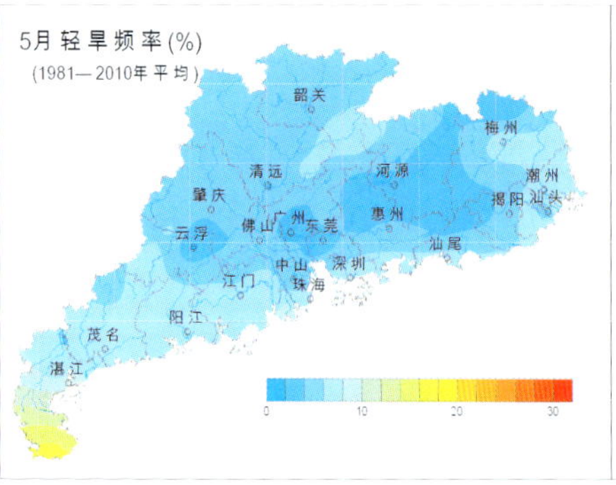

5月轻旱频率(%)
(1981—2010年平均)

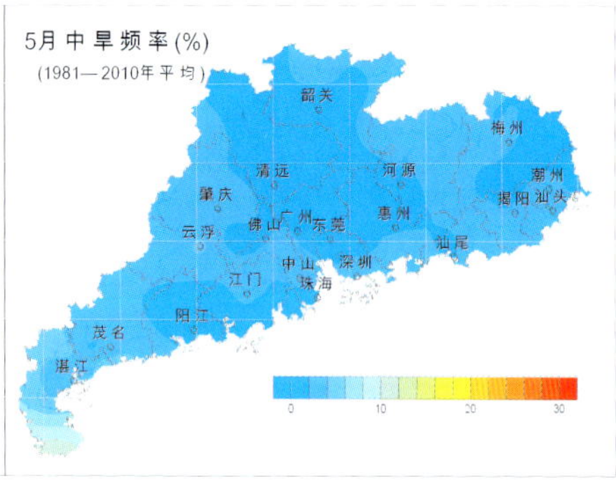

5月中旱频率(%)
(1981—2010年平均)

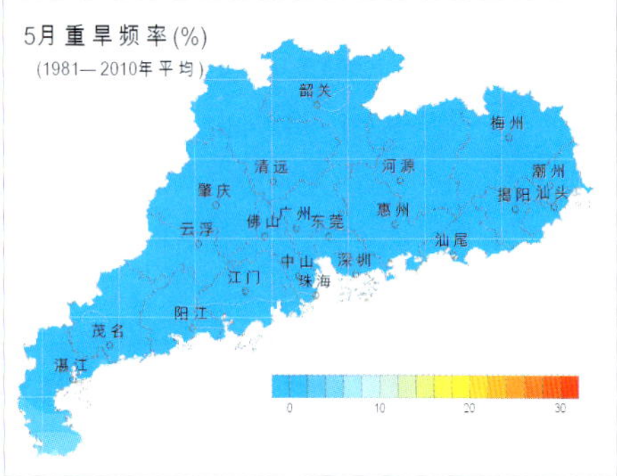

5月重旱频率(%)
(1981—2010年平均)

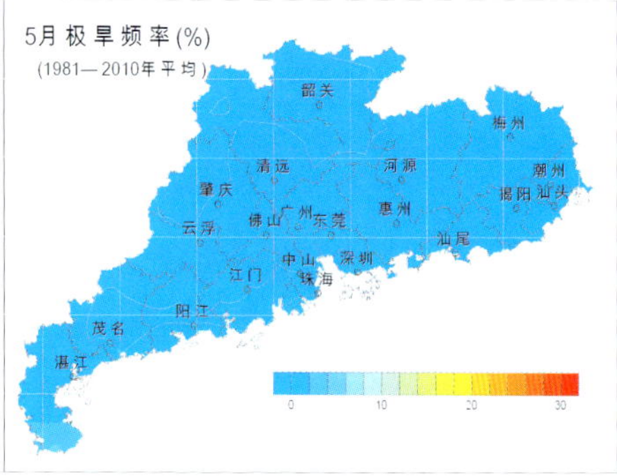

5月极旱频率(%)
(1981—2010年平均)

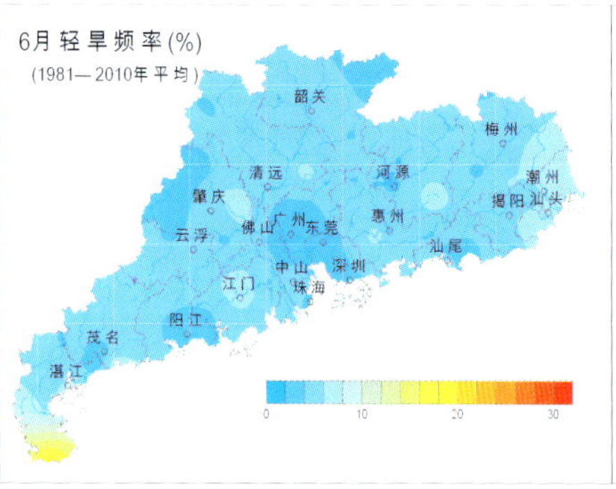

6月轻旱频率(%)
(1981—2010年平均)

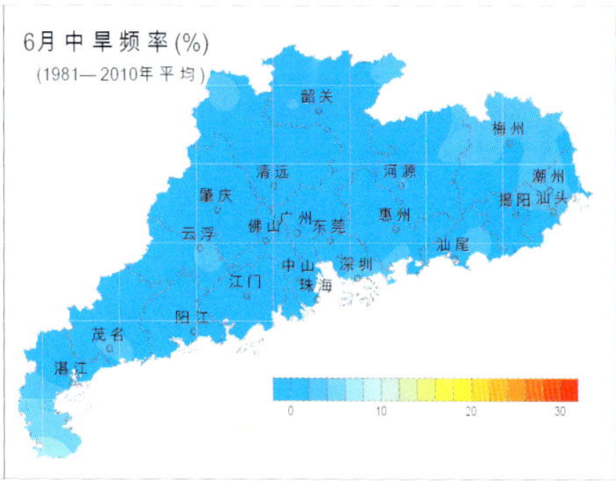

6月中旱频率(%)
(1981—2010年平均)

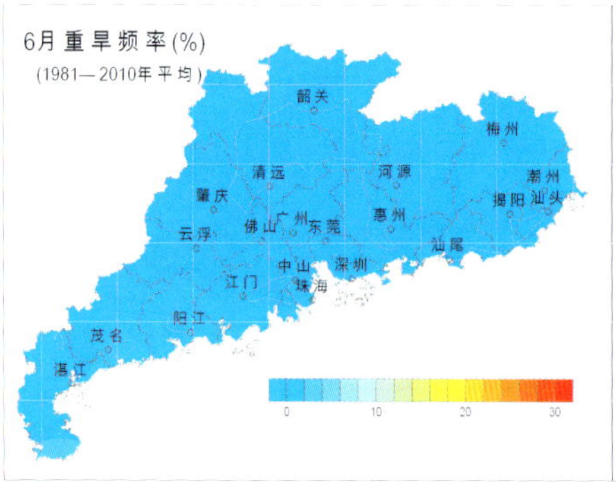

6月重旱频率(%)
(1981—2010年平均)

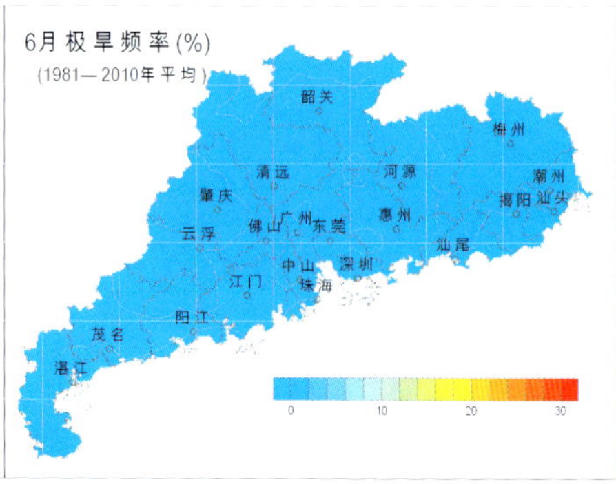

6月极旱频率(%)
(1981—2010年平均)

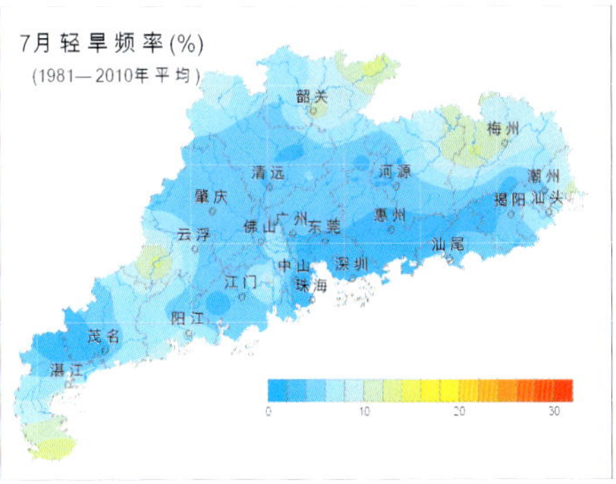
7月轻旱频率(%)
(1981—2010年平均)
韶关
梅州
清远
河源
潮州
肇庆
揭阳
汕头
佛山
广州
东莞
惠州
云浮
汕尾
中山
深圳
江门
珠海
阳江
茂名
湛江
0
10
20
30

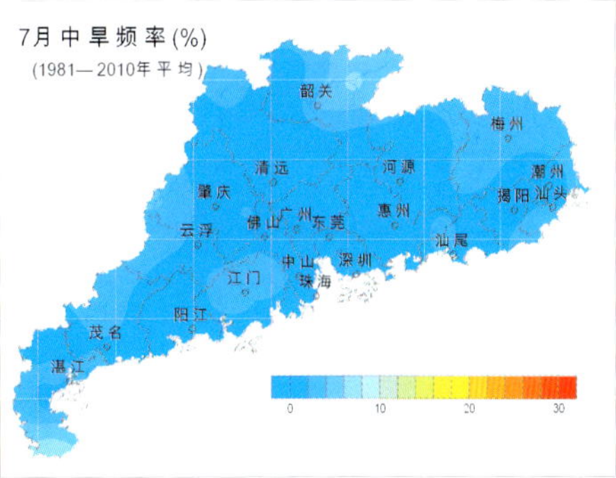
7月中旱频率(%)
(1981—2010年平均)
韶关
梅州
清远
河源
潮州
肇庆
揭阳
汕头
佛山
广州
东莞
惠州
云浮
汕尾
中山
深圳
江门
珠海
阳江
茂名
湛江
0
10
20
30

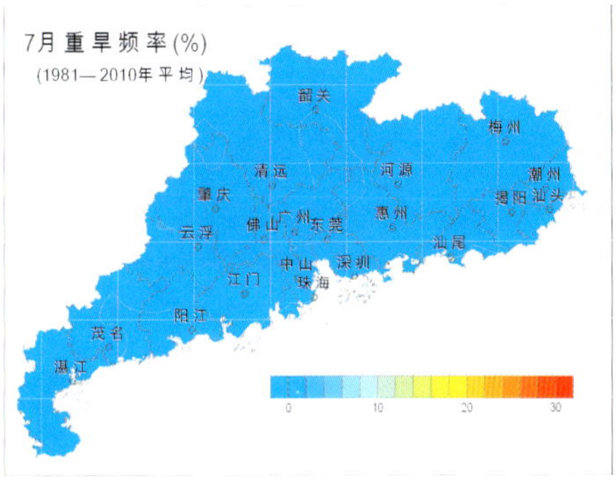
7月重旱频率(%)
(1981—2010年平均)
韶关
梅州
清远
河源
潮州
肇庆
揭阳
汕头
佛山
广州
东莞
惠州
云浮
汕尾
中山
深圳
江门
珠海
阳江
茂名
湛江
0
10
20
30

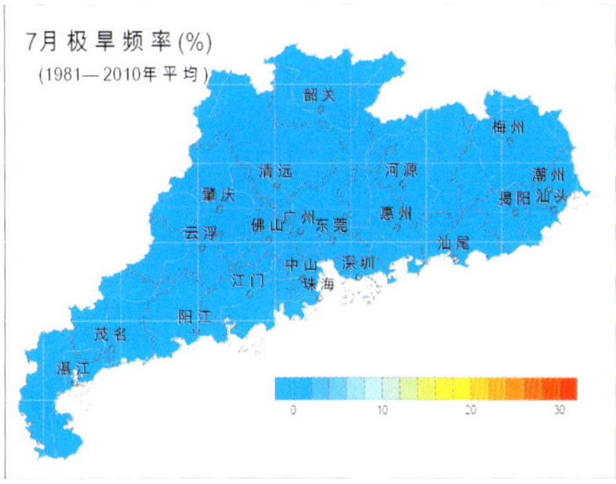
7月极旱频率(%)
(1981—2010年平均)
韶关
梅州
清远
河源
潮州
肇庆
揭阳
汕头
佛山
广州
东莞
惠州
云浮
汕尾
中山
深圳
江门
珠海
阳江
茂名
湛江
0
10
20
30

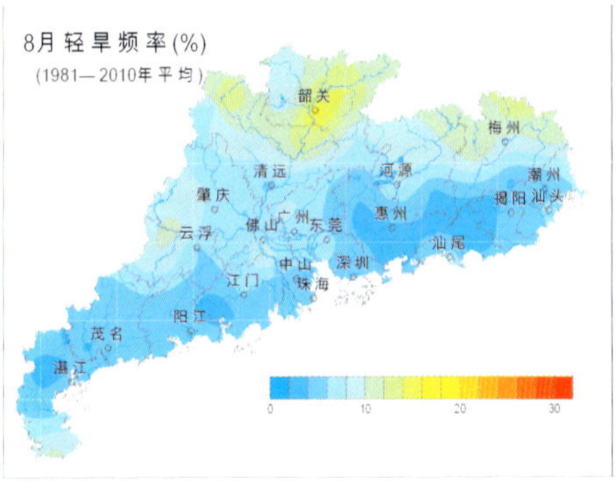
8月轻旱频率(%)
(1981—2010年平均)
韶关
梅州
清远
河源
潮州
肇庆
揭阳
汕头
佛山
广州
东莞
惠州
云浮
汕尾
中山
深圳
江门
珠海
阳江
茂名
湛江
0
10
20
30

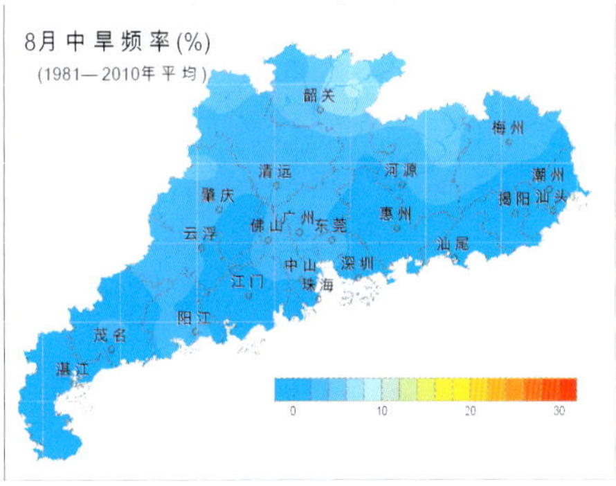
8月中旱频率(%)
(1981—2010年平均)
韶关
梅州
清远
河源
潮州
肇庆
揭阳
汕头
佛山
广州
东莞
惠州
云浮
汕尾
中山
深圳
江门
珠海
阳江
茂名
湛江
0
10
20
30

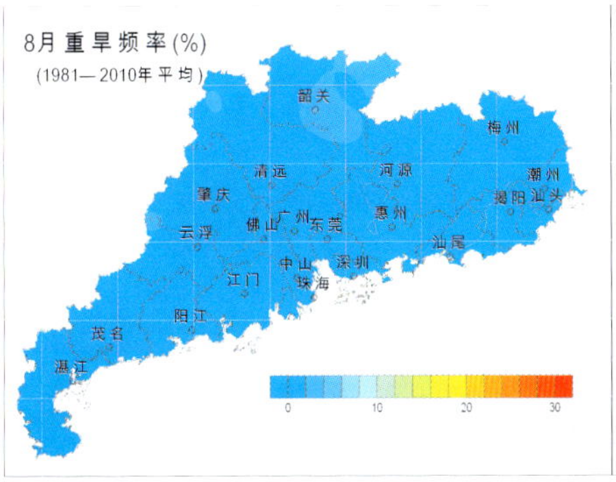
8月重旱频率(%)
(1981—2010年平均)
韶关
梅州
清远
河源
潮州
肇庆
揭阳
汕头
佛山
广州
东莞
惠州
云浮
汕尾
中山
深圳
江门
珠海
阳江
茂名
湛江
0
10
20
30

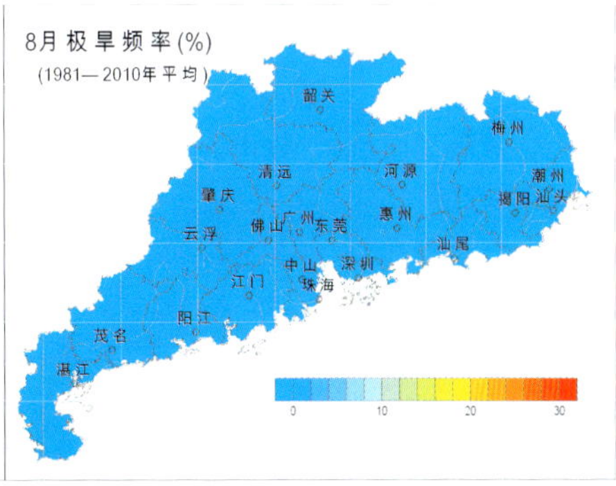
8月极旱频率(%)
(1981—2010年平均)
韶关
梅州
清远
河源
潮州
肇庆
揭阳
汕头
佛山
广州
东莞
惠州
云浮
汕尾
中山
深圳
江门
珠海
阳江
茂名
湛江
0
10
20
30

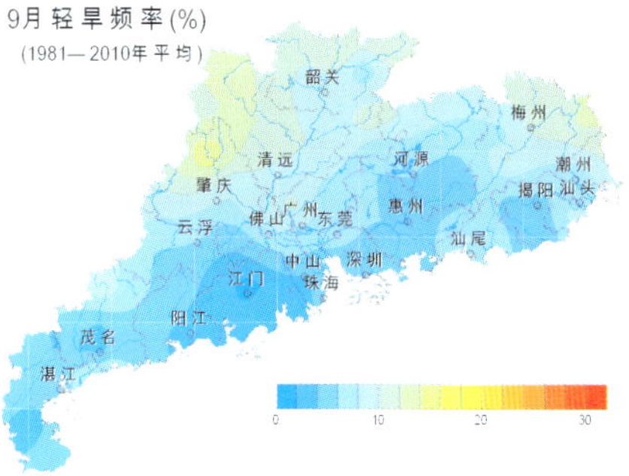

9月轻旱频率(%)
(1981—2010年平均)

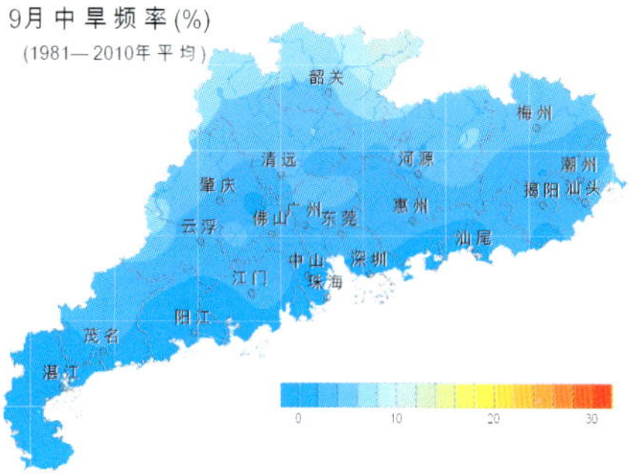

9月中旱频率(%)
(1981—2010年平均)

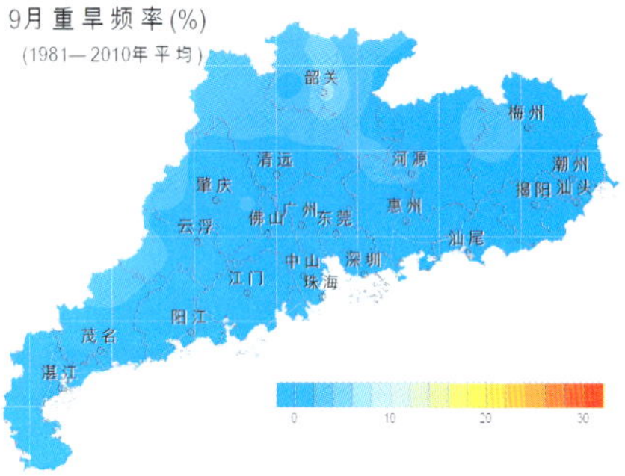

9月重旱频率(%)
(1981—2010年平均)

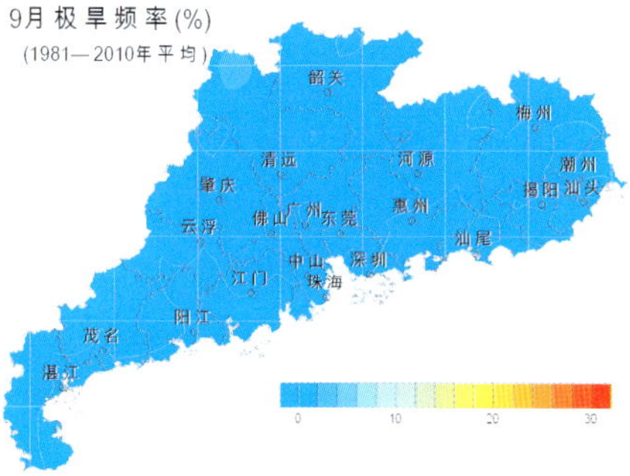

9月极旱频率(%)
(1981—2010年平均)

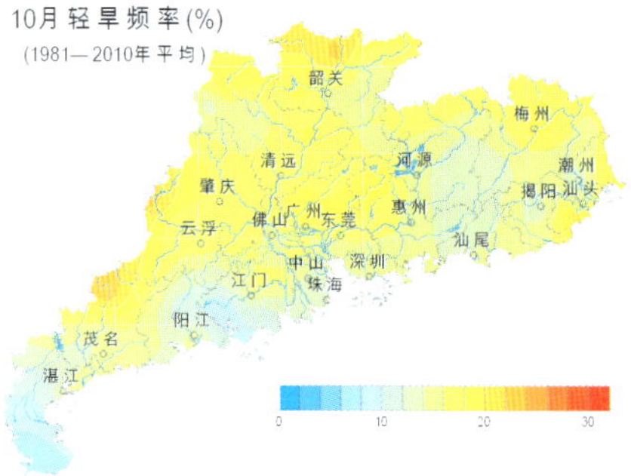

10月轻旱频率(%)
(1981—2010年平均)

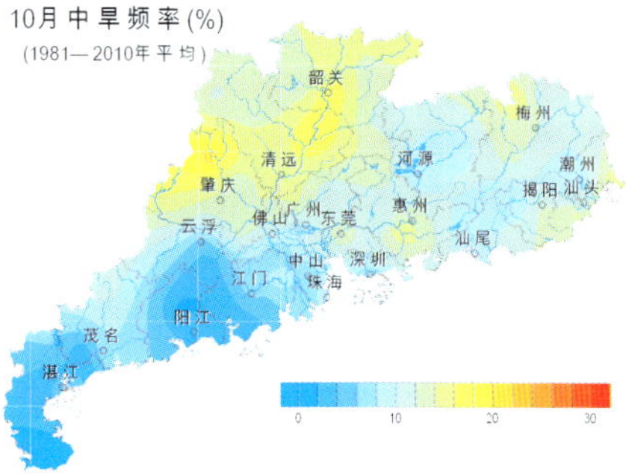

10月中旱频率(%)
(1981—2010年平均)

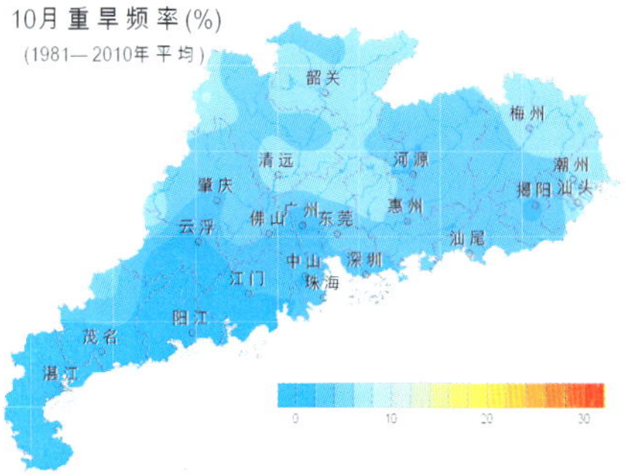

10月重旱频率(%)
(1981—2010年平均)

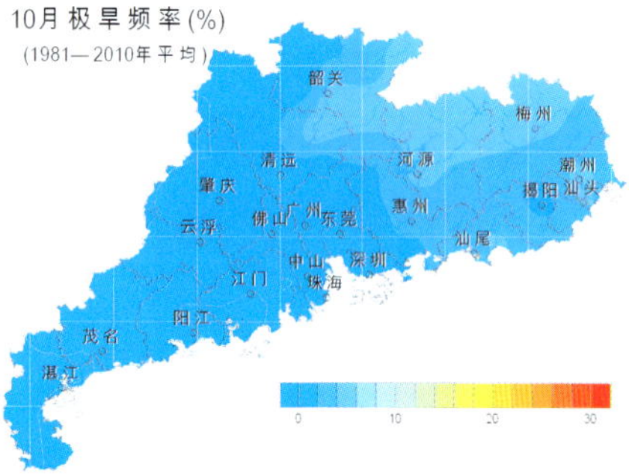

10月极旱频率(%)
(1981—2010年平均)

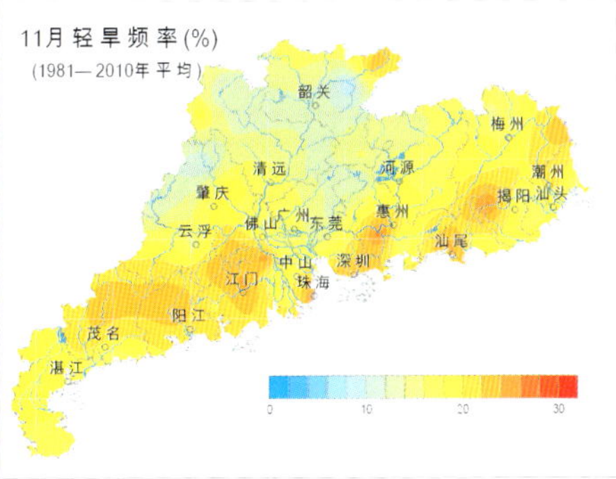

11月轻旱频率(%)
(1981—2010年平均)

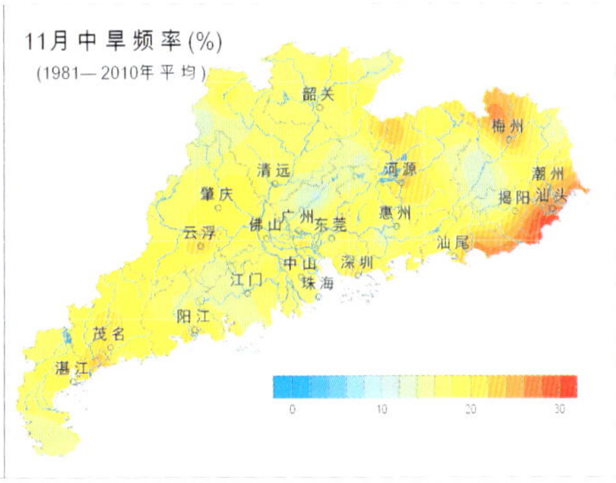

11月中旱频率(%)
(1981—2010年平均)

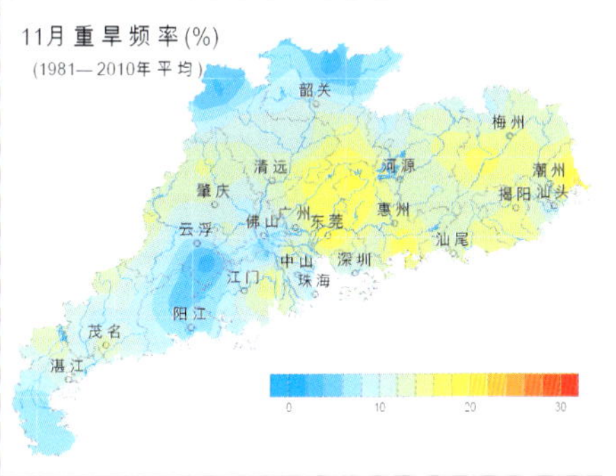

11月重旱频率(%)
(1981—2010年平均)

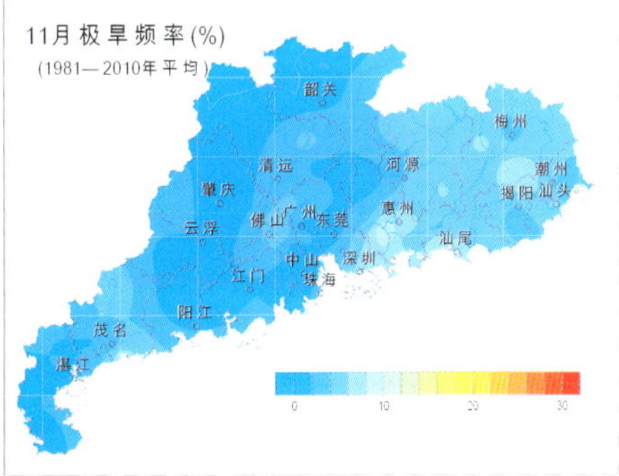

11月极旱频率(%)
(1981—2010年平均)

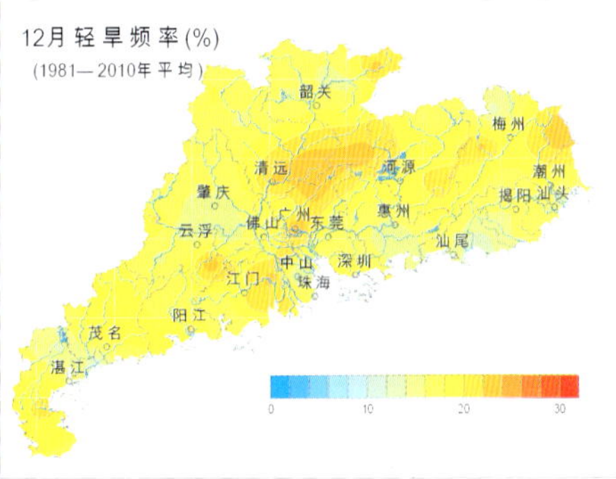

12月轻旱频率(%)
(1981—2010年平均)

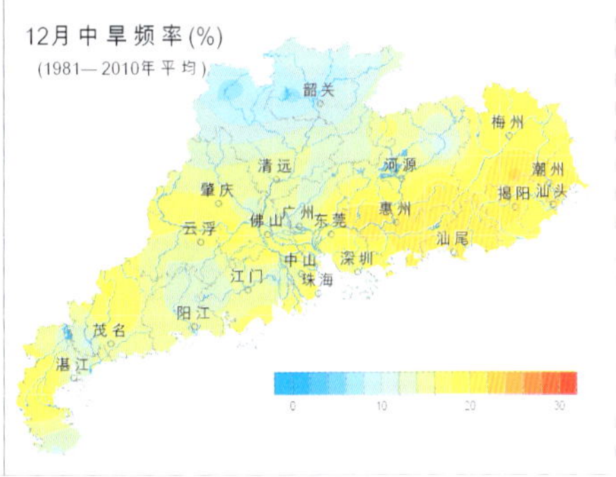

12月中旱频率(%)
(1981—2010年平均)

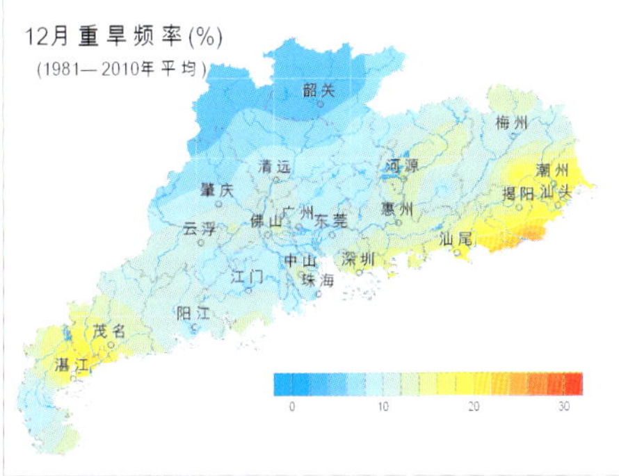

12月重旱频率(%)
(1981—2010年平均)

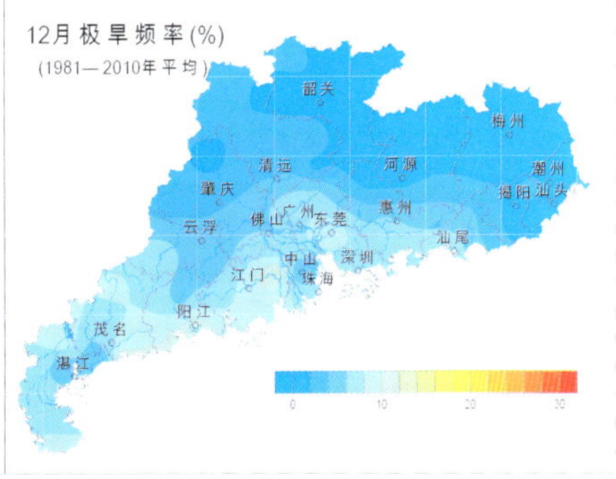

12月极旱频率(%)
(1981—2010年平均)

近30年（1981—2010）逐月总旱日频率分布图

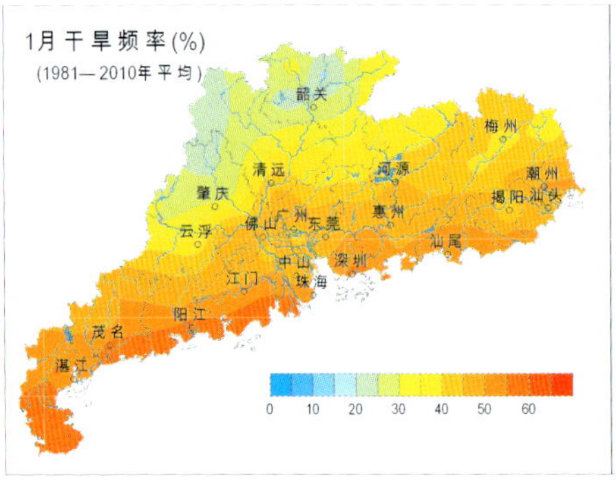

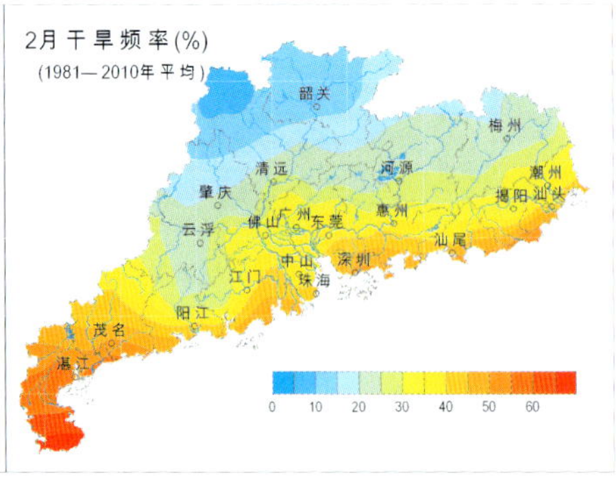

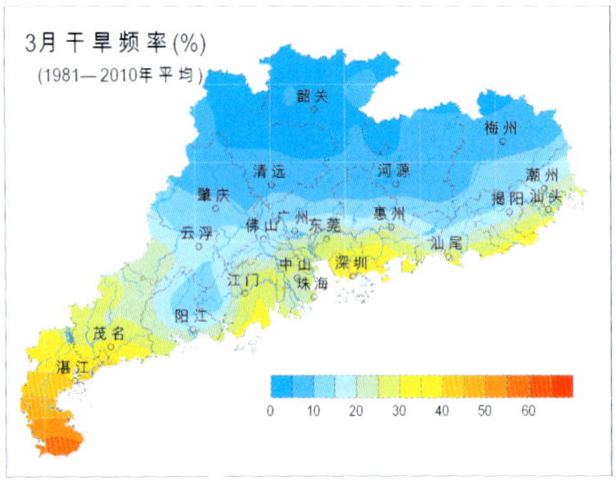

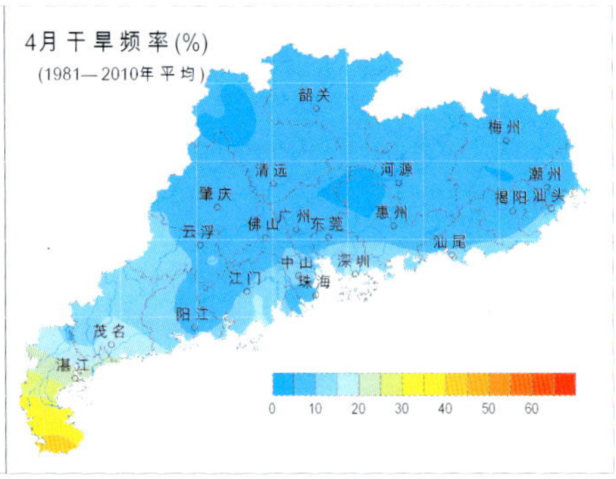

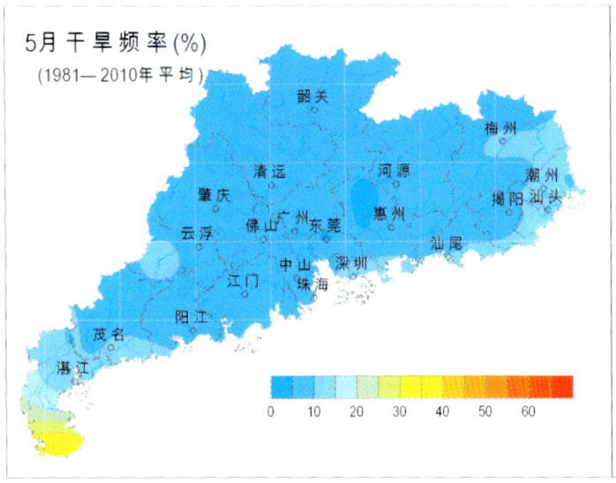

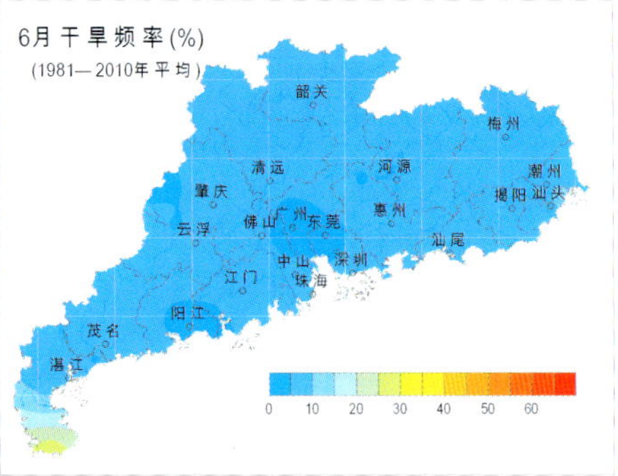

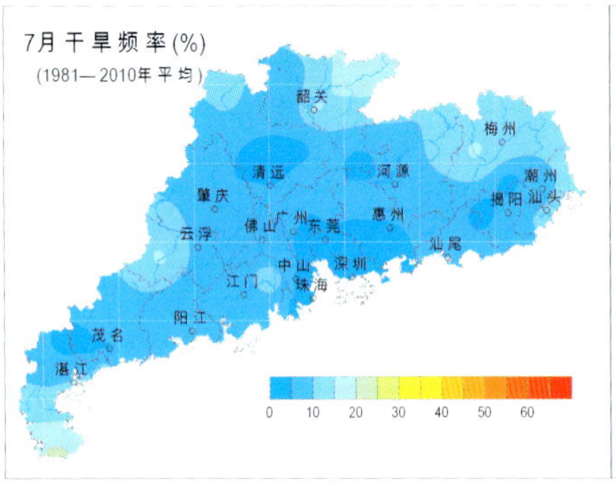

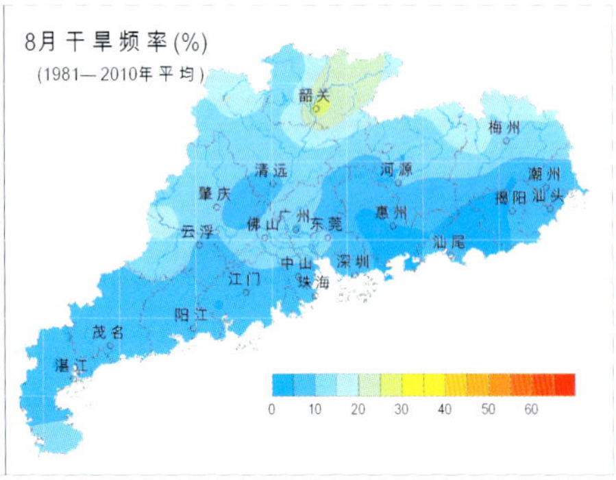

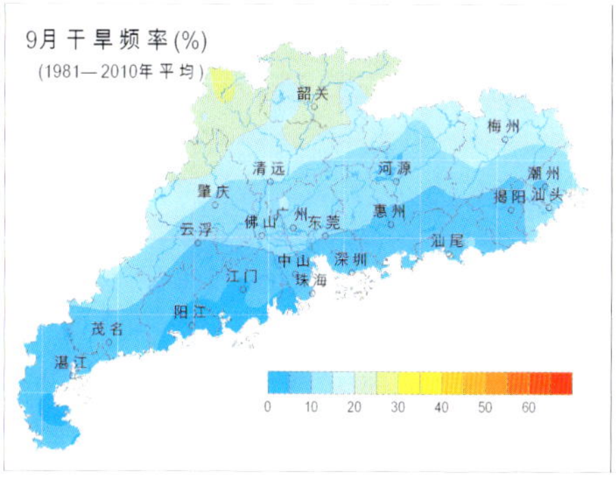
9月干旱频率(%)
(1981—2010年平均)
韶关
梅州
清远
河源
潮州
肇庆
揭阳
汕头
云浮
佛山
广州
东莞
惠州
汕尾
中山
深圳
江门
珠海
阳江
茂名
湛江
0 10 20 30 40 50 60

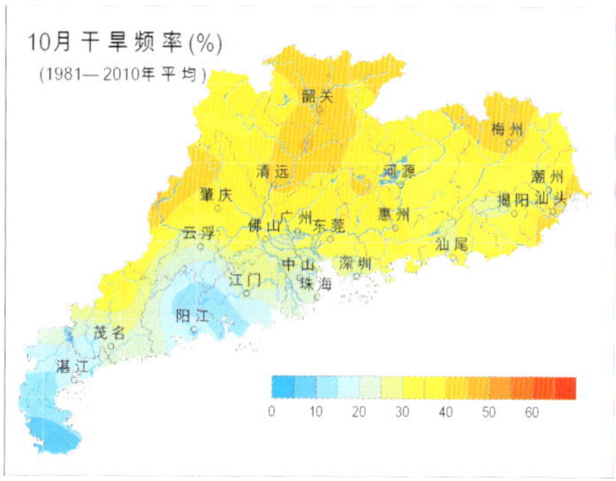
10月干旱频率(%)
(1981—2010年平均)
韶关
梅州
清远
河源
潮州
肇庆
揭阳
汕头
云浮
佛山
广州
东莞
惠州
汕尾
中山
深圳
江门
珠海
阳江
茂名
湛江
0 10 20 30 40 50 60

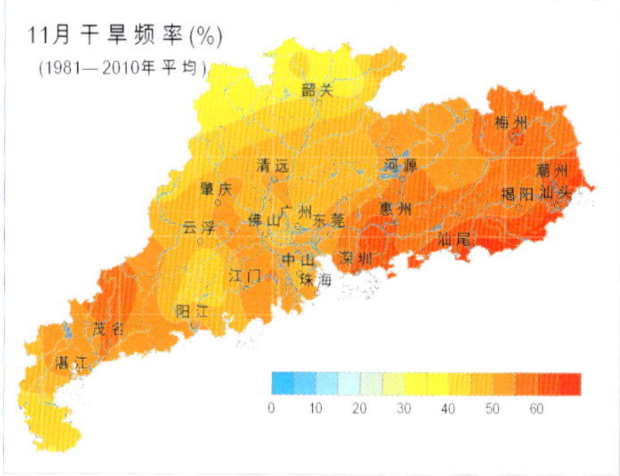
11月干旱频率(%)
(1981—2010年平均)
韶关
梅州
清远
河源
潮州
肇庆
揭阳
汕头
云浮
佛山
广州
东莞
惠州
汕尾
中山
深圳
江门
珠海
阳江
茂名
湛江
0 10 20 30 40 50 60

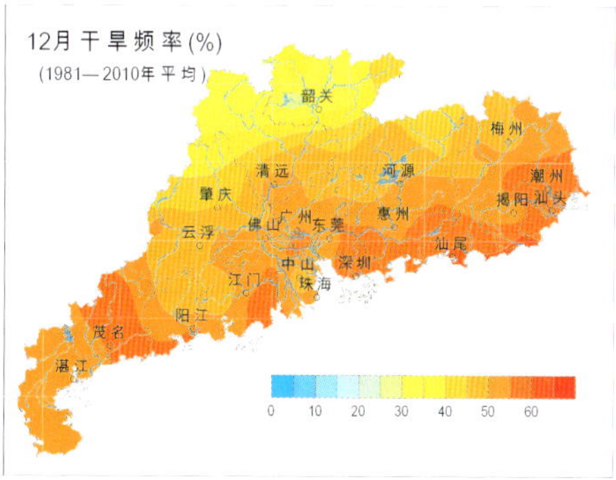
12月干旱频率(%)
(1981—2010年平均)
韶关
梅州
清远
河源
潮州
肇庆
揭阳
汕头
云浮
佛山
广州
东莞
惠州
汕尾
中山
深圳
江门
珠海
阳江
茂名
湛江
0 10 20 30 40 50 60

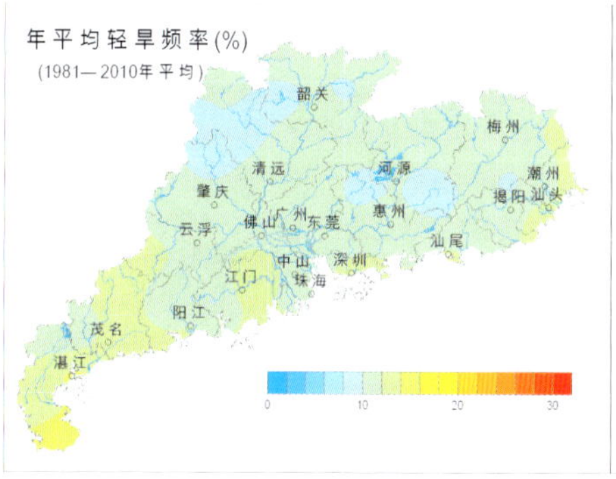
年平均轻旱频率(%)
(1981—2010年平均)
韶关
梅州
清远
河源
潮州
肇庆
揭阳
汕头
云浮
佛山
广州
东莞
惠州
汕尾
中山
深圳
江门
珠海
阳江
茂名
湛江
0 10 20 30

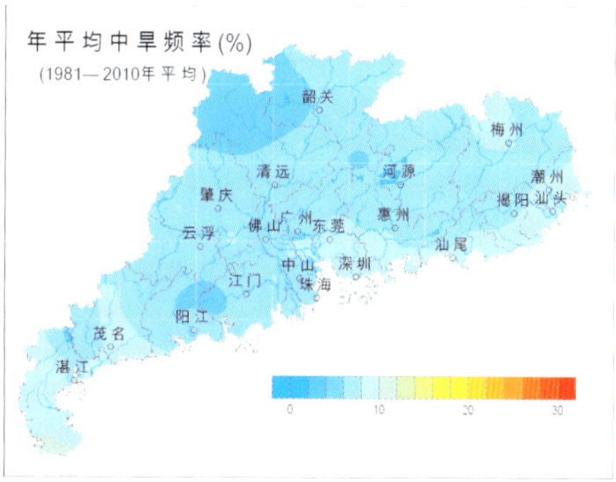
年平均中旱频率(%)
(1981—2010年平均)
韶关
梅州
清远
河源
潮州
肇庆
揭阳
汕头
云浮
佛山
广州
东莞
惠州
汕尾
中山
深圳
江门
珠海
阳江
茂名
湛江
0 10 20 30

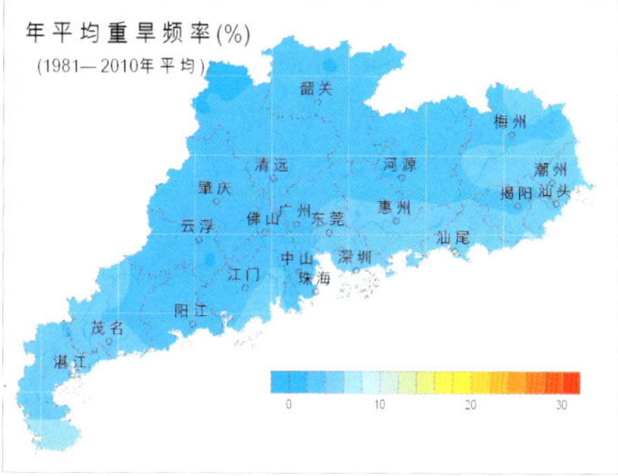
年平均重旱频率(%)
(1981—2010年平均)
韶关
梅州
清远
河源
潮州
肇庆
揭阳
汕头
云浮
佛山
广州
东莞
惠州
汕尾
中山
深圳
江门
珠海
阳江
茂名
湛江
0 10 20 30

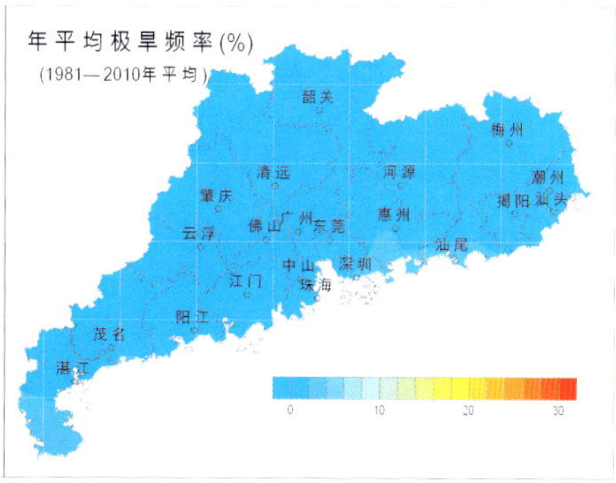
年平均极旱频率(%)
(1981—2010年平均)
韶关
梅州
清远
河源
潮州
肇庆
揭阳
汕头
云浮
佛山
广州
东莞
惠州
汕尾
中山
深圳
江门
珠海
阳江
茂名
湛江
0 10 20 30

干旱典型个例

1955 年秋—冬—春连旱

新中国成立后第一个严重春旱年，旱情自 1954 年秋至 1955 年 5 月，全省许多地方久旱无雨，出现严重的（秋）冬连春旱，无水播种插秧。雨量比正常年份偏少 50% 以上，旱情以粤西沿海雷州半岛最为严重。据统计，全省旱情最严重的 4 月份受旱面积达 122.8 万公顷，其中水稻严重受旱 89.8 万公顷，占全省水稻 40%。

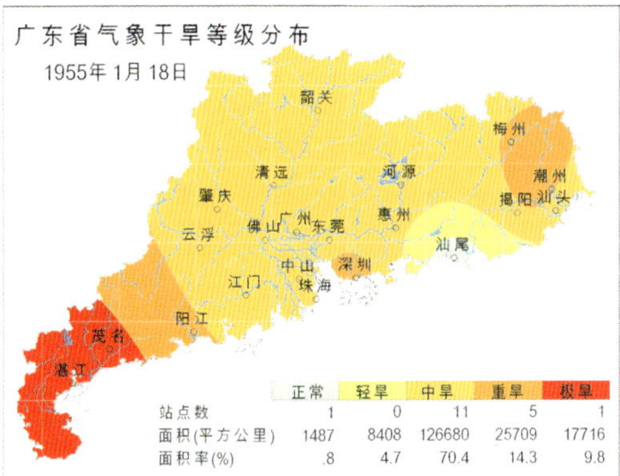

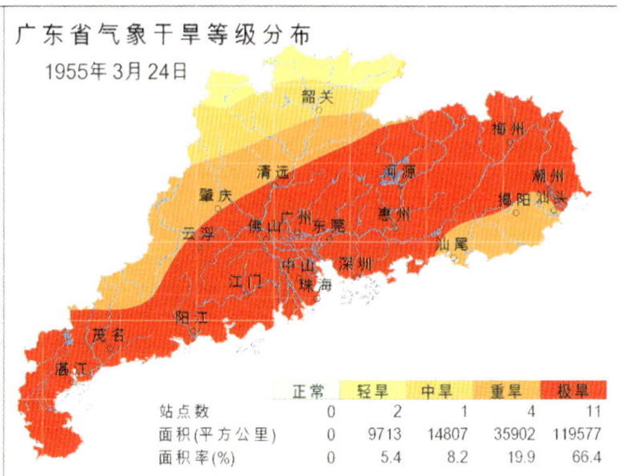

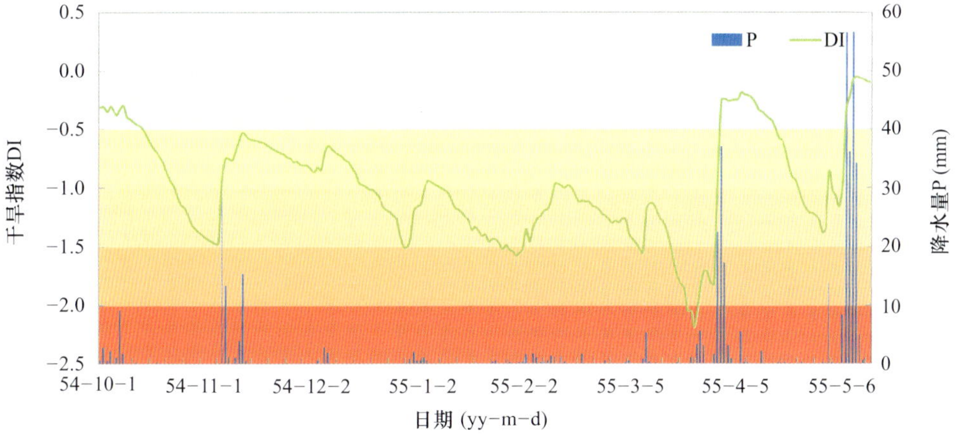

注：图集 135—138 页中的干旱指数 DI、降水逐日动态曲线图中，干旱指数 DI、降水量 P 均为全省有效站点的平均值。

1963 年秋—冬—春连旱

1963 年春旱遍及全省，多数地方是冬春连旱，旱期长，有些县份甚至是从 1962 年秋季即开始抗旱。全省旱情以粤东及粤中沿海地带出现较早，粤西自 1962 年末及 1963 年初开始干旱，而以粤北一部分山区县份出现的较晚。6 月上旬后，除粤北以外全省均已普遍降雨，旱象解除。据统计，4 月份全省受旱面积 80 万公顷，5 月份增加到 114. 93 万公顷，到 6 月中旬降雨前最高受旱面积达到 133. 93 万公顷，占全省早稻插秧面积的 46%。

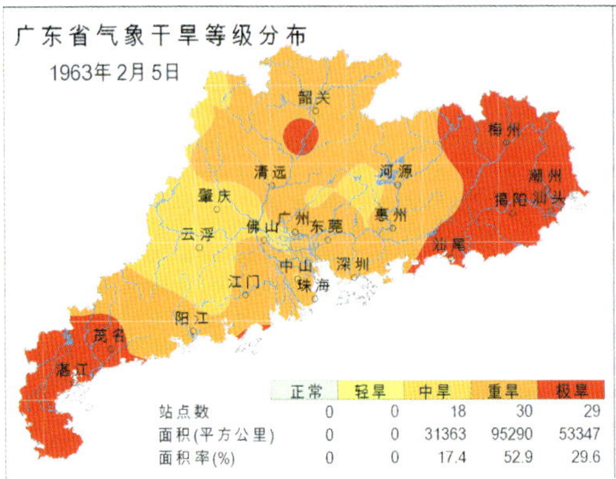

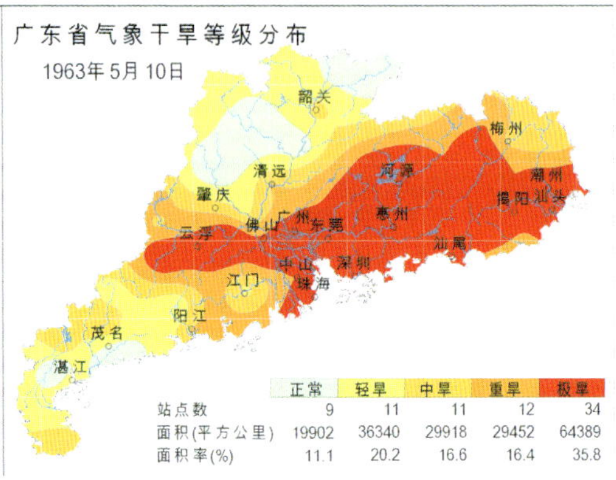

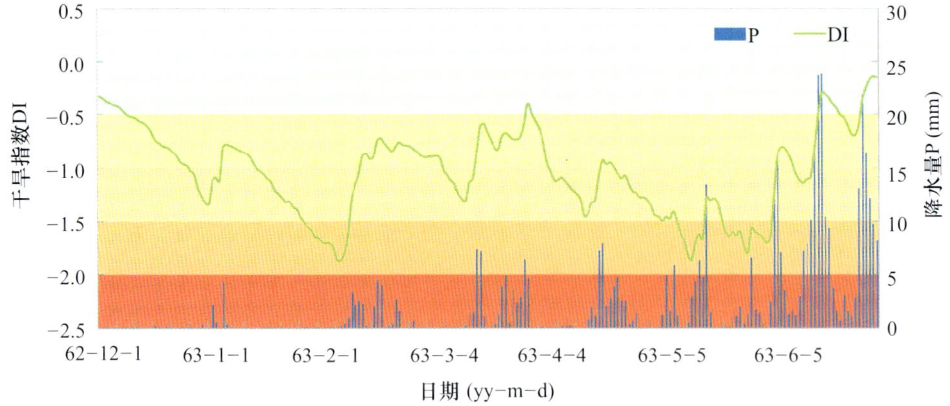

1977 年秋—冬—春连旱

1977 年也是新中国成立后广东的一次大旱年。旱情从 1976 年 11 月起，冬、春、夏连续干旱，持续时间长。据统计，早稻插秧季节 3 月、4 月份，雨量奇缺，历史罕见。据计算分析，这次干旱，梅县地区为 100 年一遇；惠阳地区是 90 年一遇，其余地区是 40—70 年一遇。5 月上旬，全省受旱面积达 134. 67 万公顷，其中水稻受旱 83. 53 万公顷，过了立夏（5 月 5 日），尚有 6. 33 万公顷水稻插不下，已插下的水稻旱死约 1. 87 万公顷。

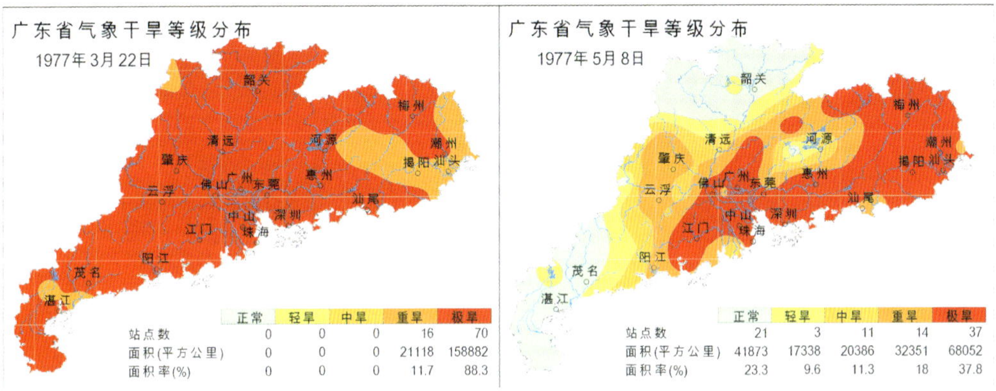

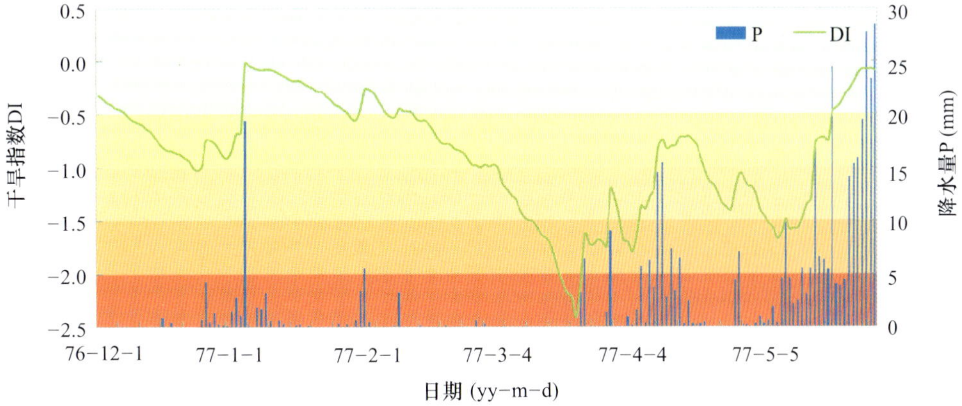

2005 年秋—冬—春连旱

2004 年 9 月下旬至 2005 年 3 月，全省降水严重偏少，严重干旱一直持续到 4 月份进入前汛期后才基本得到缓解或解除。徐闻县自 2004 年 9 月 24 日至 2005 年 5 月 29 日连续 248 天没下过“透雨”，打破了 1902 年以来曾有记载的连续 228 天无“透雨”的历史记录，全县 8 成以上的水库干涸和没水出涵，农作物受灾面积达 0.65 万亩（1 亩 =666.67 平方米）。

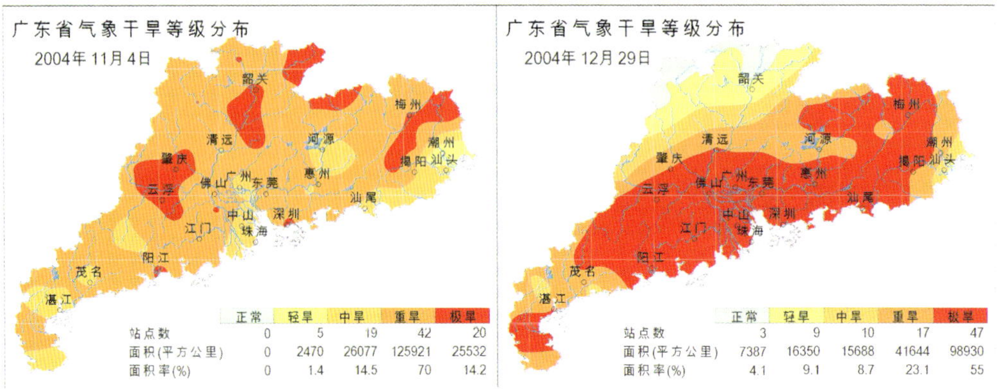

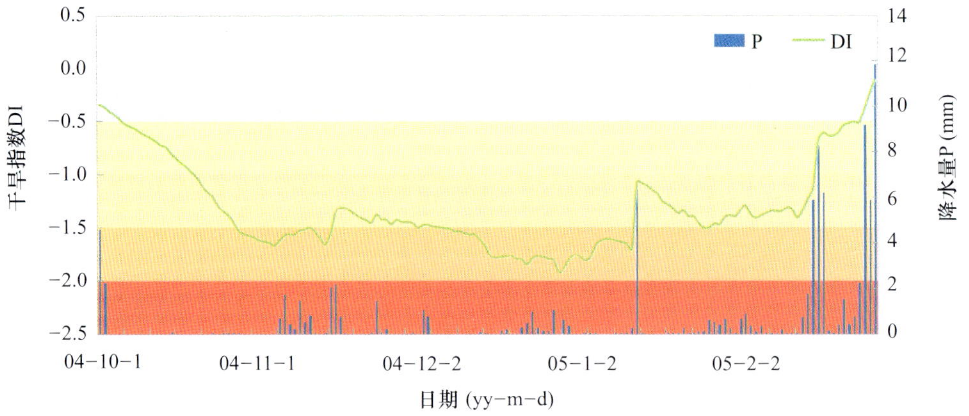

中国科协三峡科技出版资助计划
2012 年第一期资助著作名单

（按书名汉语拼音顺序）

1. 包皮环切与艾滋病预防
2. 东北区域服务业内部结构优化研究
3. 肺孢子菌肺炎诊断与治疗
4. 分数阶微分方程边值问题理论及应用
5. 广东省气象干旱图集
6. 混沌蚁群算法及应用
7. 混凝土侵彻力学
8. 金佛山野生药用植物资源
9. 科普产业发展研究
10. 老年人心理健康研究报告
11. 农民工医疗保障水平及精算评价
12. 强震应急与次生灾害防范
13. “软件人”构件与系统演化计算
14. 西北区域气候变化评估报告
15. 显微神经血管吻合技术训练
16. 语言动力系统与二型模糊逻辑
17. 自然灾害与发展风险

发行部
地址：北京市海淀区中关村南大街 16 号
邮编：100081
电话：010 – 62103354

办公室
电话：010 – 62103166
邮箱：kxsxcb@ cast. org. cn
网址：www. cspbooks. com. cn